Hans Günther Natke

Baudynamik

Leitfäden der angewandten Mathematik und Mechanik

Unter Mitwirkung von

Prof. Dr. G. Hotz, Saarbrücken
Prof. Dr. P. Kall, Zürich
Prof. Dr. Dr.-Ing. E. h. K. Magnus, München
Prof. Dr. E. Meister, Darmstadt

Band 66

Springer Fachmedien Wiesbaden GmbH

Baudynamik

Einführung in die Dynamik
mit Anwendungen aus dem Bauwesen

Von Prof. Dr. rer. nat. Hans Günther Natke
Universität Hannover

Mit 150 Bildern, 11 Tafeln, 75 Beispielen,
86 Aufgaben und Lösungen

Springer Fachmedien Wiesbaden GmbH 1989

Prof. Dr. rer. nat. Hans Günther Natke

Geboren 1933 in Elbing, Studium der Mathematik an der TH Hannover, Diplom 1958, von 1958 bis 1976 Industrietätigkeit im Flugzeugbau und in der Raumfahrttechnik. Promotion 1968 an der TH München und Habilitation 1971 an der TU Berlin für Aeroelastik. Seit 1976 o. Professor für Schwingungs- und Meßkunde und Direktor des Curt-Risch-Institutes für Dynamik, Schall- und Meßtechnik der Universität Hannover.

CIP-Titelaufnahme der Deutschen Bibliothek

Natke, Hans Günther: Baudynamik
Einf. i. d. Dynamik mit Anwendungen aus d. Bauwesen /
von Hans Günther Natke.
  (Leitfäden der angewandten Mathematik und
  Mechanik; Bd. 66)
  ISBN 978-3-663-09344-2   ISBN 978-3-663-09343-5 (eBook)
  DOI 10.1007/978-3-663-09343-5
NE: GT

© Springer Fachmedien Wiesbaden 1989
Ursprünglich erschienen bei B. G. Teubner Stuttgart 1989

Satz: Elsner & Behrens GmbH, Oftersheim

Vorwort

Das Buch wendet sich an Studierende und Praktiker, die sich mit Dynamik beschäftigen wollen oder müssen und die mit dynamischen Aufgaben aus dem Bauwesen in Berührung kommen. Es entstand aus der Pflichtvorlesung „Baudynamik", die ich seit 1976 für Studenten der konstruktiven Fachrichtung des Bauingenieurwesens an der Universität Hannover halte, also für Hörer nach dem Vorexamen mit „üblichen" Kenntnissen der Statik, Mechanik und Mathematik. Trotz dieser Voraussetzungen werden einleitend die Schwingungen von Einfreiheitsgradmodellen und Stäben recht ausführlich behandelt. Einerseits bilden sie die Grundlage des hier behandelten Teilgebietes der Dynamik, und andererseits zeigt die Erfahrung, daß diese Grundlagen nicht ständig verfügbar sind.

Die Bezeichnung des Buches als „Einführung" ergab sich aus der Stoffbeschränkung auf determinierte Vorgänge, lineares dynamisches Verhalten und viskose oder strukturelle Dämpfung. Damit sind z. B. Erdbebenvorgänge, deren Modellierung der Statistik bedürfen, nicht behandelt.

Von der Aufgabenstellung bis zur Lösung wird der Weg in einzelnen Schritten dargelegt: Aus realen Systemen werden unter Berücksichtigung der Aufgabenstellung vereinfachte physikalische Modelle und daraus mathematische Modelle gebildet. Für diese Modelle werden analytische und numerische Lösungswege aufgezeigt, wobei verschiedene mathematische Methoden sich als nützlich erweisen. Auf Schwierigkeiten der Modellbildung wird dabei hingewiesen; Anwendungsgrenzen, Vor- und Nachteile einzelner Modellierungsarten werden genannt. Die Lösungen werden schließlich physikalisch gedeutet und die Simulation dynamischer Vorgänge wird beschrieben.

Das erste Kapitel enthält einleitend die Schwingungsursachen und -probleme.

Im zweiten Kapitel wird der Schwinger mit einem Freiheitsgrad ausführlich behandelt, um die auftretenden Vorgänge zu verstehen und das formale Vorgehen der Lösung von Schwingungsaufgaben kennenzulernen.

Im dritten Kapitel werden Mehrfreiheitsgradmodelle eingehend diskutiert, da fast alle Näherungsverfahren auf Mehrfreiheitsgradmodelle zurückführbar sind, und die Mehrheit der Schwingungsprobleme mit Näherungsverfahren auf Rechnern gelöst werden.

Das vierte Kapitel ist der Dynamik einfacher kontinuierlicher Schwinger gewidmet. Diese sind grundlegend für das Verständnis dynamischer Vorgänge, besonders solcher mit endlicher Wellenausbreitungsgeschwindigkeit. Stäbe konstanten Querschnitts und Stabtragwerke werden hier behandelt. Zweidimensionale Kontinua werden nur erwähnt, da der bis hierher vorgedrungene Leser sich fortführende Literatur selbständig erarbeiten kann.

Das fünfte Kapitel führt in die Verwendung von Energiemethoden zur angenäherten (Rayleigh-Prinzip) und strengen Lösung (Variationsrechnung) von Schwingungsproblemen ein.

Das sechste Kapitel beschreibt die numerische Berechnung kontinuierlicher Systeme, Modellierungsmethoden und Näherungsverfahren. Ein Näherungsverfahren ist das der direkten Diskretisierung des Kontinuums (z.B. über finite Elemente). Es werden Approximationen der Bewegungsgleichungen, formuliert als Differential- und Integralgleichungen (numerische Differentiation und Integration), behandelt und solche der Lösung selbst (Rayleigh-Ritz).

Das siebte Kapitel ist den diskreten Modellen mit sehr vielen Freiheitsgraden gewidmet, deren vollständige Berechnung trotz moderner und schneller Rechenanlagen und verbesserter Lösungsroutinen oft unwirtschaftlich und unnötig sein kann.

Langwierige mathematische Beweise und Ableitungen sind, sofern sie nur unwesentlich zum Verständnis dynamischer Vorgänge und ihrer Modellierungen beitragen, unterdrückt. Jedem Kapitel ist ein Verzeichnis mit verwendetem und weiterführendem Schrifttum beigefügt. Beispiele und Aufgaben mit Lösungshinweisen und Lösungen in jedem Kapitel erläutern den Stoff und vertiefen das Verständnis.

Das Manuskript habe ich mit meinen Mitarbeitern im Curt-Risch-Institut für Dynamik, Schall- und Meßtechnik der Universität Hannover durchgearbeitet. Ich danke ihnen dafür herzlich, denn sie trugen wesentlich zu einer klaren Darstellung des Stoffes bei. Dem Verlag sei für die gute Zusammenarbeit gedankt.

Hannover, im Frühjar 1988   H. G. Natke

Inhalt

Abkürzungen

FG   – Freiheitsgrad

EFGM   – Einfreiheitsgradmodell
MFGM   – Mehrfreiheitsgradmodell

Gl.   – Gleichung
Gln.   – Gleichungen
DGl.   – Differentialgleichung
IGl.   – Integralgleichung

FR   – Fourierreihe
FT   – Fouriertransformation
LT   – Laplacetransformation

1 Einleitung

1.1 Schwingungsursachen und -probleme

Der Dynamik liegen zeitabhängige Lasten zugrunde. Bild 1.1 zeigt mögliche dynamische Belastungen eines Gebäudes. Die Ursachen können einerseits außerhalb und andererseits innerhalb des Gebäudes liegen. Die Belastungen können stoßartig bis statisch erfolgen. Eine stoßartige Belastung ist beispielsweise eine Windbö auf ein schlankes Bauwerk; quasistatische Belastungen sind die tägliche Wärmeeinstrahlung und die Setzung. Neben dem in Bild 1.1 angedeuteten Gebäude wirken dynamische Lasten natürlich auch auf Brücken, Fernsehtürme, schlanke, hohe Schornsteine, Kirchtürme, Offshore-Bauwerke, Freileitungen usw. Die dynamischen Lasten resultieren im allgemeinen aus dem Gebrauchszustand (Betriebszustand), es ist aber auch die Bauphase mit ihren Lastzuständen zu beachten. Ein Beispiel hierfür ist der Brückenbau im Freivorbau, es sind hierbei Belastungszustände von Teilen der Konstruktion mit Randbedingungen zu beachten, die nach Fertigstellung nie wieder auftreten.

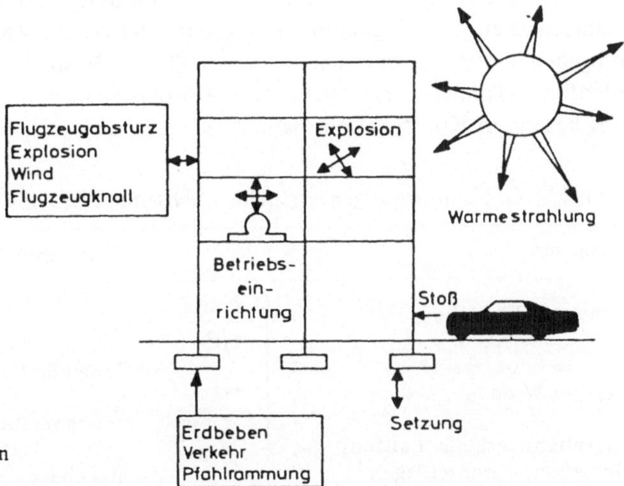

Bild 1.1
Mögliche dynamische Belastungen
eines Gebäudes

Dynamische Untersuchungen von Konstruktionen sind aus Standsicherheitsgründen notwendig, denn neben den statischen Lasten muß das Tragwerk auch die dynamischen Lasten aufnehmen können. Die Häufigkeit der einzelnen Beanspruchungen ist für die konstruktive Auslegung ebenso wichtig wie es die unterschiedlichen Lastfälle sind. Sind bei Konstruktionen dynamische Beanspruchungen zu berücksichtigen, so wird versucht, sie häufig durch einen Schwingbeiwert abzudecken, was aber nicht immer genügt. Der Einwand, daß die Konstruktion nur genügend steif sein muß, damit keine nennenswerten Schwingungen auftreten, ist nicht immer richtig, da er die Art der Anregung außer Betracht läßt.

Einen Eindruck von dem Frequenzinhalt einiger Anregungen vermittelt Bild 1.2. Resonanzerscheinungen z. B. bei Maschinenhäusern, Fundamenten können wesentliche Praxisprobleme erzeugen. Neben der Erregung spielt in Resonanzfällen die Dämpfung der betrachteten Konstruktion eine wesentliche Rolle.

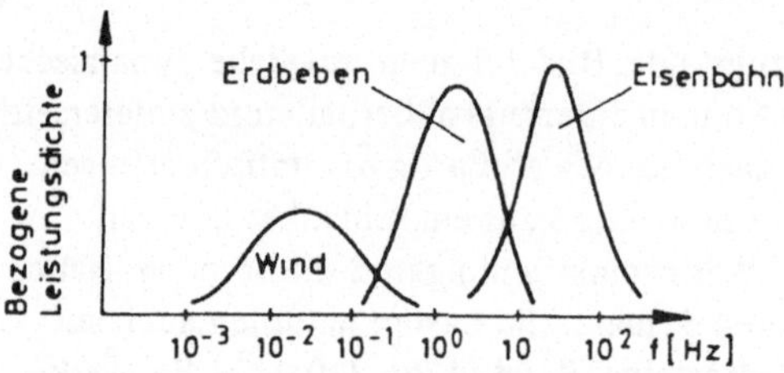

Bild 1.2
Frequenzinhalt einiger Anregungen

Außer Sicherheits- und Tragfähigkeitskriterien statischer und dynamischer Art zur Gewährleistung des Gebrauchszustandes existieren bei dynamischen Problemen auch andere Kriterien. Tab. 1.1 gibt Größenordnungen von Schwinggeschwindigkeiten in Gebäuden und ungefähre Beurteilungshinweise wieder. Mit abhängig von dem physischen und psychischen Zustand (Erwartungshaltung) eines Betroffenen können Schwingungen lästig sein (→ Erschütterungen), und es erhebt sich die Frage nach der Zumutbarkeit. Schwingungen von Wänden, Decken etc. (Körperschall) regen auch die umgebende Luft an: mittelbarer Luftschall. Ein Beispiel hierfür ist der Betrieb von Stadtbahn-Tunneln, bei denen zwecks Körperschallschutz in der nachbarlichen Bebauung besondere Konstruktionsmaßnahmen erforderlich sein können.

Tab. 1.1 Größenordnungen (örtlicher) Schwinggeschwindigkeiten

Ursachen		Beurteilungshinweise
Schweres Erdbeben	mm/s 10^2	
Starker Wind	10	Schwelle für Konstruktionsschäden
Eisenbahnverkehr, Laufen, Schießen, Türenschlagen	1	unangenehmes ⎫ Empfinden merkbares ⎬
Straßenverkehr	10^{-1}	Beanspruchungs, Funktionsgrenze für viele Laborgeräte
Schwacher Wind	10^{-2}	
Mikroseismische Erregungen	10^{-3}	Grenze für optische Präzisionseichungen

Eine weitere Einwirkung von Schwingungen auf den Menschen ist unter dem Namen „Seekrankheit" (Kinetosen) bekannt. Tieffrequente Schwingungen (< 1 Hz) wirken hier auf das Gleichgewichtsorgan (Vestibularapparat des Innenohres). Andere Schwingungen mit Anregungsfrequenzen in der Nähe der Lagerungsfrequenzen innerer Organe

vermögen starkes Mißempfinden auszulösen. Mit anderen Worten, bei Bauwerksaus-
legungen sind gewisse „Komfort"-Bedingungen sowohl im häuslichen als auch betrieb-
lichen Bereich zu beachten.

1.2   Idealisierungen

Idealisierungen technischer Konstruktionen sind dem Leser bereits aus der Mechanik
bekannt. Ein reales System[1]) muß zunächst physikalisch modelliert werden (Bild 1.3),
d. h. abhängig von der Aufgabenstellung physikalisch durchdrungen werden. Die vorgegebenen Lasten erfordern zu jedem fest vorgegebenen Zeitpunkt ein m o m e n t a -
n e s statisches Modell. Betrachtet man jetzt die Zeitabhängigkeit, dann muß die zeitliche Änderung der Kräfte beachtet werden. Nach dem 2. Newtonschen Axiom kommt
die Trägheitskraft hinzu. Die physikalische Modellierung hängt nicht nur von der Lastart
ab (z. B. Beanspruchung eines flächenhaften Körpers als Scheibe oder Platte), sondern
auch von der Aufgabenstellung, also auch von dem jeweiligen Ziel der Analyse. Das Ziel
kann darin bestehen, die Beanspruchungen der Konstruktion überschläglich zu ermitteln
(z. B. lediglich die Größenordnungen der dynamischen Zusatzbeanspruchungen) und
darin, örtliche Spannungsspitzen (zeitabhängig) zu berechnen. Beide Vorgehen erfordern
verschieden genaue Modellierungen: Ausgehend von der Aufgabenstellung wird alles
Unwesentliche fortgelassen.

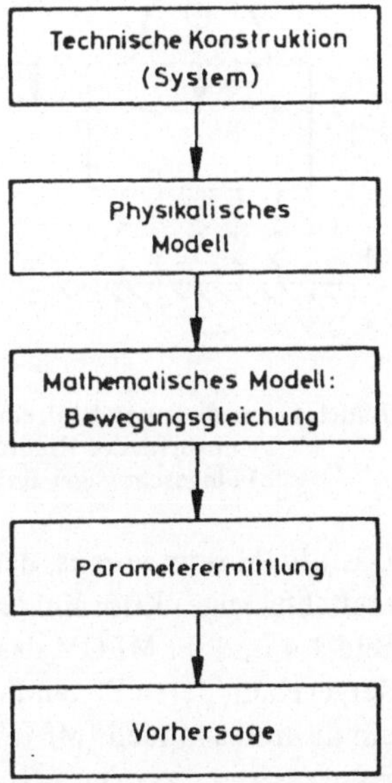

Bild 1.3
Zur Modellierung

---

[1]) Synonym für technische Konstruktion (Tragwerk). Der Begriff Struktur (aus dem
Englischen structure) wird hier seiner ursprünglichen Bedeutung gemäß für den inneren
Aufbau z. B. einer Gleichung benutzt.

Beispiel 1.1 Ein einseitig eingespannter gerader Balken konstanten Querschnitts mit einem Verhältnis 10 : 1 für die Längenabmessung zur größten Querschnittsabmessung wird durch Streckenlast (z. B. Eigengewicht) auf Biegung beansprucht. Hier genügt die Modellierung als Bernoulli-Balken, die Schubverformung nach Timoshenko hat einen vernachlässigbaren Einfluß (s. Abschn. 4.2.1).

Der nächste Schritt besteht dann in der mathematischen Formulierung, dem Aufstellen der Bewegungsgleichung (mathematisches Modell). Hierzu ist es u. U. notwendig, das physikalische Modell zusätzlich zu vereinfachen.

Beispiel 1.2 Das Dämpfungsverhalten kann bei einzelnen Konstruktionen (geschweißt, geschraubt) nicht nur verschieden sein, sondern es ist auch sehr schwierig, den physikalischen Sachverhalt zu ermitteln. Daher wird man versuchen, das Dämpfungsverhalten zunächst angenähert und möglichst einfach zu erfassen, also es mathematisch als viskose Dämpfungskraft zu modellieren.

Schließlich sind die Parameterwerte, wie z. B. Steifigkeiten bzw. Nachgiebigkeiten, aufgrund von Konstruktionszeichnungen und technischen Daten zu ermitteln, bevor eine Vorhersage über das (dynamische) Systemverhalten gemacht werden kann.

Das Modell (Ersatzsystem) kann in einem einläufigen Schwinger (Einfreiheitsgradmodell: EFGM), in einem mehrläufigen Schwinger (Mehrfreiheitsgradmodell: MFGM) und in einem kontinuierlichen Schwinger (unendlich viele Freiheitsgrade) bestehen.

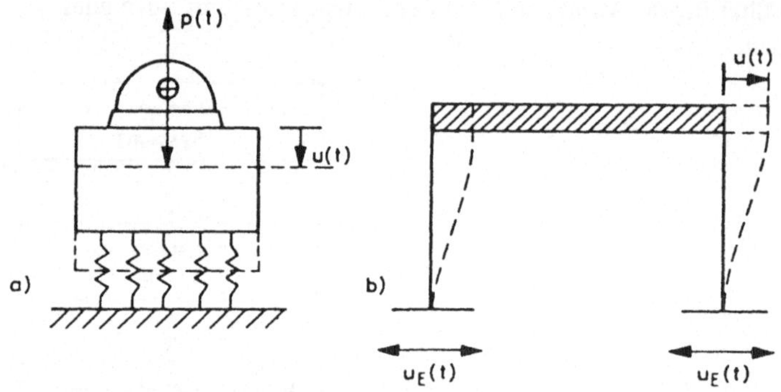

Bild 1.4 Beispiele von Einfreiheitsgradmodellen:
        a) in vertikaler Richtung elastisch gelagertes starres Maschinenfundament
        b) eingeschossiger Rahmen mit starrem Riegel und masselosen Stielen

Das EFGM setzt voraus, daß sich der Verformungszustand des Systems durch eine (zeitabhängige) Koordinate vollständig beschreiben läßt. Beispiele für EFGM zeigt Bild 1.4 und für MFGM das Bild 1.5. Kontinuierliche Schwinger sind in Bild 1.6 wiedergegeben, deren Behandlung im allgemeinen angenähert numerisch erfolgt und auf ein diskretes Modell (MFGM) zurückgeführt wird (s. Bild 1.5c).

Das Verhalten des Materials und der Verbindungen (Fügungen) bedarf ebenfalls einer Idealisierung. Von den möglichen Spannungs-Dehnungsmodellen sei hier ausschließlich das lineare Modell (Hooke) betrachtet, d. h. lediglich Beanspruchungen bis zur Proportionalitätsgrenze. Damit spielen auch Verformungszeiten keine Rolle. Für das Dämpfungsverhalten gibt es verschiedene und unterschiedlich komplizierte Modelle. Neben

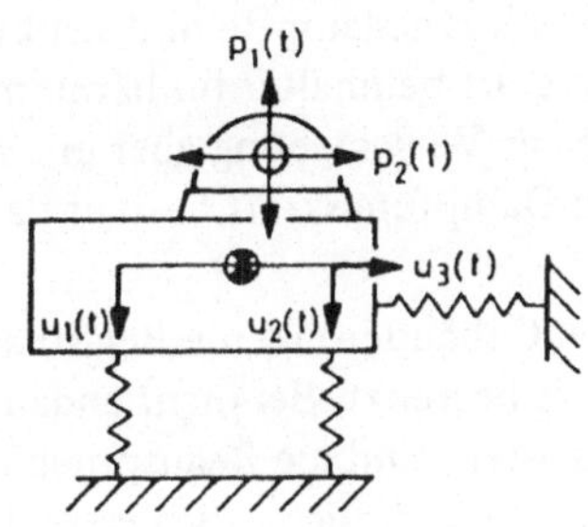

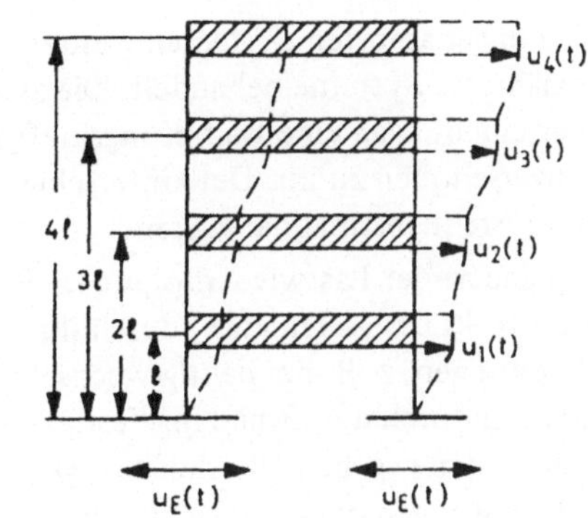

Bild 1.5
Beispiele von Mehrfreiheitsgradmodellen:
a) Maschinenfundament modelliert als
3-Freiheitsgradsystem
b) Viergeschoßrahmen mit starren Riegeln
und masselosen Stielen
c) Modell eines Kamins bestehend aus mit
masselosen Biegefedern verbundenen Massenpunkten

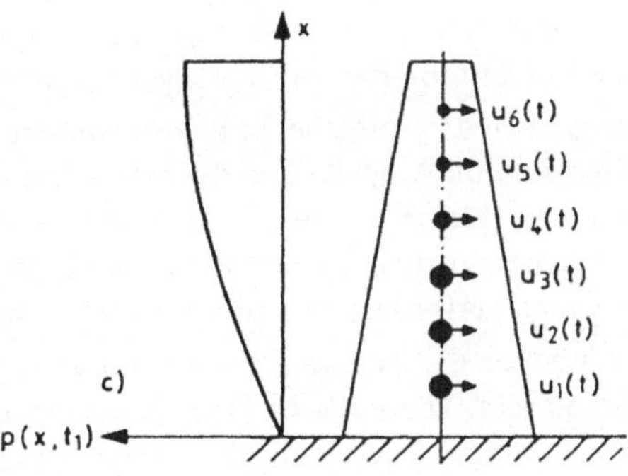

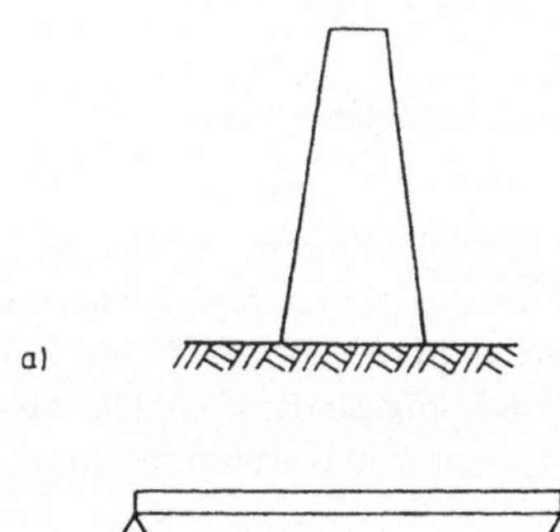

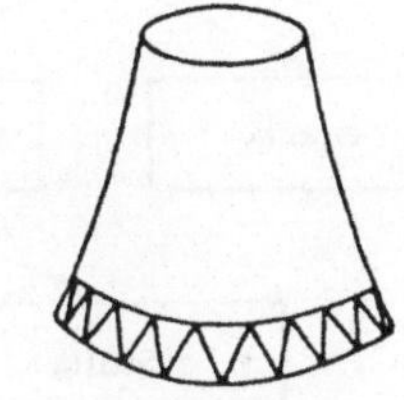

Bild 1.6
Beispiele für kontinuierliche Schwinger:
a) Kamin
b) beidseitig gelenkig gelagerter Balken
c) Kühlturmschale

den ungedämpften Systemen werden im folgenden viskos gedämpfte und strukturell gedämpfte Systeme behandelt. Die zweite Dämpfungsart beinhaltet für harmonische Verschiebungen eine Dämpfungskraft proportional zur Verschiebung aber um $\pi/2$ phasenverschoben zu ihr. Der Unterschied zur viskosen Dämpfungskraft besteht damit in ihrer Frequenzunabhängigkeit.

Bei dauernder Lastwiederholung (z. B. Maschinen in Gebäuden) ist die Belastbarkeit der Konstruktion (-selemente) durch ihre Dauerfestigkeit begrenzt. Bei nicht andauernden Belastungen, z. B. bei häufig wechselnden Verkehrslasten, sind die Beanspruchungsgrenzen durch die Ermüdungsfestigkeit unter laufend veränderlicher Beanspruchung der Materialien gegeben (Betriebsfestigkeit). Eine andere Gruppe von Belastungen sind Einzelbelastungen oder solche, die relativ selten im Leben eines Bauwerks auftreten. Zu den letzteren zählt z. B. die Erdbebenbelastung. Bei Starkbeben, sofern nicht besondere Isoliermaßnahmen gegen Schwingungsbeanspruchung getroffen werden, kann die plastische Verformungsfähigkeit maßgeblich werden.

Abhängig von der Aufgabe, d. h. also von der Art der Belastung und den Systemeigenschaften sind die Modelle und die mathematischen Hilfsmittel zu wählen. Die lineare Behandlung (kleine Verformungen und lineares Materialgesetz) stellt somit einen ersten Schritt in der Vorhersage und Beurteilung des Systemverhaltens dar, der u. U. Zusatzüberlegungen erfordert, um eine Standsicherheitsaussage treffen zu können.

Damit können die Aussagen der dynamischen Untersuchungen unsicherer als die von statischen sein. Theoretische Dämpfungsaussagen sind bspw. aufgrund von Konstruktionszeichnungen und technischen Daten praktisch nicht möglich, hier müssen Erfahrungswerte in der Analyse weiterhelfen und schließlich Versuche zur Stützung der Systemanalyse durchgeführt werden [1.20].

1.3   Klassifizierungen

Eine mögliche Einordnung der Dynamik innerhalb der Mechanik gibt Bild 1.7 wieder. Die Statik ist die Lehre vom Gleichgewicht der Kräfte (p) bei ruhenden Systemen (Grenzfall $[dp/dt] \rightarrow 0$, t − Zeitkoordinate). Die Kinetik ist die Lehre von den Systemen bei zeitabhängigen Kräften. Die Kinematik beschreibt die zeitlichen und räumlichen Bewegungen von Körpern bei vorgegebenen Bahnen, d. h. unter Berücksichtigung von

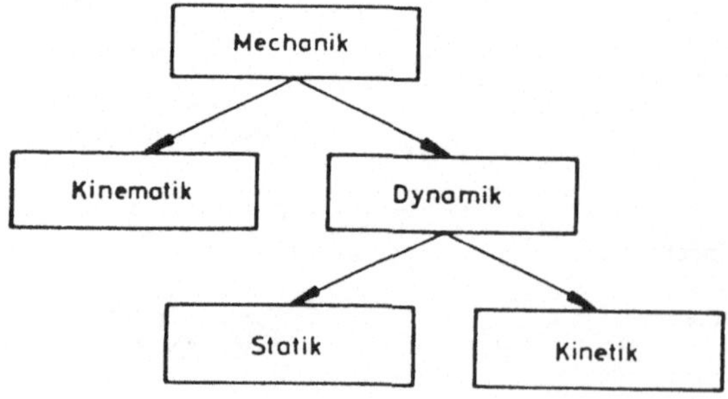

Bild 1.7
Einordnung der Dynamik

vorgegebenen geometrischen Bindungen. Grundkenntnisse in der Statik werden hier vorausgesetzt.

Die Dynamik beinhaltet also neben den elastischen Rückstellkräften (Statik) zusätzlich die Dämpfungs- und Trägheitskräfte, in bestimmten Fällen noch gyroskopische Kräfte (Kreiselkräfte, z. B. bei Windkraftwerken).

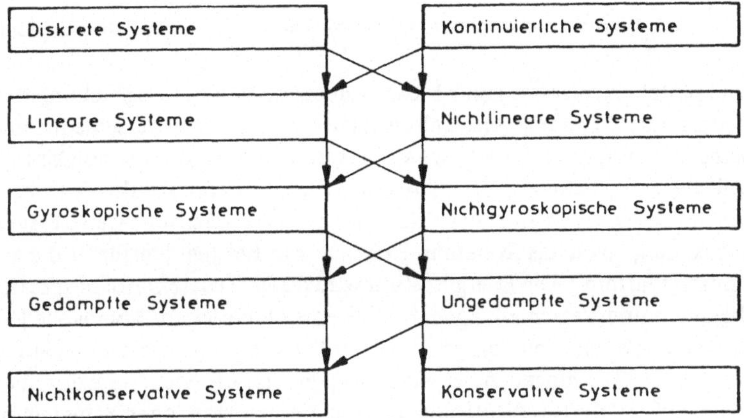

Bild 1.8 Klassifizierung der Systeme (Modelle) anhand ihrer Schwingungseigenschaften

Bild 1.8 enthält die Klassifizierung der (idealisierten) Systeme anhand ihrer Eigenschaften. Eine Klassifizierung der Schwingungen nach ihrem Entstehungsmechanismus zeigt Bild 1.9. Unter Schwingung versteht man jede mehr oder weniger regelmäßige (oder auch zufallsbedingte) Schwankung der Bewegungskoordinate um einen (evtl. auch zeitabhängigen) Mittelwert. Bei autonomen Schwingungen wird der Schwingungsvorgang von dem System selbst bestimmt, hierzu zählen die freien Schwingungen (Eigenschwingungen) und die selbsterregten Schwingungen. Die freien Schwingungen zeichnen sich dadurch aus, daß auf das System keine äußeren Kräfte mehr wirken; die Bewegungen hängen dann nur noch von den Systemeigenschaften und dem Bewegungszustand in dem Zeitpunkt ab, in dem die Last Null wird: Anfangszustand der freien Schwingungen. Die mathematische Beschreibung erfolgt durch die homogene Bewegungsgleichung (Differentialgleichung: DGl.) und die Anfangsbedingungen. Ein Beispiel ist der im Bauwesen verwendete Zupfversuch (Entlastungssprung): Es wird eine statische Last aufgebracht

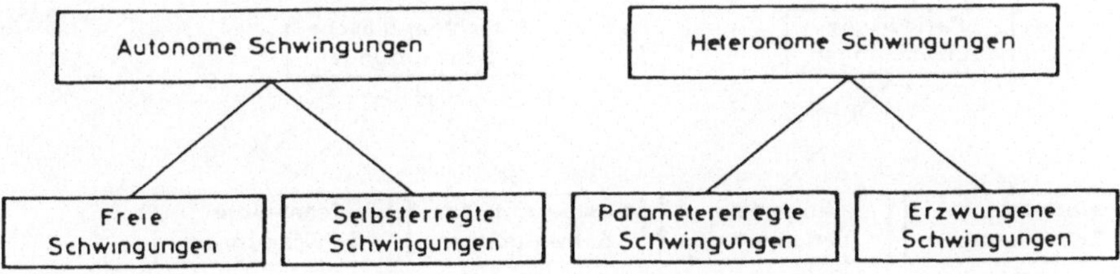

Bild 1.9 Klassifizierung der Schwingungen nach ihrem Entstehungsmechanismus

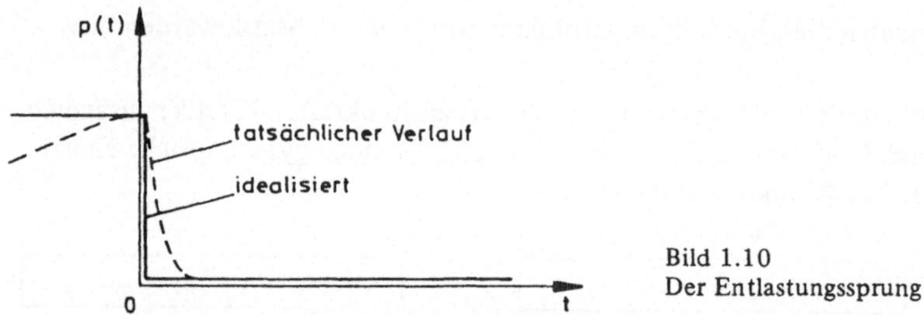

Bild 1.10
Der Entlastungssprung

und plötzlich entlastet (Bild 1.10); homogene Bewegungsgleichung mit den Anfangsbedingungen: Anfangsverschiebung gleich der von Null verschiedenen statischen Verschiebung aufgrund der statischen Last und Anfangsgeschwindigkeit gleich Null. Die
selbsterregten Schwingungen entstehen durch Energiezufuhr eines sich selbst überlas-
senen Schwingers, wobei der Schwinger die Energiezufuhr steuert; sie ist also dann nicht
vorhanden, wenn das System in Ruhe ist. Ein Beispiel hierfür ist die aeroelastische Insta-
bilität „Flattern". Die Energiezufuhr wird durch Zusatzkräfte proportional den Geschwindigkeiten und Verschiebungen des Systems beschrieben: homogene DGl. Bei den hetero-
nomen Schwingungen dagegen wird der Schwingungsvorgang von außen (fremd-) gesteu-
ert. Bei den erzwungenen Schwingungen erfolgt die Steuerung durch (zeitlich veränder-
liche) äußere Kräfte, die unabhängig von den entstandenen Schwingungen sind. Ein Beispiel für die erzwungenen Schwingungen ist die Reaktion einer Hallendecke auf die
Kraftanregung infolge einer rotierenden Unwucht. Die mathematische Darstellung
erfolgt über eine inhomogene Bewegungsgleichung. Die parametererregten Schwingungen sind solche, bei denen die Bewegungen infolge fremdgesteuerter Änderungen von
Systemparametern erfolgen. Ein Beispiel für parametererregte Schwingungen stellt die
Bewegung einer Schaukel mit periodisch veränderter Schwerpunktlage dar. Die Beschreibung erfolgt mit homogener Bewegungsgleichung und zeitabhängigen Koeffizienten.

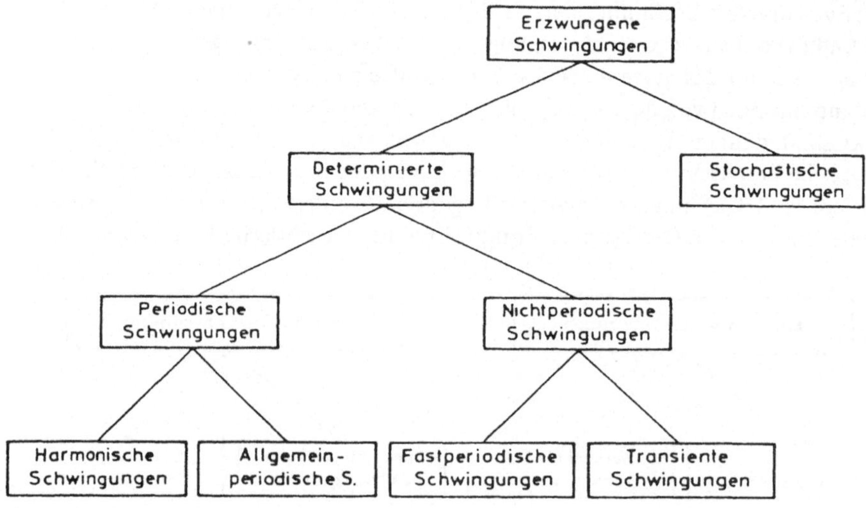

Bild 1.11 Unterteilung der erzwungenen Schwingungen

Die erzwungenen Schwingungen spielen in der Dynamik eine wesentliche Rolle. Sie werden in determinierte und stochastische Schwingungen unterteilt (Bild 1.11). Die determinierten Schwingungen sind explizit mathematisch beschreibbar und damit auch reproduzierbar, was für stochastische, zufällige Schwingungen nicht zutrifft. Sie sind nur indirekt mathematisch über statistische Charakteristiken beschreibbar. Eine stochastische Schwingung ist deshalb (im einzelnen) für keinen Zeitpunkt vorhersagbar und nicht reproduzierbar. Stochastische Schwingungen werden nicht betrachtet. Die determinierten Schwingungen werden in periodische und nichtperiodische unterteilt. Mit der Periodendauer T sind die periodischen Schwingungen durch $u(t) = u(t \pm nT)$, $n \in \mathbf{N}$, und die nichtperiodischen durch die entsprechende Ungleichung gekennzeichnet: $u(t) \neq u(t \pm nT)$. Die harmonische Schwingung läßt sich durch einen Sinus- bzw. Cosinus-Ausdruck beschreiben. Die allgemein periodischen Schwingungen lassen sich durch Fourier-Reihen (FR) darstellen. Die Überlagerung von Sinus-Schwingungen, deren Frequenzverhältnis keine rationale Zahl ist, ist nichtperiodisch. Man nennt derartige Schwingungen (Funktionen, Signale) fastperiodisch. Zu ihnen gehören auch exponentiell abklingende und angefachte harmonische Bewegungen. Die Restmenge der nichtperiodischen Schwingungen sind die transienten (vorübergehenden) Schwingungen. Hinsichtlich der transienten Kraftverläufe unterscheidet man solche mit bleibender Größe für $t \rightarrow \infty$ (sprungartige Kraftfunktionen: Bild 1.12) und solche mit nichtbleibender Größe für $t \rightarrow \infty$ (impulsartige Kraftfunktionen: Bild 1.13).

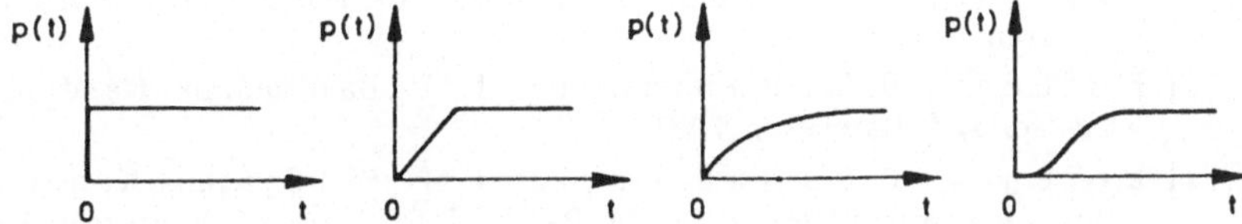

Bild 1.12 Sprungartige Kraftfunktionen

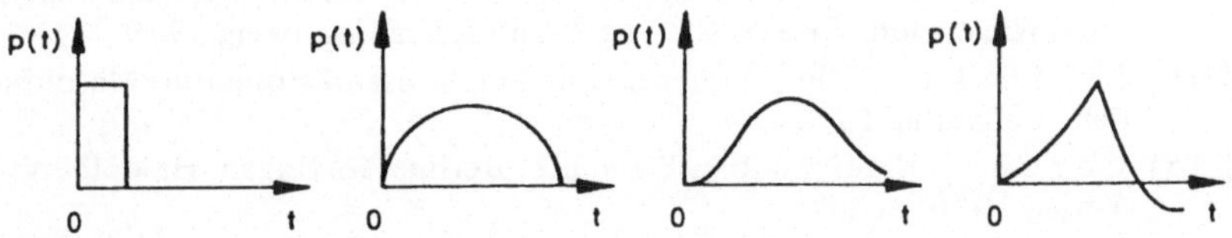

Bild 1.13 Impulsartige Kraftfunktionen

Die üblichen Klassifizierungen der Schwingungen sind in gewisser Weise willkürlich. In der Realität hat jeder dynamischer Vorgang, auch jede Schwingung einen Anfang und ein Ende, demnach ist sie transient. Erst in der Abstraktion und in Grenzfällen treten die genannten Sonderformen auf.

1.4   Schrifttum und Normen

Bücher

[1.1]   B a c h m a n n , H.; A m m a n n , W.: Schwingungsprobleme bei Bauwerken −
Durch Menschen und Maschinen induzierte Schwingungen. Structural Eng.
Documents, 3d, IABSE-AIPC-IVBH. Zürich: ETH-Hönggerberg 1987

[1.2]   B a c h m a n n , H. (Ed.): Handbook on Dynamics. Rep. CEB, in Vorbereitung

[1.3]   C l o u g h , R. W.; P e n z i e n , J.: Dynamics of Structures. New York:
McGraw-Hill Inc. 1975

[1.4]   F e r t i s , D. G.: Dynamics and Vibration of Structures. New York, London,
Sydney, Toronto: J. Wiley and Sons 1973

[1.5]   H a m e l , G.: Theoretische Mechanik. Berlin, Göttingen, Heidelberg: Springer-
Verlag 1949

[1.6]   H a r r i s , C. M.; C r e d e , C. E.: Shock and Vibration Handbook. New York:
McGraw-Hill Book Company 1976

[1.7]   H u r t y , W. C.; R u b i n s t e i n , M. F.: Dynamics of Structures. Englewood
Cliffs: Prentice-Hall, Inc. 1964

[1.8]   K l o t t e r , K.: Technische Schwingungslehre. Bd. 1: Einfache Schwinger,
Teil A. Lineare Schwingungen, Teil B. Nichtlineare Schwingungen, Bd. 2:
Schwinger von mehreren Freiheitsgraden. Berlin, Heidelberg, New York, Tokyo:
Springer-Verlag 1981

[1.9]   K o l o u s e k , V.: Dynamik der Baukonstruktionen. Berlin: VEB-Verlag f.
Bauwesen 1962

[1.10] K o r e n e v , B. G.; R a b i n o v i c , I. M.: Baudynamik, Handbuch. Berlin:
VEB-Verlag f. Bauwesen 1980

[1.11] K o r e n e v , B. G.; R a b i n o v i c , I. M.: Bau-Dynamik-Konstruktionen
unter spezifischen Einwirkungen. Berlin: VEB-Verlag f. Bauwesen 1985

[1.12] K r ä m e r , E.: Maschinendynamik. Berlin, Heidelberg, New York, Tokyo:
Springer-Verlag 1984

[1.13] L e h m a n n , T.: Elemente der Mechanik IV: Schwingungen, Variationsprin-
zipe. Wiesbaden: Friedr. Vieweg & Sohn, Braunschweig 1979

[1.14] L i p i n s k i , J.: Fundamente und Tragkonstruktionen für Maschinen. Wiesbaden: Bauverlag 1972

[1.15] L o r e n z , H.: Grundbau-Dynamik. Berlin, Göttingen, Heidelberg: Springer-
Verlag 1960

[1.16] M a g n u s , K.: Schwingungen. Stuttgart: B. G. Teubner Verlags-Gesellschaft
1961

[1.17] M e i r o v i c h , L.: Computational Methods in Structural Dynamics. Alphen
aan den Rijn, Rockville: Sijthoff & Noordhoff 1980

[1.18] M ü l l e r , F. P.: Baudynamik. Betonkalender 1978. Berlin: Ernst & Sohn

[1.19] M ü l l e r , P. C.; S c h i e h l e n , W. O.: Lineare Schwingungen − Theoretische Behandlung von mehrfachen Schwingern. Wiesbaden: Akademische Verlags-Gesellschaft 1976

[1.20] N a t k e , H. G.: Einführung in Theorie und Praxis der Zeitreihen und Modalanalyse. Braunschweig, Wiesbaden: Friedr. Vieweg & Sohn 1988

[1.21] N e w m a r k , N. M.; R o s e n b l u e t h , E.: Fundamentals of Earthquake
Engineering. Englewood Cliffs, N. J.: Prentice-Hall 1971

[1.22] NN: Dämpfung von Schwingungen bei Maschinen und Bauwerken. VDI-Berichte 627. Düsseldorf: VDI-Verlag 1987

[1.23] N o w a c k i , W.: Baudynamik. Wien, New York: Springer-Verlag 1974

[1.24] P e s t e l , E. C.; L e c k i e , F. A.: Matrix Methods in Elastomechanics. McGraw-Hill New York 1963

[1.25] T i l l y , G. P. (Ed.): Dynamic Behaviour of Concrete Structures. Rep. RILEM 65 MDB Committee. Tokyo: Elsevier Amsterdam, Oxford, New York 1986

[1.26] U h r i g , R.: Elastostatik und Elastokinetik in Matrizenschreibweise. Berlin, Heidelberg, New York: Springer-Verlag 1973

[1.27] W a l l e r , H.; K r i n g s , W.: Matrizenmethoden in der Maschinen- und Bauwerksdynamik. Mannheim, Wien, Zürich: Bibliographisches Institut 1975

[1.28] W e i g a n d , A.: Einführung in die Berechnung mechanischer Schwingungen. Bd. I (1955), Bd. II (1958), Bd. III (1962), Berlin: VEB-Verlag Technik

[1.29] W o l f , J. P.: Dynamic Soil-Structure Interactions. Englewood Cliffs, N. J.: Prentice-Hall Inc. 1985

[1.30] W o l f , J. P.: Soil-Structure-Interaction Analysis in Time Domain. Englewood Cliffs, N. J.: Prentice-Hall Inc. 1988

DIN-Vorschriften und Richtlinien

DIN 1311	Schwingungslehre	
	Bl. 1 Kinematische Begriffe	Febr. 1974
	Bl. 2 Einfache Schwinger	Dez. 1974
	Bl. 3 Schwingungssysteme mit endlich vielen Freiheitsgraden	Dez. 1974
	Bl. 4 Schwingende Kontinua, Wellen	Febr. 1974
DIN 4024	Maschinenfundamente	
	Bl. 1 Elastische Stützkonstruktionen für Maschinen	Entwurf
	mit rotierenden Massen	Mai 1983
DIN 4024	Stützkonstruktionen für rotierende Maschinen	
	(vorzugsweise Tisch-Fundamente für Dampfturbinen)	Jan. 1955
DIN 4025	Fundamente für Amboß-Hämmer (Schabotte-Hämmer).	
	Hinweise für die Bemessung und Ausführung	Okt. 1958
DIN 4112	Fliegende Bauten. Richtlinie für Bemessung und Ausführung	Febr. 1983
DIN 4131	Antennentragwerke aus Stahl. Berechnung und Ausführung	März 1969
DIN 4132	Kranbahnen, Stahltragwerke. Grundsätze für Berechnung,	
	bauliche Durchführung und Ausführung	Febr. 1981
	Beiblatt Erläuterungen	Febr. 1981
DIN 4133	Schornsteine aus Stahl. Statische Berechnung und Ausführung	Aug. 1973
DIN 4149	Bauten in deutschen Erdbebengebieten	
	Teil 1 Lastannahmen, Bemessung und Ausführung	
	üblicher Hochbauten	April 1981
	Beiblatt 1 zu DIN 4149, Teil 1: Zuordnung von Verwaltungs-	
	gebieten zu den Erdbebenzonen	April 1981
DIN 4150	Erschütterungen im Bauwesen	
	Teil 1 Grundsätze, Vorermittlung und Messung	Vornorm
	von Schwingungsgrößen	Sept. 1975
	Teil 2 Einwirkungen auf Menschen in Gebäuden	März 1986
	Teil 3 Einwirkungen auf bauliche Anlagen	Mai 1986

DIN 4178	Glockentürme. Berechnung und Ausführung	Aug. 1978
VDI 2056	Beurteilungsmaßstäbe für mechanische Schwingungen von Maschinen	Okt. 1964
VDI 2057	Beurteilung der Einwirkung mechanischer Schwingungen auf den Menschen	Mai 1987

VDI 2057   Bl. 1 Grundlagen, Gliederung, Begriffe
Bl. 2 Bewertung
Bl. 3 Beurteilung
Bl. 4.1 Messung und Bewertung von Arbeitsplätzen in Gebäuden
Bl. 4.2 Messung und Bewertung von Arbeitsplätzen auf Landfahrzeugen
Bl. 4.3 Messung und Beurteilung für Wasserfahrzeuge

VDI 2062   Schwingungsisolierung
Bl. 1 Begriffe und Methoden   Jan. 1976
Bl. 2 Isolierelemente   Jan. 1976

VDI 3831   Schutzmaßnahmen gegen die Einwirkung mechanischer Schwingungen auf den Menschen, allgem. Schutzmaßnahmen, Beispiele   Nov. 1985

KTA 2201   (Kerntechnische Anlagen): Auslegung von Kernkraftwerken gegen seismische Einwirkungen
Teil 1 Grundsätze   Jan. 1975
Teil 2 Baugrund   Nov. 1982
Teil 4 Auslegung der maschinenelektrotechnischen Anlagenteile   Nov. 1983
Teil 5 Seismische Instrumentierung   Jan. 1977

Anmerkung: Normen und Richtlinien des Maschinenbaus, wie z. B.

VDI 2059   Wellenschwingungen von Industrieturbosätzen
Bl. 1   Nov. 1981
Bl. 2   März 1983
Bl. 3   Okt. 1985
Bl. 4   Nov. 1981

VDI 2063   Messung und Beurteilung mechanischer Schwingungen von Hubkolbenmotoren und -kompressoren   Sept. 1985

wurden nicht berücksichtigt

2 Einfreiheitsgradmodelle (EFGM)

Innerhalb der einleitend angesprochenen Idealisierungen wird auf die Elemente der
Mechanik zurückgegriffen: Massenpunkt (auch Punktmasse oder kurz Masse) m, masselose lineare Feder mit der Steifigkeit (Federkonstante) k bzw. der Nachgiebigkeit 1/k,
masseloser viskoser Dämpfer mit dem Dämpfungskoeffizienten b. Schränkt man die
möglichen 3 Freiheitsgrade (FG) des ungebundenen Punktes (: Punktkinematik) auf
e i n e n FG ein, so erhält man mit den oben aufgezählten Elementen das EFGM
(s. Bild 2.1a), zu dessen Beschreibung e i n e zeitabhängige Bewegungskoordinate
u(t) genügt.

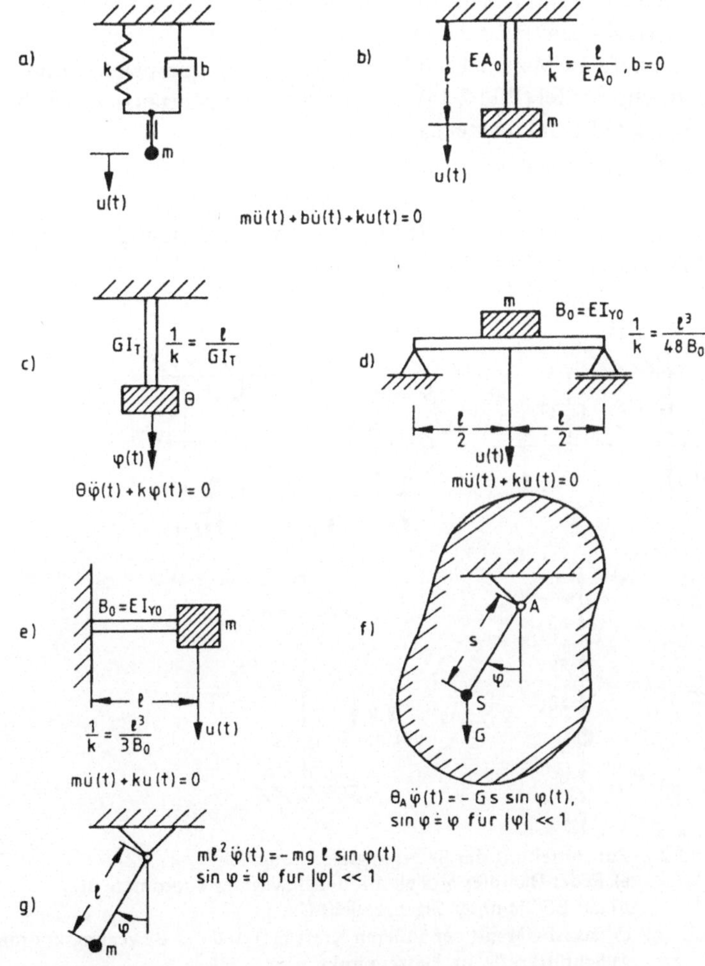

Bild 2.1 a) EFGM und EFGM für spezielle kontinuierliche Schwinger;
      b) Längsschwinger; c) Torsionsschwinger; d) und e) Biegeschwinger;
      f) Körperpendel; g) Mathematisches Pendel

Auf die diskrete Modellierung der Tragwerke wird in Kap. 6 näher eingegangen. Hier seien nur einige spezielle Modelle von Schwingern als Beispiele für EFGM genannt. Vorausgesetzt werden (lineare) elastische Rückstellkräfte, E bezeichnet den Elastizitätsmodul, G den Schubmodul. Der Längsschwinger (Dehnschwinger[1])) gemäß Bild 2.1b besteht aus einem Dehnstab konstanten Querschnitts A_0 und einer Endmasse m. Er führt auf ein EFGM als Ersatzsystem, wenn entweder die Stabmasse $\mu_0\ell$ (mit μ_0 der Massenbelegung) im Vergleich zur Endmasse vernachlässigbar ist oder die Stabmasse näherungsweise in der Endmasse berücksichtigt wird. Hier ist die Modellierung als EFGM nach Bild 2.1a mit b = 0 offensichtlich. Entsprechend können der Torsionsschwinger[1] (Bild 2.1c) und die beiden Biegeschwinger[1] mit den angegebenen Steifigkeiten (den masselosen Ersatz-Federn; I_T ist das Flächenträgheitsmoment bei Torsion, I_{y0} das Flächenträgheitsmoment bei Biegung eines Stabes konstanten Querschnittes) und Trägheiten (Θ ist das Massenträgheitsmoment) idealisiert werden, also näherungsweise auf EFGM zurückgeführt werden. Das Körperpendel (Bild 2.1f) und das mathematische Pendel (Bild 2.1g) sind für kleine Schwingausschläge ebenfalls näherungsweise als lineare EFGM darstellbar.

Der Behandlung des EFGM wird hier wiederholend ein relativ breiter Raum gewidmet, weil einerseits wesentliche dynamische Vorgänge schon am EFGM aufgezeigt werden können und andererseits alle linearen schwingungsfähigen Systeme letztlich auf die Behandlung von EFGM zurückführbar sind.

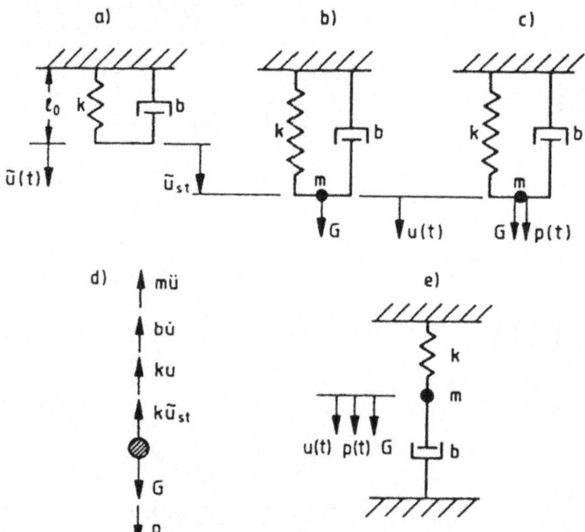

Bild 2.2 Zur Herleitung der Bewegungsgleichung:
    a) Feder-Dämpfer-Modell mit der Bewegungskoordinate u(t)
    b) das EFGM unter Eigengewicht G
    c) das EFGM mit der äußeren Kraft p(t) und der Bewegungskoordinate u(t)
    d) Schnittkräfte am Massenpunkt
    e) zu c) gleichwertiges EFGM

---

[1]) Die Bezeichnung impliziert die vorgenommene Einschränkung möglicher FG.

2.1.   Bewegungsgleichung

Bild 2.2a zeigt die masselose Feder und den masselosen viskosen Dämpfer eines EFGM.
In dieser Ruhelage im Abstand ℓ_0 von der Befestigung führen wir die Bewegungskoordinate $\tilde{u}(t)$ ein. Das Feder-Dämpfermodell mit der Masse m (Bild 2.2b) besitzt unter
dem Eigengewicht G die statische Verschiebung $\tilde{u}_{st} = G/k$ ($\neg\, u_{st}(t)$: keine Funktion der
Zeit, damit ist die zeitliche Ableitung $d\tilde{u}_{st}/dt = \dot{\tilde{u}}_{st} = 0$, d. h. der Dämpfer wird nicht
beansprucht). Diese Ruhelage wird als statische Ruhelage bezeichnet. Bezogen auf die
statische Ruhelage wird jetzt die Bewegungskoordinate u(t) eingeführt. Die Kraft p(t)
greife an m an (Bild 2.2c). Bild 2.2d zeigt die Schnittkräfte (körperfestes Koordinatensystem) für die Masse. Aufgrund des (erweiterten) Newtonschen Gesetzes (vgl. z. B.
[2.1, 2,2] gilt

$$m\ddot{u}(t) = p(t) + G + f_{st} + f_e(t) + f_d(t) \tag{2.1}$$

$$\text{mit} \qquad \left.\begin{aligned} &\ddot{u}(t) := \frac{d^2 u(t)}{dt^2}, \\[1em] &f_{st} = -k\tilde{u}_{st},\ \tilde{u}_{st} = \frac{G}{k}, \\[1em] &f_e(t) = -ku(t), \\[1em] &f_d(t) = -b\dot{u}(t). \end{aligned}\right\} \tag{2.2}$$

Es folgt die Bewegungsgleichung

$$m\ddot{u}(t) + b\dot{u}(t) + ku(t) = p(t). \tag{2.3}$$

Eine etwas andere Herleitung verwendet die Bewegungskoordinate

$$\tilde{u}(t) = \tilde{u}_{st} + u(t): \tag{2.4}$$

Das Kräftegleichgewicht aus Trägheitskraft, Dämpfungskraft, Federkraft, der Erregerkraft p(t) und der Gewichtskraft G kann sofort hingeschrieben werden:

$$m\ddot{\tilde{u}}(t) + b\dot{\tilde{u}}(t) + k\tilde{u}(t) = p(t) + G. \tag{2.5}$$

Wegen $\tilde{u}_{st} = G/k \neg\ \tilde{u}_{st}(t)$ ergibt sich die Gl. (2.3).
Die Bewegungsgleichung (2.3) ist eine gewöhnliche DGl. 2. Ordnung mit konstanten
Koeffizienten, die die Bewegung des Massenpunktes um seine statische Ruhelage
beschreibt und somit die Gewichtskraft nicht enthält.
Mit den in Bild 2.1 angegebenen Steifigkeiten und Trägheiten lassen sich die jeweiligen
Bewegungsgleichungen mit der Gl. (2.3) speziell angeben, auch, wenn die Feder des
EFGM z. B. als Ersatzfeder aus der Parallel- und/oder Hintereinanderschaltung mehrerer
Einzelfedern besteht. Man erkennt, daß das Schwingungsmodell in Bild 2.2e gleichwertig
mit dem in Bild 2.2c bzw. in Bild 2.1a ist, d. h. es unterscheiden sich nur die Darstellun-
gen.
Im folgenden werden die einzelnen Schwingungsvorgänge des EFGM in Anlehnung an
die Klassifizierungen der Bilder 1.9 und 1.11 betrachtet.

2.2   Freie Schwingungen

Die freie Schwingung des EFGM ist durch die homogene Bewegungsgleichung und durch
von Null verschiedene Anfangsbedingungen definiert, will man die triviale Bewegung
$u(t) \equiv 0$ ausschließen:

$$m\ddot{u}(t) + b\dot{u}(t) + ku(t) = 0, \qquad u(0) = u_0, \left.\frac{du(t)}{dt}\right|_{t=0} = \dot{u}_0, \qquad (2.6)$$

u_0 und $\dot{u}_0$ nicht beide gleich Null. Die freie Schwingung entsteht dadurch, daß ab einem
(beliebigen) Zeitpunkt t, der ohne Einschränkung der Allgemeinheit zu $t = 0$ gewählt
werden kann, keine Kraft mehr auf das System wirkt, $p(t) = 0$ für $0 < t < \infty$, das System
also vor dem Zeitpunkt $t = 0$ erregt war und eine entsprechende Anfangsenergie besitzt.

2.2.1   Das ungedämpfte Modell

Gesucht ist die Lösung der homogenen DGl. (2.6) für $b = 0$; sie ist eine gewöhnliche
DGl. 2. Ordnung mit konstanten Koeffizienten. Mit den beiden Fundamentallösungen
$\cos \omega_0 t$ und $\sin \omega_0 t$ [2.3], wobei die Eigenkreisfrequenz aus der Frequenzgleichung
(auch charakteristische Gl. genannt)

$$-\omega_0^2 m + k = 0$$

$$\text{zu} \qquad \omega_0 = \sqrt{\frac{k}{m}} \qquad (2.7)$$

folgt, lautet die (reelle) Lösung

$$u(t) = u_h(t) = A_1 \cos \omega_0 t + A_2 \sin \omega_0 t. \qquad (2.8)$$

Die Integrationskonstanten ergeben sich aus den Anfangsbedingungen. Tab. 2.1 enthält
eine Zusammenstellung der verschiedenen Schreibweisen von (2.8). Sie lassen sich unter
Verwendung der Eulerschen Formel

$$e^{j\omega t} = \cos \omega t + j \sin \omega t, \qquad j = \sqrt{-1}, \qquad (2.9)$$

und der Additionstheoreme ineinander überführen. Die Eigenfrequenz wird mit
$f_0 = \omega_0/2\pi \ [H_z]$ bezeichnet und im folgenden sprachlich von der Eigenkreisfrequenz
$\omega_0 \ [s^{-1}]$ nicht unterschieden, da die verschiedenen Bezeichnungen Verwechslungen
ausschließen.

Bild 2.3a zeigt die freie Schwingung $u(t)$ abhängig von der Zeit t (Zeitraumdarstellung)
mit der Phasenverschiebungszeit $t_\varphi = \varphi/\omega_0$. Bild 2.3b enthält die Zeigerdarstellung[1]
der freien Schwingung, nämlich die parametrische ($\rightarrow \omega_0 t$) Darstellung in der komplexen
Zahlenebene mit dem Nullzeiger (wegen $t = 0$) $\hat{u}_0 := C_1$.

____

[1] Eine in der Elektrotechnik gebräuchliche Ausdrucksweise.

Tab. 2.1 Beschreibung der freien Schwingung des ungedämpften EFGM

$u_h(t)$	Integrationskonstanten	Gl.-Nr.
$A_1 \cos \omega_0 t + A_2 \sin \omega_0 t$	$A_1 = u_0, \quad A_2 = \dfrac{\dot{u}_0}{\omega_0}$	(2.8)
$\hat{u}_0 \cos (\omega_0 t - \varphi)$	$\hat{u}_0 = \sqrt{A_1^2 + A_2^2}, \quad \varphi = \arctan \dfrac{A_2}{A_1}$	(2.10)
$C_1 e^{j\omega_0 t} + C_1^* e^{-j\omega_0 t}$ [1])	$C_1 = \dfrac{1}{2} \hat{u}_0 e^{-j\varphi} = \dfrac{1}{2}(A_1 - jA_2)$	(2.11)

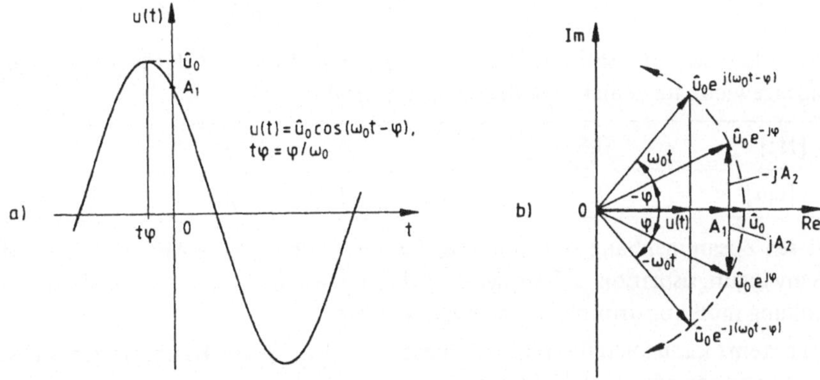

Bild 2.3 Darstellung der freien Schwingung des ungedämpften EFGM (Stationäre Lösung):
a) Zeitraumdarstellung; b) Zeigerdiagramm

Häufig wird bei der komplexen Schreibweise zur Darstellung einer reellen Größe der konjugiert komplexe Term unterdrückt und mit komplexen Größen gerechnet, wobei (stillschweigend) als vereinbart gilt, daß lediglich der Realteil (oder der Imaginärteil, s. Aufgabe 2.1) eine physikalische Bedeutung besitzt. Die Rechtfertigung für dieses Vorgehen liegt darin, daß die „R e a l t e i l b i l d u n g" mit allen übrigen im Komplexen vorgenommenen Rechenoperationen vertauschbar sein muß. Der Leser möge sich überzeugen, daß dieses im folgenden für lineare DGln. mit r e e l l e n konstanten Koeffizienten [2.4] stets der Fall ist.

Beispiel 2.1 Ein einstöckiges Gebäude sei als EFGM gemäß Bild 1.4b mit masselosen Stielen modelliert. Aus einem statischen Versuch mit der horizontalen Last $p_0 = 2 \cdot 10^2$ N an der Masse m resultiert eine horizontale Verschiebung von 0,2 cm. Nach plötzlichem Entlasten schwingt die Masse in entgegengesetzter Richtung innerhalb von 1,2s auf den minimalen Wert von $-0,2$ cm. Wie groß sind die Eigenfrequenz und das Gewicht des Gebäudes (g − Erdbeschleunigung)?

$$k u_{st} = p_0, \qquad k = \frac{p_0}{u_{st}} = \frac{2 \cdot 10^2}{0,2} \text{ N cm}^{-1} = 1 \cdot 10^3 \text{ N cm}^{-1}.$$

---

[1]) C_1^* bezeichnet die konjugiert komplexe Größe von C_1.

Anfangsbedingungen infolge der statischen Last: $u_0 = u_{st} = 0{,}2$ cm, $\dot{u}_0 = 0$. Es folgt nach Gl. (2.8) $u(t) = u_0 \cos \omega_0 t$. Das Minimum wird nach 1,2 s angenommen:

$$\omega_0 \cdot 1{,}2 = \pi, \qquad \omega_0 = 2{,}618 \text{ s}^{-1}, \qquad f_0 = 0{,}42 \text{ Hz}.$$

$$\omega_0^2 = \frac{k}{m} = \frac{kg}{G}, \qquad G = \frac{kg}{\omega_0^2} = \frac{1 \cdot 10^3 \cdot 981}{2{,}618^2} = 1{,}4313 \cdot 10^5 \text{ N}.$$

A n m e r k u n g. In der obigen Gleichung für die Eigenfrequenz zum Quadrat ist das Gewicht enthalten. Mit der Verschiebung $\tilde{u}_{st}$ unter Eigengewicht ist die Federkonstante k ausdrückbar: $k = G/\tilde{u}_{st}$. Es folgt somit

$$\omega_0^2 = \frac{Gg}{\tilde{u}_{st} mg} = \frac{g}{\tilde{u}_{st}} \qquad \text{bzw.} \qquad \tilde{u}_{st} = \frac{g}{\omega_0^2} = \frac{g}{4\pi^2 f_0^2}.$$

Damit läßt sich die statische Verschiebung eines EFGM mit der Eigenfrequenz f_0 unter Eigengewicht aus seiner Eigenfrequenz ermitteln:

f_0 [Hz]	0,5	1	2	3	5	10
$\tilde{u}_{st}$ [cm]	99,40	24,85	6,21	2,76	0,99	0,25

Diesen Zusammenhang zu kennen, ist für eine tieffrequente Abfederung eines Systems (Schwingungsisolation, s. Beispiel 2.3) wichtig, denn die sich ergebende statische Einsenkung muß konstruktiv aufgefangen werden.

Umgekehrt kann auch die Eigenfrequenz eines EFGM aus Kenntnis der statischen Verschiebung unter Eigengewicht bestimmt werden:

$$f_0 = \frac{\omega_0}{2\pi} = \frac{1}{2\pi} \sqrt{\frac{g}{\tilde{u}_{st}}} \doteq \frac{5}{\sqrt{\tilde{u}_{st}}} \tag{2.12}$$

mit $g = 981$ cm s^{-2} und $\tilde{u}_{st}$ in cm.

2.2.2   Das viskos gedämpfte Modell

Die zugehörige Bewegungsgleichung (2.6) durch m dividiert und die Abklingkonstante

$$\delta := \frac{b}{2m} \tag{2.13}$$

eingeführt,

$$\ddot{u}(t) + 2\delta \dot{u}(t) + \omega_0^2 u(t) = 0,$$

ergibt mit dem komplexen Lösungsansatz

$$u(t) = \hat{u} e^{\lambda t} \tag{2.14}$$

aus der homogenen Gleichung die charakteristische Gleichung

$$\lambda^2 + 2\delta\lambda + \omega_0^2 = 0.$$

Tab. 2.2 Beschreibung der freien Schwingungen des gedämpften EFGM

Fall	$u_h(t)$	Integrationskonstanten	Bemerkung	Gl.-Nr.
$D > 1$, $\lambda_{1,2} < 0$, $\lambda_1 \neq \lambda_2$	$A_1 e^{\lambda_1 t} + A_2 e^{\lambda_2 t}$	$A_1 = \dfrac{\dot{u}_0 - \lambda_2 u_0}{\lambda_1 - \lambda_2}$, $\quad A_2 = -\dfrac{\dot{u}_0 - \lambda_1 u_0}{\lambda_1 - \lambda_2}$	Kriechvorgang s. Bild 2.4	(2.17)
$D = 1$, $\lambda_1 = \lambda_2 = -\delta$	$e^{-\delta t}(A_1 + A_2 t)$	$A_1 = u_0$, $A_2 = \dot{u}_0 + \delta u_0$	aperiodischer Grenzfall, s. Bild 2.4	(2.18)
$D < 1$, $\lambda_{1,2} = -\delta \pm j\omega_D$, $\omega_D = \omega_0 \sqrt{1 - D^2}$	$e^{-\delta t}(A_1 \cos \omega_D t + A_2 \sin \omega_D t)$	$A_1 = u_0$, $A_2 = \dfrac{\dot{u}_0 + \delta u_0}{\omega_D}$	Schwingungsvorgang, s. Bild 2.5	(2.19)
	$e^{-\delta t} \hat{u} \cos(\omega_D t - \varphi)$	$\hat{u} = \sqrt{A_1^2 + A_2^2}$, $\quad \varphi = \arctan \dfrac{A_2}{A_1}$		(2.20)
	$e^{-\delta t}(C_1 e^{j\omega_D t} + C_1^* e^{-j\omega_D t})$	$C_1 = \dfrac{1}{2}(A_1 - jA_2)$		(2.21)
$D = 0$	s. Abschn. 2.2		Sonderfall: ungedämpftes Modell	

Ihre Lösungen sind

$$\lambda_{1,2} = -\delta \pm \sqrt{\delta^2 - \omega_0^2} = -\delta \pm \omega_0 \sqrt{\left(\frac{\delta}{\omega_0}\right)^2 - 1},$$

die mit dem dimensionslosen Lehrschen Dämpfungsmaß

$$D := \frac{\delta}{\omega_0} = \frac{b}{2\sqrt{km}} \qquad (2.15)$$

(s. Gln. (2.13) und (2.8)) übergehen in

$$\lambda_{1,2} = \omega_0(-D \pm \sqrt{D^2 - 1}). \qquad (2.16)$$

Man erkennt, die Wurzel in (2.16) kann reell und imaginär werden, folglich sind Fallunterscheidungen zu treffen. Tab. 2.2 enthält für die einzelnen Fälle die Beschreibung der freien Schwingungen.

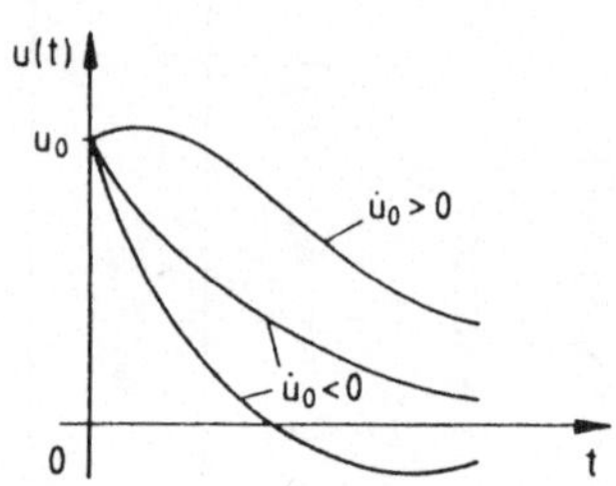

Bild 2.4 Kriechvorgänge

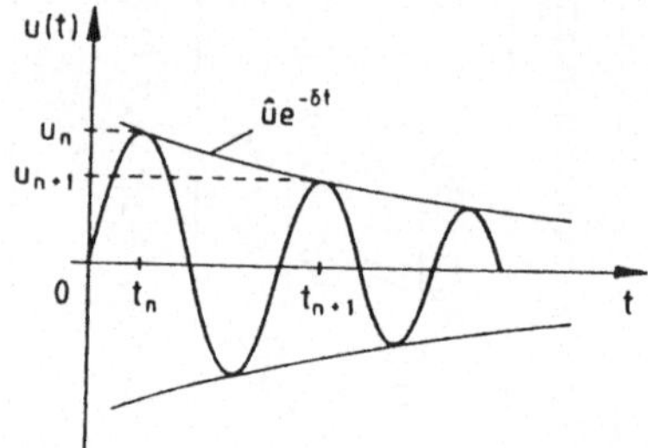

Bild 2.5 Gedämpfte freie Schwingung

Die freie Schwingung in Bild 2.5 wird auch als Ausschwingvorgang bezeichnet. Für $D < 1$ spricht man von einem schwach gedämpften Modell und $\omega_D < \omega_0$ ist die Eigenfrequenz des gedämpften Modells. Mit $D^2 \ll 1$ gilt $\omega_D \doteq \omega_0$. Über die im Bauwesen vorkommenden Dämpfungswerte gibt Tab. 2.3 Aufschluß.

Tab. 2.3 Lehrsches Dämpfungsmaß und logarithmisches Dekrement für einige Baustoffe

Baustoff	D	ϑ
Stahl	0,003...0,016	0,02...0,10
Stahlbeton		
ungerissen	0,006...0,032	0,04...0,20
gerissen	0,01 ...0,05	0,06...0,3
Mauerwerkkonstruktionen	0,020	0,12
Holzkonstruktionen	0,024	0,15

Das logarithmische Dekrement ϑ ist definiert durch

$$\vartheta := \ln \frac{u_n}{u_{n+1}} \qquad (2.22)$$

mit $u_n := u(t_n)$ dem Ausschlag zur (beliebigen) Zeit t_n (z. B. einem oberen Umkehrpunkt, s. Bild 2.5) und $u_{n+1} := u(t_n + T)$, dem Ausschlag eine Periodendauer $T = 2\pi/\omega_D$ später. Bei gemessenen und damit fehlerbehafteten Ausschlägen wird die Dämpfungsermittlung durch Mittelwertbildung genauer; nach N Perioden gilt

$$\vartheta = \frac{1}{N} \ln \frac{u_n}{u_{n+N}}, \qquad u_{n+N} := u(t_n + NT). \tag{2.23}$$

Der Zusammenhang des logarithmischen Dekrementes mit dem Lehrschen Dämpfungsmaß folgt aus dem Verhältnis der Einhüllenden für t_n und $t_n + T$ zu

$$\vartheta = 2\pi \frac{D}{\sqrt{1 - D^2}} . \tag{2.24}$$

Die Wurzeln $\lambda_{1,2}$ werden auch die Eigenwerte des EFGM genannt. Ihre Darstellung in der Gaußschen Zahlenebene enthält Bild 2.6. Der Winkel ϵ_d heißt Dämpfungswinkel:

$$\tan \epsilon_d = \frac{\delta}{\omega_D} = \frac{D}{\sqrt{1 - D^2}} = \frac{\vartheta}{2\pi}, \tag{2.25}$$

also für $D^2 \ll 1 : \epsilon_d \doteq D$.

In Erinnerung gerufen sei, daß die freie Schwingung eines gedämpften Systems keine harmonische Schwingung sondern eine fastperiodische Schwingung ist.

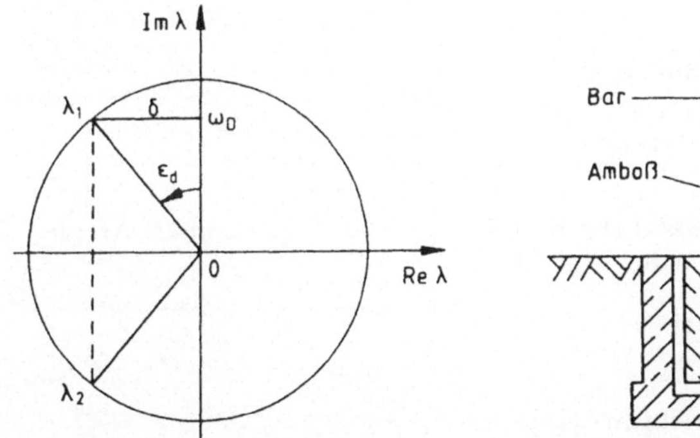

Bild 2.6 Eigenwert $\lambda_{1,2}$ für $D < 1$

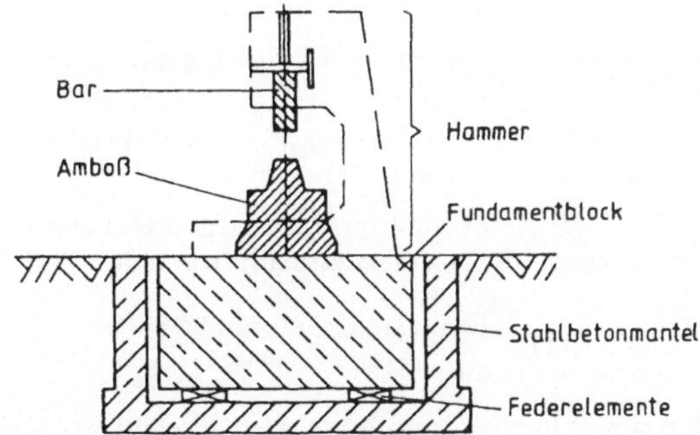

Bild 2.7 Hammerfundament

Beispiel 2.2 Ein Hammerfundament sei auf Stahlfedern gelagert. Der Fundamentblock einschließlich Federn ist so ausgebildet, daß die Schwerelinie des Blockes einschließlich Hammer in die Schlaglinie des Bärs fällt (Bild 2.7).

Daten:		
	Bärmasse	200 kg
	Amboßmasse	4000 kg
	Hammermasse	5000 kg
	Fundamentblockmasse	20000 kg
	Federmassen	vernachlässigbar.

Die Anfangsbedingungen für die Blockbewegung seien $u_0 = 0$, $\dot u_0 = 0{,}05$ m/s (resultiert aus der Fallhöhe des Bärs).

Der Amboß sei starr mit dem Block verbunden, gesucht ist die Federsteifigkeit einer
Stahlfeder, wenn 30 Federn verwendet werden und der Federweg des Blockes $\leqslant 0,5$ cm
sein darf. Wie lange dauert es, bis die Schwingung beim Einzelschlag auf 1% der max.
Amplitude abgeklungen ist, wenn einerseits nur die Materialdämpfung wirkt und andererseits das System gemäß einem Lehrschen Dämpfungsmaß D = 0,15 bedämpft ist?

Die Federkonstante ergibt sich aus der Forderung

$$|u(t)| \leqslant u_s := 0,005 \text{ m}.$$

Weil lediglich die obige U n g l e i c h u n g zu erfüllen ist, genügt es, die Lösung des
ungedämpften Modells zu verwenden: (2.8) mit den gegebenen Anfangsbedingungen
lautet:

$$u(t) = \frac{\dot{u}_0}{\omega_0} \sin \omega_0 t, \qquad \omega_0^2 = \frac{30k}{m}.$$

Es folgt

$$|u(t)| = \left| \frac{\dot{u}_0}{\omega_0} \sin \omega_0 t \right| \leqslant \frac{\dot{u}_0}{\omega_0} \leqslant u_s,$$

$$\omega_0 \geqslant \frac{\dot{u}_0}{u_s} = 10 \text{ s}^{-1}, \qquad \omega_0^2 = \frac{30k}{m} \geqslant \frac{\dot{u}_0^2}{u_s^2} = 100 \text{ s}^{-2},$$

$$k \geqslant \frac{\dot{u}_0^2 m}{30 u_s^2} = 9{,}73325 \cdot 10^4 \text{ N m}^{-1}.$$

Unter Berücksichtigung der Dämpfung gilt (2.19)

$$u(t) = e^{-\delta t} \frac{\dot{u}_0}{\omega_D} \sin \omega_D t, \qquad \delta = D\omega_0.$$

Lt. Tab. 2.3 ist der niedrigste Wert für Stahl D = 0,003: $\omega_D = \omega_0$, die maximale Amplitude ist gleich der maximalen Amplitude der Einhüllenden

$$u_e(t) = \frac{\dot{u}_0}{\omega_D} e^{-D\omega_0 t} : u_{max} = \frac{\dot{u}_0}{\omega_0}.$$

1% der maximalen Amplitude wird erreicht in t_1 [s]:

$$\frac{u_e(t_1)}{u_{max}} = 0{,}01 = e^{-0{,}003 \, \omega_0 t_1}, \qquad \ln 0{,}01 = -0{,}003 \, \omega_0 t_1$$

$$t_1 = -\frac{\ln 0{,}01}{0{,}003 \, \omega_0} = \frac{1535{,}06}{\omega_0} \text{ [s]}.$$

Mit $\omega_0 \geqslant 10 \text{ s}^{-1}$ ist der Einzelschlag spätestens nach 2 min und 33,5 s auf 1% der maximalen Amplitude abgeklungen.

Für D = 0,15 gilt $\omega_D = 0.9887 \, \omega_0$. Die maximale Amplitude folgt aus u(t) (Extremwert-

ermittlung) für $\tan \omega_D t_{max} = \dfrac{\omega_D}{\omega_0 D} = 6{,}59133$ mit $\sin \omega_D t_{max} = 0{,}9887$. Auch hier kann

demnach die maximale Amplitude der Einhüllenden genommen werden:

$$e^{-0,15\,\omega_0 t_1} = 0,01, \qquad t_1 = \frac{30,7011}{\omega_0}\,[\text{s}],$$

nach $31/\omega_0\,[\text{s}]$ sind jetzt 1% der maximalen Amplitude erreicht, also spätestens nach $31/10 = 3,1$ s.

2.3   Erzwungene Schwingungen

Die erzwungene Schwingung wird durch die DGl. (2.3) beschrieben; diese durch m dividiert, die Eigenfrequenz (2.7) und das Dämpfungsmaß (2.15) eingeführt, liefert die Bewegungsgleichung in der Form

$$\ddot{u}(t) + 2D\omega_0\dot{u}(t) + \omega_0^2 u(t) = \frac{1}{m}\,p(t). \tag{2.26}$$

Für eine gegebene Erregung p(t) in dem (gesamten) Definitionsbereich $-\infty < t < \infty$ ist die Lösung u(t) gesucht.

2.3.1   Harmonische Erregung

Die harmonische Erregung tritt beim Betrieb von Maschinen durch rotierende Teile (Unwuchterregung) auf. Für Versuchszwecke wird sie häufig durch elektrodynamische Erreger realisiert. Die harmonische Erregung läßt sich beschreiben durch

$$p(t) = p_0 \cos \Omega t \tag{2.27}$$

mit der Erregungsfrequenz Ω, $0 \leqslant \Omega < \infty$ und der reellen Kraftamplitude p_0.
Beispiele für die harmonische Erregung enthält Bild 2.8. Bild 2.8d zeigt den allgemeinen Fall der Fußpunkterregung, nämlich die gleichzeitige Erregung über die Feder und den Dämpfer. Mit der Relativkoordinate

$$u_r(t) := u(t) - u_E(t)$$

erhält man wieder die Bewegungsgleichung eines EFGM in $u_r(t)$ mit der rechten Seite $p_r(t)$. Bild 2.8d kann z. B. ein harmonisch erregtes Schwingungsmeßgerät darstellen. Ein weiteres Beispiel hierfür aus der Praxis sind die Schwingungen in der nachbarlichen Bebauung (Bild 2.9) infolge Rammungen mit Vibrationsrammen.
Die obigen Beispiele für harmonisch erregte EFGM zeigen, daß die Kraftamplitude p_0 auch von der Erregungsfrequenz Ω abhängen kann.
Mit dem komplexen Ansatz für die harmonische Erregung (2.7),

$$p(t) = p_0 e^{j\Omega t} \tag{2.28}$$

und dem zugehörigen Lösungsansatz

$$u(t) = \hat{u} e^{j\Omega t} \tag{2.29}$$

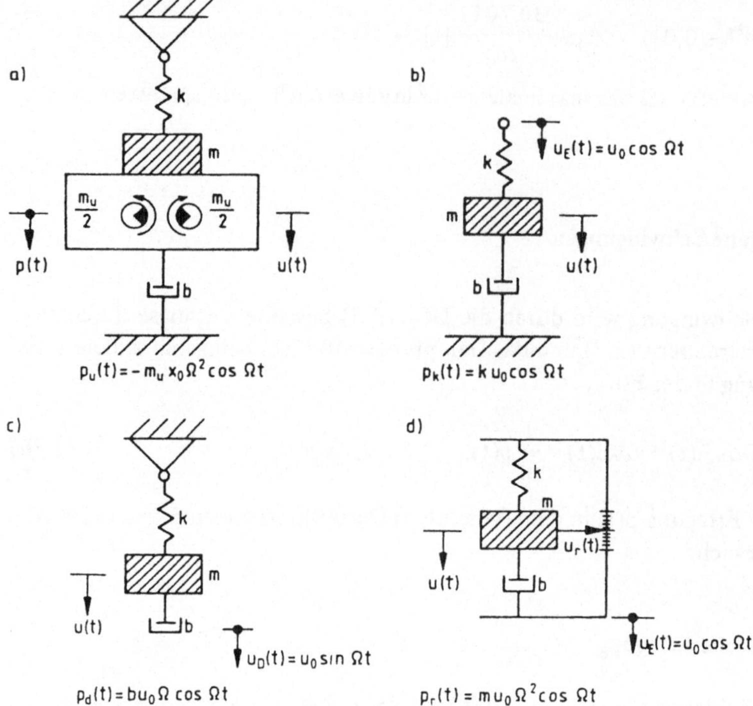

Bild 2.8 Beispiele für harmonische Erregung:
   a) Unwuchterregung an der Systemmasse; b) Federerregung;
   c) Dämpfererregung; d) Fußpunkterregung

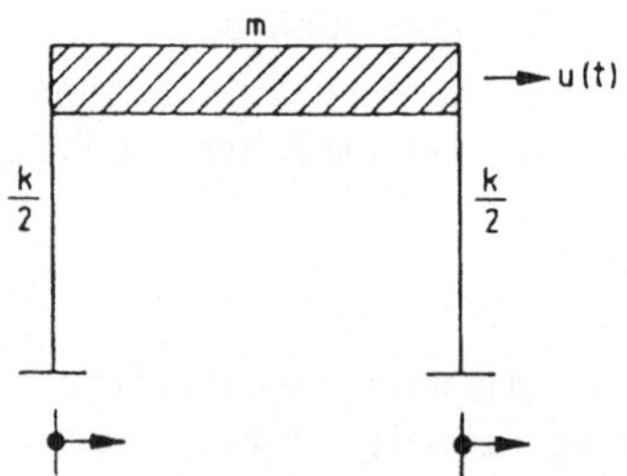

Bild 2.9
Fußpunkterregung eines idealisierten Geschoßrahmens

– das Modell antwortet in der Erregungsfrequenz Ω – erhält man aus (2.26) die algebraische Gleichung

$$(-\Omega^2 + j2D\omega_0\Omega + \omega_0^2)\hat{u} = \frac{p_0}{m}. \tag{2.30}$$

Die Amplitude $\hat{u}$ der erzwungenen Schwingung ergibt sich zu

$$\hat{u} = F(j\Omega)p_0 \tag{2.31}$$

mit dem Frequenzgang

$$F(j\Omega) := \frac{1}{m(-\Omega^2 + j2D\omega_0\Omega + \omega_0^2)} \, . \tag{2.32}$$

Damit ist die Aufgabe gelöst. Denn (2.31) mit (2.32) in (2.29) eingesetzt, liefert über den Realteil die (stationäre) Lösung im Zeitraum

$$\begin{aligned}
u(t) &= \mathrm{Re}\,(\hat{u}e^{j\Omega t}) \\[4pt]
&= (\mathrm{Re}\,\hat{u})\cos\Omega t - (\mathrm{Im}\,\hat{u})\sin\Omega t \\[6pt]
&= \frac{p_0}{k\left\{\left[1-\left(\dfrac{\Omega}{\omega_0}\right)^2\right]^2 + \left(2D\dfrac{\Omega}{\omega_0}\right)^2\right\}}\left\{\left[1-\left(\frac{\Omega}{\omega_0}\right)^2\right]\cos\Omega t + 2D\,\frac{\Omega}{\omega_0}\sin\Omega t\right\} \\[8pt]
&= \frac{p_0}{k\sqrt{\left[1-\left(\dfrac{\Omega}{\omega_0}\right)^2\right]^2 + \left(2D\dfrac{\Omega}{\omega_0}\right)^2}}\cos(\Omega t - \epsilon),
\end{aligned}$$

$$\tan\epsilon = \frac{2D\dfrac{\Omega}{\omega_0}}{1-\left(\dfrac{\Omega}{\omega_0}\right)^2}\, . \tag{2.33a}$$

Die Lösung (2.33a) ist mit (2.32) auch in der Form

$$u(t) = |F(j\Omega)|p_0\cos(\Omega t - \epsilon) \tag{2.33b}$$

darstellbar.

Die obigen Überlegungen gehen davon aus, daß die Erregung stationär ist, d. h. die harmonische Erregung in dem Zeitintervall $-\infty < t < \infty$ wirkt. Ist das nicht der Fall, sondern gilt z. B.

$$p(t) = \begin{cases} 0 & \text{für } -\infty < t \leqslant 0, \\ p_0\sin\Omega t & \text{für } 0 \leqslant t < \infty, \end{cases} \tag{2.34}$$

so kann die Antwort des linearen EFGM bekanntlich aus der Superposition der stationären Lösung (partikuläres Integral) $u_p(t)$ gemäß (2.33) mit der Lösung der homogenen DGl. (2.6) $u_h(t)$ gewonnen werden:

$$u(t) = u_h(t) + u_p(t). \tag{2.35}$$

Die Anfangsbedingungen sind aufgrund der Erregung (2.34) gleich Null, denn das System ist für Zeiten $t < 0$ in Ruhe:

$$u(0) = 0 = A_1 + |F(j\Omega)|p_0\cos\epsilon,$$

$$\dot{u}(t)|_{t=0} = 0 = -\delta A_1 + \omega_D A_2 + \Omega|F(j\Omega)|p_0\sin\epsilon,$$

die Integrationskonstanten ergeben sich somit zu

$$
\left.
\begin{aligned}
A_1 &= - |F(j\Omega)|p_0 \cos \epsilon, \\[2ex]
A_2 &= - |F(j\Omega)|p_0 \left(\frac{\delta}{\omega_D} \cos \epsilon + \frac{\Omega}{\omega_D} \sin \epsilon \right) \\[2ex]
&= - |F(j\Omega)|p_0 \left(\frac{D}{\sqrt{1 - D^2}} \cos \epsilon + \frac{\Omega}{\omega_D} \sin \epsilon \right).
\end{aligned}
\right\}
\qquad (2.36)
$$

Bild 2.10 zeigt für die Erregung (2.34) den Einschwingvorgang des EFGM, d. h. die Überlagerung der freien Schwingung $u_h(t)$ mit dem stationären Zustand $u_p(t)$ zum einen für eine Erregungsfrequenz $\Omega \ll \omega_0$ (Bild 2.10a) und zum anderen für $\Omega \gg \omega_0$ (Bild 2.10b). Im ersten Fall ist die höherfrequente abklingende freie Schwingung mit der Harmonischen der Frequenz Ω „moduliert", im zweiten Fall erscheint umgekehrt die stationäre Lösung mit der freien Schwingung „moduliert".

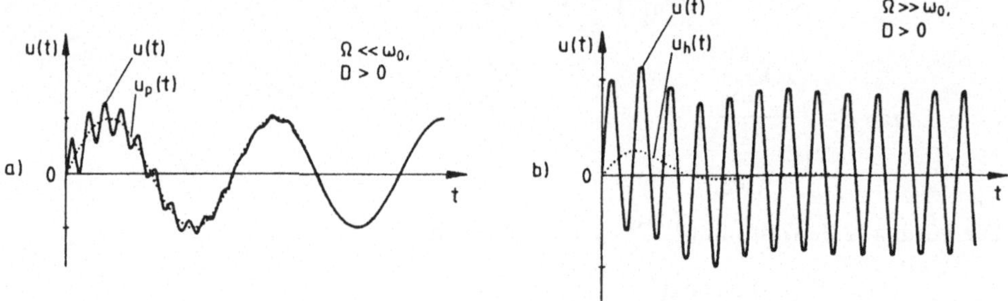

Bild 2.10 Einschwingvorgänge bei sinusförmiger Erregung für $t \geqslant 0$,
       a) $\Omega \ll \omega_0$; b) $\Omega \gg \omega_0$ (a und b liegen verschiedene EFGM zugrunde)

Mit dem oben beschriebenen Vorgehen, dem Hinzufügen der Lösung der homogenen Gleichung zu dem partikulären Integral, kann bekanntlich die Lösung der inhomogenen Bewegungsgleichung für beliebige rechte Seiten konstruiert werden, wenn ein partikuläres Integral bekannt ist. Für gedämpfte Systeme ist die Lösung der homogenen DGl. nach einiger Zeit nahezu abgeklungen. Streng tritt dieser Zustand erst für $t \to \infty$ ein, für praktische Belange unterschreitet jedoch die Lösung $u_h(t)$ bereits nach endlicher Zeit einen Schwellenwert u_s kleiner oder höchstens gleich einer zugelassenen Fehlerschranke (Bild 2.11; s. auch Aufgabe 2.6).

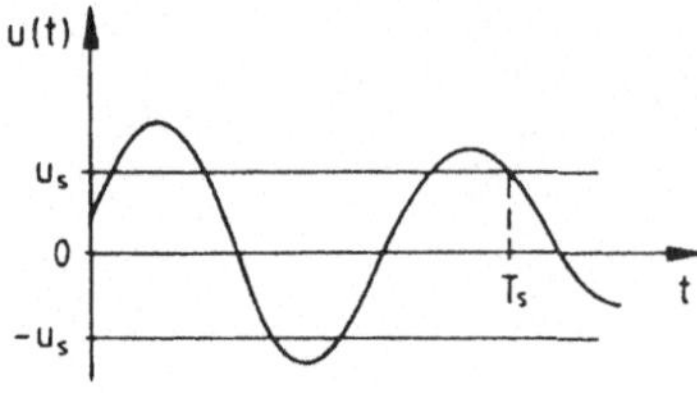

Bild 2.11
Schwellenwert-Definition im Zusammenhang mit dem Abklingen einer Schwingung

Die maximale Verschiebung aus der harmonischen Erregung ergibt sich aus Gl. (2.33a)
für den Resonanzfall $\Omega = \omega_0$ mit $|\cos(\omega_0 t - \epsilon)| \leqslant 1$ zu (vgl. Gl. (2.24))

$$u_{max} = \frac{p_0}{k} \frac{1}{2D} \doteq \frac{p_0}{k} \frac{\pi}{\vartheta} \ .$$

Wirkt auf die Masse m zusätzlich zu der dynamischen Belastung (2.28) mit dem Mittelwert Null noch eine statische Last p_s, so kann die maximale Verschiebung angenähert
werden durch

$$\frac{p_s}{k} + \frac{p_0}{k} \frac{\pi}{\vartheta} \ .$$

Mit Gl. (2.35) kann die Lösung und damit das Schwingungsverhalten des EFGM für harmonische Erregung als bekannt angesehen werden. Abschließend seien noch die algebraische Beziehung (2.31) und die Eigenschaften des Frequenzganges (2.32) vertieft diskutiert.

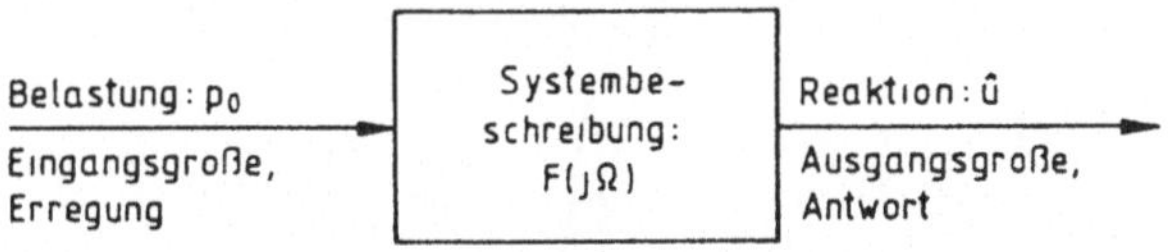

Bild 2.12
Ein-/Ausgangsbeziehung des EFGM

Gl. (2.31) wird als Ein-/Ausgangsbeziehung (Bild 2.12) des EFGM im Frequenzraum
bezeichnet. Diese Gleichung gibt die Reaktion (dynamische Antwort) des EFGM frequenzabhängig (also im Frequenzraum) an. Die Verknüpfung erfolgt dabei multiplikativ
über den komplexen frequenzabhängigen Faktor $F(j\Omega)$, den Frequenzgang, der die
Modellparameter enthält. Der Frequenzgang $F(j\Omega)$ ist also die Systembeschreibung.
Führt man die Abstimmung

$$\eta := \frac{\Omega}{\omega_0} \tag{2.37}$$

ein, so erhält man die in Tab. 2.4 zusammengefaßten Größen des Frequenzganges.
$f(j\eta)$ gibt an, wie die dynamisch aufgebrachte Last ($\eta \neq 0$) die statische Verschiebung
beeinflußt. Die Phasenverschiebung $\epsilon(\eta)$ ist eine Folge der Dämpfungskraft. Für $D = 0$
entartet die Phasenverschiebung in einen Phasensprung von $180°$.
Bild 2.13 gibt den bekannten Verlauf des Amplitudenfrequenzganges nach Gl. (2.41)
für den Parameter D wieder. $\eta = 0$ liefert die bezogene statische Verschiebung $V(0) = 1$
(vorherrschende elastische Kraft), in der Grenze wird $\lim\limits_{\eta \to \infty} V(\eta) = 0$ (vorherrschende
Trägheitskraft). Die weitere Kurvendiskussion enthält Tab. 2.5. Aus ihr gehen insbeson-
dere die verschiedenen Resonanzen hervor: Das Maximum von $V(\eta)$ wird angenommen
für $\eta_R = \sqrt{1 - 2D^2}$ (Amplitudenresonanz, $\eta_D = \sqrt{1 - D^2}$ (s. Tab. 2.5) ist die bezogene
Eigenfrequenz des gedämpften Modells, $\eta_R < \eta_D$, und $\eta_0 = 1$ ist die bezogene Eigenfrequenz des ungedämpften Modells: Phasenresonanz. In der Resonanz wird die Amplitude
durch das Dämpfungsmaß bestimmt (vorherrschende Dämpfungskraft).

Tab. 2.4 Frequenzganggrößen

Bezeichnung		Gl.-Nr.
Frequenzgang	$F(j\eta) = \dfrac{1}{k}\,\dfrac{1-\eta^2-j2D\eta}{(1-\eta^2)^2+(2D\eta)^2}$	(2.38)
dimensionsloser, bezogener Frequenzgang	$f(j\eta) := kF(j\eta) = \dfrac{\hat{u}}{u_{st}}\,,\ u_{st} := \dfrac{p_0}{k}$ $= V(\eta)e^{-j\epsilon(\eta)}$	(2.39) (2.40)
Verstärkungsfunktion (Vergrößerungsfunktion), Amplitudenfrequenzgang	$V(\eta) := \lvert f(j\eta)\rvert = \dfrac{1}{\sqrt{(1-\eta^2)^2+(2D\eta)^2}}$	(2.41)
Phasenfrequenzgang (Nacheilwinkel)	$\epsilon(\eta) := \arctan\dfrac{2D\eta}{1-\eta^2}$	(2.42)

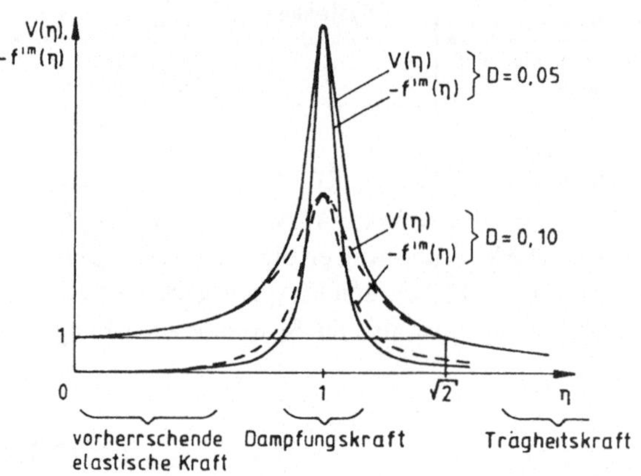

Bild 2.13
Amplitudenfrequenzgang (Verstärkungsfunktion) und Imaginärteilfrequenzgang des EFGM mit D = 0,05 und D = 0,10

Bild 2.13 enthält auch den Imaginärteilfrequenzgang

$$\text{Im}\,[f(j\eta)] =: f^{im}(\eta) = -\frac{2D\eta}{(1-\eta^2)^2+(2D\eta)^2} = -2D\eta\lvert f(j\eta)\rvert^2 \qquad (2.43)$$

mit den in Tab. 2.5 angegebenen Werten. Sein Minimum liegt mit $D^2 \ll 1$ bei η_D. Auffallend ist, daß sein Extremum wesentlich ausgeprägter (schärfer) als beim Amplitudenfrequenzgang ist.

Der Realteilfrequenzgang

$$\text{Re}\,[f(j\eta)] =: f^{re}(\eta) = \frac{1-\eta^2}{(1-\eta^2)^2+(2D\eta)^2} = (1-\eta^2)\lvert f(j\eta)\rvert^2, \qquad (2.44)$$

und der Phasenfrequenzgang $\epsilon(\eta)$ nach Gl. (2.42) sind in Bild 2.14 enthalten. Aus den beiden Extremalabszissen des Realteilfrequenzganges

Tab. 2.5 Kennwerte des Amplituden- und Phasen-, Real- und Imaginärteilfrequenz-
ganges eines EFGM

η	V	ϵ	f^{re}	f^{im}
0	1	0	1	0
η_R	$\dfrac{1}{2D\sqrt{1-D^2}}$	$\arctan\left(\dfrac{1}{D}\sqrt{1-2D^2}\right)$	$\dfrac{1}{2(1-D^2)}$	$\dfrac{-\sqrt{1-2D^2}}{2D(1-D^2)}$
η_D	$\dfrac{1}{D\sqrt{4-3D^2}}$	$\arctan\left(\dfrac{2}{D}\sqrt{1-D^2}\right)$	$\dfrac{1}{4-3D^2}$	$\dfrac{-\sqrt{1-D^2}}{2D\left(1-\dfrac{3}{4}D^2\right)}$
η_0	$\dfrac{1}{2D}$	$\dfrac{\pi}{2}$	0	$-\dfrac{1}{2D}$
∞	0	π	0	0

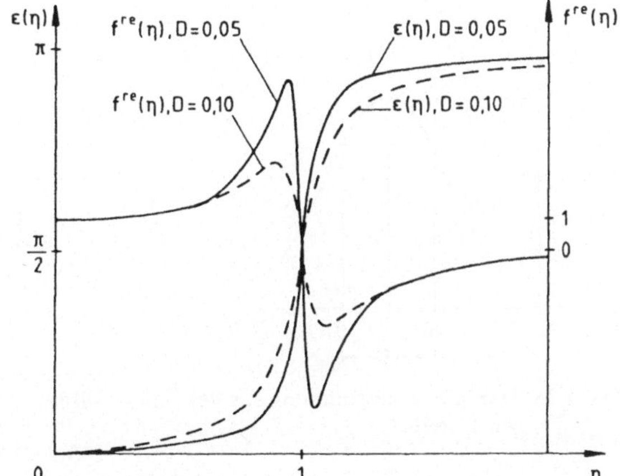

Bild 2.14
Phasenfrequenzgang und Realteil-
frequenzgang des EFGM mit
D = 0 05 und D = 0,10

$$\left.\begin{aligned}\eta_a &= \sqrt{1-2D}, \qquad f^{re}(\eta_a) = \frac{1}{4D(1-D)} \\[2mm] \eta_b &= \sqrt{1+2D}, \qquad f^{re}(\eta_b) = -\frac{1}{4D(1+D)}\end{aligned}\right\} \tag{2.45}$$

läßt sich das Dämpfungsmaß einfach ermitteln:

$$2D = \frac{1}{2}\left(\eta_b^2 - \eta_a^2\right). \tag{2.46}$$

Eine andere sehr verbreitete Dämpfungsermittlung verwendet die Halbwertsbreite des
Amplitudenfrequenzganges,

$$\left.\begin{array}{l} \eta_1 = 1 - D : V(\eta_1) \doteq \dfrac{1}{2D\sqrt{2}} \\[3mm] \eta_2 = 1 + D : V(\eta_2) \doteq \dfrac{1}{2D\sqrt{2}} \end{array}\right\} \quad \begin{array}{l} \text{mit } 3D \ll 2, \\[3mm] V(\eta_1) = V(\eta_2) = \dfrac{1}{\sqrt{2}}\, V(1). \end{array}$$

Es folgt die Halbwertsbreite

$$2D = \eta_2 - \eta_1 : \tag{2.47}$$

Aus dem Amplitudenfrequenzgang werden die Ordinaten $\dfrac{1}{\sqrt{2}}\, V(1) = 0{,}707\, V(1)$

bestimmt und die zugehörigen Abszissen η_1 und η_2 ermittelt (Bild 2.15) und in Gl. (2.47) eingesetzt.

A n m e r k u n g : Die Dämpfungsermittlung nach (2.47) ist nur bei sehr genauen Amplitudenwerten zu empfehlen. Sind diese fehlerbehaftet (z. B. mit einem konstanten Fehler), so geht der Fehler voll ein. Besser ist die Dämpfungsermittlung nach (2.46), die auf Extremwertabszissen beruht (Differentiation eliminiert konstante Fehler, Aufgabe 2.8).

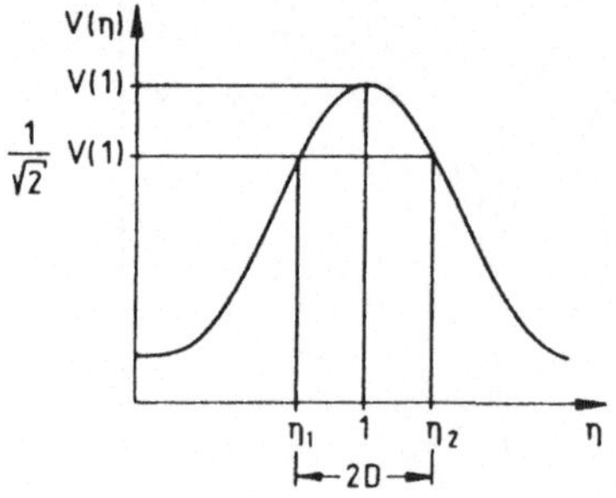

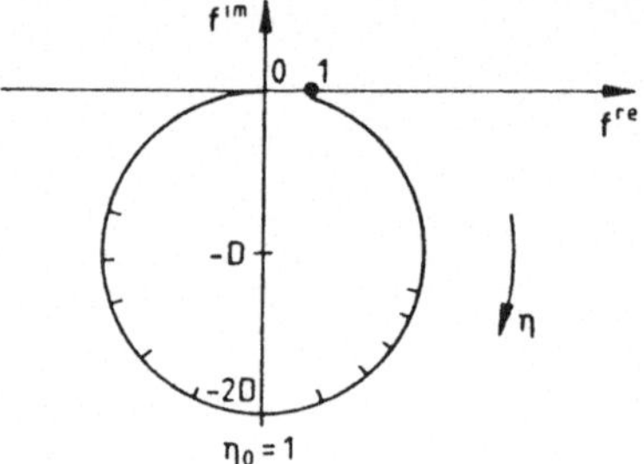

Bild 2.15 Dämpfungsbestimmung aus der Halb-   Bild 2.16 Die Ortskurve
wertsbreite

Eine weitere sehr gebräuchliche und hinsichtlich der Schwingungscharakteristiken aufschlußreiche Darstellung ist die Ortskurve (Nyquist-Diagramm). Sie ist die Darstellung des (bezogenen) Frequenzganges in der Gaußschen Zahlenebene mit der bezogenen Erregungsfrequenz η als Parameter (Bild 2.16). Man erhält ihre Gl. für ein vorgegebenes Dämpfungsmaß aus den Gln. (2.43) und (2.44) durch Elimination von η zu

$$(f^{re2} + f^{im2})^2 - f^{re}(f^{re2} + f^{im2}) - \frac{1}{4D^2}\, f^{im2} = 0. \tag{2.48}$$

Die Ortskurve ist in Resonanznähe $\eta_0 = 1$ kreisähnlich. $f^{re}(1)$ ist gleich Null, für den Imaginärteil gilt $f^{im}(1) = -1/(2D)$. Die Bogenlänge der Ortskurve hat bezüglich η ihr Maximum bei 1 etc.. Weitere Diskussionen s. [1.20]. Die Ortskurvendarstellung ist auch bei fehlerhaften Werten vorteilhaft, weil der Fehlereinfluß erkennbar und somit korrigierbar ist (s. Aufgabe 2.9).

Der Frequenzgang kann experimentell nach Gl. (2.31) aus Erregungs- und Reaktions-
messungen berechnet werden. Ein weiteres Problem ist mit Hilfe der Gl. (2.31) lösbar:
das Entwurfsproblem. Welches System (Modell) erfüllt die Ein-/Ausgangsbeziehung
(2.31) für ein vorgegebenes p_0 und $\hat{u}$ (oder $|\hat{u}|$) am besten? Es ergibt sich mit einem
gewählten Gütekriterium (z. B. Minimierung der euklidische Norm der Differenz
$\hat{u} - \hat{u}_{opt}$, $\hat{u}_{opt} = F_{opt}(j\eta)p_0$) ein optimaler Frequenzgang $F_{opt}(j\eta)$. Die Optimierung
(Approximation) resultiert aus der Tatsache, daß die Ein-/Ausgangsbeziehung für belie-
big vorgegebene Werte p_0, $\hat{u}$ sich nicht immer physikalisch sinnvoll erfüllen läßt.

Was folgt nun aus diesen Betrachtungen der stationären Lösung für die resultierende
Beanspruchung? Wird des EFGM nach Bild 1.4a als abgefedertes Maschinenfundament
mit Maschine interpretiert, und ist p(t) die Maschinenkraft, so ist die auf den Boden aus-
geübte Kraft gleich der Federkraft. Für eine harmonische Erregung ist sie dem Betrage
nach also proportional $|\hat{u}| \sim V u_{st}$. Mit $\Omega \ll \omega_0$, ω_D liegt nach Bild 2.13 praktisch der
statische Fall vor. Für $\Omega \gg \omega_0$, ω_D ist die Trägheitskraft maßgebend, und für $\eta > \sqrt{2}$
ist $V < 1$ (s. Bild 2.13), also wirkt eine geringere Kraft als im statischen Fall; die Bodenkraft ist gegenüber der Erregerkraft reduziert: Isolation, Schwingungsminderung. Nur
für Erregungsfrequenzen Ω in Resonanznähe findet für schwach gedämpfte Systeme
eine Überhöhung abhängig von der Dämpfung statt. Für beispielsweise Holzbalken-
decken sind die Überhöhungsfaktoren um 30, in einzelnen Fällen sogar größer. Die
Abhilfe ist sofort erkennbar: Entweder ist die Erregungsfrequenz zu ändern, was häufig
nicht oder nur in engen Grenzen möglich ist, oder die Eigenfrequenz des Systems ist zu
verstimmen. Diese Überlegungen zeigen, wie wichtig es ist, die Eigenfrequenz im Vergleich zur Erregungsfrequenz zu kennen.

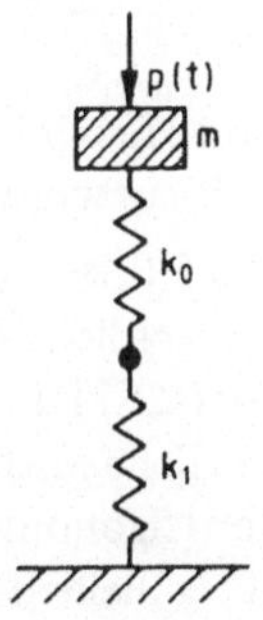

Bild 2.17
Abgefedertes (über k_1) EFGM (m, k_0)

Beispiel 2.3 Das EFGM mit der Eigenfrequenz $\omega_0^2 = k_0/m$ sei durch die zu k_0 hinterein-
ander geschaltete Feder mit der Federsteifigkeit k_1 zusätzlich abgefedert (Bild 2.17).
Der Boden ist als starr angenommen. Die Gesamtfederkonstante ist $k_G = k_0 k_1/(k_0 + k_1)$.
Die Eigenfrequenz des Systems ist

$$\omega_G = \sqrt{\frac{k_0 k_1}{m(k_0 + k_1)}} = \omega_0 \sqrt{\frac{1}{1 + k_0/k_1}}.$$

Mit $k_1 \to \infty$ (keine zusätzliche Abfederung) folgt die Eigenfrequenz ω_0 des nichtabgefe-
derten Systems. Für eine tieffrequente Abfederung, $k_1 = \epsilon > 0$, ϵ beliebig klein, wird ω_G
ebenfalls sehr klein: $k_0 \gg k_1$, $k_G \doteq k_0 k_1/k_0 = k_1$. Die Vergrößerungsfunktion (2.41) wird

(ungedämpft)

$$V = \frac{1}{\sqrt{(1 - \eta^2)^2}} = \frac{1}{\left| 1 - \left(\dfrac{\Omega}{\omega_G} \right)^2 \right|} \,.$$

Aus der Forderung $\eta > \sqrt{2}$ ergibt sich $\Omega^2 > 2\omega_G^2$, d. h. bei gegebener Erregungsfrequenz und gegebenem k_0/m kann k_1 dimensioniert werden (Aufgabe 2.10). Es ist auf die Auslenkung unter Eigengewicht zu achten (s. Abschn. 2.2.1). (Ist die Abfederungskonstruktion massebehaftet: s. Kap. 3, dort auch Aufgabe 3.14.)

Wird die Schwingungsquelle (Störquelle), also z. B. eine Maschine mit Fundament, tieffrequent abgefedert, so spricht man von aktiver Entstörung oder aktiver Isolation; wird dagegen ein vor Schwingungen zu schützendes Objekt tieffrequent abgefedert, so liegt eine passive Entstörung vor. Beides sind jedoch passive Maßnahmen. Eine aktive Maßnahme würde die Erregerkraft direkt mindern.

2.3.2   Periodische Erregung

Liegt eine periodische Erregung

$$p(t) = p(t \pm nT), \qquad n \in \mathbf{N}, \tag{2.49}$$

mit der Periodendauer

$$T = \frac{2\pi}{\Omega_0} \tag{2.50}$$

und Ω_0 der (festen) Grund(kreis)frequenz[1]) vor, so läßt sie sich durch eine Fourierreihe (FR) beschreiben. Verschiedene Darstellungen der FR sind in Tab. 2.6 wiedergegeben.

Die FR ist eine Superposition von Harmonischen mit den Frequenzen $n\Omega_0$, $n \in \mathbf{N}$. a_0 ist der zeitliche Mittelwert von $x(t)$. Die Fourierkoeffizienten a_n bzw. b_n ergeben sich aus Gl. (2.51) durch Multiplikation mit $\cos k\Omega_0 t$ bzw. $\sin k\Omega_0 t$, $k \in \mathbf{N}$, und anschließende zeitliche Mittelung über eine Periode, wobei durch die Orthogonalitätseigenschaften der trigonometrischen Funktionen nur die Glieder mit $n = k$ als von Null verschieden übrig bleiben.

Bild 2.18a zeigt als Beispiel die periodische Erregerkraft einer Webmaschine (Maschinenfußkraft in vertikaler Richtung) in Abhängigkeit von der Zeit t (: Zeitraumdarstellung) und in Bild 2.19b die zugehörigen Beträge der Fourierkoeffizienten $\hat{c}_n$ in Abhängigkeit von der Erregungsfrequenz Ω (: Frequenzraumdarstellung). Die Fourierkoeffizienten $\hat{c}_n$ sind den diskreten Erregungsfrequenzen $n\Omega_0$ zugeordnet, folglich ergibt sich die linienförmige Darstellung, das Linienspektrum[2]). In Bild 2.19 sind einmal die Zeigerdarstel-

---

[1]) Die Erregungsgrundfrequenz Ω_0 wird hier mit dem Index 0 versehen, um hervorzuheben, daß sie fest vorgegeben ist.

[2]) Die Bezeichnung Spektrum ist die Kurzform für die frequenzabhängige Darstellung.

Tab. 2.6 Darstellungen der FR

x(t)	Fourierkoeffizienten	Gl.-Nr.
$a_0 + \sum\limits_{n=1}^{\infty} (a_n \cos n\Omega_0 t + b_n \sin n\Omega_0 t)$	$a_0 = \dfrac{1}{T} \int\limits_0^T x(t)dt$ $a_n = \dfrac{2}{T} \int\limits_0^T x(t)\cos n\Omega_0 t\,dt$ $b_n = \dfrac{2}{T} \int\limits_0^T x(t)\sin n\Omega_0 t\,dt$	(2.51)
$a_0 + \sum\limits_{n=1}^{\infty} c_n \cos (n\Omega_0 t - \varphi_n)$	$c_n = \sqrt{a_n^2 + b_n^2}$ $\varphi_n = \arctan \dfrac{b_n}{a_n}$	(2.52)
$\sum\limits_{n=-\infty}^{\infty} \hat{c}_n e^{jn\Omega_0 t}$	$\hat{c}_n = \begin{cases} \dfrac{1}{2}(a_n - jb_n) & \text{für } n > 0 \\[2mm] a_0 & \text{für } n = 0 \\[2mm] \dfrac{1}{2}(a_{-n} + jb_{-n}) & \text{für } n < 0 \end{cases}$	(2.53)

lungen der n-ten Harmonischen

$$x_n(t) = a_n \cos n\Omega_0 t + b_n \sin n\Omega_0 t$$
$$= c_n \cos (n\Omega_0 t - \varphi_n)$$
$$= \hat{c}_n e^{jn\Omega_0 t} + \hat{c}_{-n} e^{-jn\Omega_0 t}$$

und die Linienspektren (diskrete Spektren) enthalten.

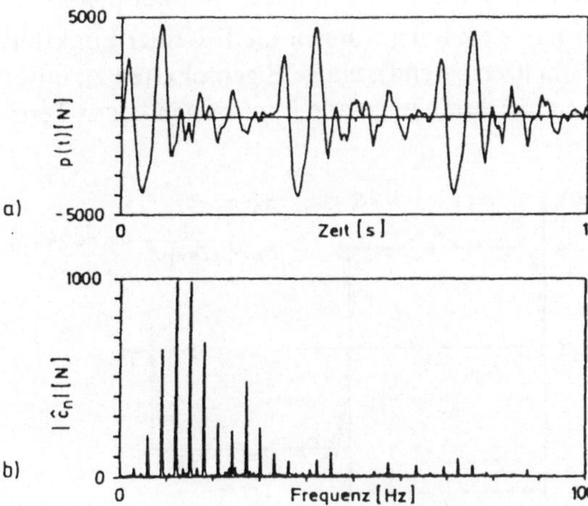

Bild 2.18
Periodische Anregung durch eine
Wegmaschine in vertikaler Richtung
(Maschinenfußkraft)

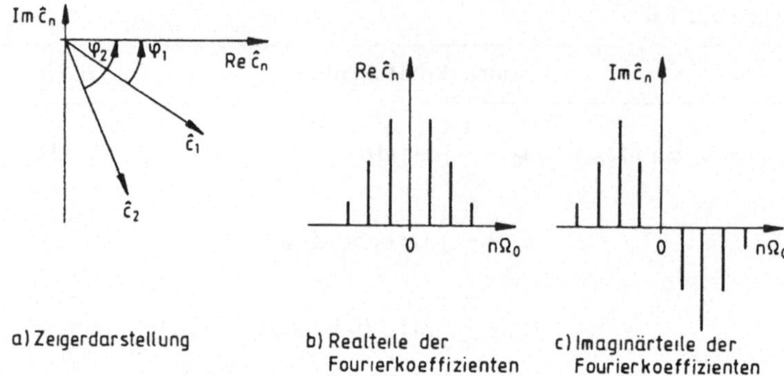

Bild 2.19 Frequenzraumdarstellung einer periodischen Funktion
a) Zeigerdarstellung
b) Realteile der Fourierkoeffizienten
c) Imaginärteile der Fourierkoeffizienten

Die Darstellung von periodischen Funktionen durch FR ist natürlich an bestimmte mathematische Voraussetzungen gebunden [2.5]. Die Funktion x(t) mit der Periode T sei bis auf endlich viele Stellen im Intervall [0, T] stetig und stetig differenzierbar (nach t), x(t) und $dx(t)/(dt) = \dot{x}(t)$ mögen an den Unstetigkeitsstellen lediglich Sprünge endlicher Höhe besitzen. Unter diesen Bedingungen ist die FR konvergent, und es existieren keine zwei Funktionen zu einer FR. Damit sind im allgemeinen die hier auftretenden periodischen Funktionen abgedeckt. Angemerkt sei lediglich, daß eine Sprungstelle von x(t) durch den Mittelwert des links- und rechtsseitigen Grenzwertes an dieser Stelle angenähert wird. Durch Sprungstellen von x(t) treten in der FR höhere Harmonische auf.

Für praktische Belange wird nicht die FR x(t) sondern als Approximation die Fourier-Summe $s_N(t) = a_0 + \sum_{n=1}^{N} x_n(t)$ verwendet, also die Summation bis $N < \infty$, $N \in \mathbf{N}$.

Bild 2.20 und 2.21 enthalten zwei Beispiele.

A n m e r k u n g : Bevor die FR einer Funktion ermittelt wird, ist es zweckmäßig (arbeitssparend), einige Eigenschaften zu untersuchen: Ungerade Funktionen können nur durch ungerade Funktionen (sinus-Terme der FR) approximiert werden,

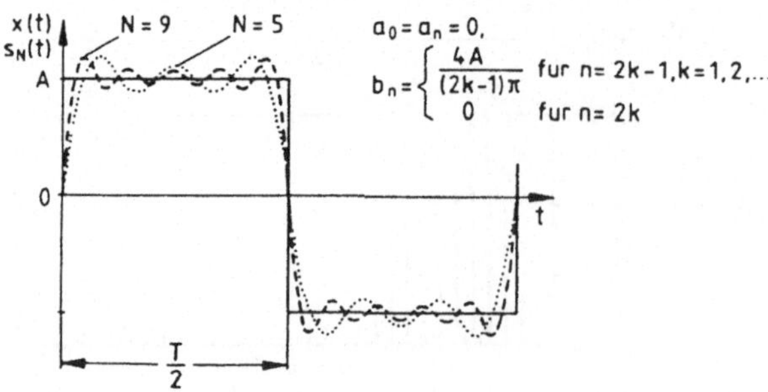

Bild 2.20
Rechteckerregung
(lineare Konvergenz)

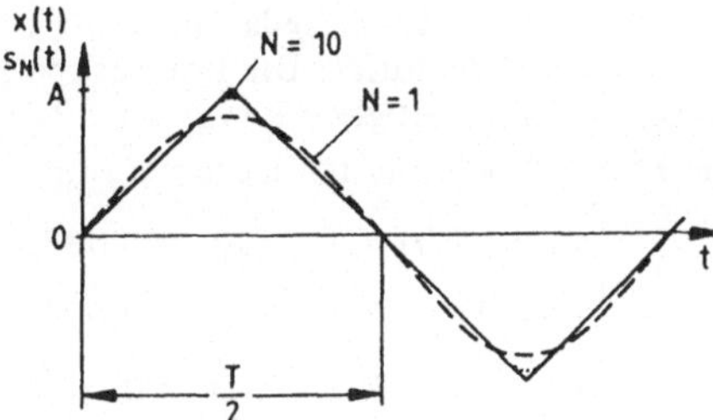

Bild 2.21
Dreieckerregung (quadratische Konvergenz)

$$x(t) = \frac{8A}{\pi^2} \sum_{n=1}^{\infty} \frac{(-1)^{n-1}}{(2n-1)^2} \sin(2n-1)\Omega_0 t$$

gerade durch cos-Glieder. Aus der graphischen Darstellung erkennt man auch schnell, ob die betr. Funktion mittelwertfrei ($a_0 = 0$) ist.

Eine periodische Erregung als Superposition von Harmonischen

$$p(t) = \sum_{\nu=0}^{\infty} p_\nu(t) \tag{2.54}$$

verursacht aufgrund der vorausgesetzten Linearität der EFGM die superponierte Antwort

$$u(t) = \sum_{\nu=0}^{\infty} u_\nu(t) \tag{2.55}$$

mit den Harmonischen $u_\nu(t)$ als Lösungen der Gln. (vgl. Gl. (2.26)) für EFGM

$$\ddot{u}_\nu(t) + 2D\omega_0\dot{u}_\nu(t) + \omega_0^2 u_\nu(t) = \frac{1}{m} p_\nu(t). \tag{2.56}$$

Für den statischen Fall ($\nu = 0$), $\frac{1}{m} p_0 = \frac{a_0}{m} = $ const, lautet die Teillösung $u_0(t) = \frac{a_0}{\omega_0^2 m} = \frac{a_0}{k}$.

Die Ein-/Ausgangsbeziehung (2.31) gilt also für jede ν-te Harmonische $p_\nu(t)$ mit der Kraftamplitude $\hat{p}_\nu : \hat{u}_\nu = F(j\nu\Omega_0)\hat{p}_\nu$.

Wird die (stationäre) periodische Erregung (2.54) als Cosinus-Reihe (2.52) geschrieben, so gilt für die stationäre Lösung (s. die Lösung (2.33), in der für die ν-te Teillösung die Substitutionen $c_\nu \Rightarrow p_0$, $\nu\Omega_0 \Rightarrow \Omega$, Argument $\nu\Omega_0 t - \varphi_\nu \Rightarrow \Omega t$ und $\epsilon_\nu \Rightarrow \epsilon$ vorzunehmen sind):

$$u(t) = \frac{a_0}{k} + \sum_{\nu=1}^{\infty} \frac{c_\nu}{k\sqrt{\left[1 - \left(\frac{\nu\Omega_0}{\omega_0}\right)^2\right]^2 + \left(2D\frac{\nu\Omega_0}{\omega_0}\right)^2}} \cos(\nu\Omega_0 t - \varphi_\nu - \epsilon_\nu). \tag{2.57}$$

ϵ_ν ist die Phasenverschiebung zwischen der Kraft und der Verschiebung infolge der vorhandenen Dämpfungskraft.

Beispiel 2.4 Von einer Decke werde im wesentlichen ein Stahlbetonbalken belastet. Für den Stahlbetonbalken gelte: Balken auf zwei Stützen, b/h = 0,2/0,4 (m), Länge ℓ = 4,4 m, Elastizitätsmodul (dynamisch) E = 3 · 10^{10} N m^{-2}, Masse in Balkenmitte m = 900 kg (Ersatzmasse für Balken und Maschine). Die periodische Erregung p(t) sei approximiert mit der Grundfrequenz $\Omega_0 = 6 \cdot 2\pi s^{-1}$ und den Fourierkoeffizienten in kN: $a_0 = 1$, $a_1 = 15$, $b_1 = 0,5$, $a_2 = 21$, $b_2 = 0,1$, $a_3 = 8$, $b_3 = 0$ in der Darstellung (2.51). (Die restlichen Koeffizienten sind Null: Fouriersumme.)

Für die Antwort des ungedämpften EFGM nach Gl. (2.57) mit D = 0 und demzufolge $\epsilon_\nu = 0$ werden benötigt: Die Fourierkoeffizienten in der Schreibweise (2.52), die (Ersatz-) Federsteifigkeit k (vgl. Bild 2.1d) und die Eigenfrequenz ω_0 nach Gl. (2.7). Die Fourierkoeffizienten lauten:

$$c_1 = 15,01 \text{ kN}, \qquad \varphi_1 = 0,0333,$$

$$c_2 = 21,00 \text{ kN}, \qquad \varphi_2 = 0,0048,$$

$$c_3 = 8 \quad \text{ kN}, \qquad \varphi_3 = 0.$$

Für die Federkonstante ergibt sich

$$k = \frac{48 \, EI_0}{\varrho^3} = \frac{48 \cdot 3 \cdot 10^{10} \cdot 0,2 \cdot 0,4^3}{12 \cdot 4,4^3} = 1,8032 \cdot 10^7 \text{ N m}^{-1},$$

die Eigenfrequenz ist

$$\omega_0 = \sqrt{\frac{1,8032 \cdot 10^7}{900}} = 1,4155 \cdot 10^2 \text{ s}^{-1}, \qquad f_0 = 22,53 \text{ Hz}.$$

Die dynamische Verschiebung ergibt sich damit zu

$$u(t) = \frac{10^{-3}}{1,80} \left[0,1 + 1,62 \cos(6 \cdot 2\pi t - 0,0333) + 2,93 \cos(12 \cdot 2\pi t - 0,0048) \right.$$
$$\left. + 2,21 \cos 18 \cdot 2\pi t \right] \text{[m]}.$$

Infolge der Resonanznähe der 3. Harmonischen der Erregung ist dieser Anteil natürlich verstärkt (s. c_3 im Vergleich zu c_1, c_2) in der Antwort enthalten.

Ist das Definitionsintervall der Erregung (2.54) z. B. nur $[0, \infty)$ und sind die Anfangsbedingungen zum Zeitpunkt 0 vorgegeben, so erhält man die Antwort des EFGM auf diese Erregung aus der Superposition der freien Schwingung mit der stationären Lösung (2.57). Die Integrationskonstanten ergeben sich wieder aus den Anfangsbedingungen (s. Abschn. 2.3.1).

2.3.3   Nichtperiodische Erregung

Die Bewegungsgleichung (2.26) des EFGM für nichtperiodische Erregungen läßt sich, wie bereits auch für periodische Erregungen kennengelernt, sowohl im Zeitraum als auch im Frequenzraum lösen, d. h. die Lösungen lassen sich sowohl zeitabhängig als auch frequenzabhängig angeben. Im folgenden wird zunächst die Lösung im Zeitraum mit Hilfe des Duhamel-Integrals 2. Art[1]) beschrieben. Anschließend wird die Lösung im Frequenzraum mittels der Fouriertransformation (FT) hergeleitet. Da die FT nicht für alle im Ingenieurbereich interessierten Funktionen existiert (z. B. nicht für den Entlastungssprung, Bild 1.10), muß noch eine allgemeinere Integraltransformation eingeführt werden, die Laplacetransformation (LT).

---

[1]) Der Zusatz „2. Art" wird im folgenden weggelassen, er ist insofern historisch begründet, als daß man in der Elektrotechnik wohl einen Einheitssprung aber keinen Einheitsstoß (Dirac-Funktion) realisieren konnte; das Duhamel-Integral 1. Art basiert auf dem Einheitssprung.

2.3.3.1 Lösung im Zeitraum: Das Duhamel-Integral. Die nichtperiodische Erregerkraft $p(t)$ wird mittels Rechteckimpulse approximiert (Treppenfunktion), wofür von einem Impuls (im Englischen besser: puls) der Größe 1 ausgegangen wird. Man erhält ihn aus einem Rechteckstoß der Dauer Δt und der Höhe $1/\Delta t$ (Bild 2.22). In der Grenze $\Delta t \rightarrow 0$ entsteht der Einheitsstoß (Nadelstoß), der durch die Dirac-Funktion $\delta(t - t')$ beschrieben wird

$$\delta(t - t') = 0 \qquad \text{für } |t - t'| > 0,$$

$$\int\limits_{-\infty}^{\infty} \delta(t - t')dt = \int\limits_{t'-\epsilon}^{t'+\epsilon} \delta(t - t')dt = 1 \text{ (Normierung)}, \qquad \epsilon > 0. \tag{2.58}$$

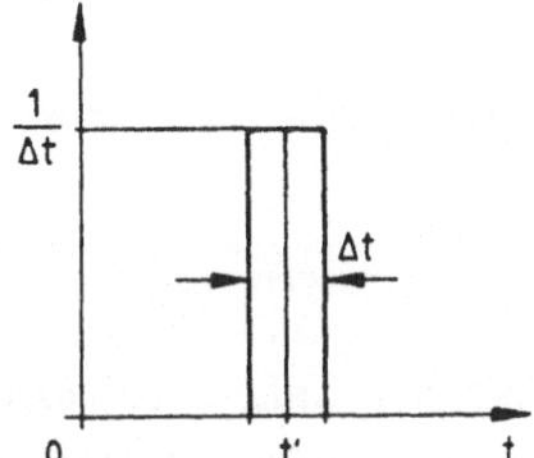

Bild 2.22
Annäherung der Dirac-Funktion

A n m e r k u n g : Die Dirac-Funktion ist eine verallgemeinerte Funktion, eine Distribution. Wir behandeln derartige Distributionen hier wie gewöhnliche Funktionen im Bewußtsein, daß die Ergebnisse durch zulässige Operationen abgesichert sind.

Wir bestimmen zunächst die Antwort $g(t)$ des für Zeiten $t < 0$ in Ruhe befindlichen EFGM auf den Einheitsstoß $\delta(t)$. Diese Antwort $g(t)$ bezeichnet man als Gewichtsfunktion oder auch als Stoßübergangsfunktion. Für sie gilt die Gl.

$$m\ddot{g}(t) + b\dot{g}(t) + kg(t) = \delta(t). \tag{2.59}$$

Integration der Gl. (2.59) von $-\epsilon$ bis ϵ über t liefert mit (2.58)

$$m\dot{g}(t)|_{-\epsilon}^{\epsilon} + bg(t)|_{-\epsilon}^{\epsilon} + k \int\limits_{-\epsilon}^{\epsilon} g(t)dt = 1. \tag{2.60}$$

Der Grenzübergang $\epsilon \rightarrow 0$ führt auf Anfangsgeschwindigkeiten $\dot{g}(0 + 0)$ und $\dot{g}(0 - 0)$, von denen der linksseitige Grenzwert $\dot{g}(0 - 0) = 0$ ist, weil das System sich vor dem Stoß in Ruhe befindet. Den rechtsseitigen Grenzwert setzen wir abkürzend $\dot{g}(0 + 0) = \dot{g}(t)|_{t=0} = v_0$. Die Verschiebung aus der Ruhelage muß stetig erfolgen, also $g(0 - 0) = 0 = g(0 + 0) = g(0)$. Damit ist der 2. Term der Gl. (2.60) gleich Null. Der dritte Term ist wegen des Intervalls der Länge Null gleich Null. Es folgt der Impuls

$$mv_0 = 1 \,^{1}).$$

Damit haben wir aus der Einheitsimpulsbelastung die Anfangsbedingungen

$$g(0) = 0, \qquad \left.\frac{dg(t)}{dt}\right|_{t=0} = \frac{1}{m} \tag{2.61}$$

---

[1]) Infolge der Normierung in (2.58) ist die Gl. dimensionslos.

erhalten und somit die inhomogene Gl. (2.59) für Zeiten $t > 0$ (also nach dem Stoß mit $\epsilon \to 0$) auf eine homogene Gl. mit den Anfangsbedingungen (2.61) zurückgeführt:

$$m\ddot{g}(t) + b\dot{g}(t) + kg(t) = 0, \qquad g(0) = 0, \qquad \dot{g}(t)|_{t=0} = \frac{1}{m}. \tag{2.62}$$

Ihre Lösung ergibt sich aus dem Ansatz (Gl. (2.19))

$$g(t) = e^{-\delta t}(A_1 \cos \omega_D t + A_2 \sin \omega_D t),$$

$$t = 0: A_1 = 0, \qquad A_2 = \frac{1}{\omega_D m},$$

es folgt die Stoßübergangsfunktion als abklingende freie Schwingung

$$g(t) = \frac{1}{\omega_D m} e^{-\delta t} \sin \omega_D t, \qquad 0 \leqslant t < \infty. \tag{2.63}$$

Wirkt der Einheitsstoß erst zur Zeit $t' > 0$, $p(t) = \delta(t - t')$, so antwortet das (kausale) System natürlich entsprechend zeitverschoben mit $g(t - t')$: Vor dem Stoß zum Zeitpunkt t' „weiß" das System noch nichts von dem Stoß (Bild 2.23).

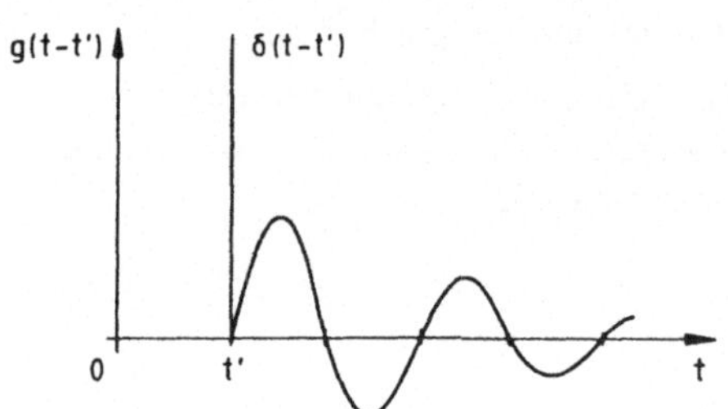

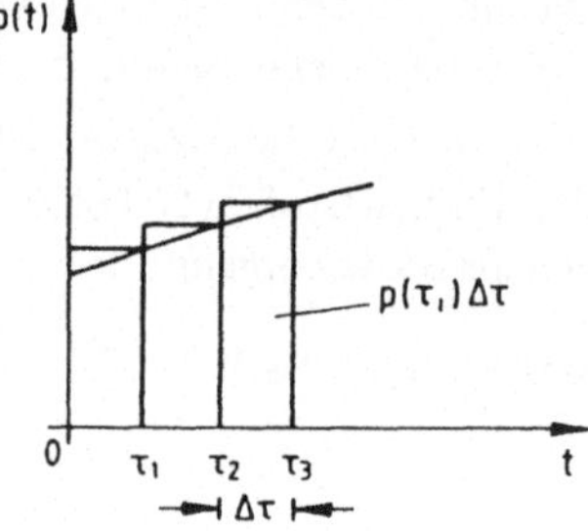

Bild 2.23 Antwort eines EFGM auf einen Einheitsstroß $\delta(t - t')$: Stoßübergangsfunktion $g(t - t')$

Bild 2.24 Approximation des Kraftverlaufs durch eine Treppenfunktion

Ein beliebiger Kraftverlauf $p(t)$ kann durch eine Treppenkurve approximiert werden (Bild 2.24): Einführung äquidistanter Stützstellen $\tau_i = t_0 + i\Delta\tau$, $i = O(1)n$, und Stufen der Höhen $p(\tau_i)$. Die Fläche unter der Kraftfunktion $p(t)$ läßt sich mit Hilfe der Rechteckregel approximieren

$$\int_{t_0}^{\tau_n} p(\tau)d\tau \doteq \sum_{i=1}^{n} p(\tau_i)\Delta\tau,$$

die Summe besteht aus Rechteckimpulsen der Größe $p(\tau_i)\Delta\tau$.

Der Einheitsstoß $\delta(t)$ zur Zeit 0 mit der Impulsgröße 1 bewirkt eine Antwort $g(t) \cdot 1$ für $t \geqslant 0$.

Der Einheitsstoß $\delta(t - \tau_i)$ zur Zeit τ_i mit der Impulsgröße 1 bewirkt eine Antwort $g(t - \tau_i) \cdot 1$ für $t \geqslant \tau_i$.

Der Rechteckstoß $p(\tau_i)$ zur Zeit τ_i mit der Impulsgröße $p(\tau_i)\Delta\tau$ bewirkt eine Antwort $g(t-\tau_i)\cdot p(\tau_i)\Delta\tau$ für $t \geqslant \tau_i$.

Die Summe der Teilantworten

$$\Delta u_i(t,\tau_i) := g(t-\tau_i)p(\tau_i)\Delta\tau$$

ergibt in Näherung die Lösung der Bewegungsgleichung infolge der Erregung $p(t)$:

$$u(t) \doteq \sum_i \Delta u_i(t,\tau_i) = \sum_i g(t-\tau_i)p(\tau_i)\Delta\tau.$$

Der Grenzübergang $\Delta\tau \to 0$ überführt die Summe in das Integral

$$u(t) = \int_{-\infty}^{t} g(t-\tau)p(\tau)d\tau. \tag{2.64}$$

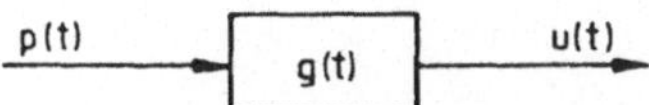

Bild 2.25 Ein-/Ausgangsbeziehung
eines EFGM im Zeitraum

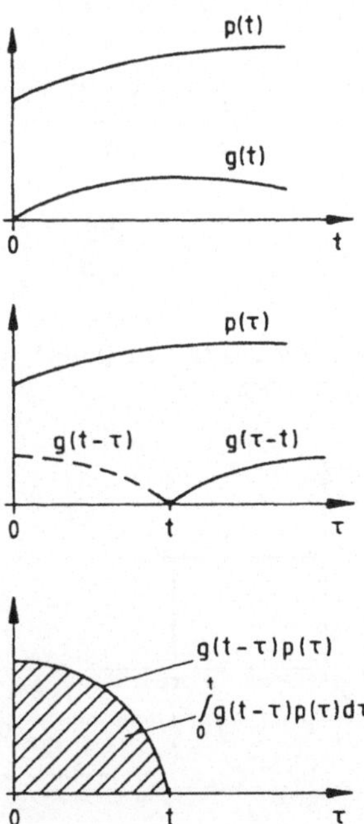

Bild 2.26 Faltung zweier einseitiger Funktionen $p(t)$ und $g(t)$

Die Gl. (2.64) ist das Duhamel-Integral, es liefert die Antwort des Modells für eine gegebene Kraft $p(t)$ unter Kenntnis der Stoßübergangsfunktion. Damit ist die Ein-/Ausgangsbeziehung im Zeitraum gefunden, wie sie Bild 2.25 wiedergibt, nämlich über die Stoßübergangs-, Gewichtsfunktion $g(t)$. Man bezeichnet (2.64) auch als Faltungsprodukt, Faltung oder Faltungssatz. Der Begriff Faltung für die Vorschrift (2.64) geht aus Bild 2.26 hervor; formal wird sie durch

$$u(t) = g(t) * p(t) \tag{2.65}$$

beschrieben.

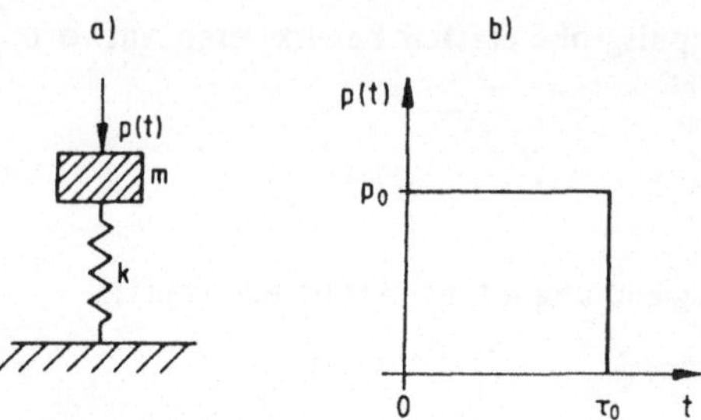

Bild 2.27
a) Abgefedertes Hammerfundament
b) erregt über einen Rechteckstoß

Beispiel 2.5 Es wirke ein rechteckiger Kraftstoß auf ein abgefedertes Hammerfundament, modelliert als EFGM. Wie groß ist die maximale Bodenkraft? Gemäß Bild 2.27 und den eingetragenen Bezeichnungen gilt:

$$u(t) = p_0 \int_0^t g(t-\tau)d\tau = p_0 \int_0^t \frac{1}{\omega_0 m} \sin \omega_0(t-\tau)d\tau, \qquad t' := t - \tau;$$

$$u(t) = \frac{-p_0}{\omega_0 m} \int_t^0 \sin \omega_0 t'\,dt' = \frac{p_0}{\omega_0^2 m}(1 - \cos \omega_0 t) \qquad \text{für } t \leqslant \tau_0;$$

$$u(t) = - \frac{p_0}{\omega_0 m} \int_t^{t-\tau_0} \sin \omega_0 t'\,dt' = \frac{p_0}{\omega_0^2 m}[\cos \omega_0(t-\tau_0) - \cos \omega_0 t] \qquad \text{für } t \geqslant \tau_0.$$

Die Bodenkraft ist $|ku(t)| \leqslant \dfrac{2p_0 k}{\omega_0^2 m} = 2p_0$: Sie kann höchstens gleich der doppelten Kraft p_0 werden.

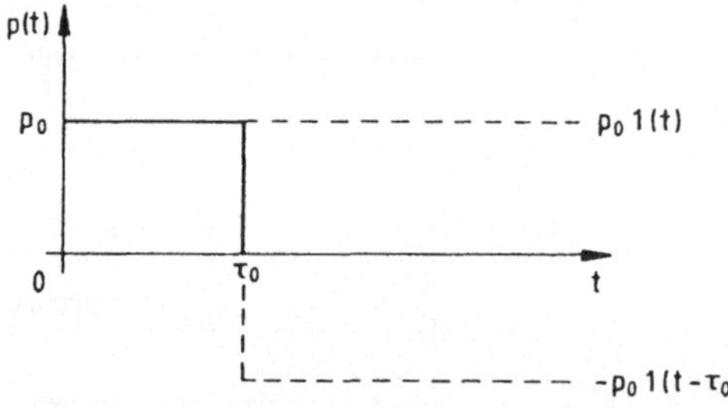

Bild 2.28
Rechteckstoß aus zeitverschobenen Sprungfunktionen zusammengesetzt

Den Rechteckstoß kann man auch entsprechend Bild 2.28 aus zwei Sprungfunktionen zusammensetzen, $p(t) = p_0[1(t) - 1(t - \tau_0)]$ für $t \geqslant \tau_0$. Mit den bekannten Antworten

$$u_1(t) = \int_0^t g(t-\tau) \cdot 1 d\tau \qquad \text{für } p(t) = 1(t),$$

$$u_2(t) = \int_0^{t-\tau_0} g(t-\tau_0-\tau)d\tau = \int_0^{t'} g(t'-\tau)d\tau = u_1(t') = u_1(t-\tau_0)$$

folgt dann (s. o.)

$$u(t) = u_1(t) - u_1(t - \tau_0) \qquad \text{für } t \geqslant \tau_0.$$

Ist p(t) eine einseitige Funktion, d. h. wirkt die äußere Kraft erst für t $\geqslant$ 0 auf das vorher in Ruhe befindliche System, so sind die Integrationsgrenzen in (2.64) von 0 bis t zu setzen. Ist der Kraftverlauf impulsförmig derart, daß er für Zeiten t $>$ τ_0 identisch Null ist, so ist die Antwort für Zeiten t $>$ τ_0 (freie Schwingung) aus der Integration von 0 bis τ_0 zu ermitteln, da der Integrand für Zeiten von τ bis t gleich Null ist.

Ist die Impulsdauer $\Delta\tau$ sehr klein gegenüber der Eigenperiodendauer T_0 des Systems, dann gilt mit g(t $-\tau$) $\doteq$ g(t) (s. Aufgabe. 2.16)

$$u(t) = \int_0^t g(t-\tau)p(\tau)d\tau \doteq g(t) \int_0^{\Delta\tau} p(\tau)d\tau, \tag{2.66}$$

d. h. die Antwort ist proportional g(t), der Kraftverlauf spielt keine Rolle, sondern es ist lediglich die Impulsgröße maßgeblich.

Wurde die Antwort eines EFGM mit dem Duhamel-Integral und den Integrationsgrenzen von 0 bis t für einen entsprechenden Kraftverlauf bestimmt, und möchte man nun die modifizierte Aufgabe des vor t = 0 in Bewegung befindlichen Systems mit bekannten Anfangsbedingungen bestimmen, so ist zu der obigen Lösung aus dem Duhamel-Integral nur die Lösung der homogenen Bewegungsgleichung hinzuzunehmen, und es sind die Anfangsbedingungen einzuarbeiten.

Damit ist die Lösung des Problems im Zeitbereich grundsätzlich gefunden, jedoch stößt die praktische Ermittlung infolge der durchzuführenden Integration häufig auf Schwierigkeiten.

2.3.3.2 Lösung im Frequenzraum: Die Fouriertransformation (FT). Die stationäre Lösung des harmonisch erregten EFGM führt auf algebraische Gleichungen, ebenso die des periodisch erregten Systems. Die sich ergebenden Linienspektren sowohl für die Erregungen als auch für die Antworten entsprechen hierbei den Lösungen im Frequenzraum (Frequenzraumdarstellung). Gesucht sind jetzt die Lösungen des EFGM im Frequenzraum auf stoß- und sprungförmige, letztlich also beliebige Erregungen, möglichst in Form algebraischer Ausdrücke.

Durch das Auftreten der Gewichtsfunktion im Duhamel-Integral wissen wir, daß das System wesentlich in seiner Eigenfrequenz reagiert. Ohne Kenntnis der Größe und den Eigenschaften der Erregerkraft im Frequenzraum (Spektralfunktion, Frequenzinhalt der Erregerkraft, s. Bild 1.2) im Vergleich zum Frequenzgang des Systems kann jedoch nichts über ihre Auswirkung im Frequenzraum gesagt werden, außer es liegt die Lösung im Frequenzraum selbst vor. Anders ausgedrückt: Die Zeitraum-Lösung enthält selbstverständlich alle Informationen, allerdings sind Frequenzaussagen leichter der Frequenzraumdarstellung zu entnehmen.

Umgekehrt sind Aussagen über das zeitliche Verhalten von Erregung und Antwort natürlich leichter aus den Zeitraumdarstellunen, als den Frequenzraumdarstellungen abzulesen.

Eine nichtperiodische Funktion kann heuristisch als Grenzfall einer periodischen Funktion mit der Periodendauer T $\to$ ∞ aufgefaßt werden. Der Grenzübergang der FR (2.53) ist zu bilden,

$$x(t) = \lim_{T \to \infty} \sum_{n=-\infty}^{\infty} \left[\frac{1}{T} \int_{-T/2}^{T/2} x(t)e^{-jn\Omega_0 t}\, dt \right] e^{jn\Omega_0 t};$$

(2.67)

der Ausdruck in eckigen Klammern ist der n-te Fourierkoeffizient in komplexer Schreibweise. Mit dem Grenzübergang $T \to \infty$ geht die Differenz $\Delta\omega_n := \Omega_{n+1} - \Omega_n := (n+1)\Omega_0 - n\Omega_0 = \Omega_0 = \frac{2\pi}{T}$ über in $d\omega = \lim\limits_{T \to \infty} \frac{2\pi}{T}$, woraus $\lim\limits_{T \to \infty} \frac{1}{T} = \frac{d\omega}{2\pi}$ folgt. Mit $\Delta\omega_n \to d\omega$ werden die diskreten Frequenzen $n\Omega_0$ in die kontinuierliche Frequenz ω überführt. Damit und infolge der Ersetzung der Summation durch die entsprechende Integration ergibt sich die Gleichung

$$x(t) = \frac{1}{2\pi} \int_{-\infty}^{\infty} \left[\int_{-\infty}^{\infty} x(t)e^{-j\omega t}\, dt \right] e^{j\omega t}\, d\omega.$$

(2.68)

Den Ausdruck in eckigen Klammern durch $X(j\omega)$ abgekürzt,

$$X(j\omega) := \int_{-\infty}^{\infty} x(t)e^{-j\omega t}\, dt,$$

(2.69)

überführt (2.68) in

$$x(t) = \frac{1}{2\pi} \int_{-\infty}^{\infty} X(j\omega)e^{j\omega t}\, d\omega.$$

(2.70)

Die Gl. (2.70) tritt also an die Stelle der FR als zeitliche Darstellung der nichtperiodischen Funktion. Auf der rechten Seite steht ein Integral über ω mit der Variablen t. Die F u n k t i o n $X(j\omega)$ übernimmt jetzt die Rolle der Fourierkoeffizienten. Beschreibt $\hat{c}_n$ die Amplitude der n-ten Harmonischen, so drückt $X(j\omega)$ eine Amplitudendichte (Amplitude pro Frequenz) aus. $X(j\omega)$, definiert durch die Gl. (2.69), bezeichnet man als Fouriertransformierte der Zeitfunktion x(t).

$X(j\omega)$ ist also die Frequenzraumdarstellung, die Spektralfunktion von x(t),

$$X(j\omega) = \mathcal{F}\{x(t)\},$$

(2.69a)

und umgekehrt ist x(t) die Zeitraumdarstellung von $X(j\omega)$:

$$x(t) = \mathcal{F}^{-1}\{X(j\omega)\}.$$

(2.70a)

Man bezeichnet auch (2.70) als inverse FT oder als Fourierintegral.

A n m e r k u n g : Damit die Umkehrung gilt, muß x(t) u. a. von beschränkter Variation sein. Die obige Herleitung entbehrt der mathematischen Strenge, hinsichtlich einer strengen Herleitung und der Eindeutigkeit der Transformationen s. [2.6] [2.7].

Zur Handhabung der FT benötigen wir Rechenregeln, die aus ihren Eigenschaften folgen. Die Eigenschaften der FT sind:

1. Sie ist eine lineare Operation:

$$F\{a_1 x_1(t) + a_2 x_2(t)\} = \int_{-\infty}^{\infty} [a_1 x_1(t) + a_2 x_2(t)]e^{-j\omega t}dt$$

$$= a_1 \int_{-\infty}^{\infty} x_1(t)e^{-j\omega t}dt + a_2 \int_{-\infty}^{\infty} x_2(t)e^{-j\omega t}dt$$

$$= a_1 F\{x_1(t)\} + a_2 F\{x_2(t)\}.$$

2. Die FT einer geraden Zeitfunktion $x(t) = x(-t)$ führt auf die (reelle) Cosinus-Transformation:

$$F\{x(t)\} = X(j\omega) = \int_{-\infty}^{\infty} x(t)(\cos \omega t - j \sin \omega t)dt$$

$$= 2 \int_0^{\infty} x(t) \cos \omega t dt - j[\int_{-\infty}^{0} x(t) \sin \omega t dt + \int_0^{\infty} x(t) \sin \omega t dt]$$

$$= 2 \int_0^{\infty} x(t) \cos \omega t dt - j \cdot 0, \qquad \text{w.z.z.w.}$$

3. Die FT einer ungeraden Funktion $x(t) = -x(-t)$ ist imaginär und auf eine Sinus-Transformation reduziert:

$$X(j\omega) = \int_{-\infty}^{\infty} x(t) \cos \omega t dt - j \int_{-\infty}^{\infty} x(t) \sin \omega t dt$$

$$= 0 - j2 \int_0^{\infty} x(t) \sin \omega t dt, \qquad \text{w.z.z.w.}$$

4. Wie wirkt sich eine Zeitverschiebung um t_0 aus?

$$F\{x(t - t_0)\} = \int_{-\infty}^{\infty} x(t - t_0)e^{-j\omega t}dt = \int_{-\infty}^{\infty} x(t - t_0)(e^{-j\omega t_0}e^{j\omega t_0})e^{-j\omega t}dt$$

$$= e^{-j\omega t_0} \int_{-\infty}^{\infty} x(t - t_0)e^{-j\omega(t - t_0)}d(t - t_0) = e^{-j\omega t_0}X(j\omega):$$

Eine Zeitverschiebung bewirkt im Frequenzraum keine Änderung des Betrages der Fouriertransformierten der nicht zeitverschobenen Funktion.

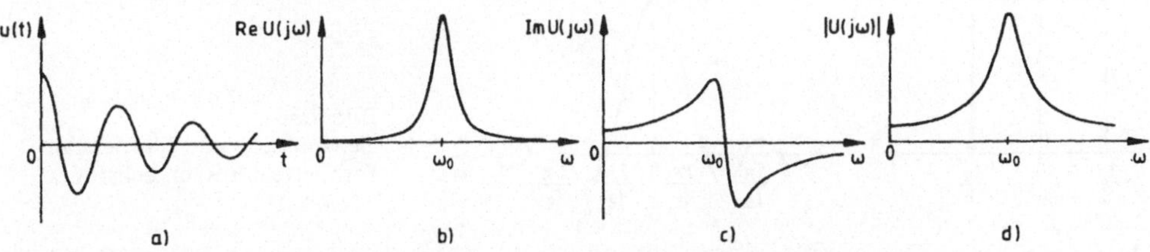

Bild 2.29 Ergebnis der Fouriertransformation einer abklingenden Schwingung:
a) Zeitdarstellung; b) Realteil der Fouriertransformierten;
c) Imaginärteil der Fouriertransformierten; d) Betrag der Fouriertransformierten

Beispiel 2.6 Gegeben sei die abklingende freie Schwingung in der Form $u(t) = u_0 e^{(-\delta + j\omega_0)t}$ für $t \geq 0$. Wie lautet ihre Fouriertransformierte?

$$\mathcal{F}\{u(t)\} = u_0 \int_0^\infty e^{(-\delta + j\omega_0)t} e^{-j\omega t} dt$$

$$= u_0 \int_0^\infty e^{[-\delta + j(\omega_0 - \omega)]t} dt$$

$$= u_0 \left. \frac{e^{[-\delta + j(\omega_0 - \omega)]t}}{-\delta + j(\omega_0 - \omega)} \right|_0^\infty$$

$$= \frac{u_0}{\delta - j(\omega_0 - \omega)} = u_0 \frac{\delta + j(\omega_0 - \omega)}{\delta^2 + (\omega_0 - \omega)^2} =: U(j\omega).$$

Das Ergebnis ist in Bild 2.29 wiedergegeben.

Beispiel 2.7 Wie lautet die Fouriertransformierte der Dirac-Funktion?

$\mathcal{F}\{\delta(t)\} = \int_{-\infty}^\infty \delta(t)e^{-j\omega t} dt$, aufgrund der Ausblendeigenschaft der Dirac-Funktion[1]) folgt:

$$\mathcal{F}\{\delta(t)\} = \int_{-\infty}^\infty \delta(t)e^{-j\omega 0} dt = \int_{-\infty}^\infty \delta(t) dt = 1.$$

Die Fouriertransformierte von $\delta(t)$ ist identisch gleich Eins: Das Amplitudenspektrum ist konstant, d. h. alle Frequenzen sind mit derselben Amplitude im Spektrum enthalten.

Beispiel 2.8 Wie ist der Frequenzinhalt eines Rechteckstoßes? (Bild 2.30)

$$p(t) = \begin{cases} 0 & \text{für } t < -\dfrac{t_B}{2}, \\[2mm] p_0 & \text{für } |t| < \dfrac{t_B}{2}, \\[2mm] 0 & \text{für } t > \dfrac{t_B}{2}, \end{cases}$$

$$P(j\omega) = p_0 \int_{-t_B/2}^{t_B/2} e^{-j\omega t} dt = - p_0 \frac{1}{j\omega} e^{-j\omega t} \Bigg|_{-t_B/2}^{t_B/2} = \frac{2p_0}{\omega} \sin \omega \frac{t_B}{2}.$$

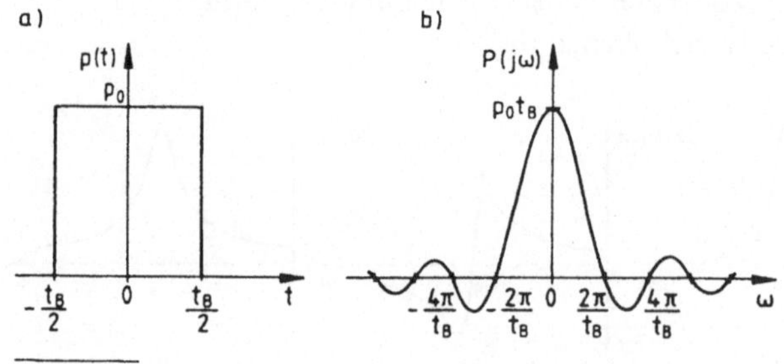

Bild 2.30
Zeitfunktion und Fouriertransformierte des Rechteckstoßes

---

[1]) $\int_{-\infty}^\infty f(t)\delta(t)dt = \int_{-\infty}^\infty f(0)\delta(t)dt = f(0) \int_{-\infty}^\infty \delta(t)dt = f(0)$, da $\delta(t)$ im ganzen Intervall, ausgenommen an der Stelle $t = 0$, gleich Null ist.

A n m e r k u n g : Man beachte die Oszillation der Fouriertransformierten des Recht-eckes: Spaltsinus $\left(a\dfrac{\sin x}{x}\right)$. Diese Eigenschaft ist für den Praktiker wichtig zu kennen, um Fehlinterpretationen zu vermeiden.

Die einseitige Fouriertransformierte ist definiert als die FT in dem Zeitintervall $0 \leqslant t < \infty$, sie wird sinnvoll dort verwendet, wo man mit Anfangsbedingungen zur Zeit $t_0 = 0$ arbeiten möchte bzw. eine Zeitfunktion erst für $t \geqslant 0$ nicht mehr iden-tisch verschwindet.

Eine wesentliche Eigenschaft der FT ergibt sich bei ihrer Anwendung auf die Differen-tiation bzw. Integration.

Beispiel 2.9 Welches ist die einseitige Fouriertransformierte der Geschwindigkeit $\dot u(t)$:

$$\mathcal{F}\{\dot u(t)\} = \int\limits_0^\infty \dot u(t)e^{-j\omega t}dt?$$

Hierauf die partielle Integration angewendet liefert:

$$\int\limits_0^\infty \dot u(t)e^{-j\omega t}dt = u(t)e^{-j\omega t}\big|_0^\infty + j\omega \int\limits_0^\infty u(t)e^{-j\omega t}dt.$$

Unter der Voraussetzung, daß für den Grenzwert $u(\infty) = 0$ gilt, folgt mit der Fourier-transformierten der Verschiebung

$$U(j\omega) := \int\limits_0^\infty u(t)e^{-j\omega t}dt:$$

$$\mathcal{F}\{\dot u(t)\} = - u(0) + j\omega U(j\omega).$$

Die zeitliche Differentiation ist durch einen algebraischen Ausdruck im Bildraum ersetzt. Die Fouriertransformierte der Geschwindigkeit ist gleich der Fouriertransformierten der ursprünglichen Zeitfunktion, der Verschiebung, multipliziert mit $j\omega$.

Beispiel 2.10 Wie lautet die einseitige fouriertransformierte Beschleunigung?

$$\mathcal{F}\{\ddot u(t)\} = \int\limits_0^\infty \ddot u(t)e^{-j\omega t}dt$$

$$= \dot u(t)e^{-j\omega t}\big|_0^\infty + j\omega \int\limits_0^\infty \dot u(t)e^{-j\omega t}dt$$

$$= \dot u(t)e^{-j\omega t}\big|_0^\infty + j\omega[u(t)e^{-j\omega t}\big|_0^\infty + j\omega \int\limits_0^\infty u(t)e^{-j\omega t}dt]$$

$$= -\dot u_0 - j\omega u_0 - \omega^2 U(j\omega).$$

Neben den Anfangsbedingungen $u(0) = u_0$, $[du(t)/dt]|_{t=0} = \dot u_0$ ist jetzt die zweifache Differentiation durch die Multiplikation von $U(j\omega)$ mit $(j\omega)^2$ im Bildraum ersetzt. Man erhält auch hier wieder einen algebraischen Ausdruck. Damit die Fouriertransfor-mierte existiert, muß vorausgesetzt werden, daß für die Grenzwerte $\dot u(\infty) = u(\infty) = 0$ gilt.

Für die Verschiebung im Frequenzraum, $\mathcal{F}\{u(t)\} =: U(j\omega)$, die Geschwindigkeit $\mathcal{F}\{\dot u(t)\} =: V(j\omega)$ und die Beschleunigung $\mathcal{F}\{\ddot u(t)\} =: A(j\omega)$ ergeben sich für die

Anfangsbedingungen gleich Null aufgrund der Beispiele 2.9 und 2.10 die Beziehungen

$$A(j\omega) = -\omega^2 U(j\omega), \quad V(j\omega) = j\omega U(j\omega), \quad A(j\omega) = j\omega V(j\omega) \tag{2.71}$$

und umgekehrt

$$U(j\omega) = \frac{1}{j\omega} V(j\omega) = -\frac{1}{\omega^2} A(j\omega), \quad V(j\omega) = \frac{1}{j\omega} A(j\omega). \tag{2.72}$$

Hieraus folgt unter der Voraussetzung, daß die Fouriertransformierte des Integrals $\int_0^t x(\tau)d\tau$ existiert, daß man sie aus der Division von $F\{x(t)\}$ durch $j\omega$ erhält:

$$F\left\{\int_0^t x(\tau)d\tau\right\} = \frac{1}{j\omega} F\{x(t)\}.$$

Damit ist ein wichtiges Ergebnis für die Praxis gewonnen: Die transzendenten Operationen D i f f e r e n t i a t i o n und I n t e g r a t i o n sind durch die FT in a l g e b r a i s c h e Operationen überführt, womit das eingangs formulierte Ziel erreicht ist.

Bei der FT und Rücktransformation verwendet man Transformationstafeln. Einige Transformationsbeziehungen enthält die Tab. 2.7. Sind die Integrationen zur FT analytisch nicht ausführbar, so werden sie numerisch in einem endlichen Intervall durchgeführt: Diskrete und finite FT; sie verwendet die Rechteckregel zur numerischen Integration. Um sie zeitgünstig auszuführen, sind spezielle Prozeduren entwickelt worden. Verwendet man für die Anzahl der Stützstellen Potenzen von 2, so gelangt man zu der FFT-Prozedur. FFT steht für F̲ast-F̲ourier-T̲ransformation (schnelle Fouriertransformation), s. [2.8]. Der Benutzer von FFT-Prozeduren sollte sich damit vertraut machen, daß er in Wirklichkeit Fourierkoeffizienten (also diskret und für periodische Funktionen) berechnet [1.20] und, daß die handelsüblichen Programme verschiedene Normierungen verwenden.

Wir sind nun in der Lage, die Bewegungsgleichung des EFGM zu transformieren:

$$F\{m\ddot{u}(t) + b\dot{u}(t) + ku(t)\} = F\{p(t)\},$$

$$mF\{\ddot{u}(t)\} + bF\{\dot{u}(t)\} + kF\{u(t)\} = F\{p(t)\};$$

mit den Abkürzungen

$$U(j\omega) := F\{u(t)\}, \quad P(j\omega) := F\{p(t)\}$$

und den Anfangsbedingungen gleich Null folgt:

$$(-\omega^2 m + j\omega b + k)U(j\omega) = P(j\omega), \tag{2.73}$$

bzw. es ist die Antwort des Systems im Frequenzraum infolge einer (beliebigen[1])) Erregung $P(j\omega)$:

$$U(j\omega) = \frac{P(j\omega)}{-\omega^2 m + j\omega b + k}. \tag{2.74}$$

------

[1]) sofern die Fouriertransformierten existieren

Tab. 2.7 Die Fouriertransformierten einiger Zeitfunktionen

Bezeichnung	Zeit-(Original-)raum	Frequenz-(Bild)raum
Darstellung		
Definition	$x(t) = \dfrac{1}{2\pi} \displaystyle\int_{-\infty}^{\infty} X(j\omega)e^{j\omega t}d\omega$ $= \mathcal{F}^{-1}\{X(j\omega)\}$ Fourierintegral	$X(j\omega) = \displaystyle\int_{-\infty}^{\infty} x(t)e^{-j\omega t}dt$ $\displaystyle\int_{-\infty}^{\infty} |x(t)|dt < \infty$ Fouriertransformierte
gerade Funktion	$x(t) = x(-t)$	$2\displaystyle\int_{0}^{\infty} x(t)\cos\omega t\,dt$ (reell)
ungerade Funktion	$x(t) = -x(-t)$	$-j2\displaystyle\int_{0}^{\infty} x(t)\sin\omega t\,dt$ (imaginär)
Verschiebung	$x(t - t_0)$	$X(j\omega)e^{-j\omega t_0}$
Differentiation	$\dot{x}(t)$	$j\omega X(j\omega),\quad \lim\limits_{t \to \pm\infty} x(t) = 0$
Faltung	$x_1(t) * x_2(t)$	$X_1(j\omega)X_2(j\omega)$
Dirac-Funktion	$\delta(t)$	1
Exponentialfunktion	$e^{(-\delta + j\omega_0)t}$	$\dfrac{\delta + j(\omega_0 - \omega)}{\delta^2 + (\omega_0 - \omega)^2}$
Sinus-Funktion	$\sin\omega_0 t$	$\dfrac{1}{2j}[\delta(f - f_0) - \delta(f + f_0)],\quad f = \dfrac{\omega}{2\pi}$
Cosinus-Funktion	$\cos\omega_0 t$	$\dfrac{1}{2}[\delta(f - f_0) + \delta(f + f_0)],\quad f = \dfrac{\omega}{2\pi}$

(2.74) ist eine algebraische Beziehung, die mit dem Frequenzgang (2.32) für $\Omega = \omega$ übergeht in die Beziehung

$$U(j\omega) = F(j\omega)P(j\omega). \tag{2.75}$$

Damit gilt die Ein-/Ausgangsbeziehung mit der Systembeschreibung $F(j\omega)$ gemäß Bild 2.12 nicht nur für harmonische Signale sondern auch für die fouriertransformierten Zeitfunktionen.

Es interessiert nun der Zusammenhang zwischen der Stoßübergangsfunktion und dem
Frequenzgang. Für $p(t) = \delta(t)$ antwortet das System mit $u(t) = g(t)$, diese Größen
fouriertransformiert in Gleichung (2.75) eingesetzt, liefert mit $\mathcal{F}\{\delta(t)\} = 1$ (s. Beispiel
2.7)

$$U(j\omega) = \mathcal{F}\{g(t)\} = F(j\omega) \cdot 1 = F(j\omega). \tag{2.76}$$

Der Frequenzgang ist gleich der fouriertransformierten Stoßübergangsfunktion! D. h.
der Frequenzgang ist die Antwort des EFGM im Frequenzraum auf eine Einheitskraft
im Frequenzraum, also einem Dirac-Stoß im Zeitraum. Demzufolge gilt für das Duhamel-
Integral (2.64) (ohne Beweis, als heuristische Folgerung aus (2.75)):

$$\mathcal{F}\{u(t)\} = U(j\omega) = \mathcal{F}\{g(t) * p(t)\} = F(j\omega)P(j\omega). \tag{2.77}$$

Die Faltung im Originalraum geht im Bild(Frequenz-)raum über in die Produktform.
Damit ist ein neuer Weg zur Frequenzgangermittlung gefunden:

$$F(j\omega) = \frac{U(j\omega)}{P(j\omega)} = \frac{\mathcal{F}\{u(t)\}}{\mathcal{F}\{p(t)\}}, \qquad P(j\omega) \neq 0. \tag{2.78}$$

Man erhält ihn aus der fouriertransformierten Antwort dividiert durch die fouriertransformierte Erregung.

Beispiel 2.11 Ein EFGM wird durch einen Rechteckstoß der Breite t_B angeregt. Beispiel
2.8 enthält die Fouriertransformierte der Erregung (Bild 2.30). Die wesentliche Anre-
gungsenergie ist in dem Frequenzintervall bis zur ersten Wurzel von $P(j\omega)$ enthalten,
also in dem Intervall $[0, 2\pi/t_B]$. Liegt die Eigenfrequenz ω_0 des Systems in diesem
Intervall, so ist infolge der multiplikativen Verknüpfung (2.75), s. auch Bild 2.13, mit
einer großen Antwort zu rechnen (s. jedoch das Ergebnis in Beispiel 2.5 für das EFGM
im Vergleich zur Resonanzkatastrophe). Ist dagegen $\omega_0 \gg 2\pi/t_B$, so wirkt sich die
Erregung dynamisch kaum aus.

Die Algebraisierung des Problems hat auch für zusammengesetzte EFGM große Vorteile,
wie die beiden nachfolgenden Beispiele zeigen.

P(jω) — F₁(jω) — U₁(jω) — F₂(jω) — U(jω)

Bild 2.31
Hintereinanderschaltung zweier EFGM

Beispiel 2.12 Zwei EFGM seien hintereinandergeschaltet (Bild 2.31). Gesucht ist der
Ersatzfrequenzgang des gesamten Systems: Es gelten die Gleichungen

$$U_1(j\omega) = F_1(j\omega)P(j\omega),$$

$$U(j\omega) \;\; = F_2(j\omega)U_1(j\omega),$$

es folgt

$$U(j\omega) = F_2(j\omega)F_1(j\omega)P(j\omega)$$
$$=: F(j\omega)P(j\omega)$$

mit dem Ersatzfrequenzgang

$$F(j\omega) = F_1(j\omega)F_2(j\omega).$$

Die Darstellung der Antwort im Zeitraum ist

$$u_1(t) = \int\limits_{-\infty}^{t} g_1(t - \tau)p(\tau)d\tau,$$

$$u(t) = \int\limits_{-\infty}^{t} g_2(t - \tau)u_1(\tau)d\tau$$

$$= \int\limits_{-\infty}^{t} g_2(t - \tau) \int\limits_{-\infty}^{\tau} g_1(\tau - t')p(t')dt'd\tau$$

ein zumindest optisch komplizierterer Ausdruck als im Frequenzraum.

Eine mögliche Anwendung ist die Fußpunkterregung des zweiten Systems mit $p(t)$ der Erdbebenerregung im Epizentrum, deren Übertragung zum Fußpunkt (Fundament) des zweiten Systems mit Hilfe von $F_1(j\omega)$ modelliert ist.

Beispiel 2.13 Zwei EFGM seien parallel geschaltet. Gesucht ist der Ersatzfrequenzgang für die Eingangsgröße und die Summenausgangsgröße (Bild 2.32). Anhand der Ein-/ Ausgangsbeziehung gilt:

$$U_1(j\omega) = F_1(j\omega)P(j\omega),$$

$$U_2(j\omega) = F_2(j\omega)P(j\omega).$$

Für den Summenausgang folgt

$$U(j\omega) = U_1(j\omega) + U_2(j\omega) = [F_1(j\omega) + F_2(j\omega)]P(j\omega)$$
$$=: F(j\omega)P(j\omega)$$

mit $F(j\omega) = F_1(j\omega) + F_2(j\omega).$

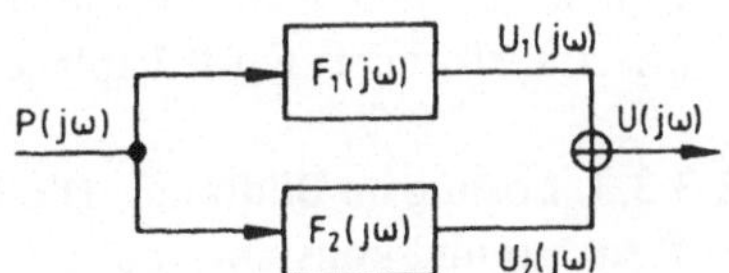

Bild 2.32
Parallelschaltung zweier EFGM

Wie kann dieses System, z. B. statisch interpretiert werden?

$$F_1(j\omega) = \frac{1}{k_1}, \qquad F_2(j\omega) = \frac{1}{k_2},$$

$$F(j\omega) = \frac{1}{k_1} + \frac{1}{k_2}.$$

Hintereinanderschaltung von Federn. Dieses ist kein Widerspruch, denn es sind die Federn, nicht aber die Frequenzgänge hintereinander geschaltet.

Abschließend sei die Sprungfunktion einer FT unterworfen.

Beispiel 2.14

$$1(t) = \begin{cases} 0 & \text{für } -\infty < t < \infty, \\ 1 & \text{für } 0 < t < \infty, \end{cases}$$

$$F\{1(t)\} = \int\limits_{0}^{\infty} e^{-j\omega t}dt = -\frac{1}{j\omega} e^{-j\omega t}\Big|_{0}^{\infty}.$$

Das Integral existiert nicht, da die trigonometrischen Funktionen (s. Eulersche Formel) für $t \to \infty$ keinen definierten Wert annehmen (sie sind lediglich beschränkt).

Mit dem obigen Beispiel ist erstmals eine Funktion aufgetreten, die nicht fouriertransformierbar ist. Ohne Beweis sei angeführt, daß für die Konvergenz des uneigentlichen Integrals (2.69) (wegen des unbeschränkten Integrationsintervalles) Betragsintegrierbarkeit

$$\int_{-\infty}^{\infty} |x(t)|\,dt < \infty \qquad (2.79)$$

vorausgesetzt werden muß [2.6] [2.7]. Die Betragsintegrierbarkeit ist für die Sprungfunktion nicht erfüllt.

Beispiel 2.15 Wie kann über einen Kunstgriff die aufgetretene Schwierigkeit bei der Sprungfunktion überwunden werden?
Anstelle von $\mathcal{F}\{1(t)\}$ betrachtet man $\mathcal{F}\{e^{-\alpha t}1(t)\}$ mit konstantem $\alpha > 0$:

$$\mathcal{F}\{e^{-\alpha t}1(t)\} = \int_0^{\infty} e^{-\alpha t}e^{-j\omega t}\,dt = \int_0^{\infty} e^{-(\alpha+j\omega)t}\,dt$$

$$= \frac{1}{\alpha+j\omega} = \frac{\alpha}{\alpha^2+\omega^2} - j\,\frac{\omega}{\alpha^2+\omega^2}\,.$$

Die Fouriertransformierte dieser abgeänderten Funktion ist also angebbar.

Diesen Kunstgriff, nämlich die Einführung eines konvergenzerzeugenden Faktors $e^{-\alpha t}$, baut man aus, indem anstelle der Funktion $x(t)$ die Funktion $y(t) = e^{-\alpha t}x(t)$, $\alpha > 0$, fouriertransformiert wird: Laplacetransformation.

2.3.3.3 Lösung im Bildraum: Die Laplacetransformation (LT). Die Funktion $x(t)$ mit $e^{-\alpha t}$, $\alpha > 0$ und konstant, multipliziert und der einseitigen FT unterworfen

$$\mathcal{F}\{e^{-\alpha t}x(t)\} = \int_0^{\infty} e^{-\alpha t}x(t)e^{-j\omega t}\,dt, \qquad (2.80)$$

führt mit der Laplace-Variablen

$$s := \alpha + j\omega \qquad (2.81)$$

auf die einseitige LT

$$\mathcal{L}\{x(t)\} := \mathcal{F}\{x(t)e^{-\alpha t}\} = \int_0^{\infty} x(t)e^{-st}\,dt =: X(s). \qquad (2.82)$$

Damit ist die LT aus der FT mit modifizierter Funktion entwickelt worden, mit der Konvergenzbedingung (2.79) bezüglich der modifizierten Funktion

$$\int_0^{\infty} |e^{-\alpha t}x(t)|\,dt < \infty. \qquad (2.83)$$

Die Bedingung (2.83) ist jetzt für alle im Bauwesen interessierende Funktionen erfüllt, selbst für Exponentialfunktionen $e^{\beta t}$ mit $\alpha > \beta$.

Wesentliche Eigenschaften der FT gelten auch für die LT. Dieses betrifft insbesondere auch die Algebraisierung der Differentiation und Integration im Bildraum (s-Raum). Jedoch was bedeutet die Einführung des konvergenzerzeugenden Faktors $e^{-\alpha t}$ im Vergleich zur FT?

Beispiel 2.16 Anwendung der einseitigen LT auf die freie Schwingung des gedämpften EFGM (2.19):

$$u(t) = e^{-\delta t}(A_1 \cos \omega_D t + A_2 \sin \omega_D t),$$

$$L\{u(t)\} = F\{e^{-\alpha t}u(t)\}$$
$$= F\{e^{-(\delta + \alpha)t}(A_1 \cos \omega_D t + A_2 \sin \omega_D t)\}.$$

Die Multiplikation von u(t) mit $e^{-\alpha t}$ (Bild 2.33a) bedeutet also die Einführung einer bekannten (da vorgegeben) Zusatzdämpfung in das Modell (Bild 2.33b) mit allen Konsequenzen, wie z. B. Verbreiterung des Amplitudenfrequenzganges etc.

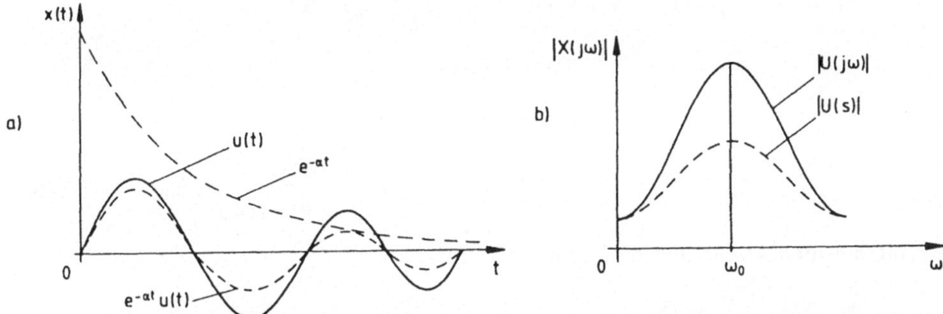

Bild 2.33 Zur physikalischen Deutung des konvergenzerzeugenden Faktors als Zusatzdämpfung .

Damit ist $X(s) = X(\alpha + j\omega)$ die Spektralfunktion der gedämpften Zeitfunktion $e^{-\alpha t}x(t)$ mit der Frequenzvariablen ω. x(t) läßt sich aus der Rücktransformation von X(s) gewinnen (ohne Beweis, s. [2.6] [2.7] auch hinsichtlich Eindeutigkeit):

$$L^{-1}\{X(s)\} := x(t) = \frac{1}{2\pi j} \int_{\alpha - j\omega}^{\alpha + j\omega} X(s)e^{st}\,ds. \tag{2.84}$$

Die LT ist natürlich (unabhängig von der FT) eine eigenständige Transformation (Abbildung) mit komplexem Argument s. Durch den Zusammenhang (2.82) mit der FT erhält man eine anschauliche physikalische Deutung der LT. Ein Vorteil der LT gegenüber der FT besteht darin, daß sie im Gegensatz zur FT für eine erweiterte Funktionenklasse existiert.

Aus der Gl. (2.82) folgt sofort unter der Voraussetzung, daß die entsprechende Fouriertransformierte existiert

$$X(j\omega) = \lim_{\alpha \to 0} X(s) = \lim_{s \to j\omega} X(s). \tag{2.85}$$

Beispiel 2.17

$$L\{\dot{u}(t)\} = \int_0^\infty \dot{u}(t)e^{-st}\,dt = u(t)e^{-st}\big|_0^\infty + s \int_0^\infty u(t)e^{-st}\,dt = -u(0) + sU(s)$$

mit $U(s) := L\{u(t)\}$. Weiter ist

$$\lim_{s \to j\omega} [-u(0) + sU(s)] = -u(0) + j\omega U(j\omega)$$

in Übereinstimmung mit dem Ergebnis von Beispiel 2.9.

Wie lautet nun die laplacetransformierte Bewegungsgleichung des EFGM?

$$L\{m\ddot{u}(t) + b\dot{u}(t) + ku(t)\} = L\{p(t)\},$$

$$U(s) := L\{u(t)\}, P(s) := L\{p(t)\},$$

$$L\{\dot{u}(t)\} = -u_0 + sU(s) \text{ lt. Beispiel 2.16,} \qquad u(0) = u_0,$$

$$L\{\ddot{u}(t)\} = \int_0^\infty \ddot{u}(t)e^{-st}dt = \dot{u}(t)e^{-st}\big|_0^\infty + s \int_0^\infty \dot{u}(t)e^{-st}dt$$

$$= -\dot{u}_0 + sL\{\dot{u}(t)\}$$

$$= -\dot{u}_0 + s[-u_0 + sU(s)]$$

$$= -\dot{u}_0 - su_0 + s^2 U(s), \qquad \frac{du(t)}{dt}\bigg|_{t=0} = \dot{u}_0, \qquad (2.86)$$

es folgt mit den Abkürzungen (2.7) und (2.13)

$$(s^2 + 2\delta s + \omega_0^2)U(s) - \dot{u}_0 - (s + 2\delta)u_0 = \frac{1}{m}P(s). \qquad (2.87)$$

Sind die Anfangsbedingungen gleich Null, $u_0 = \dot{u}_0 = 0$, so ist mit

$$s^2 + 2\delta s + \omega_0^2 \neq 0$$

$$U(s) = \frac{1}{m}\frac{P(s)}{s^2 + 2\delta s + \omega_0^2}, \qquad (2.88)$$

die algebraische Lösung der inhomogenen Bewegungsgleichung, die formal mit der im Frequenzraum übereinstimmt.

Beispiel 2.18 Ein EFGM werde mit $p(t) = \begin{cases} p_0 \sin \Omega t & \text{für } t \geqslant 0, \\ 0 & \text{für } t < 0, \end{cases}$ angeregt.
Nach Tabelle 2.8 ist

$$P(s) = L\{p(t)\} = \frac{p_0 \Omega}{s^2 + \Omega^2}.$$

Der Nenner $(s^2 + 2\delta s + \omega_0^2)$ von (2.88) besitzt nach Tabelle 2.2 die Nullstellen $\lambda_{1,2} = -\delta \pm j\omega_D$, es folgt mit $s^2 + 2\delta s + \omega_0^2 = (s - \lambda_1)(s - \lambda_2)$ aus (2.88):

$$U(s) = \frac{P(s)}{m(s - \lambda_1)(s - \lambda_2)}.$$

Partialbruchzerlegung:

$$U(s) = \frac{p_0 \Omega}{m(\lambda_1 - \lambda_2)} \left(\frac{1}{s - \lambda_1} - \frac{1}{s - \lambda_2} \right) \frac{1}{s^2 + \Omega^2}$$

$$= \frac{-p_0}{4m\omega_D} \left[\frac{j2\Omega}{\Omega^2 - \omega_D^2 + j2\delta\omega_D + \delta^2} \frac{1}{s - \lambda_1} \right.$$

$$- \frac{j2\Omega}{\Omega^2 - \omega_D^2 - j2\delta\omega_D + \delta^2} \frac{1}{s - \lambda_2} + \frac{j2\omega_D}{\omega_0^2 - \Omega^2 + 2\omega_D\Omega} \frac{1}{s - j\Omega}$$

$$\left. - \frac{j2\omega_D}{\omega_0^2 - \Omega^2 - 2\omega_D\Omega} \frac{1}{s + j\Omega} \right].$$

Damit ist (2.88) mit dem quadratischen Nennerpolynom (in s) für die gegebene Erregung in eine Summe übersichtlicher linearer Terme aufgespalten (Rücktransformation s. Beispiel 2.19).

Einführen der Übertragungsfunktion

$$H(s) := \frac{U(s)}{P(s)} = \frac{1}{m} \frac{1}{s^2 + 2\delta s + \omega_0^2} \tag{2.89}$$

mit der Relation zum Frequenzgang

$$\lim_{s \to j\omega} H(s) = F(j\omega) \tag{2.90}$$

ergibt die Ein-/Ausgangsbeziehung im Bildraum

$$U(s) = H(s)P(s). \tag{2.91}$$

Tab. 2.8 gibt wichtige Beziehungen und Ergebnisse der LT wieder.

Beispiel 2.19 Wie lautet die Lösung der in Beispiel 2.18 gestellten Aufgabe im Zeitraum durch Rücktransformation des dortigen Ergebnisses?
Tab. 2.8 liefert für die Exponentialfunktion:

$$L^{-1}\left\{ \frac{1}{s + a} \right\} = e^{-at}, \text{ folglich } L^{-1}\left\{ \frac{1}{s - \lambda_{1,2}} \right\} = e^{\lambda_{1,2}t},$$

$$L^{-1}\left\{ \frac{1}{s \mp j\Omega} \right\} = e^{\pm j\Omega t}:$$

$$u(t) = L^{-1}\{U(s)\} =$$

$$= -\frac{2p_0}{4m\omega_D} \left\{ e^{-\delta t} \left[\frac{4\delta\omega_D\Omega}{(\Omega^2 - \omega_D^2 + \delta^2)^2 + (2\delta\omega_D)^2} \cos \omega_D t + \right.\right.$$

$$\left. + \frac{2\Omega(\Omega^2 - \omega_D^2 + \delta^2)}{(\Omega^2 - \omega_D^2 + \delta^2)^2 + (2\delta\omega_D)^2} \sin \omega_D t \right] +$$

$$\left. + \frac{2\omega_D}{\omega_0^2 - \Omega^2 - 2\omega_D\Omega} \sin \Omega t \right\}$$

Tab. 2.8 Laplacetransformierte einiger Zeitfunktionen

Bezeichnung	Zeitraum, $t \geqslant 0$	Bildraum
Definition	$x(t) = \dfrac{1}{2\pi j} \displaystyle\int_{\alpha - j\infty}^{\alpha + j\infty} X(s)e^{st}ds$ $=: L^{-1}\{X(s)\}$	$L\{x(t)\} = \displaystyle\int_{0}^{\infty} x(t)e^{-st}dt =: X(s),$ $s := \alpha + j\omega, \quad \alpha \geqslant 0$
Linearität	$a_1 x_1(t) + a_2 x_2(t)$	$a_1 X_1(s) + a_2 X_2(s)$
Ähnlichkeit	$x(at), \quad a > 0$	$\dfrac{1}{a} X\left(\dfrac{s}{a}\right)$
Verschiebung des Zeitsignales	$x(t - t_0), \quad t_0 \geqslant 0$	$X(s)e^{-st_0}$
Verschiebung der Spektralfunktion	$x(t)e^{at}, \quad \text{Re } a < \text{Re } s$	$X(s - a)$
Dämpfungssatz	$x(t)e^{-at}, \quad a \text{ reell}$	$X(s + a)$
Differentiation	$\dfrac{d^n x(t)}{dt^n}$	$s^n X(s) - \displaystyle\sum_{k=1}^{n} s^{n-k} \left.\dfrac{d^{k-1}x(t)}{dt^{k-1}}\right|_{t=0}$
Integration	$\displaystyle\int_{0}^{t} x(\tau)d\tau$	$\dfrac{1}{s} X(s)$
Stoßfunktion	$\delta(t)$	1
Sprungfunktion	$1(t)$	$\dfrac{1}{s}$
Rampenfunktion	t	$\dfrac{1}{s^2}$
Sinus-Funktion	$\sin \omega t$	$\dfrac{\omega}{s^2 + \omega^2}$
Cosinus-Funktion	$\cos \omega t$	$\dfrac{s}{s^2 + \omega^2}$
Exponential-Funktion	e^{-at}	$\dfrac{1}{s + a}$
Potenz-Funktion	$\dfrac{t^{n-1}}{(n-1)!}, \quad n \in \mathbb{N}$	$\dfrac{1}{s^n}$

$$= -\frac{2p_0}{4m\omega_D}\left[e^{-\delta t}\frac{2\Omega}{\sqrt{(\Omega^2 - \omega_D^2 + \delta^2)^2 + (2\delta\omega_D)^2}}\cos(\omega_D t - \varphi) + \right.$$

$$\left. + \frac{2\omega_D}{\omega_0^2 - \Omega^2 - 2\omega_D\Omega}\sin \Omega t \right]$$

$$\text{mit} \qquad \varphi = \arctan \frac{\Omega^2 - \omega_D^2 + \delta^2}{2\delta\omega_D}$$

(vgl. Tab. 2.2).

Man erhält also, wie es nach dem klassischen Vorgehen bekannt ist, die Überlagerung der Lösung der homogenen Gleichung mit der partikulären Lösung. Bild 2.10 zeigt mögliche Überlagerungen.

Mit der LT ist dem praktisch arbeitenden Ingenieur ein mächtiges Hilfsmittel in die Hand gegeben. Es ermöglicht ihm, die (linearen) Bewegungsgleichungen in den Bildraum zu transformieren, damit das Problem zu algebraisieren und zu lösen. Der Aufwand hierbei liegt natürlich im Bilden der Laplacetransformierten und ggf. deren Rücktransformation. Muß die LT einer Funktion wegen Fehlens in der zur Verfügung stehenden Transformationstabelle numerisch durchgeführt werden, so kann man sich des Zusammenhangs (2.82) bedienen und für vorgegebenes α die FFT-Prozedur verwenden.

2.3.4   Formale Zusammenhänge

Die Ergebnisse in Abschn. 2.3 über die erzwungenen Schwingungen lassen sich anschaulich und leicht merkbar zusammenfassen. Die Zusammenfassung erfolgt einerseits für den Zeitraum und andererseits für den Frequenzraum; die Frequenzraumdarstellung bedient sich der FT und der LT mit dem Zusammenhang

$$X(s) = F\{x(t)e^{-\alpha t}\} \quad \text{bzw.} \quad X(j\omega) = \lim_{s \to j\omega} X(s),$$

sie gilt u. a. unter der Voraussetzung, daß die entsprechenden Konvergenzbedingungen erfüllt sind.

Bild 2.34
Ein-/Ausgangsbeziehung

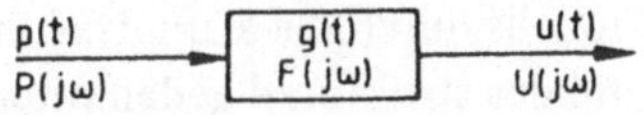

Die Ein-/Ausgangsbeziehungen können jetzt in Bild 2.34 zusammengefaßt werden, mit der Systembeschreibung g(t) bzw. F(jω).

Die Vorschriften zur Lösung der inhomogenen Bewegungsgleichungen in den verschiedenen Räumen mit ihren Hin- und Rücktransformationen gibt Bild 2.35 wieder.

Schließlich zeigt Bild 2.36 eine Übersicht über die Zusammenhänge.

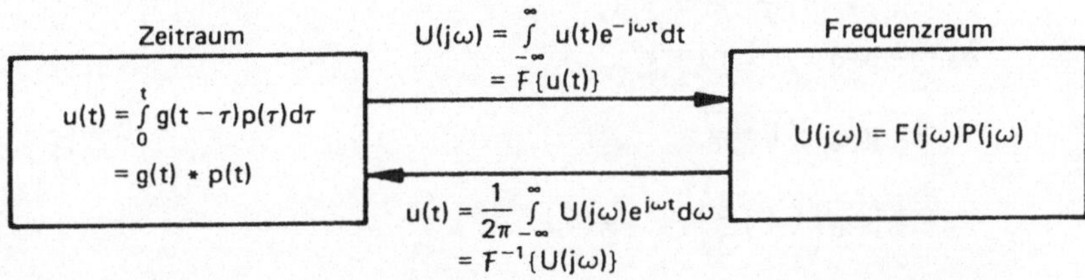

Bild 2.35 Lösungen des EFGM im Zeit- und Frequenzraum und ihr Zusammenhang über die
Fouriertransformation bzw. inverse Fouriertransformation (Fourierintegral)

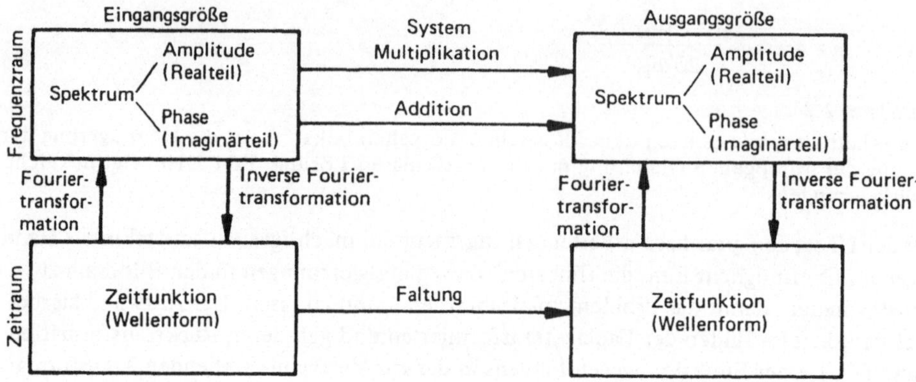

Bild 2.36 Übersichtsschema

2.4   Das strukturell gedämpfte System

Die strukturelle Dämpfung wurde bereits in der Einleitung neben der viskosen Dämpfung erwähnt. Die Dämpfungskraft ist hier ausschließlich für harmonische Bewegungen definiert:

$$p_s(t) := jd\hat{u}e^{j\Omega t}. \tag{2.92}$$

Die Bewegungsgleichung lautet demnach

$$(-\Omega^2 m + jd + k)\hat{u} = p_0. \tag{2.93}$$

Die Gl. (2.93) unterscheidet sich formal von der entsprechenden Gl. des ungedämpften Modells durch die komplexe Steifigkeit $k + jd$. Damit die Dämpfungsmaße des viskos und des strukturell gedämpften Modells übereinstimmen, muß für Dämpfungen $D^2 \ll 1$ gelten:

$$2D \doteq g := \frac{d}{\omega_0^2 m}. \tag{2.94}$$

Diese Näherung folgt gemäß (2.93) aus der charakteristischen Gleichung

$$\lambda_s^2 m + k + jd = 0;$$

$$\lambda_s = \pm j\omega_0 \sqrt{1 + j\frac{d}{\omega_0^2 m}}$$

$$= \pm j\omega_0 \sqrt{1 + jg}$$

$$\doteq \pm j\omega_0 \left(1 + j\frac{g}{2}\right), \quad g < 1. \tag{2.95}$$

Der Vergleich des obigen Dämpfungsexponenten mit dem von Gl. (2.16) liefert die Beziehung (2.94). Damit ist es für eine Erregungsfrequenz $\Omega = \omega_0$ und kleine Werte (gegenüber 1) der Dämpfungsmaße gleichgültig, welche Dämpfungsformulierung gewählt wird. Die erzwungenen Schwingungen erhält man entsprechend dem Vorgehen in Abschn. 2.3.1 algebraisch aus der Gl. (2.93).

A n m e r k u n g : Die Transformation des Frequenzganges des strukturell gedämpften Systems in den Zeitraum liefert eine nichtkausale Gewichtsfunktion [2.9]: für eine Erregung $\delta(t)$ ist sie schon für Zeiten $t < 0$ von Null verschieden.

2.5   Aufgaben

2.1 In welchem Fall sind beim EFGM, komplex dargestellt, die Realteile und die Imaginärteile physikalisch sinnvoll interpretierbar?

2.2 Der Biegeschwinger entsprechend Bild 2.37 werde statisch mit p_0 vorbelastet und dann plötzlich entlastet. Wie lautet die Gl. der freien Schwingung?

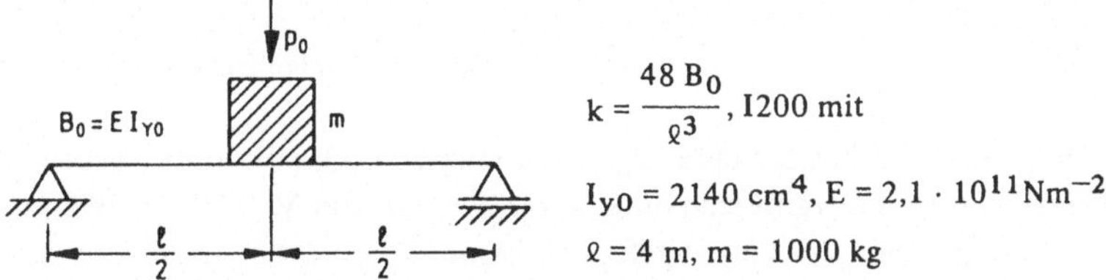

Bild 2.37
Biegeschwinger

2.3 Für den Biegeschwinger der Aufgabe 2.2 wird ein Dämpfungsmaß von $D = 0{,}01$ angenommen. Nach welcher Zeit ist die Schwingung auf 1% der maximalen Amplitude abgeklungen?

2.4 Ein einseitig starr eingespannter Biegeschwinger mit Kopfmasse (Bild 2.1e) sei das Modell eines Turmes. Der Stahlschaft sei aus St. 37 mit dem Flächenträgheitsmoment $I_{y0} = 0{,}4\ \mathrm{m}^4$ und mit $\ell = 40$ m. Die Ersatzmasse beträgt $m = 2 \cdot 10^4$ kg. Die Dämpfung sei $D = 0{,}02$. Wie groß ist die Eigenfrequenz? Auf welchen Wert der Anfangsamplitude ist die freie Schwingung nach 3 s abgeklungen, wenn der Turm an der Masse um 5 cm statisch ausgelenkt und zur Zeit $t = 0$ verzögerungsfrei entlastet wird?

2.5 Eine Holzbalkendecke (Balken 0,22/0,28 [m]), modelliert gemäß Bild 2.1d, mit vertikal erregten Auflagern ist zu untersuchen. Es ist $I_{y0} = bh^3/12 = 4{,}02 \cdot 10^{-4}\ \mathrm{m}^4$, $E_{Holz} = 1 \cdot 10^{10}\ \mathrm{Nm}^{-2}$, $D = 0{,}02$, m = 200 kg, $\ell = 3{,}5$ m. Die Erregung erfolge mit $u_E(t) = u_0 \cos \Omega t$, $u_0 = 0{,}001$ m und $\Omega = 2\pi \cdot 15 \cdot \mathrm{s}^{-1}$.

2.6 a) Wie lautet die partikuläre Lösung eines EFGM im Frequenzraum bei Unwuchterregung?

b) Die Erregung setze erst für Zeiten $t \geq 0$ bei dem vorher in Ruhe befindlichen System ein. Nach welcher Zeit ist die Lösung der homogenen Gleichung kleiner als ein Schwellenwert u_s?

2.7 Gegeben ist ein System wie im Bild 2.37 skizziert, nur als Stahlbetonträger 0,8 x 0,3 [m], $E_{dyn} = 3 \cdot 10^{10}\ \mathrm{kN\ m}^{-2}$, $k = 4{,}05 \cdot 10^7\ \mathrm{Nm}^{-1}$, $D = 0{,}03$, m = 300 kg

und unwuchterregt mit $m_u = 1$ kg, $x_0 = 5 \cdot 10^{-2}$ m, $\Omega = 2\pi \cdot 25 = 157{,}1$ s^{-1}.
Gesucht sind die Antwort $u(t)$ und die Verstärkungsfunktion $V(\eta)$.

2.8 Es sei die Verstärkungsfunktion additiv um den Wert 1,3 verfälscht (z. B. Meßfehler):
$\bar{V}(\eta_1) = V(1)/\sqrt{2} = 19{,}0$. Die beiden Ablesungen für η_1; η_2 sind: 0,9814; 1,0186. Wie
groß ist das Dämpfungsmaß aufgrund der Halbwertsbreite, wie lautet der exakte Wert?

2.9 Gegeben sei die nebenstehend gegebene Ortskurve (Bild 2.38) aufgrund verfälschter
Eingangswerte. Wie groß ist das Dämpfungsmaß? (Es ist das Vorgehen zu beschreiben,
vgl. Bild 2.16).

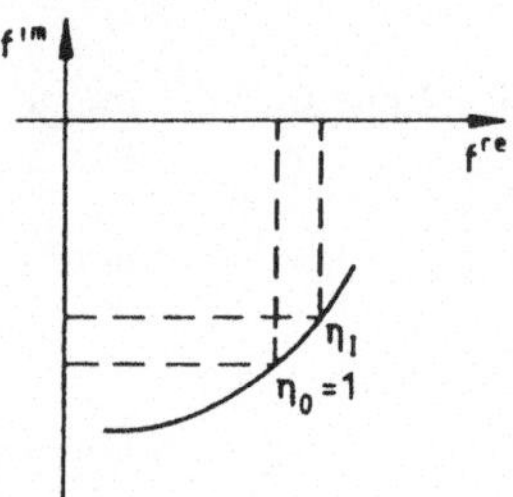

Bild 2.38
Teil einer fehlerbehafteten Ortskurve

2.10 Ein EFGM besitze eine Eigenfrequenz von 6,05 Hz und werde harmonisch mit
6 Hz angeregt. Es ergibt sich eine Vergrößerung von $V = 60{,}75$. Wie muß mittels einer
Zusatz-Federsteifigkeit k_1 abgefedert werden, damit die Amplitude des zusätzlich abgefederten Systems um 80% reduziert wird (s. Bild 2.17)? Was passiert, wenn die Eigenfrequenz auf 1/3 ihres Wertes abgesenkt wird?

2.11 Was läßt sich aus den graphischen Darstellungen der Erregungen in Bild 2.39 von
vornherein ablesen?

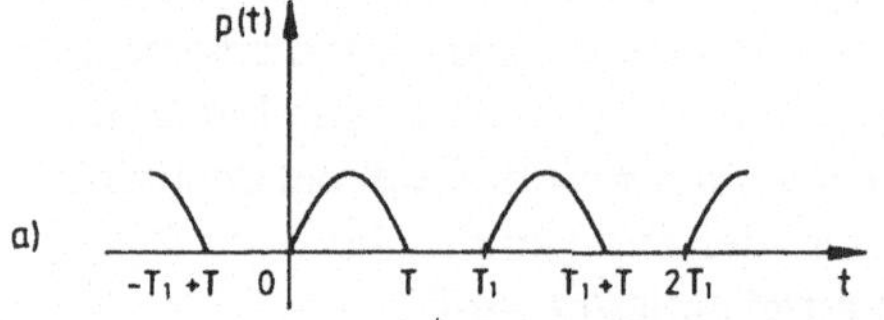

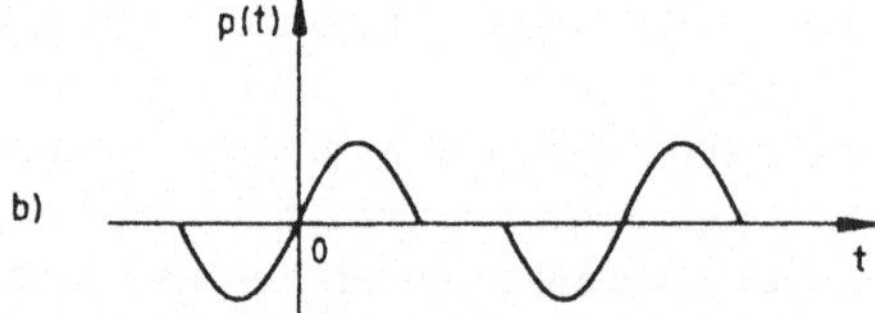

Bild 2.39 Periodische Erregungen

2.12 Ein EFGM mit dem Frequenzgang $F(j\omega)$ werde periodisch mit Stößen der Form
nach Bild 2.40a erregt. Die periodische Erregung zeigt Bild 2.40b. Der Kraftverlauf werde
beschrieben durch $p(t) = (20\pi t)^2$ für $-1/20 \leqslant t \leqslant 1/20$ [s]. Wie lautet die Reaktion des
EFGM in den verschiedenen Darstellungen der periodischen Erregung?

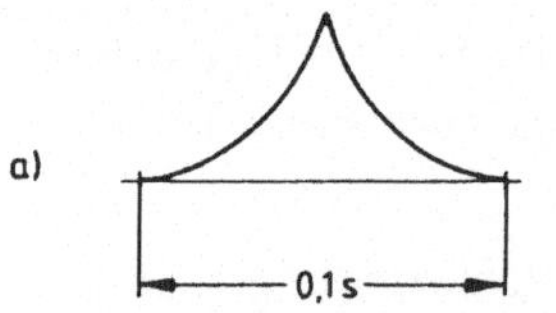

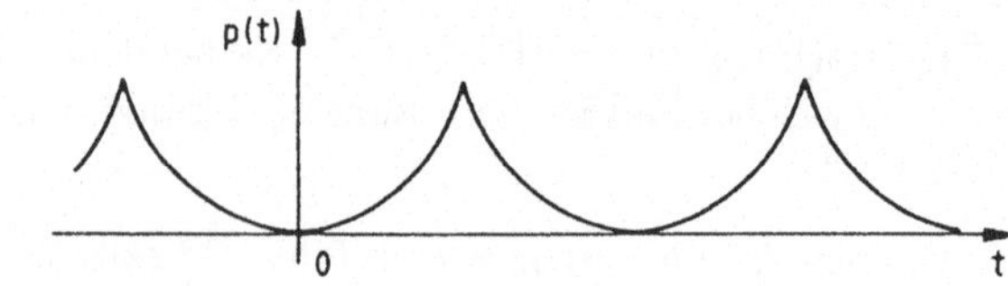

Bild 2.40 Periodische Erregung

2.13 Auf ein EFGM wirke die Erregung, beschrieben in Aufgabe 2.12, erst für $t \geqslant 0$ auf das vorher in Ruhe befindliche System. Wie antwortet es?

2.14 Gesucht ist die Sprungübergangsfunktion $h(t)$ des gedämpften Systems mit Hilfe von (2.64). Die Sprungübergangsfunktion eines EFGM ist seine Antwort auf den Einheitssprung.

2.15 Wie lautet die Antwort des ungedämpften EFGM im gesamten Zeitintervall auf den Halbsinusstoß $p(t) = p_0 \sin \pi t/\tau_0$ für $0 \leqslant t \leqslant \tau_0$?

2.16 Das in Bild 2.41a dargestellte idealisierte Hammerfundament wird mit einem Rechteckstoß (Bild 2.41b) belastet. Welche Näherung existiert für kurze impulsartige Eingänge ($\Delta t \ll T_0$, $T_0 = 2\pi/\omega_0$)? (Hinweis: Duhamel-Integral.)

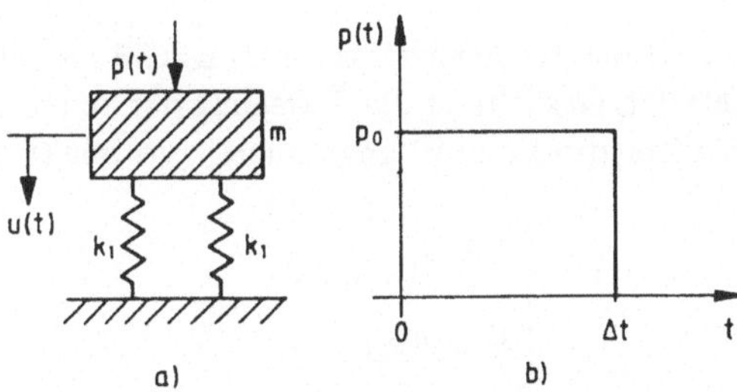

Bild 2.41
Hammerfundament
(a) idealisiert) erregt über
einen Rechteckstoß b)

2.17 Siehe Aufgabe 2.16, nur mit einem Hammerfundament, dessen Bewegungen durch einen vorherigen Schlag zum Zeitpunkt $t_0 = 0$ noch nicht abgeklungen war: $u(0) = u_0$, $\dot{u}(t)|_{t=0} = \dot{u}_0$.

2.18 Die erzwungene (stationäre) Schwingung des linearen EFGM aufgrund einer harmonischen Erregung mit der Erregungsfrequenz Ω ist harmonisch in der Frequenz Ω. Beweis (z. B. mit Hilfe des Duhamel-Integrals)!

2.19 Wie lautet der Frequenzgang $F(j\omega)$ eines Wasserturmes modelliert als EFGM mit den Kenndaten $k = 3000 \ \text{kNm}^{-1}$, $G = 100 \ \text{kN}$, $D = 0{,}03$?

2.20 Der Wasserturm in Aufgabe 2.19 habe zum Zeitpunkt $t_0 = 0$ die Anfangsbedingungen $u_0[m]$, $\dot{u}_0[\text{ms}^{-1}]$, und es wirke die Belastung

$$p(t) = \begin{cases} 4 \cdot 10^3 t & \text{für } 0 \leqslant t \leqslant 0{,}025[s], \\ -4 \cdot 10^3 (t - 0{,}050), & 0{,}025 \leqslant t \leqslant 0{,}05[s], \\ 0 \ \text{sonst} \end{cases}$$

Wie lautet die Antwort im Frequenzraum?

2.21 Welche Vergrößerungsfaktoren ergeben sich aus dem Amplitudenfrequenzgang (Betrag des dimensionslosen Frequenzganges) der Aufgabe 2.13 in der Grundfrequenz für ein ungedämpftes EFGM in Abhängigkeit von der Periodendauer $t_B := \dfrac{2\pi}{\Omega} = t_B(1/f_0)$ der Erregung? (f_0-Eigenfrequenz des EFGM.)

2.22 Das nebenstehend skizzierte System ist als Hintereinanderschaltung zweier EFGM zu behandeln. Wie lautet der Ersatzfrequenzgang für die Masse m_2?

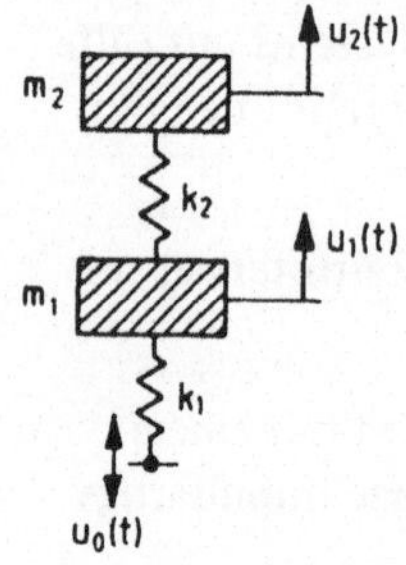

Bild 2.42 Hintereinanderschaltung zweier EFGM   Bild 2.43 N-Welle eines Flugzeugknalles

2.23 Eine Fensterscheibe sei als EFGM modelliert und durch einen Flugzeugknall[1] belastet. Gesucht ist die Bewegung der Scheibe (laplacetransformiert und im Zeitraum). Die Kraftfunktion ist angenähert N-förmig (s. Bild 2.43):

$$p(t) = \begin{cases} -2p_0\left(\dfrac{t}{2\tau_0} - \dfrac{1}{2}\right) & \text{für } 0 \leqslant t \leqslant 2\tau_0, \\[2ex] 0 \quad \text{sonst.} \end{cases}$$

2.24 Ein eingeschossiger Rahmen (s. Bild 1.4b) mit $m = 5 \cdot 10^5$ kg, $k = 2 \cdot 10^7\,\mathrm{Nm^{-1}}$, $b = 1{,}3 \cdot 10^5\,\mathrm{Nsm^{-1}}$ wird mit der Kraft $p(t) = \begin{cases} p_0 \sin \pi t/\tau_0 & \text{für } 0 \leqslant t \leqslant \tau_0, \\ 0 \text{ sonst} \end{cases}$

belastet. Wie ist die Reaktion im Frequenzraum?

2.25 Welche Begriffe gehören zusammen?

1a Harmonische Erregung	1b Superposition von Harmonischen
2a Periodische Erregung	2b Zusatzdämpfung
3a Entlastungssprung	3b Behebung von Konvergenzproblemen
4a Fouriertransformation	4b Zeitraum
5a Laplacetransformation	5b Frequenzraum
6a Fourierintegral	6b Frequenzgang
7a Fourierreihe	7b Übertragungsfunktion
8a Gewichtsfunktion	8b Linienspektrum
	9b Spektralfunktion

---

[1] Knalle entstehen bei Bewegungen mit Überschallgeschwindigkeiten, hier also hervorgerufen durch ein Flugzeug.

2.6   Schrifttum

[2.1] M a g n u s , K.; M ü l l e r , H. H.: Grundlagen der Technischen Mechanik. Stuttgart: B. G. Teubner 1974

[2.2] L e h m a n n , T.: Elemente der Mechanik I: Einführung. Studienbücher Naturwissenschaft und Technik Bd. 14. Düsseldorf: Bertelsmann Universitätsverlag 1974

[2.3] B r o n s t e i n , I. N.; S e m e n d j a j e w , K. A.: Taschenbuch der Mathematik. 21. Auflage, Leipzig: BSB B. G. Teubner Verlagsgesellschaft 1983

[2.4] L a n c a s t e r , P.: Lambda-matrices and Vibrating Systems. London, Edinburgh, New York, Toronto, Paris, Braunschweig: Pergamon Press Oxford 1966

[2.5] L i g h t h i l l , M. J.: Einführung in die Theorie der Fourier-Analysis und der verallgemeinerten Funktionen. B. I. Hochschultaschenbücher, **139**. Mannheim: Bibliographisches Institut 1966

[2.6] D o e t s c h , G.: Einführung in Theorie und Anwendung der Laplace-Transformation. Basel und Stuttgart: Birkhäuser Verlag 1976

[2.7] S a u e r , R.; S z a b ó , I. (Hrsg.): Mathematische Hilfsmittel des Ingenieurs, Teil 1. Berlin, Heidelberg, New York: Springer-Verlag 1967

[2.8] B r i g h a m , E. O.: The Fast Fourier Transform. Englewood Cliffs, New Jersey: Prentice Hall Inc. 1974

[2.9] M i l n e , H. K.: The Impulse Response Function of a Single Degree of Freedom System with Hysteretic Damping. Journal of Sound and Vibration **100** (4) (1985) 590–593

3 Mehrfreiheitsgradmodelle (MFGM)

Genügt zur Beschreibung des dynamischen Systemverhaltens eine endliche Anzahl $n > 1$ von Bewegungskoordinaten, so spricht man von einem (diskreten) MFGM. Die zugehörige minimale Anzahl n von Bewegungskoordinaten heißt die Anzahl der FG des MFGM: n-Freiheitsgradmodell. Die meisten dynamischen Probleme lassen sich auf MFGM zurückführen (s. Bild 1.5), zumindest dann, wenn die Modelle numerisch behandelt werden müssen (s. die folgenden Kapitel, inbesondere Kap. 6).

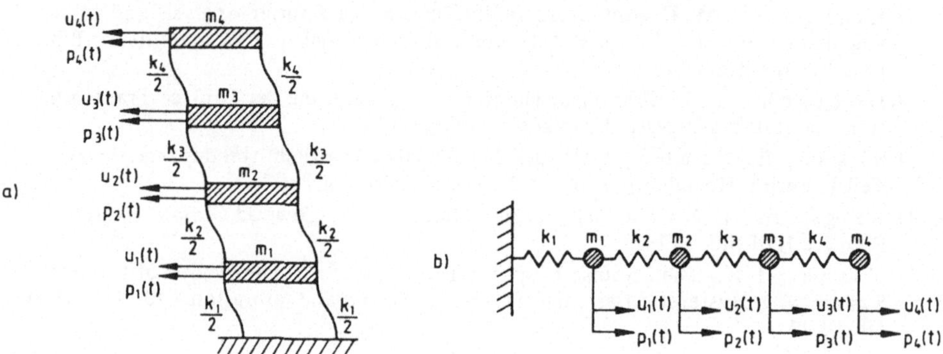

Bild 3.1 a) Stockwerksrahmen als 4-Freiheitsgradmodell, b) 4-Punkte-Kettenschwinger

Beispiel 3.1 Der Viergeschoßrahmen (Bild 1.5b) mit starren Riegeln und masselosen Stielen ist ein MFGM mit 4 FG: Bild 3.1a. Die Biegefedern zwischen den Massenpunkten mögen durch die Steifigkeiten k_1 bis k_4 beschrieben werden. Die Bewegungskoordinaten der einzelnen Massenpunkte seien $u_1(t)$ bis $u_4(t)$ und die äußeren Kräfte werden mit $p_1(t)$ bis $p_4(t)$ bezeichnet.
Die gleiche Modellierung aber in anderer Darstellung zeigt Bild 3.1b, nämlich als Kettenschwinger mit 4 Punktmassen und den Steifigkeiten k_1 bis k_4, die hier über Zug-Druckfedern dargestellt sind. Diese Modellierung ist möglich, da die Biegefedern an den Massen infolge der starren Riegel keine Endverdrehungen enthalten.

3.1 Bewegungsgleichungen

Zum Aufstellen der Bewegungsgleichungen gibt es verschiedene Möglichkeiten. Die eine geht von dem Kräftegleichgewicht (Newtonsches Gesetz) aus für die einzelnen Massenpunkte (maximale Anzahl der FG 3) und für die Einzelmassen (maximale Anzahl der FG 6, im Gegensatz zur Punktmasse weist die Einzelmasse noch 3 Rotations-FG auf).

Beispiel 3.2 Die Bewegungsgleichungen für das MFGM in Beispiel 3.1 mit $n = 4$ folgen für die einzelnen Punktmassen aus dem Kräftegleichgewicht zu:

$$m_1\ddot{u}_1(t) + k_1 u_1(t) + k_2[u_1(t) - u_2(t)] = p_1(t),$$

$$m_2\ddot{u}_2(t) + k_2[u_2(t) - u_1(t)] + k_3[u_2(t) - u_3(t)] = p_2(t),$$

$$m_3\ddot{u}_3(t) + k_3[u_3(t) - u_2(t)] + k_4[u_3(t) - u_4(t)] = p_3(t),$$

$$m_4\ddot{u}_4(t) + k_4[u_4(t) - u_3(t)] = p_4(t).$$

Mit dem Verschiebungsvektor (als Zeilenvektor geschrieben)

$$\mathbf{u}^T(t) := (u_1(t), \ldots, u_4(t))$$

(T steht für transponiert) und seinen zeitlichen Ableitungen $\dot{u}(t)$ und $\ddot{u}(t)$, dem Kraftvektor

$$\mathbf{p}^T(t) := (p_1(t), \ldots, p_4(t)),$$

sowie der Massenmatrix

$$\mathbf{M} := \mathrm{diag}\,(m_i) = \begin{pmatrix} m_1 & 0 & 0 & 0 \\ & m_2 & 0 & 0 \\ \mathrm{sym.} & & m_3 & 0 \\ & & & m_4 \end{pmatrix}$$

und der Steifigkeitsmatrix

$$\mathbf{K} := \begin{pmatrix} k_1 + k_2 & -k_2 & 0 & 0 \\ -k_2 & k_2 + k_3 & -k_3 & 0 \\ 0 & -k_3 & k_3 + k_4 & -k_4 \\ 0 & 0 & -k_4 & k_4 \end{pmatrix}$$

kann das obige System von DGln. matriziell geschrieben werden:

$$\mathbf{M}\ddot{u}(t) + \mathbf{K}u(t) = p(t).$$

Hierbei sind $\mathbf{M} = \mathbf{M}^T$ und $\mathbf{K} = \mathbf{K}^T$ (Maxwell), die Matrizen sind also symmetrisch.

Eine andere Möglichkeit, die Bewegungsgleichungen herzuleiten, geht über die Energien des Systems: die Lagrangeschen Gleichungen. Sie seien hier vertieft, deshalb werden im folgenden zunächst die Energieausdrücke diskutiert.

3.1.1   Energieausdrücke

Die voneinander unabhängigen Bewegungskoordinaten $u_i(t)$, $i = 1(1)n$, zusammengefaßt in dem Vektor $\mathbf{u}(t) := (u_1(t), \ldots, u_n(t))^T$ können sowohl physikalische Koordinaten (Translationen und Rotationen) als auch generalisierte Koordinaten darstellen: linear unabhängige verallgemeinerte Koordinaten. Die zugehörige Matrix $\mathbf{M}$ kann demzufolge neben (generalisierten) Massen auch Trägheitsmomente und je nach Koordinatenwahl auch lineare Momente enthalten. Wir nennen $\mathbf{M}$ deshalb Trägheitsmatrix. Es werden kleine Bewegungen um eine Gleichgewichtslage vorausgesetzt. Nehmen wir weiter an, daß die eingeprägten Kräfte nur von $\mathbf{u}(t)$ oder der Ableitung $\dot{u}(t)$ abhängen, und tritt die Zeit nicht explizit auf (skleronomes System), so besitzt das System die kinetische Energie

$$E_{kin}(t) := \frac{1}{2}\,\dot{u}^T(t)\mathbf{M}\dot{u}(t) \tag{3.1}$$

und die potentielle Energie

$$E_{pot}(t) := \frac{1}{2} \mathbf{u}^T(t)\mathbf{K}\mathbf{u}(t), \qquad (3.2)$$

wobei die potentielle Energie für die stabile Gleichgewichtslage zu Null gesetzt wurde. Die Trägheitsmatrix ist nicht nur symmetrisch, sondern sie ist auch positiv definit, det $\mathbf{M} > 0$, da die kinetische Energie stets größer als Null ist (zumindest für nichtentartete Systeme, für die die Massen stets positiv sind). Die quadratische Form (3.2) kann größer oder höchstens gleich Null werden, d. h. die Steifigkeitmatrix $\mathbf{K}$ ist positiv definit oder positiv semidefinit. Bei einer Bewegung des Systems bleibt dessen potentielle Energie nur dann konstant, wenn für die Koordinaten d i e s e r Bewegung Fesselkräfte (Lagekräfte) fehlen. Die linearen Rückstellkräfte (konservative Lage-, Fesselkräfte) erhält man aus (3.2) zu

$$\mathbf{K}\mathbf{u}(t) = -\frac{\partial E_{pot}(t)}{\partial \mathbf{u}(t)} .$$

A n m e r k u n g : Gilt $\mathbf{M} = \mathrm{diag}\,(m_i)$, so läßt sich die kinetische Energie (3.1) als Quadratsumme schreiben: $E_{kin}(t) = \frac{1}{2} \sum_{i=1}^{n} m_i \dot{u}_i^2(t).$

Kommen zu den Trägheitskräften und Rückstellkräften noch viskose Dämpfungskräfte $\mathbf{p_d}(t) = -\mathbf{B}\dot{\mathbf{u}}(t)$ hinzu, $\mathbf{B}$ ist die quadratische Dämpfungsmatrix der Ordnung n mit reellen Elementen, dann kann die zeitliche Änderung der Energie $\mathbf{p_d^T}\dot{\mathbf{u}}(t)$ durch die Dissipationsfunktion (Rayleigh-Funktion)

$$\dot{E}_{dis}(t) := \frac{1}{2} \dot{\mathbf{u}}^T(t)\mathbf{B}\dot{\mathbf{u}}(t) \qquad (3.3)$$

ausgedrückt werden. $\mathbf{B}$ ist symmetrisch, $\mathbf{B} = \mathbf{B}^T$, und für echt gedämpfte Systeme (alle FG besitzen von Null verschiedene Dämpfungsmaße, dem System wird Energie entzogen) positiv definit. $\mathbf{B}$ kann jedoch auch positiv semidefinit sein, nämlich dann, wenn mindestens ein FG ungedämpft ist.

Zusätzlich zu der viskosen Dämpfungskraft, einer Kraft proportional zum Geschwindigkeitsvektor (für eine harmonische Bewegung also um $90°$ phasenverschoben zur Verschiebung und proportional zur Schwingungsfrequenz ω), haben wir in Abschn. 2.4 die strukturelle (auch hysteretisch genannte) Dämpfungskraft eingeführt (sie ist für sinusförmige Bewegungen um $90°$ phasenverschoben zur Verschiebung aber nicht proportional zu ω). Für sinusförmige Bewegungen, und nur diese seien im Zusammenhang mit der strukturellen Dämpfung betrachtet[1]), ist sie in komplexer Schreibweise durch $\mathbf{p_S}(t) = -j\mathbf{D}\mathbf{u}(t)$ beschreibbar, und für die Dissipationsfunktion gilt

$$E_{Dis}(t) := j\frac{1}{2} \mathbf{u}^T(t)\mathbf{D}\mathbf{u}(t). \qquad (3.4)$$

------

[1]) Subtilere Überlegungen hierzu findet der Leser in [2.4], S. 166 ff.

Die Dämpfungsmatrix $\mathbf{D}$ ist wie $\mathbf{B}$ reell, symmetrisch und positiv definit oder semidefinit.

A n m e r k u n g : Wie schon in Abschn. 2.4 erwähnt, liegt der Vorteil der strukturellen Dämpfungskraft proportional zur Verschiebung darin, daß sie mit der elastischen Rückstellkraft zusammengefaßt werden kann. Formal kommt man dann auf die Bewegungsgleichungen eines Modells mit komplexen Steifigkeiten.

Müssen noch Kreiselkräfte beachtet werden, so muß die kinetische Energie (3.1) um einen gyroskopischen Term $\mathbf{u}^T(t)\mathbf{G}_1\dot{\mathbf{u}}(t)$ erweitert werden [1.17].

3.1.2   Lagrangesche Gleichungen

Mit der Lagrange-Funktion

$$L(t) := E_{kin}(t) - E_{pot}(t) \tag{3.5}$$

lauten die Lagrangeschen Gleichungen (2. Art) für das viskos gedämpfte System (mit holonomen Bindungen) [1.13]:

$$\frac{d}{dt}\left(\frac{\partial L}{\partial \dot{u}_i}\right) - \frac{\partial L}{\partial u_i} + \frac{\partial \dot{E}_{dis}}{\partial \dot{u}_i} = p_i, \qquad i = 1(1)n. \tag{3.6}$$

Sie führen für das System ohne Kreiselkräfte auf die Bewegungsgleichungen

$$\mathbf{M}\ddot{\mathbf{u}}(t) + \mathbf{B}\dot{\mathbf{u}}(t) + \mathbf{K}\mathbf{u}(t) = \mathbf{p}(t). \tag{3.7}$$

Werden Kreiselkräfte einbezogen, so gilt mit $\mathbf{G}_K := \mathbf{G}_1^T - \mathbf{G}_1$ (also elementweise mit $\mathbf{G}_K =: (g_{ij}^K)$, $g_{ij}^K := g_{1ji} - g_{1ij}$, $\mathbf{G}_1 =: (g_{1ij})$), also mit $\mathbf{G}_K = -\mathbf{G}_K^T$ (schiefsymmetrisch):

$$\mathbf{M}\ddot{\mathbf{u}}(t) + (\mathbf{B} + \mathbf{G}_K)\dot{\mathbf{u}}(t) + \mathbf{K}\mathbf{u}(t) = \mathbf{p}(t). \tag{3.8}$$

A n m e r k u n g : Jede quadratische Matrix mit reellen Elementen läßt sich eindeutig in eine symmetrische und schiefsymmetrische Matrix zerlegen [3.1].

A n m e r k u n g : Nimmt man jetzt noch die zirkulatorischen Kräfte hinzu, die proportional zu den Verschiebungen sind, sich aber aus keinem Potential herleiten lassen (nichtkonservative Lagekräfte), so hat man die allgemeine Bewegungsgleichung eines dynamischen Systems

$$\mathbf{M}\ddot{\mathbf{u}}(t) + (\mathbf{B} + \mathbf{G}_K)\dot{\mathbf{u}}(t) + (\mathbf{K} + \mathbf{H}_K)\mathbf{u}(t) = \mathbf{p}(t),$$

mit der zirkulatorischen Matrix

$$\mathbf{H}_K = -\mathbf{H}_K^T.$$

Liegen die Modell-Parametermatrizen $\mathbf{M}, \mathbf{B}, \mathbf{K}$ (etc.) vor, so können die Bewegungsgleichungen (3.7) sofort hingeschrieben werden, um sie dann anschließend zu lösen. Sind die Modell-Parametermatrizen unbekannt, dann kann der hier aufgezeigte Weg eingeschlagen werden. Für dynamisch komplizierte MFGM ist häufig das Aufstellen der skalaren Ausdrücke für die kinetische und potentielle Energie leichter als die Bewegungsgleichungen nach dem Schnittprinzip von vornherein abzuleiten. Im Ergebnis sind die Matrizen $\mathbf{M}$ und $\mathbf{K}$ der Bewegungsgleichungen aus den Lagrangeschen Gleichungen

(2. Art) hergeleitet automatisch symmetrisch und damit überschaubar, was bei anderer Herleitung der Bewegungsgleichungen nicht der Fall sein muß (die Gln. lassen sich dann jedoch symmetrisieren).

Schwingt das System harmonisch aufgrund der Erregung $p_0 e^{j\Omega t}$, und ist es sowohl viskos als auch strukturell gedämpft, so ergeben sich aus der um den Term (3.4) erweiterten Gl. (3.6) die Bewegungsgleichungen zu

$$M\ddot{u}(t) + \left(B + \frac{1}{\Omega}\,D\right)\dot{u}(t) + Ku(t) = p(t). \tag{3.9}$$

A n m e r k u n g : Die Bewegungsgln. von MFGM können in komplizierten Fällen (insbesondere von Mehrkörpersystemen, bei denen noch Zwangsbedingungen zu beachten sind) auch von EDV-Anlagen generiert werden. Hierzu existieren Programme, wie z. B. NEWEUL [3.11] und MEDYNE [3.12].

Eine andere Formulierung der Bewegungsgleichungen ist die nachstehende. Definiert man den (2n, 1)-Zustandsvektor

$$x(t) := \begin{pmatrix} u(t) \\ \dot{u}(t) \end{pmatrix}, \tag{3.10}$$

so folgt die Zustandsgleichung des viskos gedämpften Modells (3.7) zu

$$\dot{x}(t) = Ax(t) + f(t), \tag{3.11a}$$

$$A := \begin{pmatrix} 0 & I \\ -M^{-1}K & -M^{-1}B \end{pmatrix}, \qquad f(t) := \begin{pmatrix} 0 \\ M^{-1}p(t) \end{pmatrix}. \tag{3.11b}$$

Man zeigt ihre Richtigkeit über Verifikation:

$$\begin{pmatrix} \dot{u}(t) \\ \ddot{u}(t) \end{pmatrix} = \begin{pmatrix} 0 & I \\ -M^{-1}K & -M^{-1}B \end{pmatrix} \begin{pmatrix} u(t) \\ \dot{u}(t) \end{pmatrix} + \begin{pmatrix} 0 \\ M^{-1}p(t) \end{pmatrix}$$

$$= \begin{pmatrix} \dot{u}(t) \\ -M^{-1}Ku(t) - M^{-1}B\dot{u}(t) + M^{-1}p(t) \end{pmatrix},$$

es folgen die beiden Gln.

$$\dot{u}(t) \equiv \dot{u}(t),$$

$$M\ddot{u}(t) = -Ku(t) - B\dot{u}(t) + p(t),$$

wobei die letzte mit der DGl. (3.7) übereinstimmt, w.z.z.w. Der Vorteil der Zustandsgl. (3.11) gegenüber der klassischen Formulierung (3.7) liegt darin, daß das DGl.-System 2. Ordnung auf ein solches 1. Ordnung zurückgeführt ist, allerdings unter Verdopplung der Gleichungsanzahl. Weitere Zustandsformulierungen findet der Leser in [1.20] und [3.13].

3.2   Eigenschwingungen

Die Eigenschwingungen des MFGM mit n FG erhält man aus der homogenen Bewegungsgleichung.

3.2.1   Das konservative Modell ohne Kreiselkräfte

Die Bewegungsgleichung folgt aus (3.7) ohne Dämpfungsterm:

$$M\ddot{u}(t) + Ku(t) = 0. \tag{3.12}$$

Mit dem Produktansatz

$$u(t) = \hat{u}_0 e^{j\omega_0 t} \tag{3.13}$$

zur Lösung von (3.12) erhält man mit $e^{j\omega_0 t} \neq 0$ das Matrizeneigenwertproblem

$$(-\omega_0^2 M + K)\hat{u}_0 = 0. \tag{3.14}$$

Der Unterschied des zeitunabhängigen Gleichungssystems (3.14) zu den zeitabhängigen Bewegungsgleichungen (3.12) besteht darin, daß zur Beschreibung der Lösungen von (3.12), den freien Schwingungen (s. Abschn. 3.3), noch Anfangsbedingungen (zur Ermittlung der Integrationskonstanten) eingearbeitet werden müssen.

Das lineare homogene Gleichungssystem (3.14) besitzt nur dann nichttriviale Lösungen, wenn die Systemmatrix singulär ist:

$$\det (-\omega_0^2 M + K) = 0. \tag{3.15}$$

Da M und K gegeben sind, gilt die Gl. (3.15) nur für bestimmte Werte von ω_0^2, die Eigenwerte genannt werden. Sie sind die Nullstellen des charakteristischen Polynoms (Frequenzgleichung) (3.15). Weil M positiv definit ist, ist (3.15) ein Polynom n-ten Grades in $\lambda_0 := \omega_0^2$. Es besitzt folglich n Wurzeln, das Matrizeneigenwertproblem also n Eigenwerte, wenn mehrfach auftretende Wurzeln entsprechend ihrer Vielfachheit gezählt werden: $\lambda_{0i}, i = 1(1)n$.

Für jeden Eigenwert λ_{0i} besitzt das Gleichungssystem demzufolge mindestens eine nichttriviale Lösung, den Eigenvektor $\hat{u}_{0i}, i = 1(1)n$. Es wird nachstehend gezeigt, daß die Eigenwerte positiv oder höchstens gleich Null sind, woraus folgt, daß die Koeffizienten des homogenen Gleichungssystems reell sind. Da bis zu dieser Stelle nicht ausgeschlossen werden kann, daß die Eigenvektoren auch komplex sein könnten, wird zunächst der allgemeine Fall mit komplexen Eigenvektoren angenommen. $\hat{u}_{0i}^*$ sei der konjugiert komplexe Eigenvektor zu $\hat{u}_{0i}$. Es ist $\hat{u}_{0i}^{*T}M\hat{u}_{0i} = (\hat{u}_{0i}^{*T}M\hat{u}_{0i})^T > 0$ aufgrund der Symmetrie und positiven Definitheit von M. Entsprechend gilt mit den Eigenschaften der Steifigkeitsmatrix K: $\hat{u}_{0i}^{*T}K\hat{u}_{0i} = (\hat{u}_{0i}^{*T}K\hat{u}_{0i})^T \geqslant 0$. Aus dem Matrizeneigenwertproblem (3.14) folgt für die i-te Eigenlösung nach Linksmultiplikation mit $\hat{u}_{0i}^{*T}$:

$$-\omega_{0i}^2 \hat{u}_{0i}^{*T}M\hat{u}_{0i} + \hat{u}_{0i}^{*T}K\hat{u}_{0i} = 0$$

also $\quad \omega_{0i}^2 = \dfrac{\hat{u}_{0i}^{*T} K \hat{u}_{0i}}{\hat{u}_{0i}^{*T} M \hat{u}_{0i}} \geqslant 0,$ $\qquad$ Rayleighscher Quotient. $\hfill (3.16)$

Die Eigenwerte $\lambda_{0i} = \omega_{0i}^2$ sind positiv oder höchstens gleich Null (ungefesseltes System), w.z.z.w. Die Gl. (3.16) bezeichnet man als Rayleighschen Quotienten; er liefert für den i-ten Eigenvektor die Eigenfrequenz ω_{0i} (s. den Ansatz (3.13)) zum Quadrat.

Mit dem Eigenvektor $\hat{u}_{0i}$ ist auch $C\hat{u}_{0i}$ mit einer beliebigen Konstanten $C \neq 0$ eine Lösung des homogenen Gleichungssystems (3.14), denn Multiplikation von (3.14) mit C ändert die Eigenwerte nicht und läßt die rechte Seite unverändert; d. h. die Eigenvektoren sind nur bis auf einen beliebigen Faktor bestimmbar und damit beliebig normierbar. Da die Koeffizienten des homogenen Gleichungssystems (3.14) aufgrund der reellen Eigenwerte reell sind, kann die Normierung für jeden Eigenvektor so gewählt werden, daß die Komponenten der Eigenvektoren reell sind. Damit nehmen die Eigenvektorkomponenten, die ja die zeitunabhängigen Verschiebungen der Massen (im verallgemeinerten Sinn, also auch Verdrehungen von Einzelmassen bezeichnend) beschreiben, positive und negative Werte an, d. h. die Massen schwingen gleichzeitig in positiver oder negativer Richtung (in Phase oder in Gegenphase) durch die Ruhelage. Man sagt auch, die Eigenvektoren beschreiben die Eigenschwingungsformen des MFGM.

Zu den n Eigenfrequenzen ω_{0i} des Systems (die Werte $-\sqrt{\lambda_{0i}}$ sind physikalisch nicht relevant), die nicht unbedingt alle voneinander verschieden sein müssen, existieren n voneinander linear unabhängige Eigenvektoren, also n voneinander verschiedene Eigenschwingungsformen. Der Beweis für diese Aussage folgt aus der Theorie gewöhnlicher DGl.-Systeme mit konstanten Koeffizienten (vgl. (3.12)) und kann in [2.4, 3.1] nachgelesen werden. Eine grundlegende Eigenschaft der Eigenvektoren, die wegen ihrer weitreichenden Bedeutung behandelt wird, ist die verallgemeinerte Orthogonalität. Mathematisch ist sie eine Orthogonalität bezüglich der Trägheitsmatrix M (M-orthogonal)

$$\hat{u}_{0k}^T M \hat{u}_{0i} = m_{gi} \delta_{ik}, \qquad i, k = 1(1)n, \hfill (3.17)$$

(δ_{ik} − Kronecker-Symbol) und ihre physikalische Deutung ist, daß die auf $e^{j\omega_{0k}t}$ bezogene Trägheitskraft in der k-ten Eigenschwingungsform, $\hat{p}_{Mk} := -\omega_{0k}^2 M \hat{u}_{0k}$, $M = M^T$ an der i-ten Eigenschwingungsform $\hat{u}_{0i}$ keine Arbeit leistet:

$$\hat{p}_{Mk}^T \hat{u}_{0i} = -\omega_{0k}^2 \hat{u}_{0k}^T M^T \hat{u}_{0i} = -\omega_{0k}^2 \hat{u}_{0k}^T M \hat{u}_{0i} = 0 \qquad \text{für } i \neq k.$$

Der Wert von m_{gi} in Gl. (3.17) ist stets positiv,

$$m_{gi} := \hat{u}_{0i}^T M \hat{u}_{0i} > 0, \hfill (3.18)$$

da die Trägheitsmatrix positiv definit ist.

B e w e i s : Für die i-te und k-te Eigenlösung gelten die Gln.

$$(-\lambda_{0i} M + K)\hat{u}_{0i} = 0,$$

$$(-\lambda_{0k} M + K)\hat{u}_{0k} = 0.$$

Die erste Gl. von links mit $\hat{u}_{0k}^T$, die zweite von links mit $\hat{u}_{0i}^T$ multipliziert und die zweite Gl. von der ersten subtrahiert, ergibt mit den Skalaren

$$\hat{u}_{0k}^T M \hat{u}_{0i} = (\hat{u}_{0k}^T M \hat{u}_{0i})^T = \hat{u}_{0i}^T M \hat{u}_{0k}$$

wegen $M = M^T$ und entsprechend für die Bilinearform bezüglich $K = K^T$ die Gl.

$$(\lambda_{0k} - \lambda_{0i}) \hat{u}_{0i}^T M \hat{u}_{0k} = 0.$$

Für disjunkte Eigenwerte ($\lambda_{0i} \neq \lambda_{0k}$ für $i \neq k$) folgt die obige Beziehung (3.17). Liegen gleiche Eigenwerte vor, $\lambda_{0i} = \lambda_{0k}$ für $i \neq k$, so existieren zwei linear unabhängige Eigenvektoren $\hat{u}_{0i}$, $\hat{u}_{0k}$, die sich orthogonalisieren lassen:

$$\hat{u}_{0k}^{orth} := a\hat{u}_{0i} + \hat{u}_{0k},$$

$$\hat{u}_{0i}^T M \hat{u}_{0k}^{orth} = a\hat{u}_{0i}^T M \hat{u}_{0i} + \hat{u}_{0i}^T M \hat{u}_{0k} \overset{!}{=} 0:$$

$$a = - \frac{\hat{u}_{0i}^T M \hat{u}_{0k}}{\hat{u}_{0i}^T M \hat{u}_{0i}} = - \frac{1}{m_{gi}} \hat{u}_{0i}^T M \hat{u}_{0k}.$$

Damit gilt (3.17) allgemein, denn die obige Konstruktionsvorschrift läßt sich auf mehr als zwei gleiche Eigenwerte erweitert anwenden.

Ist die Trägheitsmatrix eine Diagonalmatrix und sind die Massenpunkte gleich, so geht die verallgemeinerte Orthogonalität (3.17) in die gewöhnliche (geometrische) Orthogonalität über: $M = m_0 I$,

$$\hat{u}_{0i}^T M \hat{u}_{0k} = m_0 \hat{u}_{0i}^T I \hat{u}_{0k} = m_0 \hat{u}_{0i}^T \hat{u}_{0k} = m_{gi} \delta_{ik}.$$

m_{gi} wird als generalisierte Masse des i-ten FG bezeichnet (s. Abschn. 3.4).

Die Eigenvektoren sind nicht nur M-orthogonal sondern auch K-orthogonal: Das Matrizeneigenwertproblem (3.14) für die i-te Eigenlösung von links mit dem transponierten Eigenvektor $\hat{u}_{0k}^T$ multipliziert, liefert:

$$\hat{u}_{0k} K \hat{u}_{0i} = \lambda_{0i} \hat{u}_{0k}^T M \hat{u}_{0i} = \lambda_{0i} m_{gi} \delta_{ik}. \tag{3.19}$$

Das letzte Gleichheitszeichen folgt aus der M-Orthogonalität (3.17). Wird die generalisierte Steifigkeit

$$k_{gi} := \hat{u}_{0i}^T K \hat{u}_{0i} \tag{3.20}$$

eingeführt, so sagt die Gl. (3.19) aus, daß

1. die Behauptung der K-Orthogonalität richtig ist und

2. die generalisierte Steifigkeit (3.20) aus der generalisierten Masse und dem zugehörigen Eigenwert berechenbar ist (s. auch den Rayleighschen Quotienten):

$$k_{gi} = \lambda_{0i} m_{gi} \geqslant 0. \tag{3.21a}$$

Die physikalische Interpretation der K-Orthogonalität entspricht der der M-Orthogonalität: Die auf $e^{j\omega_{0k}t}$ bezogene lineare Rückstellkraft $\hat{p}_{Kk} := K\hat{u}_{0k}$ der k-ten Eigenschwingungsform leistet an der i-ten Eigenschwingungsform keine Arbeit.

A n m e r k u n g : Der Rayleighsche Quotient (3.16) geht mit den generalisierten Werten (3.18) und (3.20) über in (3.21a). Die i-te Eigenfrequenz zum Quadrat ergibt sich entsprechend der Beziehung (2.8b) des EFGM aus dem Quotienten aus generalisierter Steifigkeit und generalisierter Masse der i-ten Eigenschwingungsform. Hinsichtlich einer Annäherung an den Rayleighschen Quotienten s. [3.1].

Führt man die Modalmatrix

$$\hat{U}_0 := (\hat{u}_{01}, \ldots, \hat{u}_{0n}),$$

(3.22)

die die Eigenvektoren als Spaltenvektoren enthält, und die Spektralmatrix

$$\Lambda_0 := \text{diag}\,(\lambda_{0i}),$$

(3.23)

die Diagonalmatrix der Eigenwerte, ein, dann kann das Matrizeneigenwertproblem (3.14) matriziell in der Form

$$-M\hat{U}_0\Lambda_0 + K\hat{U}_0 = 0$$

(3.24)

geschrieben werden. Wegen der linearen Unabhängigkeit (und natürlich der verallgemeinerten Orthogonalität) der Eigenvektoren ist die Modalmatrix regulär.

Die generalisierten Massen m_{gi} in der positiv definiten Diagonalmatrix

$$M_g := \hat{U}_0^T M \hat{U}_0 = \text{diag}\,(m_{gi})$$

(3.25)

und die generalisierten Steifigkeiten k_{gi} in der Diagonalmatrix

$$K_g := \hat{U}_0^T K \hat{U}_0 = \text{diag}\,(k_{gi})$$

(3.26)

zusammengefaßt, ergeben aufgrund der Gl. (3.21a) den Zusammenhang

$$K_g = M_g\Lambda_0,$$

(3.21b)

was auch aus der Gl. (3.26) nach Linksmultiplikation mit der transponierten Modalmatrix folgt.

Neben der Normierung, die betragsmäßig größte Komponente gleich Eins zu setzen,

$$\left.\begin{array}{l} |\hat{u}_{0K,i}| := \max\,(|\hat{u}_{0k,i}|), \\[2ex] \hat{u}_{0i}^{N1} := \dfrac{1}{\hat{u}_{0K,i}}\,\hat{u}_{0i}, \end{array}\right\}$$

(3.27)

gibt es eine zweite Normierung, die gern für theoretische Untersuchungen benutzt wird:

$$\hat{u}_{0i}^{N2} := \frac{1}{|\sqrt{m_{gi}}|}\,\hat{u}_{0i}.$$

(3.28)

In Matrizenschreibweise führt (3.28) mit

$$\hat{u}_{0i}^{N2T} M \hat{u}_{0i}^{N2} = \frac{1}{m_{gi}}\,\hat{u}_{0i}^T M \hat{u}_{0i} = 1$$

auf die generalisierte Massenmatrix gleich der Einheitsmatrix,

$$M_g = I; \,^1)$$

(3.29a)

nach Gl. (3.21b) gilt dann für die generalisierte Steifigkeitsmatrix

$$K_g = \Lambda_0.$$

(3.29b)

$^1)$ Anstelle M_g^{N2} wird M_g geschrieben und im Text die Normierungsart genannt.

A n m e r k u n g : Bekanntlich sind Dimensionsbetrachtungen bei Rechnungen eine willkommene Kontrolle. Die Gln. (3.29) geben für diese Anmerkung Anlaß. Die generalisierte Masse besitzt die Dimension ML^2 (M: Massendimension, L: Längendimension), sofern man den Eigenvektoren die Dimension L zudiktiert. Letzteres heißt, daß der Normierungsfaktor, also der beliebige Faktor C, dimensionslos ist. Man kann nun auch nach (3.27) den Normierungsfaktor dimensionsbehaftet annehmen, dann sind die Komponenten von $\hat{u}_{0i}^{N1}$ dimensionslos und die damit gebildete generalisierte Masse besitzt nur die Dimension M. Noch „schwieriger" wird die Dimensionsbetrachtung aufgrund der Normierung (3.28). Möchte man mit dimensionslosen generalisierten Massen gleich 1 arbeiten, dann besitzen die Komponenten von $\hat{u}_{0i}^{N2}$ die Dimension $M^{-1/2}$ etc. Es ist gleichgültig, wie man die Eigenvektoren normiert, und welche Dimension man ihnen dabei zuschreibt, nur sollte man die einmal gewählte Normierung konsequent beibehalten.

Die verallgemeinerte Orthogonalität der Eigenvektoren führt noch auf interessante Zusammenhänge zwischen den Parametermatrizen M, K und den Eigenschwingungsgrößen. Die Gleichung (3.25) in der Normierung (3.29a) nach M aufgelöst,

$$M = (\hat{U}_0^T)^{-1}\hat{U}_0^{-1} = (\hat{U}_0\hat{U}_0^T)^{-1},$$

und invertiert liefert

$$M^{-1} = \hat{U}_0\hat{U}_0^T = \sum_{i=1}^{n} \hat{u}_{0i}\hat{u}_{0i}^T: \tag{3.30}$$

die Entwicklung der inversen positiv definiten Trägheitsmatrix nach den Eigenvektoren in Form der Summation ihrer dyadischen Produkte. Unter der Voraussetzung, daß die Nachgiebigkeitsmatrix $G = K^{-1}$ existiert, folgt aus der Gl. (3.26) mit der Normierung (3.29a):

$$\left. \begin{aligned} K &= (\hat{U}_0^T)^{-1}\Lambda_0\hat{U}_0^{-1} = (\hat{U}_0\Lambda_0^{-1}\hat{U}_0^T)^{-1}, \\ G &= \hat{U}_0\Lambda_0^{-1}\hat{U}_0^T = \sum_{i=1}^{n} \frac{1}{\lambda_{0i}} \hat{u}_{0i}\hat{u}_{0i}^T. \end{aligned} \right\} \tag{3.31}$$

Auch die Nachgiebigkeitsmatrix des Systems läßt sich nach den Eigenvektoren entwickeln: Summation der durch die zugehörigen Eigenwerte dividierten dyadischen Produkte. Eine derartige Zerlegung der Parametermatrizen mit Hilfe der Eigenschwingungsgrößen wird auch als Spektralzerlegung bezeichnet.

A n m e r k u n g : Die Hauptdiagonalelemente von (3.30) und (3.31) sind positiv, jeder FG liefert einen positiven Zuwachs.

Die Wichtung der dyadischen Produkte in der Nachgiebigkeitsmatrix ist derart, daß die FG mit den höheren Frequenzen (Oberschwingungen) geringer gewichtet als die mit den tiefen Frequenzen eingehen.

Mit diesen (eineindeutigen) Zusammenhängen zwischen den (physikalischen) Parametermatrizen M, K und den Matrizen $\hat{U}_0$, Λ_0 der Eigenschwingungsgrößen kann also das MFGM auch durch seine Eigenschwingungsgrößen beschrieben werden.[1]

---

[1] Wodurch jetzt auch die Bezeichnung „Eigen"-Schwingungen einsichtig ist [3.14].

Beispiel 3.3 Ähnlich wie ein Rahmen für horizontale Belastung über masselose Biegefedern mit Riegelmassen als MFGM modelliert ist, kann auch das dynamische Verhalten eines Fernsehturms über Punktmassen, die über masselose Biegefedern miteinander verbunden sind, approximiert werden (s. Kap. 6). Das zugehörige MFGM ist in Bild 3.2a mit $n = 8$ wiedergegeben. Die Verschiebungskoordinaten $w_i(t)$, $i = 1(1)8$, der Massenpunkte sind hier also Näherungen für das Verschiebungsfeld $w(x, t)$ des Fernsehturms, $w_i(t) \doteq w(x_i, t)$, wenn x_i die Abszissen der Massenpunkte sind. In den Bildern 3.2b bis 3.2d sind die ersten drei Eigenschwingungsformen des MFGM dargestellt, es sind die Komponenten der entsprechenden Eigenvektoren $\hat{w}_{0k} = \{\hat{w}_{0ik}\}$, $k = 1, 2, 3; i = 1(1)8$.

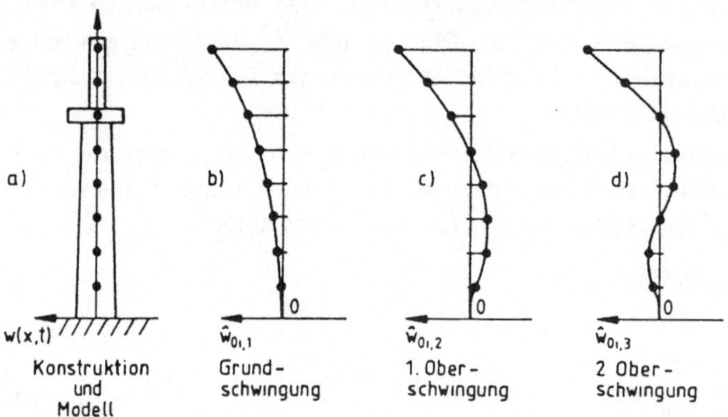

Bild 3.2 Biege-Eigenschwingungsformen eines diskret modellierten Fernsehturmes

Die Normierung ist hier: Die betragsmäßig größte Verschiebung gleich 1. Die Eigenschwingungsformen des Fernsehturms werden somit dadurch angenähert, daß die Eigenvektorkomponenten jeden Eigenvektors miteinander verbunden werden (Interpolation). Die Nulldurchgänge heißen Schwingungsknoten und die relativen Extrema heißen Schwingungsbäuche. Die 1. Eigenschwingungsform beschreibt die Grundschwingung, die i-te Eigenschwingungsform, $i > 1$, die $(i - 1)$-te Oberschwingung des Systems. Die k-te Oberschwingung hier, $k = 1(1)n - 1$, besitzt k Knoten, die Nullverschiebung der starren Einspannung nicht mitgezählt. Eine allgemeine Abhandlung über diese Eigenschaften von Schwingern enthält [3.3].

3.2.2   Das gedämpfte Modell ohne Kreiselkräfte und mit speziellen Dämpfungseigenschaften

Für das viskos gedämpfte Modell ohne Kreiselwirkung gilt die Bewegungsgleichung (3.7) mit rechter Seite gleich Null:

$$\mathbf{M\ddot{u}}(t) + \mathbf{B\dot{u}}(t) + \mathbf{Ku}(t) = \mathbf{0}. \tag{3.32}$$

Entsprechend den generalisierten Massen und Steifigkeiten bezogen auf die Eigenvektoren des zugeordneten ungedämpften Modells können auch generalisierte Dämpfungen eingeführt werden, also matriziell

$$\mathbf{B_g} := \mathbf{\hat{U}_0^T B \hat{U}_0}. \tag{3.33a}$$

Es spricht zunächst nichts dafür, daß diese Matrix Diagonalgestalt besitzt. Wir führen die Bequemlichkeitshypothese ein, indem

$$\mathbf{B_g} \overset{!}{=} \mathbf{B_E} := \mathrm{diag}\,(b_{Ei}) \tag{3.33b}$$

vorausgesetzt (angenommen) wird. In Verbindung mit den generalisierten Massen (3.25) und den generalisierten Steifigkeiten (3.26) erkennt man, daß z. B. für Dämpfungsmatrizen proportional den Trägheits- und/oder Steifigkeitsmatrizen,

$$\mathbf{B} = a\mathbf{M} + b\mathbf{K}, \qquad a, b \text{ reelle Konstante}, \tag{3.34}$$

auch die verallgemeinerte Orthogonalität (3.33) erfüllt ist:

$$\hat{\mathbf{U}}_0^T \mathbf{B} \hat{\mathbf{U}}_0 = a \hat{\mathbf{U}}_0^T \mathbf{M} \hat{\mathbf{U}}_0 + b \hat{\mathbf{U}}_0^T \mathbf{K} \hat{\mathbf{U}}_0 = a\mathbf{M_g} + b\mathbf{K_g}.$$

In der Normierung (3.29) gilt

$$\left. \begin{array}{l} \mathbf{B_E} = a\mathbf{I} + b\,\Lambda_0 = \mathrm{diag}\,(b_{Ei}), \\[4pt] b_{Ei} = a + b\lambda_{0i} =: 2D_i\omega_{0i}. \end{array} \right\} \tag{3.35}$$

Die letzte Schreibweise für den i-ten FG erfolgt in Anlehnung an die des EFGM (vgl. Gln. (2.13), (2.15) mit m = 1). Sie ist statthaft, denn als Definitionsgleichung für D_i ist sie eindeutig.

H i n w e i s : Für z. B. a = 0 und b $\neq$ 0, was in Ermangelung anderer Angaben häufig angenommen wird, gilt 2 D_i = $b\omega_{0i}$, d. h. das Dämpfungsmaß des i-ten FG ist proportional der i-ten Eigenfrequenz des zugeordneten ungedämpften Modells.

Weil die Bequemlichkeitshypothese für eine Dämpfungsmatrix nach Gl. (3.34) erfüllt ist, nennt man sie auch p r o p o r t i o n a l e Dämpfung. Auch die Bezeichnung m o d a l e Dämpfung ist üblich, jedoch wird sie häufig ohne den Zusatz gebraucht, auf welche Modal- (gleich: Eigenschwingungs-) Größen sie bezogen ist. Dieser Zusatz ist notwendig, denn auch im allgemeinen Fall (der nichtproportionalen Dämpfung) können aufgrund von Eigenschwingungsgrößen des gedämpften Modells modale Dämpfungsmaße eingeführt werden. – Die Dämpfungsmatrix (3.34) ist nur eine mögliche Matrix, die die Bedingung (3.33b) erfüllt. Allgemeiner kann bewiesen werden [3.2], daß mit der kommutativen Eigenschaft

$$\mathbf{K}\mathbf{M}^{-1}\mathbf{B} = \mathbf{B}\mathbf{M}^{-1}\mathbf{K}$$

der Parametermatrizen (3.33b) ebenfalls erfüllt ist, diese Angabe ist für uns jedoch von geringem praktischen Wert. In der Praxis wird sehr häufig die Bequemlichkeitshypothese verwendet, auch wenn (3.33b) nicht streng erfüllt ist. Dann muß jedoch überprüft werden, ob die Nicht-Diagonalelemente von $\mathbf{B_g}$ gegenüber den Hauptdiagonalelementen vernachlässigbar sind.

Im folgenden wird die Hypothese (3.33b) als gültig vorausgesetzt. Der Lösungsansatz

$$u(t) = \hat{u}_D e^{\lambda_D t} \tag{3.36}$$

für die freien Schwingungen überführt die Gl. (3.32) nach Division durch $e^{\lambda_D t}$ in das

Matrizeneigenwertproblem

$$(\lambda_D^2 M + \lambda_D B + K)\hat{u}_D = 0. \tag{3.37}$$

Die Modaltransformation des Amplitudenvektors $\hat{u}_D$,

$$\hat{u}_D = \hat{U}_0 \hat{q}_D = \sum_{i=1}^{n} \hat{q}_{Di}\hat{u}_{0i}, \tag{3.38}$$

in die Amplituden der generalisierten Koordinaten $\hat{q}_{Di}$, $\hat{q}_D = (\hat{q}_{D1}, \ldots, \hat{q}_{Dn})^T$, liefert dann die Gl.

$$(\lambda_D^2 M\hat{U}_0 + \lambda_D B\hat{U}_0 + K\hat{U}_0)\hat{q}_D = 0, \tag{3.39}$$

die mit $\hat{U}_0^T$ linksmultipliziert unter Verwendung der verallgemeinerten Orthogonalität auf die Gl.

$$(\lambda_D^2 I + \lambda_D B_E + \Lambda_0)\hat{q}_D = 0 \tag{3.40a}$$

mit reellen Diagonalmatrizen führt. Demzufolge sind die Gln. entkoppelt,

$$(\lambda_D^2 + b_{Ei}\lambda_D + \lambda_{0i})\hat{q}_{Di} = 0, \qquad i = 1(1)n, \tag{3.40b}$$

und die Modaltransformation (3.38) ist die Hauptachsentransformation. Damit ist auch gezeigt, daß das Matrizeneigenwertproblem (3.37) die Eigenvektoren $\hat{u}_{Di} = \hat{u}_{0i}$ besitzt, also $\hat{q}_{Di} = e_i$ (i-ter Einheitsvektor) bei entsprechender Normierung folgt.

Mit $\hat{q}_{Di} = 1$ folgen mit $\lambda_{0i} = \omega_{0i}^2$ die Eigenwerte:

$$\lambda_{Di} = -\frac{b_{Ei}}{2} \pm \sqrt{\frac{b_{Ei}^2}{4} - \omega_{0i}^2}. \tag{3.41}$$

Die (gegenüber der Gl. (3.35) allgemeinere) Definition

$$D_i := \frac{b_{Ei}}{2\omega_{0i}m_{gi}}, \qquad m_{gi} = 1, \tag{3.42}$$

in Gl. (3.4) verwendet,

$$\left. \begin{aligned} \lambda_{Di} &= -D_i\omega_{0i} \pm j\omega_{0i}\sqrt{1 - D_i^2} =: -\delta_i \pm j\omega_{Di} \\ &= \omega_{0i}(-D_i \pm j\sqrt{1 - D_i^2}), \end{aligned} \right\} \tag{3.43}$$

ergibt für jedes i, für jeden FG die Eigenwertbeziehung für ein EFGM (s. Gl. (2.16))! Modelle, für die $D_i < 1$ gilt, $i = 1(1)n$, nennt man schwach gedämpfte Modelle oder Systeme.

Der Sonderfall $B = 0$ ist in dem obigen Formalismus enthalten.

Zusätzlich zu den Spektraldarstellungen der Parametermatrizen (3.30) und (3.31) ergibt sich hier aus (3.33b) unter der Voraussetzung, daß B regulär ist:

$$B = (\hat{U}_0^T)^{-1}B_E\hat{U}_0^{-1} = (\hat{U}_0 B_E^{-1}\hat{U}_0^T)^{-1}, \tag{3.44a}$$

$$B^{-1} = \hat{U}_0 B_E^{-1}\hat{U}_0^T = \sum_{i=1}^{n} \frac{1}{b_{Ei}}\hat{u}_{0i}\hat{u}_{0i}^T = \frac{1}{2}\sum_{i=1}^{n} \frac{1}{\omega_{0i}D_i}\hat{u}_{0i}\hat{u}_{0i}^T. \tag{3.44b}$$

Damit erweisen sich die Eigenschwingungsgrößen in ihrer Gesamtheit als äquivalente Information zu den Parametermatrizen $\mathbf{M}, \mathbf{B}, \mathbf{K}$.

A n m e r k u n g : Die Spektralzerlegungen der Parametermatrizen können die Grundlage für das Entwurfsproblem bilden. Das Entwurfsproblem ist dadurch definiert, daß zu vorgegebenen Belastungen (Eingangsgrößen) und Reaktionen (Ausgangsgrößen, auch Beanspruchungen) das Modell ermittelt wird, das die Ein-/Ausgangsbeziehung (Bewegungsgln.) am besten erfüllt. Gibt man sich also die Eigenschwingungsgrößen vor, so können die Parametermatrizen des zugehörigen Modells berechnet werden. Die Vorgabe von Eigenschwingungsgrößen darf nicht beliebig erfolgen, da die Eigenschwingungsgrößen bestimmte Eigenschaften (s. vorher und [3.3]) besitzen; andernfalls erhält man physikalisch nicht realisierbare Werte der Parametermatrizen.

Für das strukturell gedämpfte System gemäß der Dissipationsfunktion (3.4) und dem Lösungsansatz

$$\mathbf{u}(t) = \hat{\mathbf{u}}_s e^{\lambda_s t}, \qquad \hat{\mathbf{u}}_s = \hat{\mathbf{U}}_0 \hat{\mathbf{q}}_s \tag{3.45}$$

lautet das Matrizeneigenwertproblem

$$\left.\begin{aligned} (\lambda_s^2 \mathbf{M} + \mathbf{K} + j\mathbf{D})\hat{\mathbf{u}}_s &= 0, \\ (\lambda_s^2 \mathbf{M} + \mathbf{K} + j\mathbf{D})\hat{\mathbf{U}}_0 \hat{\mathbf{q}}_s &= 0. \end{aligned}\right\} \tag{3.46}$$

Setzt man

$$-\Lambda_s := \lambda_s^2, \qquad \mathbf{K}' := \mathbf{K} + j\mathbf{D}, \tag{3.47}$$

dann zeigt sich, daß (3.46) formal mit dem Matrizeneigenwertproblem des konservativen Systems ohne Kreiselwirkung (3.14) übereinstimmt. Da $\mathbf{K}'$ jedoch komplex ist, sind auch die Eigenwerte etc. komplex, so daß sich die Übereinstimmung tatsächlich im Formalen erschöpft. Auch hier wird die Bequemlichkeitshypothese vorausgesetzt,

$$\mathbf{B}_E := \hat{\mathbf{U}}_0^T \mathbf{D} \hat{\mathbf{U}}_0 =: \text{diag}\,(d_{Ei}), \tag{3.48}$$

$$d_{Ei} = \hat{\mathbf{u}}_{0i}^T \mathbf{D} \hat{\mathbf{u}}_{0i} =: \omega_{0i}^2 m_{gi} g_i. \tag{3.49}$$

Es läßt sich dann ganz entsprechend wie beim viskos gedämpften Modell folgern, daß die Eigenvektoren des Problems (3.46) wieder gleich denen des zugeordneten ungedämpften Modells sind:

$$(-\Lambda_{si} \mathbf{M} + \mathbf{K} + j\mathbf{D})\hat{\mathbf{u}}_{0i} = 0, \qquad i = 1(1)n. \tag{3.50}$$

Für die Eigenwerte erhält man aus Gl. (3.46):

$$\left.\begin{aligned} \Lambda_{si} &= \lambda_{0i} + j\frac{d_{Ei}}{m_{gi}} = \omega_{0i}^2(1 + jg_i), \\[1em] \Lambda_{si}^{re} &= \lambda_{0i}, \\[1em] \Lambda_{si}^{im} &= \frac{d_{Ei}}{m_{gi}} \quad \text{bzw.} \quad g_i = \frac{\Lambda_{si}^{im}}{\Lambda_{si}^{re}}. \end{aligned}\right\} \tag{3.51}$$

g_i ist also auch hier ein modales Dämpfungsmaß, das mit dem des viskos gedämpften Modells für schwach gedämpfte Modelle in bestimmter Beziehung steht. Hierzu wird der Eigenwert (3.47) für Dämpfungsmaße $g_i^2 \ll 1$ als Verlustwinkel

$$e^{jg_i} \doteq 1 + jg_i \tag{3.52}$$

geschrieben:

$$\lambda_{si}^2 = -\omega_{0i}^2(1 + jg_i) \tag{3.52}$$
$$\doteq -\omega_{0i}^2 e^{jg_i},$$

$$\lambda_{si} \doteq j\omega_{0i} e^{j\frac{g_i}{2}}$$

$$\doteq j\omega_{0i} - \omega_{0i}\frac{g_i}{2}. \tag{3.53a}$$

λ_{si} verglichen mit dem zugehörigen Exponenten λ_{Di} des viskos gedämpften Systems ergibt (s. (3.43)) mit $D_i^2 \ll 1$ die gesuchte Beziehung

$$g_i \doteq 2D_i \tag{3.53b}$$

entsprechend der für EFGM (Gl. 2.94).

3.2.3 Ergänzende Bemerkungen zum Eigenschwingungsproblem und zu seiner Berechnung

Kann dem gedämpften Modell ohne Kreiselwirkung die Bequemlichkeitshypothese nicht zugrunde gelegt werden, so erhält man anstelle von Gl. (3.40a) die Gl.

$$(\lambda_D^2 I + \lambda_D B_g + \Lambda_0)\hat{q}_D = 0, \qquad B_g =: (b_{gik}), \tag{3.54a}$$

bzw. ausgeschrieben für die i-te Komponente

$$(\lambda_D^2 + \lambda_{0i})\hat{q}_{Di} + \lambda_D \sum_{k=1}^{n} b_{gik}\hat{q}_{Dk} = 0, \qquad i = 1(1)n. \tag{3.54b}$$

Man erkennt, die i-te Gleichung enthält nicht wie bisher nur die i-te Komponente des generalisierten Vektors $\hat{q}_D$, sondern im jeweiligen Dämpfungsterm treten alle n Komponenten auf: dämpfungsgekoppeltes Gleichungssystem, dämpfungsgekoppeltes elastomechanisches Modell. Die Art der Kopplung ist durch die Einführung der Modalmatrix $\hat{U}_0$ bedingt, also mathematischer und nicht physikalischer Natur. Damit erweist sich die Modaltransformation (3.38) für ein Modell (3.32) mit einer Dämpfungsmatrix B, die nicht der Bequemlichkeitshypothese genügt, als ungeeignet, da sie das Gleichungssystem nicht auf Diagonalgestalt transformiert. Man wird deshalb das sich aus (3.32) mit dem Ansatz (3.36) ergebende Matrizeneigenwertproblem (3.37) direkt lösen. Die sich aus diesem quadratischen Eigenwertproblem der Ordnung n ergebenden 2n Eigenwerte und Eigenvektoren werden im allgemeinen komplex sein, und da die Koeffizienten des charakteristischen Polynoms reell sind, müssen die komplexen Eigenwerte und demzufolge die zugehörigen Eigenvektoren konjugiert komplex auftreten. Die verallgemeinerten Orthogonalitätsbeziehungen der Eigenvektoren $\hat{u}_D$ sehen nicht mehr so einfach aus wie die in beiden vorangehenden Abschnitten. Ausführlicher ist dieses System in [2.4], [1.20] behandelt.

Eine einfachere Darstellung, nämlich als lineares Matrizeneigenwertproblem anstelle des quadratischen, erhält man durch den Übergang in den Zustandsraum unter Ordnungsverdopplung (s. Gln. (3.10) bis (3.11)). Für das allgemeine dynamische Problem (3.8) – die noch allgemeinere Form interessiert in der Baudynamik nicht – erhält man das spezielle Matrizeneigenwertproblem

$$
\left.
\begin{aligned}
\mathbf{x} &= \hat{\mathbf{x}} e^{\lambda t}, \\
(\mathbf{A} - \lambda \mathbf{I})\hat{\mathbf{x}} &= \mathbf{0},
\end{aligned}
\right\}
\tag{3.55}
$$

$$
\mathbf{A} := \begin{pmatrix} \mathbf{0} & \mathbf{I} \\ -\mathbf{M}^{-1}\mathbf{K} & -\mathbf{M}^{-1}(\mathbf{B} + \mathbf{G}_K) \end{pmatrix}, \qquad \hat{\mathbf{x}} = \begin{pmatrix} \hat{\mathbf{u}} \\ \lambda \hat{\mathbf{u}} \end{pmatrix}.
\tag{3.56}
$$

Abhängig von den Eigenschaften der Systemmatrix $\mathbf{A}$ lassen sich wieder verallgemeinerte Orthogonalitätseigenschaften herleiten. Für ein Studium der Eigenschaften von Matrizeneigenwertproblemen seien neben den schon genannten Büchern [1.17], [3.1], [3.3] die Bücher [3.4], [3.5] empfohlen.

Durch die Linksmultiplikation der Bewegungsgleichung mit der inversen Trägheitsmatrix geht die Symmetrie der Matrizen verloren. Dieses ist aus rechentechnischen Gründen (Fehlerbetrachtungen und Speicherplatzbedarf) ungünstig. Zweckmäßig ist bei nicht zu großer Anzahl von FG eine Cholesky-Zerlegung mit anschließender Linksmultiplikation und Vektortransformation.

Für ein System mit Kreiselkräften ist die Matrix $\mathbf{B} + \mathbf{G}_K$ in Gl. (3.8) nicht mehr symmetrisch, somit müssen für das zugehörige Matrizeneigenwertproblem Rechts- und Linkseigenvektoren unterschieden werden [3.1].

Hinsichtlich Verfahren zur numerischen Lösung von Matrizeneigenwertproblemen und zugehöriger Routinen wird auf die Fachliteratur [3.1], [3.4] bis [3.7] verwiesen.

3.3   Freie Schwingungen

Nach dem Vorgehenden können die Eigenschwingungsgrößen als bekannt vorausgesetzt werden. Es erhebt sich die Frage, wie sich aus den Eigenschwingungsgrößen die freie Schwingung eines MFGM als Lösung der homogenen Bewegungsgleichung ergibt (s. auch Aufgabe 3.9).

3.3.1   Das konservative Modell ohne Kreiselkräfte

Das Matrizeneigenwertproblem (3.14) besitzt die Eigenlösungen λ_{0i}, $\hat{\mathbf{u}}_{0i}$, also gemäß dem Ansatz (3.13) mit $\pm\omega_{0i}$, $\hat{\mathbf{u}}_{0i}$ die Lösungen der homogenen Bewegungsgl.:

$$
\begin{aligned}
\mathbf{u}_i(t) &= (C_i e^{j\omega_{0i}t} + C_i^* e^{-j\omega_{0i}t})\hat{\mathbf{u}}_{0i} \\
&= 2(C_i^{re} \cos \omega_{0i}t - C_i^{im} \sin \omega_{0i}t)\hat{\mathbf{u}}_{0i}, \qquad C_i =: C_i^{re} + jC_i^{im}.
\end{aligned}
\tag{3.57}
$$

Dieses ist eine harmonische Schwingung mit der Frequenz ω_{0i}. Das System ist im i-ten FG gemäß $\hat{u}_{0i}$ ausgelenkt, und die Auslenkung in j e d e m Massenpunkt ist nur über e i n e n zeitabhängigen skalaren Faktor veränderlich. Da auch für mehrfache Eigenwerte voneinander linear unabhängige Eigenvektoren entsprechend der Vielfachheit der Eigenwerte existieren, tritt die Zeitvariable nur innerhalb der trigonometrischen Funktionen auf. Lediglich für zweifache Eigenfrequenzen gleich Null (singuläre Steifigkeitsmatrix) entartet die zugehörige Schwingung in die gleichförmige Bewegung mit konstantem und linearem Zeitanteil.

In Superposition gilt also für das lineare MFGM

$$u(t) = \sum_{i=1}^{n} (C_i e^{j\omega_{0i}t} + C_i^* e^{-j\omega_{0i}t})\hat{u}_{0i}$$

$$= \sum_{i=1}^{n} (A_{1i} \cos \omega_{0i}t + A_{2i} \sin \omega_{0i}t)\hat{u}_{0i} \tag{3.58}$$

als (reelle) Beschreibung der freien Schwingung.

Die Integrationskonstanten ergeben sich aus den Anfangsbedingungen

$$u(0) =: u_0, \qquad \dot{u}(t)\,_{t=0} =: \dot{u}_0 \qquad \text{zu:}$$

$$u_0 = \sum_{i=1}^{n} A_{1i}\hat{u}_{0i},$$

$$\dot{u}_0 = \sum_{i=1}^{n} \omega_{0i}A_{2i}\hat{u}_{0i}.$$

Unter Verwendung der verallgemeinerten Orthogonalitätseigenschaft der Eigenvektoren bezüglich M folgen nach Linksmultiplikation mit $\hat{u}_{0k}^T M$ die Integrationskonstanten

$$\left.\begin{aligned} A_{1i} &= \frac{\hat{u}_{0i}^T M u_0}{\hat{u}_{0i}^T M \hat{u}_{0i}} = \frac{1}{m_{gi}} \hat{u}_{0i}^T M u_0, \\ A_{2i} &= \frac{1}{\omega_{0i}} \frac{\hat{u}_{0i}^T M \dot{u}_0}{\hat{u}_{0i}^T M \hat{u}_{0i}} = \frac{1}{\omega_{0i}m_{gi}} \hat{u}_{0i}^T M \dot{u}_0. \end{aligned}\right\} \tag{3.59}$$

Die Interpretation der Konstanten in der obigen Schreibweise ist einfach: A_{1i} und A_{2i} sind ein Maß für die Arbeiten, die von den Trägheitskräften der i-ten Eigenschwingungsform längs u_0 bzw. $\dot{u}_0$ verrichtet werden. Mit (der Existenz der Konstanten in) Gl. (3.59) ist auch gezeigt, daß sich u_0 nach den Eigenvektoren $\hat{u}_{0i}$ entwickeln läßt. Die entsprechende Aussage gilt auch für den Vektor $\dot{u}_0$.

In Matrizenschreibweise folgt mit der Diagonalmatrix

$$e^{j\Omega_0 t} := \text{diag}\,(e^{j\omega_{0i}t}), \qquad \Omega_0 := \text{diag}\,(\omega_{0i}) \tag{3.60}$$

und dem Vektor

$$C := (C_1, \ldots, C_n)^T =: C^{re} + jC^{im} \tag{3.61}$$

der Vektor der freien Schwingung zu

$$u(t) = \hat{U}_0(e^{j\Omega_0 t}C + e^{-j\Omega_0 t}C^*)$$

mit den Integrationskonstanten

$$\left.\begin{array}{l}C^{re} = \dfrac{1}{2}M_g^{-1}\hat{U}_0^T Mu_0, \\[3mm] C^{im} = -\dfrac{1}{2}M_g^{-1}\Omega_0^{-1}\hat{U}_0^T M\dot{u}_0\end{array}\right\} \tag{3.62}$$

Selbstverständlich kann auch die Formulierung in den Konstanten A_{1i} und A_{2i} matriziell erfolgen (Aufgabe 3.10).

Beispiel 3.4 Wie stellt sich die freie Schwingung eines MFGM (Beispiel 3.3) nach dem Entlastungssprung dar?
Die statische Vorlast p_0 greife an der Masse m_6 an.
Die Anfangsbedingungen lauten $u_0 = K^{-1}p_0$, $p_0^T = (0, 0, 0, 0, 0, p_0, 0, 0)$, $\dot{u}_0 = 0$. Für den Vektor C folgt:

$$C^{re} = \frac{1}{2}M_g^{-1}\hat{U}_0^T MK^{-1}p_0, \qquad C^{im} = 0.$$

$$u(t) = \hat{U}_0(e^{j\Omega_0 t}C^{re} + e^{-j\Omega_0 t}C^{re}) = 2\hat{U}_0 \cos \Omega_0 t C^{re}$$

mit $\quad \cos \Omega_0 t := \mathrm{diag}\,(\cos \omega_{0i}t).$

C^{re} nach der obigen Beziehung eingesetzt,

$$u(t) = \hat{U}_0 \cos \Omega_0 t M_g^{-1}\hat{U}_0^T MK^{-1}p_0,$$

und die zwischen den Matrizen geltenden Gln. ausgenutzt, liefert schließlich

$$u(t) = \hat{U}_0\Omega_0^{-2} \cos \Omega_0 t \hat{U}_0^T p_0.$$

Die Anfangsgeschwindigkeiten sind $\dot{u}(t)|_{t=0} = 0$ und die Anfangsbeschleunigungen $\ddot{u}(t)|_{t=0} = -\hat{U}_0\hat{U}_0^T p_0 = -M^{-1}p_0$ (Newton).

3.3.2 Das gedämpfte Modell mit B_E und ohne Kreiselkräfte

Die Eigenlösungen sind mit (3.43) und den Eigenvektoren $\hat{u}_{0i}$ gegeben. Der Ansatz (3.36) führt damit für schwach viskos gedämpfte Systeme auf die Lösung

$$\left.\begin{array}{l}u_i(t) = e^{-\delta_i t}(C_i e^{j\omega_{0i}t} + C_i^* e^{-j\omega_{Di}t})\hat{u}_{0i} \\[2mm] \qquad = e^{-\delta_i t}(A_{1i}\cos \omega_{Di}t + A_{2i}\sin \omega_{Di}t)\hat{u}_{0i}, \\[2mm] \delta_i := \omega_{0i}D_i,\end{array}\right\} \tag{3.63}$$

für den i-ten FG der homogenen DGl., ein Ausdruck, dessen skalarer Faktor mit dem gedämpften EFGM formal übereinstimmt. Damit ergibt sich die freie Schwingung, die Lösung der homogenen Bewegungsgleichung aus der Superposition der Teillösungen

(3.63) zu

$$u(t) = \sum_{i=1}^{n} e^{-\delta_i t}(A_{1i} \cos \omega_{Di} t + A_{2i} \sin \omega_{Di} t)\hat{u}_{0i}, \qquad (3.64)$$

wobei die Konstanten A_{1i}, A_{2i} aus den Anfangsbedingungen u_0, $\dot{u}_0$ mit Hilfe der verallgemeinerten Orthogonalität der $\hat{u}_{0i}$ folgen:

$$\left.\begin{aligned} A_{1i} &= \frac{1}{m_{gi}} \hat{u}_{0i}^T M u_0, \\[2ex] A_{2i} &= \frac{1}{\omega_{Di} m_{gi}} (\hat{u}_{0i}^T M \dot{u}_0 + \delta_i \hat{u}_{0i}^T M u_0). \end{aligned}\right\} \qquad (3.65)$$

In der Grenze $\delta_i \to 0$ geht (3.65) über in (3.59). Die Interpretation erfolgt wie im vorherigen Abschnitt.

Beispiel 3.5 Eine Lochstanze mit untergelegter Stahlplatte (s. Bild 3.3a) habe eine Masse von insgesamt $m_0 + m_1 = 45\,000$ kg, $m_0 = 3\,000$ kg ist die bewegte Masse mit einer Hubhöhe von $r = 0,02$ m. $m_1 = 42\,000$ kg ist also die Masse der Stahlplatte. Die Lochstanze ruht auf einem Stahlbetonfundament mit der Masse $m_2 + m_3 = 47\,000$ kg, das auf Pfählen gegründet ist, deren Masse gegenüber $m_2 + m_3$ als vernachlässigbar angenommen wird. Die niedrigste Eigenfrequenz f_0 der Längsschwingungen, wobei nur die Pfähle wesentlich verformt werden (Federkonstante k_3), beträgt $f_0 = 6,1$ Hz.

Beim Betrieb der Maschine mit Drehzahlen von $n = 120$ U/min bis 300 U/min (entsprechend $\Omega = (120/60) \cdot 2\pi \text{ s}^{-1} = 2 \cdot 2\pi \text{ s}^{-1}$ bis $5 \cdot 2\pi \text{ s}^{-1}$) läuft die Maschine einwandfrei. Nun soll auch mit Drehzahlen bis 600 U/min (entsprechend 10 Hz) gearbeitet werden. Durch Hydaulikfedern (Federkonstante k_1) zwischen der Stahlplatte (m_1) und ihrer Auflage (Bild 3.3b), die während des Werkzeugwechsels mit Druck beaufschlagt werden, wenn die Drehzahl über 300 U/min hinausgehen soll, oder deren Hydraulikmedium abgelassen wird, wenn die Drehzahl unter 300 U/min gehen soll, kann eine Anregung in Resonanz vermieden werden.

Wie groß muß k_1 sein, damit für das abgefederte System die obere Eigenfrequenz größer oder höchstens gleich 11 Hz ist? Wie lautet die freie Schwingung des mit $D_1 = 0,01$ und $D_3 = 0,05$ proportional gedämpften Systems (in Bild 3.3b nicht gezeichnet, Dämpfer jedoch parallel zu den Federn angenommen) für die Anfangsbedingungen $u_1(0) = u_2(0) = 0$, $\dot{u}_1(t)|_{t=0} = 0,6 \text{ m s}^{-1}$, $\dot{u}_2(t)|_{t=0} = 0$?

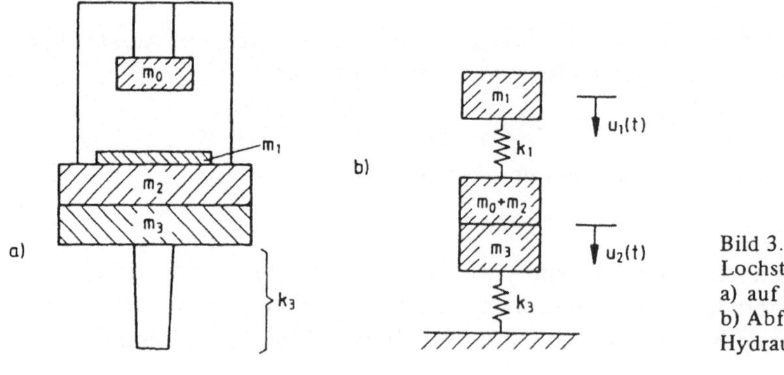

Bild 3.3
Lochstanze
a) auf Fundament
b) Abfederung mittels
Hydraulikfedern

A n m e r k u n g : Aufgabe 3.19 enthält die erzwungenen Schwingungen für harmonische Erregung.

Für das EFGM des Bildes 3.3a mit $(2\pi f_0)^2 = k_3/(m_0 + m_1 + m_2 + m_3)$ folgt $k_3 = 1{,}351 \cdot 10^8$ kg s^2 (kg s^2 = N m^{-1}).

Die Bewegungsgln. für das zusätzlich abgefederte System (Bild 3.3b) werden mit den Parametermatrizen

$$M = \begin{pmatrix} m_1 & 0 \\ 0 & m_2' \end{pmatrix}, \qquad m_2' := m_0 + m_2 + m_3, \qquad K = \begin{pmatrix} k_1 & -k_1 \\ -k_1 & k_1 + k_3 \end{pmatrix}$$

gebildet. Die Federkonstante k_1 dieses 2-FGM soll aus der Eigenfrequenzvorgabe $\omega_{02} = 11 \cdot 2\pi$ s^{-1} bestimmt werden. Man erhält k_1 aus der Frequenzgleichung (charakteristische Gl.) des 2-FGM, in die $\omega_{02} = 11 \cdot 2\pi$ und die bekannten Parameterwerte eingesetzt werden:

$$\omega_0^4 m_1 m_2' - \omega_0^2 [m_1(k_1 + k_3) + k_1 m_2'] + k_1 k_3 = 0,$$

$$k_1 = \frac{\omega_{02}^2 m_1 (\omega_{02}^2 m_2' - k_3)}{\omega_{02}^2 (m_1 + m_2') - k_3} = 6{,}313 \cdot 10^7 \text{ kg s}^2.$$

Mit dieser Federkonstanten liefert die Frequenzgleichung die Eigenfrequenzen

$$\omega_{01,2}^2 = \begin{cases} 0{,}0844 \cdot 10^4 \text{ s}^{-2}, & f_{01} = 4{,}6 \text{ Hz}, \\ 0{,}4777 \cdot 10^4 \text{ s}^{-2}, & f_{02} = 11{,}0 \text{ Hz}. \end{cases}$$

Es verbleibt, die Eigenschwingungsformen und die Dämpfungsmatrix zu berechnen. Die Eigenwerte in das Matrizeneigenwertproblem eingesetzt, ergibt aus den linearen homogenen Gleichungssystemen die Eigenvektoren

$$\hat{u}_{01}^N = \begin{pmatrix} 1 \\ 0{,}398 \end{pmatrix}, \qquad \hat{u}_{02}^N = \begin{pmatrix} 1 \\ -2{,}405 \end{pmatrix}.$$

Die Eigenlösung $f_{01} = 4{,}6$ Hz, $\hat{u}_{01}^N$ beschreibt die Eigenbewegung der Lochstanze mit zusätzlich abgefederter Masse m_1. Die Massen m_1 und m_2 führen gleichgerichtete Bewegungen mit größenordnungsmäßig gleichen Amplituden aus. Die zweite Eigenlösung zeigt, daß die Restmaschine mit dem Fundament (m_2') sich entgegengesetzt zur Stahlplatte (m_1) bewegt. [Über die Zulässigkeit dieser Bewegung auf den Stanzvorgang sei hier nichts ausgesagt. Die Schwingungsamplituden des Fundaments müssen anhand der Vorschriften ebenfalls auf ihre Zulässigkeit überprüft werden (Schwingungen am Arbeitsplatz, Bodenkraft). Notfalls müssen die Amplituden mit Hilfe z. B. nichtlinearer Federn oder einer Beruhigungsmasse $(m_2' \gg m_1)$ begrenzt werden.]

Um die Dämpfungsmatrix B zu ermitteln, wird die Gl. (3.44b) verwendet. Hierzu ist es notwendig, die Eigenvektoren derart zu normieren, daß die generalisierten Massen gleich Eins sind, da in Gl. (3.44b) die Gl. (3.42) verwendet wurde:

$$\hat{u}_{01} = 10^{-3} \begin{pmatrix} 4{,}37 \\ 1{,}74 \end{pmatrix}, \qquad \hat{u}_{02} = 10^{-3} \begin{pmatrix} 1{,}77 \\ -4{,}27 \end{pmatrix}.$$

Es folgt

$$B = 10^{-4} \begin{pmatrix} 0{,}3332 & 0{,}1199 \\ 0{,}1199 & 0{,}0786 \end{pmatrix} [\text{N m}^{-1} \text{ s}].$$

Damit sind alle Größen bereitgestellt, um die freie Schwingung nach Gl. (3.64) mit den vorgegebenen Anfangsbedingungen zu rechnen, wobei die Integrationskonstanten aufgrund von (3.65) zu

$$A_{11} = A_{12} = 0,$$

$$A_{21} = 3{,}79 \text{ m}, \qquad A_{22} = 0{,}645 \text{ m}$$

folgen. Bild 3.4 veranschaulicht die freie Schwingung.

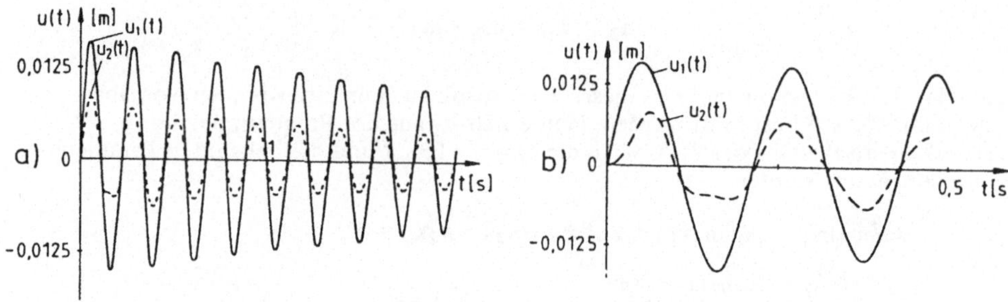

Bild 3.4 Freie Schwingung der Lochstanze auf ihrem Fundament

Der Ansatz für das strukturell gedämpfte System erfolgte unter der Voraussetzung einer harmonischen Bewegung. Über diese Einschränkung setzen wir uns jetzt insofern hinweg, als daß wir die freie Schwingung des zugehörigen angenäherten viskos gedämpften Systems betrachten. Zusätzlich wird angenommen, daß das strukturell gedämpfte System die Bequemlichkeitshypothese erfüllt. Zwischen den Eigenfrequenzen und Dämpfungsmaßen des strukturell gedämpften Systems (3.51) und denen des viskos gedämpften Systems (3.43) bestehen aufgrund der Gln. (3.53) die Näherungen

$$\omega_{0i} \doteq \omega_{Di},$$

$$\omega_{0i} \frac{g_i}{2} \doteq \delta_i,$$

die in Gl. (3.64) eingesetzt folglich die freie Schwingung angenähert wiedergibt:

$$u(t) \doteq \sum_{i=1}^{n} e^{-\omega_{0i} \frac{g_i}{2} t} (A_{1i} \cos \omega_{0i} t + A_{2i} \sin \omega_{0i} t) \hat{u}_{0i}. \tag{3.66}$$

Die Integrationskonstanten ergeben sich aus den Anfangsbedingungen.

3.4   Die Modaltransformation der inhomogenen Bewegungsgleichung

In den vorangegangenen Abschnitten wurde bereits mehrfach die Transformation in generalisierte Koordinaten mittels der Modalmatrix $\hat{U}_0$ verwendet und die verallgemeinerte Orthogonalität der Eigenvektoren ausgenutzt. Genau dasselbe sei jetzt systematisch für die inhomogene Bewegungsgleichung (3.7) eines gedämpften MFGM mit B_E und ohne Kreiselkräfte durchgeführt.

Die (reguläre) Modaltransformation (so genannt wegen Verwendung der Modalmatrix als Transformationsmatrix)

$$u(t) = \hat{U}_0 q(t) = \sum_{i=1}^{n} q_i(t) \hat{u}_{0i} \tag{3.67}$$

in Gl. (3.7) eingesetzt,

$$M\hat{U}_0 \ddot{q}(t) + B\hat{U}_0 \dot{q}(t) + K\hat{U}_0 q(t) = p(t),$$

und die Gleichung von links mit der transponierten Modalmatrix multipliziert (Kongruenztransformation),

$$\hat{U}_0^T M\hat{U}_0 \ddot{q}(t) + \hat{U}_0^T B\hat{U}_0 \dot{q}(t) + \hat{U}_0^T K\hat{U}_0 q(t) = \hat{U}_0^T p(t),$$

vermag die Parametermatrizen aufgrund der verallgemeinerten Orthogonalität der Eigenvektoren $\hat{u}_{0i}$ zu diagonalisieren: Hauptachsentransformation. Mit (3.25), (3.26) und (3.33b) kann geschrieben werden:

$$M_g \ddot{q}(t) + B_E \dot{q}(t) + M_g \Lambda_0 q(t) = \hat{U}_0^T p(t) \tag{3.68}$$

bzw. komponentenweise

$$m_{gi} \ddot{q}_i(t) + b_{Ei} \dot{q}_i(t) + m_{gi} \omega_{0i}^2 q_i(t) = \hat{u}_{0i}^T p(t), \qquad i = 1(1)n. \tag{3.69}$$

Die i-te Gleichung enthält nur die Koordinate q_i, d. h. die einzelnen Gleichungen sind voneinander entkoppelt. Das ursprünglich in den n physikalischen Koordinaten $u_i(t)$ gekoppelte Gleichungssystem (der Bewegungsgleichungen) wurde in n voneinander unabhängige EFGM in generalisierte Koordinaten $q_i(t)$ transformiert (Hauptachsentransformation). Wir nennen die zugehörigen Modelle kurz generalisierte EFGM, wodurch die im Abschn. 3.2.1 eingeführte Bezeichnung der generalisierten Werte verständlich wird.

Der Vorteil der Modaltransformation ist damit offensichtlich:

1. Zurückführung der Bewegungsgleichung (3.7) auf ein System von n EFGM (Entkopplung: Diagonalisieren der Matrizen).

2. Anwendung der Methoden zur Lösung von EFGM (Kap. 2).

Sind die Komponenten $q_i(t)$ bekannt, so erhält man die Lösung in physikalischen Koordinaten nach Gl. (3.67).

Die Energieausdrücke (3.1), (3.2) modaltransformiert

$$E_{kin}(t) = \frac{1}{2} \dot{q}^T(t) \hat{U}_0^T M\hat{U}_0 \dot{q}(t) = \frac{1}{2} \dot{q}^T(t) M_g \dot{q}(t) = \frac{1}{2} \sum_{i=1}^{n} m_{gi} \dot{q}_i^2(t), \tag{3.70}$$

$$E_{pot}(t) = \frac{1}{2} q^T(t) \hat{U}_0^T K\hat{U}_0 q(t) = \frac{1}{2} q^T(t) M_g \Lambda_0 q(t) = \frac{1}{2} \sum_{i=1}^{n} \omega_{0i}^2 m_{gi} q_i^2(t), \tag{3.71}$$

verteilt die Energien auf die generalisierten FG.

Ist die Bequemlichkeitshypothese nicht erfüllt, dann entkoppelt die Modaltransformation (3.67) nicht die Bewegungsgleichungen (s. Gl. (3.54)). In diesem Fall führt die Hauptachsentransformation des gedämpften Systems, also die Modaltransformation mit der Modalmatrix des g e d ä m p f t e n Systems, auf entkoppelte Bewegungsgleichungen [1.19], [1.20].

3.5   Erzwungene Schwingungen des gedämpften Modells mit B_E ohne Kreiselkräfte

Wir betrachten, wie im vorherigen Abschnitt, gleich das gedämpfte System, denn die Lösung für das ungedämpfte System ergibt sich als Sonderfall mit $B = 0$ bzw. $D = 0$.

3.5.1   Lösung im Zeitraum

Wir legen die Gl. (3.69) in der generalisierten Koordinate $q_i(t)$ und mit dem generalisierten Erregungsvektor $\hat{u}_{0i}^T p(t)$ zugrunde und verwenden das Duhamel-Integral (vgl. (2.64)):

$$q_i(t) = \int_{-\infty}^{t} g_i(t - \tau)\hat{u}_{0i}^T p(\tau) d\tau. \tag{3.72}$$

Die Stoßübergangsfunktion ergibt sich aus (2.63) zu

$$g_i(t) = \frac{1}{\omega_{Di} m_{gi}} e^{-\delta_i t} \sin \omega_{Di} t, \qquad \omega_{Di} \neq 0. \tag{3.73}$$

Die Lösung in matrizieller Schreibweise lautet demzufolge

$$q(t) = \Omega_D^{-1} M_g^{-1} \int_0^t e^{-\Delta_D(t-\tau)} \sin \Omega_D(t - \tau)\hat{U}_0^T p(\tau) d\tau \tag{3.74}$$

mit den Diagonalmatrizen

$$\left. \begin{array}{l} e^{-\Delta_D t} \; := \text{diag}\,(e^{-\delta_i t}), \\[2mm] \sin \Omega_D t := \text{diag}\,(\sin \omega_{Di} t), \\[2mm] \Omega_D \quad\; := \text{diag}\,(\omega_{Di}). \end{array} \right\} \tag{3.75}$$

In physikalischen Koordinaten folgt die Lösung sofort nach Gl. (3.67) zu

$$u(t) = \hat{U}_0 q(t) = \hat{U}_0 \Omega_D^{-1} M_g^{-1} \int_0^t e^{-\Delta_D(t-\tau)} \sin \Omega_D(t - \tau)\hat{U}_0^T p(\tau) d\tau. \tag{3.76}$$

Für das zugeordnete ungedämpfte Modell ist lediglich $\Delta_D = 0$ zu setzen und Ω_D durch Ω_0 zu ersetzen, $\omega_{0i} \neq 0$.

Beispiel 3.6 Wie lautet die Antwort eines MFGM nach einem Stoß? Der Stoß erfolge mit $p(t)$ im Zeitintervall $0 \leqslant t \leqslant T$. Das System antwortet für Zeiten $t > T$ mit

$$u(t) = \int_0^T G(t - \tau) p(\tau) d\tau.$$

Entsprechend den EFGM ist $G(t)$ die Matrix der Gewichtsfunktionen eines MFGM, für die aus (3.76) folgt:

$$G(t) = \hat{U}_0 \Omega_D^{-1} M_g^{-1} e^{-\Delta_D t} \sin \Omega_D t \, \hat{U}_0^T$$

$$= \sum_{i=1}^{n} e^{-\delta_i t} \frac{\sin \omega_{Di} t}{\omega_{Di} m_{gi}} \, \hat{u}_{0i} \hat{u}_{0i}^T,$$

$$g_{k\ell}(t) = \sum_{i=1}^{n} e^{-\delta_i t} \frac{\sin \omega_{Di} t}{\omega_{Di} m_{gi}} \, \hat{u}_{0ki} \hat{u}_{0\ell i}.$$

Die $g_{k\ell}(t)$ sind die Antworten des MFGM im Punkt k infolge eines Dirac-Stoßes im Punkt ℓ. Sie setzen sich aus den Gewichtsfunktionen der generalisierten EFGM zusammen.

A n m e r k u n g : Die Matrix der Gewichtsfunktionen fouriertransformiert ergibt die Frequenzgangmatrix (dynamische Nachgiebigkeitsmatrix, Einflußmatrix im Frequenzraum).

3.5.2   Lösung im Frequenzraum

Die fourier- oder laplacetransformierte Bewegungsgleichung (3.69) in generalisierten Koordinaten mit den Anfangsbedingungen gleich Null,

$$\left.\begin{array}{l} (s^2 m_{gi} + s b_{Ei} + \omega_{0i}^2 m_{gi}) Q_i(s) = \hat{u}_{0i}^T P(s), \\[2mm] Q_i(s) := L\{q_i(t)\}, \qquad P(s) := L\{p(t)\}, \\[2mm] q_i(0) = 0, \qquad \dot{q}_i(t)|_{t=0} = 0 \end{array}\right\} \tag{3.77}$$

führt in den Bezeichnungen (3.42) und (3.43) formal auf die Gl. (2.87) für das EFGM, womit auch diese Aufgabe mit den Ausführungen in Abschn. 2.3.3.2 und 2.3.3.3 als gelöst angesehen werden kann. Die Transformation in physikalische Koordinaten erfolgt mit (3.67) und der Rücktransformation

$$q(t) = L^{-1}\{Q(s)\} \text{ von } Q(s) := L\{q(t)\}. \tag{3.78}$$

Beispiel 3.7 Die Bewegungsgleichungen eines 2-FGM in generalisierten Koordinaten,

$$1{,}382 \, \ddot{q}_1(t) + 0{,}528 \, q_1(t) = (0{,}618; \, 1) p(t),$$

$$1{,}382 \, \ddot{q}_2(t) + 3{,}618 \, q_2(t) = (1; \, -0{,}618) p(t),$$

sollen über die LT für den Erregungsvektor $p^T(t) = (p_0 1(t), \, 0)$ gelöst werden, $p_0 = 1$. Entsprechend Gl. (3.77) gilt (s. Tab. 2.8):

$$(s^2 + 0{,}382) Q_1(s) = 0{,}447 \, \frac{1}{s},$$

$$(s^2 + 2{,}618) Q_2(s) = 0{,}724 \, \frac{1}{s},$$

es folgt

$$Q_1(s) = \frac{0,447}{s(s^2 + 0,382)}, \qquad Q_2(s) = \frac{0,724}{s(s^2 + 2,618)}.$$

$$U(s) = \begin{pmatrix} 0,618 & 1 \\ 1 & -0,618 \end{pmatrix} \begin{pmatrix} Q_1(s) \\ Q_2(s) \end{pmatrix} = \begin{pmatrix} \dfrac{0,276}{s(s^2 + 0,382)} + \dfrac{0,724}{s(s^2 + 2,618)} \\[2ex] \dfrac{0,447}{s(s^2 + 0,382)} - \dfrac{0,447}{s(s^2 + 2,618)} \end{pmatrix}.$$

Mit

$$\frac{1}{s(s^2 + a)} = \left(\frac{1}{-2a}\right)\left(-\frac{2}{s} + \frac{1}{s - ja} + \frac{1}{s + ja}\right)$$

(Beweis über Verifikation!) liefert die Rücktransformation mit Hilfe der Tab. 2.8

$$u(t) = \begin{pmatrix} 1(t) - 0,7225 \ \cos \sqrt{0,382}\, t - 0,2765 \ \cos \sqrt{2,618}\, t \\ 1(t) - 1,170 \ \cos \sqrt{0,382}\, t + 0,171 \ \cos \sqrt{2,618}\, t \end{pmatrix}.$$

In Matrizenschreibweise geht demnach die Gl. (3.68) über in

$$(s^2 M_g + s B_E + M_g \Lambda_0)Q(s) = \hat{U}_0^T P(s). \tag{3.79}$$

Es folgt für $Q(s)$:

$$Q(s) = (s^2 M_g + s B_E + M_g \Lambda_0)^{-1} \hat{U}_0^T P(s). \tag{3.80}$$

Die Laplacetransformierte von (3.67),

$$\left. \begin{aligned} U(s) &= \hat{U}_0 Q(s) = \sum_{i=1}^{n} Q_i(s)\hat{u}_{0i}, \\ U(s) &:= L\{u(t)\}, \end{aligned} \right\} \tag{3.81}$$

erhält man auch aus Gl. (3.80) durch Linksmultiplikation mit $\hat{U}_0$ (nach Gl. (3.81) folgt also $U(s)$):

$$U(s) = \hat{U}_0 Q(s) = \hat{U}_0(s^2 I + s M_g^{-1} B_E + \Lambda_0)^{-1} M_g^{-1} \hat{U}_0^T P(s).$$

Die zu invertierende Matrix in Klammern ist eine Diagonalmatrix, die Inverse kann direkt gebildet werden, sie ist wieder eine Diagonalmatrix mit Diagonal-Elementen gleich den reziproken Diagonalelementen der Klammermatrix. In Summenschreibweise folgt somit

$$\begin{aligned} U(s) &= \sum_{i=1}^{n} \frac{\hat{u}_{0i}^T P(s)}{m_{gi}(s^2 + s b_{Ei}/m_{gi} + \omega_{0i}^2)} \ \hat{u}_{0i} \\[2ex] &= \sum_{i=1}^{n} \frac{\hat{u}_{0i}^T P(s)}{m_{gi}(s^2 + 2\delta_i s + \omega_{0i}^2)} \ \hat{u}_{0i}. \end{aligned} \tag{3.82}$$

Die Entwicklungskoeffizienten $Q_i(s)$, die angeben, mit welchem Anteil der i-te Eigenvektor in der Antwort $U(s)$ enthalten ist, folgen aus (3.82). Der Zähler sagt aus, inwieweit $P(s)$ den i-ten Eigenvektor anzuregen vermag, der Zähler ist die generalisierte Kraft im i-ten FG (s. rechte Seite der Gl. (3.77)). Der Nenner enthält die „dynamische Steifigkeit" des generalisierten EFGM (3.77), nämlich den Klammerausdruck $(s^2 m_{gi} + s b_{Ei} + \omega_{0i}^2 m_{gi})$.[1]) Damit entspricht der einzelne Entwicklungskoeffizient der Übertragungsfunktion (2.89) des EFGM in generalisierten Größen. Somit ist auch das Resonanzphänomen bezüglich jeden FG gegeben: Mit $s = \alpha + j\omega$, einem vorgegebenen Wert für $\alpha > 0$ ($\alpha \to 0$: FT!) bei variablem ω wird der Nenner des Entwicklungskoeffizienten an der Stelle $\omega = \omega_{Di}$ (s. Tab. 2.5) minimal, d. h. der Entwicklungskoeffizient diesbezüglich maximal (zusätzlich muß ja noch der Zähler betrachtet werden).

Beispiel 3.8 Gegeben sei ein 2-FGM mit

$$M = \begin{pmatrix} 10 & 0 \\ 0 & 6 \end{pmatrix} [\text{kg}], \qquad K = \begin{pmatrix} 0{,}26 & -0{,}16 \\ -0{,}16 & 0{,}40 \end{pmatrix} \cdot 10^5 \ [\text{N m}^{-1}].$$

Die Eigenschwingungsgrößen folgen zu:

$$f_{01} = \frac{\omega_{01}}{2\pi} = 6{,}63 \ \text{Hz}, \quad \hat{u}_{01}^T = (1; 0{,}5407) \ [\text{m}], \quad m_{g1} = 11{,}75 \ \text{kg m}^2.$$

$$f_{02} = \frac{\omega_{02}}{2\pi} = 13{,}81 \ \text{Hz}, \quad \hat{u}_{02}^T = (-0{,}3244; 1) \ [\text{m}], \quad m_{g2} = 7{,}05 \ \text{kg m}^2.$$

Die viskose Dämpfung gemäß der Bequemlichkeitshypothese wird vorgegeben mit $D_1 = 0{,}01$ ($\delta_1 = D_1\omega_{01} = 0{,}4166$) und $D_2 = 0{,}03$ ($\delta_2 = 2{,}6031$) (vgl. Gl. (3.43).
Wie erhält man aus diesen Angaben und den Eigenschwingungsgrößen die Dämpfungsmatrix B und die Frequenzgangmatrix $F(j\omega) = (-\omega^2 M + j\omega B + K)^{-1}$?
Gl. (3.33): $B_E = \text{diag}(b_{Ei})$, Gl. (3.42): $b_{Ei} = 2\omega_{0i} D_i m_{gi}$,

$$b_{E1} = 0{,}7901; \qquad b_{E2} = 36{,}7037.$$

$$B_E = \hat{U}_0^T B \hat{U}_0 = \text{diag}(b_{Ei}), \qquad \text{es folgt} \quad B = (\hat{U}_0 B_E^{-1} \hat{U}_0^T)^{-1},$$

$$B = \begin{pmatrix} 14{,}8530 & -12{,}0654 \\ -12{,}0654 & 27{,}3117 \end{pmatrix} [\text{N m}^{-1} \text{s}].$$

Gl. (3.82) im ω-Raum ($s \to j\omega$) lautet mit der oben definierten Frequenzgangmatrix

$$U(j\omega) = F(j\omega) P(j\omega), \qquad \text{also} \qquad F(j\omega) = \sum_{i=1}^{n} \frac{\hat{u}_{0i} \hat{u}_{0i}^T}{m_{gi}(-\omega^2 + j2\delta_i\omega + \omega_{0i}^2)}.$$

Mit den obigen Eigenschwingungsgrößen und Dämpfungswerten kann somit die Frequenzgangmatrix $F(j\omega)$ gebildet werden.
Bild 3.5 zeigt die Antworten des Systems für die Erregung $P_1^T(j\omega) = (1,0)$ und Bild 3.6 für $P_2^T(j\omega) = (0,1)$.
Die erste Erregung bedeutet einen Diracstoß auf die Masse m_1 und die zweite Erregung einen Diracstoß auf die Masse m_2. Die Darstellungen geben demnach die Elemente der Frequenzgangmatrix in Abhängigkeit von $f = \omega/(2\pi)$ wieder.

---

[1]) Entsprechend der Steifigkeit k wird von der dynamischen Steifigkeit gesprochen, und zwar z. B. im ω-Raum von $-\omega^2 m + k$ für ein ungedämpftes Modell und von $-\omega^2 m + j\omega b + k$ für ein viskos gedämpftes Modell. Für ein Modell in generalisierten Koordinaten ist die Ausdrucksweise ebenfalls üblich.

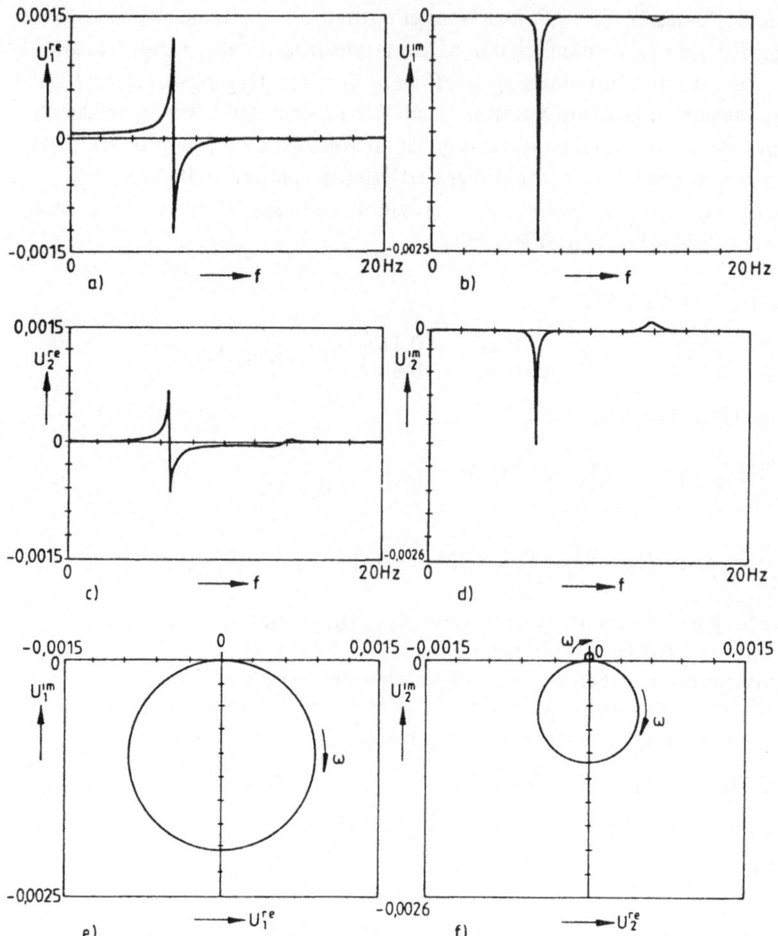

Bild 3.5 Reaktionen des Zweifreiheitsgradmodells (Beispiel 3.8) auf die Erregung $P_1^T(j\omega) = (1, 0)$

Im Falle harmonischer Anregung geht die Gl. (3.79) mit $s \rightarrow j\Omega$, Ω die Erregungsfrequenz, und den zugehörigen Amplitudenvektoren (aus dem Exponentialansatz für (3.68)) mit dem gleichen Rechengang wie für die Laplacetransformierten gezeigt, über in die Gl.

$$\hat{u}(j\Omega) = \sum_{i=1}^{n} \frac{\hat{u}_{0i}^T p_0}{m_{gi}(-\Omega^2 + j2\delta_i\Omega + \omega_{0i}^2)} \hat{u}_{0i} \tag{3.83}$$

anstelle von (3.82).

Beispiel 3.9 Bild 3.7 zeigt die Antwort desselben Systems wie in Beispiel 3.8, Bild 3.5, jedoch fourier- (gestrichelt) und laplacetransformiert (ausgezogen). Man erkennt, daß

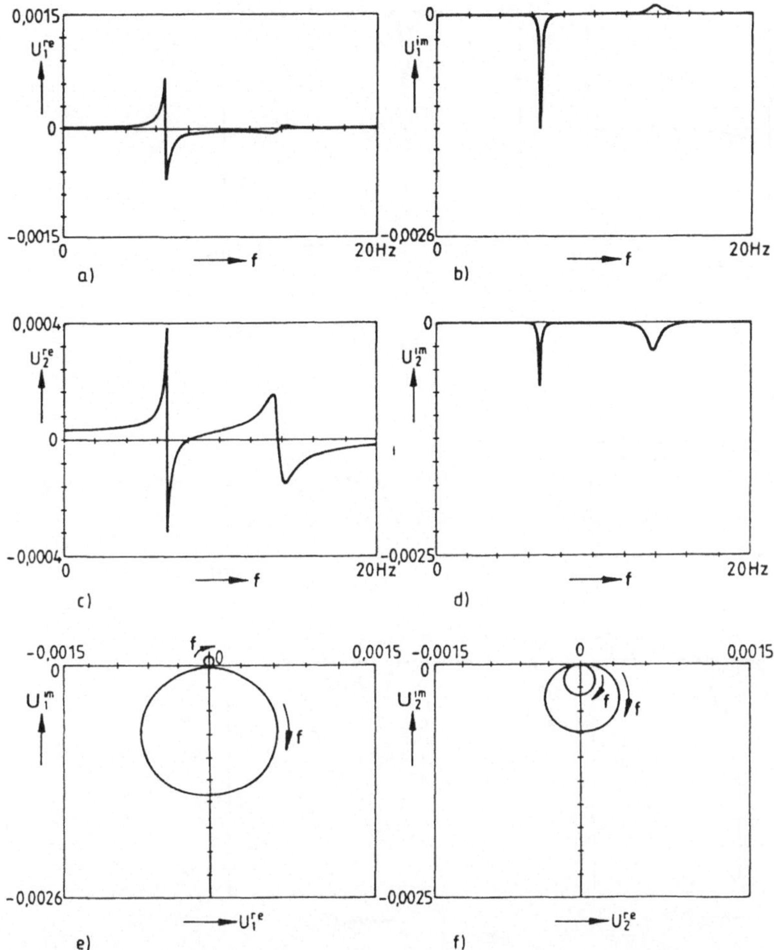

Bild 3.6 Reaktionen des Zweifreiheitsgradmodells (Beispiel 3.8) auf die Erregung $P_2^T(j\omega) = (0, 1)$

der Exponent $\alpha = 1$ des konvergenzerzeugenden Faktors der LT als Zusatzdämpfung interpretiert werden kann.

H i n w e i s : Sind zwei Eigenfrequenzen eines MFGM sehr eng benachbart, so brauchen sie in den einzelnen Frequenzgängen als solche nicht erkennbar zu sein: Im Rahmen der (Rechen- oder Meß-) Ungenauigkeiten ist dann z. B. im Amplitudenfrequenzgang oder Imaginärteilfrequenzgang nur je ein Extremum zu erkennen.

Die oben diskutierten Spektralzerlegungen der dynamischen Antworten im Frequenzraum zeigen, daß die Eigenvektoren abhängig von der Größe der Entwicklungsfaktoren mehr oder weniger stark in der Antwort enthalten sind. Dieses Verhalten legt die Einführung einer effektiven Anzahl von FG nahe: Es ist die Anzahl von FG in einem vorgegebenen Frequenzintervall, die in einem nichtvernachlässigbarem Maße zu der Antwort beiträgt (Bild 3.8). Am Beispiel der harmonischen Erregung also:

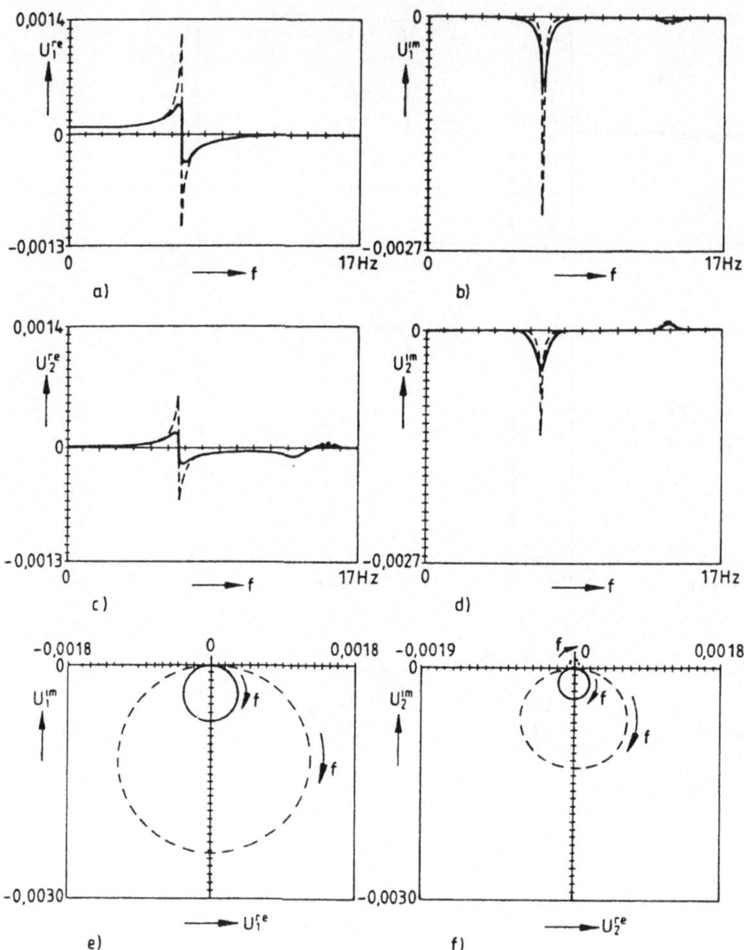

Bild 3.7 Vergleich der laplacetransformierten Reaktionen des Zweifreiheitsgradmodells (Beispiel 3.8)
auf die Erregung $P_1^T = (1, 0)$
gestrichelt mit $\alpha = 0$ (fouriertransformiert), ausgezogen mit $\alpha = 1$

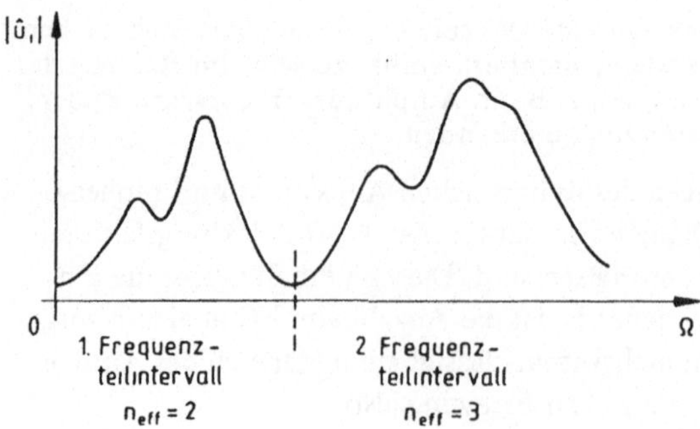

Bild 3.8
Zur Definition der effektiven
Anzahl von FG

$$\hat{u} = \varepsilon_1 + \sum_{i=n'+1}^{n_{eff}} \frac{\hat{u}_{0i}^T p_0}{m_{gi}(-\Omega^2 + j2\delta_i\Omega + \omega_{0i}^2)} \hat{u}_{0i} + \varepsilon_2,$$

$$\varepsilon_1 := \sum_{i=1}^{n'} \frac{\hat{u}_{0i}^T p_0}{m_{gi}(-\Omega^2 + j2\delta_i\Omega + \omega_{0i}^2)} \hat{u}_{0i},$$

$$\varepsilon_2 := \sum_{i=n_{eff}+1}^{n} \frac{\hat{u}_{0i}^T p_0}{m_{gi}(-\Omega^2 + j2\delta_i\Omega + \omega_{0i}^2)} \hat{u}_{0i}$$

mit $\|\varepsilon_1\|, \|\varepsilon_2\| < \epsilon, \epsilon > 0$ eine vorgegebene Fehlerschranke. Die Modalmatrix $\hat{U}_{0E}$ für die n_{eff} FG ist eine (n, n_{eff})-Matrix, die zugehörigen generalisierten Matrizen sind reguläre quadratische Matrizen der Ordnung n_{eff} (s. Aufgabe 3.20).

3.6   Anwendungen

Nachstehend sollen einige Anwendungen die vorstehenden Ausführungen zusätzlich erläutern, darüber hinaus s. [3.15].

3.6.1   Praxisbeispiele

1. Dreigeschoßrahmen horizontal durch Einzelkräfte belastet. Seine Modellierung mit den zugehörigen Daten enthält Bild 3.9

$m_1 = 1000$ kg, $k_1 = 8 \cdot 10^6$ Nm^{-1},
$m_2 = 700$ kg, $k_2 = 5 \cdot 10^6$ Nm^{-1},
$m_3 = 450$ kg, $k_3 = 3 \cdot 10^6$ Nm^{-1}.
$p_1(t) = 0{,}2 \cdot 10^4 \sin \Omega t$ [N]
$p_2(t) = 0{,}7 \cdot 10^4 \sin \Omega t$ [N]
$p_3(t) = 1{,}0 \cdot 10^4 \sin \Omega t$ [N], $\qquad \Omega = 15$ s^{-1},
für $0 \leqslant t \leqslant \pi/\Omega$, sonst Null.

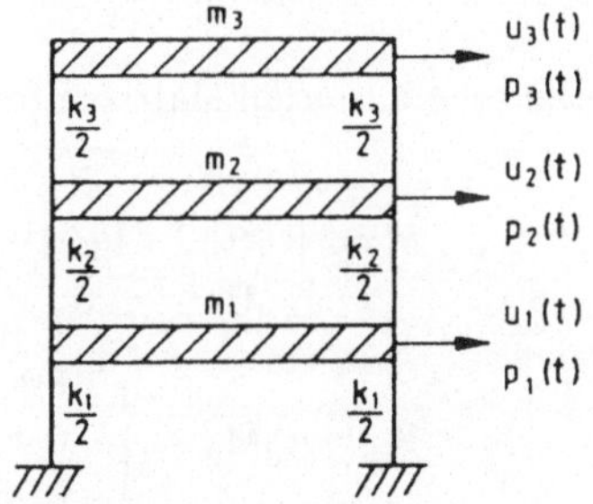

Bild 3.9 Dreigeschoßrahmen mit Ausgangsdaten

Die Bewegungsgleichungen mit den Bildungsgesetzen für die Parametermatrizen können Beispiel 3.2 entnommen werden, es folgen die Matrizen

$$M = \begin{pmatrix} 1000 & 0 & 0 \\ 0 & 700 & 0 \\ 0 & 0 & 450 \end{pmatrix} \text{[kg]},$$

$$K = \begin{pmatrix} 13 & -5 & 0 \\ -5 & 8 & -3 \\ 0 & -3 & 3 \end{pmatrix} \cdot 10^6 \text{ [Nm}^{-1}\text{]}.$$

Die Eigenschwingungsgrößen des ungedämpften Rahmens ergeben sich aus dem Matrizeneigenwertproblem (3.14) mit den obigen Matrizen zu:

$$\omega_{01} = 44{,}97\ \mathrm{s}^{-1}, \qquad f_{01} = 7{,}16\ \mathrm{Hz},$$

$$\omega_{02} = 98{,}71\ \mathrm{s}^{-1}, \qquad f_{02} = 15{,}71\ \mathrm{Hz},$$

$$\omega_{03} = 139{,}03\ \mathrm{s}^{-1}, \qquad f_{03} = 22{,}13\ \mathrm{Hz},$$

$$\hat{U}_0 = \begin{pmatrix} 0{,}3173 & -0{,}7089 & -0{,}7901 \\ 0{,}6966 & -0{,}4616 & 1{,}0000 \\ 1{,}0000 & 1{,}0000 & -0{,}5265 \end{pmatrix}\ [\mathrm{m}].$$

Die Normierung erfolgte gemäß (3.27): Betragsmäßige maximale Amplitude gleich Eins. In Bild 3.10 sind die Eigenvektoren dargestellt.

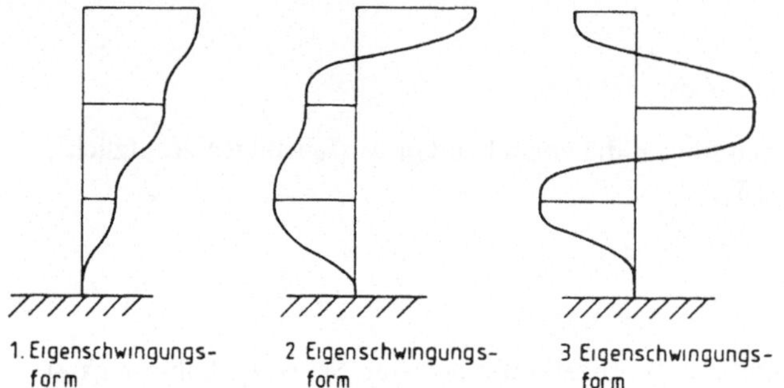

Bild 3.10 Eigenschwingungsformen des Dreigeschoßrahmens

Die generalisierten Matrizen folgen damit zu (s. Gln. (3.25) und (3.26)):

$$M_g = \begin{pmatrix} 890 & 0 & 0 \\ 0 & 1101 & 0 \\ 0 & 0 & 1449 \end{pmatrix}\ [\mathrm{kg\ m^2}],$$

$$K_g = \Lambda_0 M_g = \begin{pmatrix} 1{,}80 & 0 & 0 \\ 0 & 10{,}73 & 0 \\ 0 & 0 & 28{,}00 \end{pmatrix} \cdot 10^6\ [\mathrm{kg\ m^2 s^{-2}}].$$

Die auf Hauptachsen transformierten Bewegungsgleichungen (3.68) sind mit dem generalisierten Kraftvektor

$$\hat{U}_0^T p(t) = \hat{U}_0^T \begin{pmatrix} 0{,}2 \\ 0{,}7 \\ 1{,}0 \end{pmatrix} \cdot 10^4\ \sin \Omega t = \begin{pmatrix} 1{,}5511 \\ 0{,}5351 \\ 0{,}0155 \end{pmatrix} 10^4\ \sin \Omega t$$

zu lösen. Mit Hilfe des Duhamel-Integrals (Abschn. 3.5.1) erhält man:

$$q_I(t) = \begin{pmatrix} 0{,}259 \cdot 10^{-2}(\sin\ 44{,}97t - 2{,}998\ \sin 15t) \\ 0{,}741 \cdot 10^{-4}(\sin\ 98{,}71t - 6{,}581\ \sin 15t) \\ 0{,}590 \cdot 10^{-6}(\sin\ 139{,}03t - 9{,}269\ \sin 15t) \end{pmatrix}, \qquad 0 \leqslant t \leqslant 0{,}2094,$$

$$q_{II}(t) = \begin{pmatrix} 0{,}259 \cdot 10^{-2}[\sin\ \ 44{,}97t + \sin\ \ 44{,}97(t - 0{,}2094)] \\ 0{,}741 \cdot 10^{-4}[\sin\ \ 98{,}71t + \sin\ \ 98{,}71(t - 0{,}2094)] \\ 0{,}590 \cdot 10^{-6}[\sin 139{,}03t + \sin 139{,}03(t - 0{,}2094)] \end{pmatrix}, \qquad t \geqslant 0{,}2094.$$

In physikalischen Koordinaten lautet die Lösung mit $u(t) = \hat{U}_0 q(t)\,[m]$:

$$u_I(t) = \begin{pmatrix} 0{,}821 \cdot 10^{-3}\sin 44{,}97t - 0{,}525 \cdot 10^{-4}\sin 98{,}71t - 0{,}466 \cdot \\ \cdot 10^{-6}\sin 139{,}03t - 0{,}211 \cdot 10^{-2}\sin 15t, \\ 0{,}180 \cdot 10^{-2}\sin 44{,}97t - 0{,}342 \cdot 10^{-4}\sin 98{,}71t + 0{,}590 \cdot \\ \cdot 10^{-6}\sin 139{,}03t - 0{,}824 \cdot 10^{-2}\sin 15t, \\ 0{,}259 \cdot 10^{-2}\sin 44{,}97t + 0{,}741 \cdot 10^{-4}\sin 98{,}71t - 0{,}311 \cdot \\ \cdot 10^{-6}\sin 139{,}03t - 0{,}824 \cdot 10^{-2}\sin 15t \end{pmatrix}$$

$$u_{II}(t) = \begin{pmatrix} 0{,}821 \cdot 10^{-3}[\sin 44{,}97t + \sin 44{,}97(t - 0{,}2094)] - 0{,}525 \cdot \\ \cdot 10^{-4}[\sin 98{,}71t + \sin 98{,}71(t - 0{,}2094)] - 0{,}466 \cdot \\ \cdot 10^{-6}[\sin 139{,}03t + \sin 139{,}03(t - 0{,}2094)], \\ 0{,}180 \cdot 10^{-2}[\sin 44{,}97t + \sin 44{,}97(t - 0{,}2094)] - 0{,}342 \cdot \\ \cdot 10^{-4}[\sin 98{,}71t + \sin 98{,}71(t - 0{,}2094)] + 0{,}590 \cdot \\ \cdot 10^{-6}[\sin 139{,}03t + \sin 139{,}03(t - 0{,}2094)], \\ 0{,}259 \cdot 10^{-2}[\sin 44{,}97t + \sin 44{,}97(t - 0{,}2094)] + 0{,}741 \cdot \\ \cdot 10^{-4}[\sin 98{,}71t + \sin 98{,}71(t - 0{,}2094)] - 0{,}311 \cdot \\ \cdot 10^{-6}[\sin 139{,}03t + \sin 139{,}03(t - 0{,}2094)] \end{pmatrix}$$

Die Schnittgrößen für die Stiele (Biegemoment, Querkraft zu jeder Zeit) ergeben sich gemäß der Modellierung aus den elastischen Rückstellkräften (s. Abschn. 4.2.1, 4.2.6 und Kap. 6).

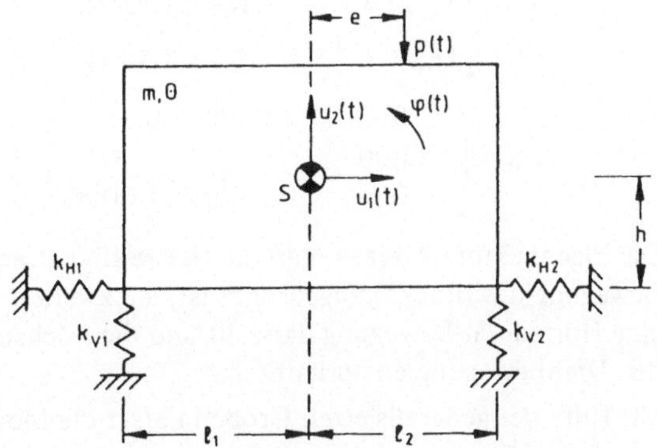

Bild 3.11
Elastisch gelagerter Fundamentblock

2. Das oben skizzierte elastisch gelagerte Blockfundament kann als Starrkörper (Einzelmasse) modelliert werden, wenn die Eigenfrequenzen aus der elastischen Lagerung der Einzelmasse sehr viel kleiner als die Grundfrequenz der elastischen Fundamentverformung sind (vgl. Kap. 4 und 6). Entsprechend der Aufgabe 3.2 lauten die Bewegungsgln.

$$m\ddot{u}_1(t) + (k_{H1} + k_{H2})u_1(t) + (k_{H1} + k_{H2})h\varphi(t) = 0,$$

$$m\ddot{u}_2(t) + (k_{V1} + k_{V2})u_2(t) + (\ell_2 k_{V2} - \ell_1 k_{V1})\varphi(t) = -mg - p(t),$$

$$\Theta\ddot{\varphi}(t) + (k_{H1} + k_{H2})hu_1(t) + (\ell_2 k_{V2} - \ell_1 k_{V1})u_2(t) +$$

$$+ [(k_{H1} + k_{H2})h^2 + \ell_1^2 k_{V1} + \ell_2^2 k_{V2}]\varphi(t) = -ep(t).$$

Die Daten des Fundamentes mit seiner Belastung seien

$$m = 25\ 000\ \text{kg}, \qquad \Theta = 25\ 000\ \text{kg m}^2,$$

$$\ell_1 = 1{,}5\ \text{m},\ \ell_2 = 1{,}8\ \text{m}, \qquad h = 0{,}25\ \text{m}, \qquad e = 0{,}20\ \text{m},$$

$$k_{H1} = 2 \cdot 10^6\ \text{Nm}^{-1} = k_{H2}, \qquad k_{V1} = 1{,}2 \cdot 10^6\ \text{Nm}^{-1},$$

$$k_{V2} = 1{,}0 \cdot 10^6\ \text{Nm}^{-1},$$

$$p(t) = \begin{cases} p_0 & \text{für } 0 \leqslant t \leqslant \tau_0,\ \tau_0 = 0{,}02\ \text{s}, \\ 0 & \text{sonst}, \end{cases} \qquad p_0 = 700\ \text{kN}.$$

Es folgen mit dem Verschiebungsvektor

$$\mathbf{u}^T(t) = (u_1(t), u_2(t), u_3(t)), \qquad u_3(t) := \varphi(t),$$

die Parametermatrizen

$$\mathbf{M} = 25 \cdot 10^3 \mathbf{I}, \qquad \mathbf{K} = 10^6 \begin{pmatrix} 4 & 0 & 1 \\ 0 & 2{,}2 & 0 \\ 1 & 0 & 6{,}19 \end{pmatrix}.$$

Die Eigenlösungen lauten

$$\omega_{01} = 9{,}38\ \text{s}^{-1}, \qquad f_{01} = 1{,}49\ \text{Hz},$$

$$\omega_{02} = 12{,}01\ \text{s}^{-1}, \qquad f_{02} = 1{,}91\ \text{Hz},$$

$$\omega_{03} = 16{,}22\ \text{s}^{-1}, \qquad f_{03} = 2{,}58\ \text{Hz},$$

$$\hat{\mathbf{U}}_0 = \begin{pmatrix} 0 & 1{,}0000 & 0{,}3879 \\ 1{,}0000 & 0 & 0 \\ 0 & -0{,}3879 & 1{,}0000 \end{pmatrix}.$$

Die Eigenvektoren zeigen, daß die tiefste Eigenfrequenz der ungekoppelten Vertikal-Bewegung des Blockes zugeordnet ist, die zweite Eigenschwingungsform überwiegend eine Horizontal-Bewegung darstellt und die höchste Eigenfrequenz einer überwiegenden Drehbewegung entspricht.

Mit Hilfe der generalisierten Größen liefert die Modaltransformation die entkoppelten Bewegungsgln.

$$10^4 \begin{pmatrix} 2{,}500 & 0 & 0 \\ 0 & 2{,}876 & 0 \\ 0 & 0 & 2{,}876 \end{pmatrix} \begin{pmatrix} \ddot{q}_1(t) \\ \ddot{q}_2(t) \\ \ddot{q}_3(t) \end{pmatrix} +$$

$$+ 10^6 \begin{pmatrix} 2{,}200 & 0 & 0 \\ 0 & 4{,}156 & 0 \\ 0 & 0 & 7{,}572 \end{pmatrix} \begin{pmatrix} q_1(t) \\ q_2(t) \\ q_3(t) \end{pmatrix} = \begin{pmatrix} -9{,}45 \\ 0{,}54 \\ -1{,}40 \end{pmatrix} \cdot 10^5$$

für $0 \leqslant t \leqslant \tau_0$.

Lösung mit dem Duhamel-Integral (2.64) für EFGS:

$$q(t) = \begin{pmatrix} -0{,}423\,(1 - \cos 9{,}38t) \\ 0{,}013\,(1 - \cos 12{,}01t) \\ -0{,}019\,(1 - \cos 16{,}22t) \end{pmatrix}, \qquad 0 \leqslant t \leqslant \tau_0.$$

Gemäß der Modaltransformation folgt für die physikalischen Koordinaten

$$u(t) = \begin{pmatrix} 0{,}0056 - 0{,}013\cos 12{,}01t + 0{,}0074\cos 16{,}22t \\ -0{,}423\,(1 - \cos 9{,}38t) \\ -0{,}0240 + 0{,}0050\cos 12{,}01t + 0{,}0190\cos 16{,}22t \end{pmatrix}$$

für $0 \leqslant t \leqslant \tau_0$. An der Stelle $\tau_0 = 0{,}02$ s sind die (verallgemeinerten) Verschiebungen: $u_1(\tau_0) = 0{,}000\,0$ m, $u_2(\tau_0) = -0{,}0074$ m, $u_3(\tau_0) = \varphi(\tau_0) = -0{,}0011 \,\hat{=}\, -0{,}064°$. Dieses sind die Anfangswerte für die freie Schwingung des Fundamentes ($t > \tau_0$). Die freie Schwingung mit dem Duhamel-Integral für die obere Integrationsgrenze $\tau_0 = 0{,}02$ s berechnet, ergibt

$$u(t) = \begin{pmatrix} 0{,}0031\sin 12{,}01t - 0{,}004\cos 12{,}01t - 0{,}0024\sin 16{,}22 + \\ + 0{,}0004\cos 16{,}22t \\ -0{,}0791\sin 9{,}38t + 0{,}0076\cos 9{,}38t \\ -0{,}0012\sin 12{,}01t + 0{,}0001\cos 12{,}01t - 0{,}0061\sin 16{,}22t + \\ + 0{,}0010\cos 16{,}22t \end{pmatrix},$$

$t > \tau_0 = 0{,}02$ s.

Damit ist man z. B. in der Lage, die maximale vertikale Bodenkraft infolge der Vertikalverschiebung $u_2(t)$ zu ermitteln. Gesucht ist also max $|u_2(t)|$ für $t > \tau_0$ wegen $\tau_0 \ll 1/9{,}38$ (s. Aufgabe 2.16). Über die Additionstheoreme gilt $u_2(t) = \hat{u}_2 \sin(9{,}38t + \varphi)$ mit $\hat{u}_2 = 0{,}079$ m. Die maximale Bodenkraft aus der u_2-Komponente ist somit $(k_{v1} + k_{v2}) \cdot$ $\cdot\, 0{,}079 = 17{,}4 \cdot 10^4$ N.

Weitere Beispiele sind in Kap. 6 enthalten.

3.6.2 Schwingungstilgung

Abfederungen (s. Beispiele 2.3, 3.5) dienen der Schwingungsbeeinflussung, um die auftretenden Kräfte zu mindern. Ein anderes häufig verwendetes Verfahren in diesem Zusammenhang ist die Schwingungstilgung: Es wird ein schwingungsfähiges Zusatzsystem an dem zu beeinflussenden harmonisch schwingenden (Grund-) System angebracht, so daß die Bewegung des Grundsystems an dieser Stelle beruhigt, getilgt (zumindest reduziert) wird und statt dessen das Zusatzsystem, der Schwingungstilger schwingt (Energieaustausch und nicht Energieverzehr wie bei einem Dämpfer). Beispiele von ausgeführten Schwingungstilgern als passive Minderungsmaßnahme zeigt Bild 3.12.

Handelt es sich um die Vermeidung von Resonanzerscheinungen und ist das Dämpfungsmaß D des Grundsystems (mit bekannten Werten für k_1, m_1) klein gegenüber Eins, so genügt es, das zugeordnete ungedämpfte System für die bekannte Erregung $p(t) = p_0 \cdot \cos \Omega t$ zu betrachten (Bild 3.13).

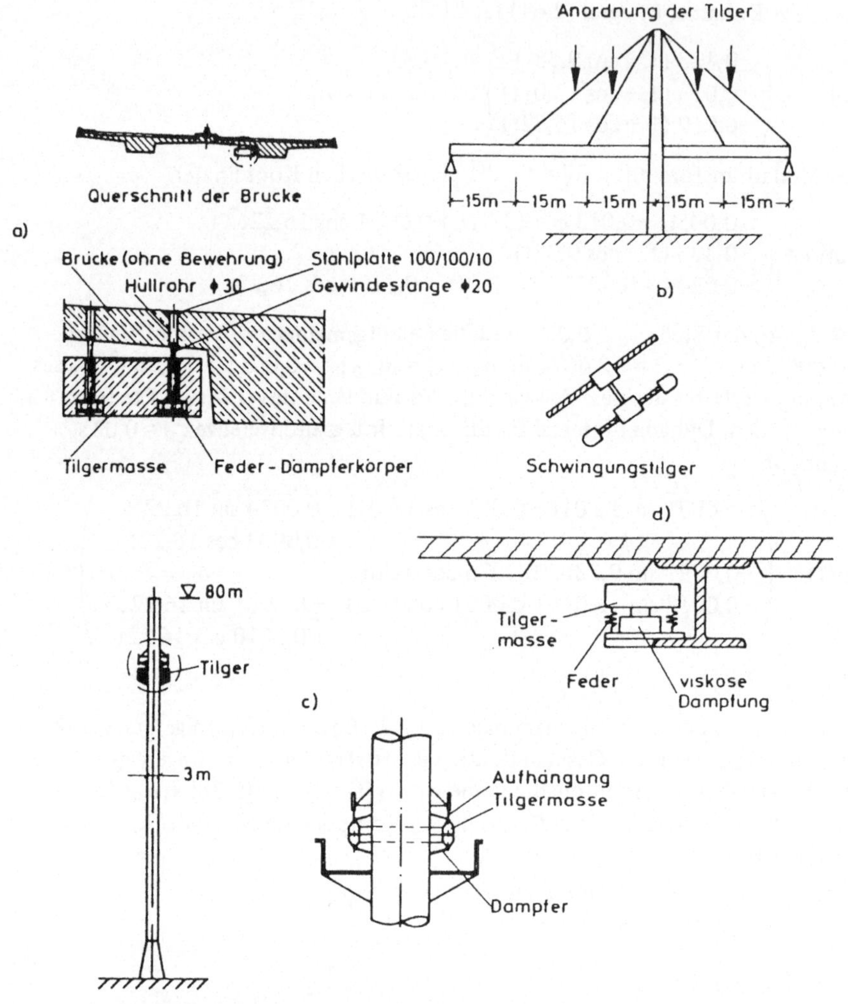

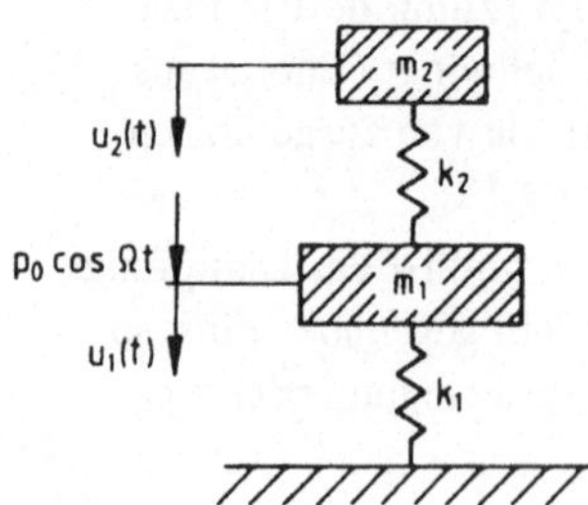

Bild 3.12 Beispiele ausgeführter Schwingungstilger
    a) Schwingungstilger einer Spannbetonbrücke gegen Schwingungen aus Verkehr
    b) Beruhigung der Seile gegen Querschwingungen
    c) Schwingungstilger eines hohen Schornsteins gegen Querschwingungen
    d) Schwingungstilger in einem Messestand gegen Schwingungen aus Gehen

Bild 3.13
System (1) mit Schwingungstilger (2)

Die Bewegungsgleichungen lauten

$$m_1\ddot{u}_1(t) + k_1 u_1(t) + k_2[u_1(t) - u_2(t)] = p_0 \cos \Omega t,$$

$$m_2\ddot{u}_2(t) + k_2[u_2(t) - u_1(t)] = 0.$$

Die frequenzabhängigen Amplituden folgen in reeller Schreibweise zu

$$\hat{u}_1 = \frac{\left[1 - \left(\dfrac{\Omega}{\omega_{E2}}\right)^2\right](1 - \kappa^2)}{\left[1 - \left(\dfrac{\Omega}{\omega_{E2}}\right)^2\right]\left[1 - \left(\dfrac{\Omega}{\omega_{E1}}\right)^2\right] - \kappa^2}\,\frac{p_0}{k_1},$$

$$\hat{u}_2 = \frac{1 - \kappa^2}{\left[1 - \left(\dfrac{\Omega}{\omega_{E2}}\right)^2\right]\left[1 - \left(\dfrac{\Omega}{\omega_{E1}}\right)^2\right] - \kappa^2}\,\frac{p_0}{k_1}$$

mit $\omega_{E1}^2 := \dfrac{k_1 + k_2}{m_1}\,,$ dem Quadrat der Eigenfrequenz der Masse m_1 bei festgehaltener Masse $m_2\,(u_2 = 0)$,

$\omega_{E2}^2 := \dfrac{k_2}{m_2}\,,$ dem Quadrat der Eigenfrequenz der Masse m_2 bei festgehaltener Masse $m_1\,(u_1 = 0)$,

$\kappa^2 := \dfrac{k_2^2}{(k_1 + k_2)k_2}\,,$ dem Kopplungsgrad.

Die Ausschläge $u_1(t)$ der Masse m_1 verschwinden, wenn

$$\omega_{E2} = \Omega$$

ist: Die Eigenfrequenz des am Grundsystem angekoppelten Zusatzsystems muß so ausgelegt sein, daß sie gleich der Erregungsfrequenz Ω ist. $u_2(t)$ ist stets von Null verschieden mit

$$\hat{u}_2(\Omega = \omega_{E2}) = \frac{1 - \kappa^2}{-\kappa^2}\,\frac{p_0}{k_1} = -\frac{p_0}{k_2}\,.$$

Besonders interessant ist der Fall, wo das Grundsystem mit der Erregung in Resonanz ist und nachträglich ein Tilger installiert wird:

$$\Omega = \Omega_R = \omega_0 := \sqrt{\frac{k_1}{m_1}}\,.$$

Die (Frequenz-)Abstimmung des Tilgers muß nach dem Vorhergehenden also mit

$$\omega_{E2} = \Omega_R = \omega_0$$

vorgenommen werden. Wird das Massenverhältnis

$$\mu := \frac{m_2}{m_1}$$

eingeführt, so erhält man

$$\omega_{E1}^2 = \omega_0^2(1 + \mu)$$

und für den Kopplungsgrad

$$\kappa^2 = \frac{\mu}{1 + \mu} .$$

Die Amplituden der Massen folgen mit dem Frequenzverhältnis $\eta := \Omega/\omega_0$ und der statischen Auslenkung $u_{1st} := p_0/k_1$ zu

$$\frac{\hat{u}_1}{u_{1st}} = \frac{1 - \eta^2}{(1 - \eta^2)^2 - \mu\eta^2} ,$$

$$\frac{\hat{u}_2}{u_{1st}} = \frac{1}{(1 - \eta^2)^2 - \mu\eta^2} .$$

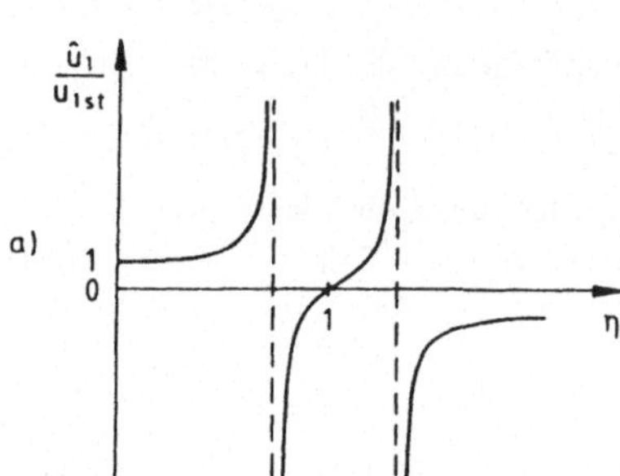
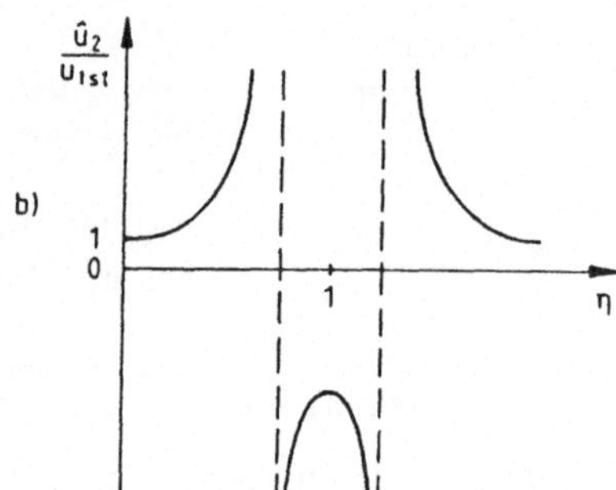

Bild 3.14 Amplitudenfrequenzgänge eines ungedämpften EFGM mit Tilger (ungedämpft) für
$\omega_{E2} = \omega_0(\nu := \omega_{E2}/\omega_0 = 1)$ mit $\mu = 0{,}1$

Für $\eta_R = 1$ wird folglich $\hat{u}_1 = 0$ und $\hat{u}_2/u_{1st} = -1/\mu$. Damit muß also das Massenverhältnis μ hinreichend groß sein, damit die Auslenkung der Tilgermasse nicht zu groß wird. Die obigen Amplitudenfrequenzgänge sind in Bild 3.14 für $\mu = 0{,}1$ wiedergegeben.

Damit die beiden neuen Resonanzfrequenzen (2-FGM!) weit genug von der (einen) bisherigen Resonanzfrequenz ω_0 entfernt liegen und u. U. geringe Schwankungen von ω_0 nicht sofort zu große Amplituden $\hat{u}_1$ nach sich ziehen, empfiehlt es sich, den Schwingungstilger zusätzlich zu dämpfen. Wie wirkt sich die Dämpfung aus? Die Bewegungsgleichungen lauten jetzt

$$m_1\ddot{u}_1(t) + (k_1 + k_2)u_1(t) - k_2 u_2(t) = p_0 e^{j\Omega t},$$

$$m_2\ddot{u}_2(t) + b_2[\dot{u}_2(t) - \dot{u}_1(t)] + k_2[u_2(t) - u_1(t)] = 0,$$

b_2 ist der Dämpfungskoeffizient und $D_2 = b_2/(2\sqrt{k_2 m_2})$ das Dämpfungsmaß. Bild 3.15 zeigt die Amplitude $|\hat{u}_1|/u_{1st}$ über η für $\mu = 0{,}2$ und verschiedene Dämpfungsmaße. Dem Bild entnimmt man, daß für $D_2 > 0$

— $|\hat{u}_1|$ nicht mehr verschwindet (es findet keine Tilgung, nur noch eine Minimierung statt),

— in den neuen Resonanzen endliche Werte der Vergrößerungsfunktion auftreten,

– die Kurven durch zwei Fixpunkte gehen, die sich aus

$$\frac{d(|\hat{u}_1|/u_{1st})}{dD_2} = 0$$

bestimmen lassen,

– die Maximalbeträge der Vergrößerungsfunktion nehmen zunächst mit zunehmendem D_2 ab, um dann wieder zuzunehmen,

– schließlich läßt sich die Abstimmung des gedämpften Tilgers aufgrund verschiedener Forderungen optimieren, z. B. dadurch, daß die relativen Maxima von $|\hat{u}_1|/u_{1st}$ gleiche Werte annehmen sollen: η_{opt}, $D_{2\,opt}$.

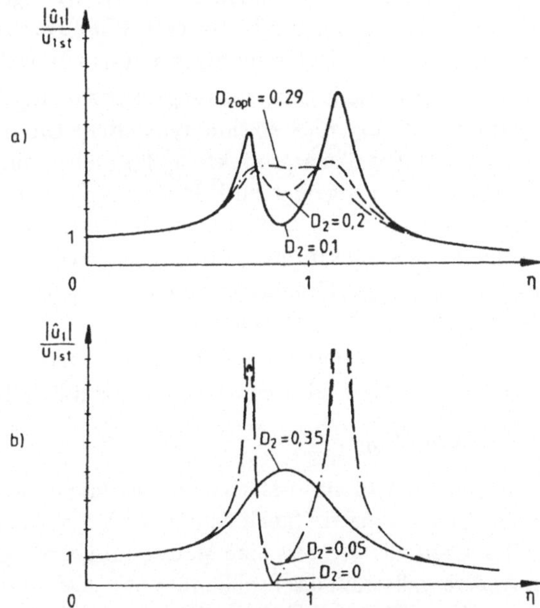

Bild 3.15
Einfluß eines gedämpften (D_2) Schwingungstilgers mit $\mu = 0,2$ und ω_{E2}/ω_0 $=: \nu_{opt} = 1/(1 + \mu)$ auf die Amplitude des zu tilgenden ungedämpften EFGM

Weitere Ausführungen hierzu findet der Leser in [3.8], hinsichtlich der gleichzeitigen Tilgung mehrerer FG in [3.9] und [1.19] und bezüglich Anwendungen z. B. in [3.10]. Bezüglich der Amplitude $\hat{u}_1$ in Bild 3.15 für $D_2 = 0$ sei noch darauf hingewiesen, daß hier die Schwingungsamplitude gleich Null für $\eta = \nu$, $\nu = \omega_{E2}/\omega_0$, eintritt ($\nu$ ist hier ungleich Eins im Gegensatz zu dem Wert von Bild 3.14).

3.7 Zusammenfassung hinsichtlich des Rechenganges

Die Parametermatrizen $\mathbf{M}$, $\mathbf{B}$ ($= \mathbf{0}$), $\mathbf{K}$ liegen vor, die dynamische Last $p(t)$ ist gegeben (bzw. vereinfacht angenommen). Die einzelnen Rechengänge sind dann:

1. Der Frequenzinhalt der Erregung ist festzustellen. Ist die Erregung periodisch oder fastperiodisch, so ist er aus der mathematischen Darstellung ablesbar. Andernfalls ist

$p(t)$ (komponentenweise) einer FT oder LT zu unterziehen (und darzustellen):

$$P(s) = L\{p(t)\}.$$

Das interessierende Frequenzintervall, in dem wesentliche Kraftamplituden existieren, sei $[\omega_a, \omega_b]$.

2. Es sind die Eigenschwingungsgrößen des zugeordneten ungedämpften Systems für Eigenfrequenzen $\omega_{0I} \in [\omega_a, \omega_b]$ zu berechnen, $I = 1(1)N$,

$$(-\omega_0^2 M + K)\hat{u}_0 = 0.$$

Zusätzlich sind auch die Eigenlösungen für an das Frequenzintervall angrenzende Eigenfrequenzen zu ermitteln, da diese in der Spektralzerlegung der Antwort in dem betrachteten Frequenzintervall zu dieser beitragen (: effektive Anzahl von FG, s. Abschn. 3.5.2)[1]). Es ist eine Normierung für die Eigenvektoren zu wählen.

3. Ist eine dynamische Untersuchung durchzuführen? Fallen Eigenfrequenzen des Systems in das Intervall $[\omega_a, \omega_b]$, so sind dynamische Untersuchungen notwendig ($U = F\,P$, s. Gl. (3.82)). Die Skalarprodukte $\hat{u}_{0I}^T P(s)$ geben mit an, wie stark die einzelne Eigenschwingungsform angeregt wird. Je kleiner die Verschiebungen (in der Eigenschwingungsform) an den Krafteinleitungsstellen sind, desto weniger wird diese Form angeregt. Bei einem Linienspektrum ist auf Resonanzerscheinungen zu achten. Liegt die tiefste Eigenfrequenz ω_{01} (Grundeigenfrequenz) des Systems weit oberhalb von ω_b, so erübrigt sich eine dynamische Untersuchung.[1])

4. Ermittlung der generalisierten Dämpfungsmatrix. Es sei $\hat{U}_{0E}$ die Modalmatrix der Eigenvektoren der effektiven Anzahl n_{eff} von FG, dann ist

$$\hat{U}_{0E}^T B \hat{U}_{0E}$$

als $(n_{eff}, n)(n, n)(n, n_{eff})$-Matrix, also als eine (n_{eff}, n_{eff})-Matrix, zu bestimmen. Ist sie eine Diagonalmatrix (auch Nullmatrix), dann kann der Rechengang fortgesetzt werden, ebenfalls wenn sie eine Matrix mit überwiegenden Hauptdiagonal-Elementen ist. Anderenfalls muß das Problem für das zugeordnete ungedämpfte Modell weiter untersucht werden und, falls für die Aufgabenstellung erforderlich, die Dämpfungsauswirkung abgeschätzt werden. Muß für die Behandlung des Problems die Dämpfungskraft mitgenommen werden, so siehe z. B. [1.19], [1.20].

5. Modaltransformation der Bewegungsgleichungen: Sie besteht abhängig von der gewählten Normierung der Eigenvektoren in der Aufstellung der generalisierten Matrizen und der Berechnung des Vektors der generalisierten Kräfte:

$$M_g \text{ bzw. } I, \quad K_g = M_g \Lambda_0, \quad B_E, \quad \hat{U}_0^T p(t) \text{ bzw. } \hat{U}_0^T P(s)$$

(s. 6. Schritt), wobei ggfs. mit $\hat{U}_{0E}$ transformiert wird.

6. Wahl des Lösungsverfahrens (Zeit- oder Frequenz- bzw. s-Raum). Ermittlung der Lösungen.

---

[1]) Für Eigenfrequenzen $\omega_{0\rho} \gg \omega_b \geqslant \omega$ kann $\omega^2 \ll \omega_{0\rho}^2$ nach Gl. (3.82) bzw. (3.83) vernachlässigt werden unter bestimmten Bedingungen hinsichtlich der Dämpfung, es verbleibt der statische Anteil der FG, der berücksichtigt werden muß [7.9].

7. Rücktransformation in den Zeitraum bzw. in physikalische Koordinaten.

8. Abhängig von der Aufgabenstellung interessieren uns die Verschiebungen und/oder deren zeitliche Ableitungen und die dynamischen Beanspruchungen. Letztere erhalten wir aus den elastischen Rückstellkräften $\mathbf{K}\mathbf{u}(t)$ (s. Kap. 6 im Zusammenhang mit Kap. 4).

Hinsichtlich der systemtechnischen Zusammenfassung können die Ausführungen in Abschn. 2.3.4 für das EFGM wiederholt werden, da wir die Lösung der Bewegungsgleichungen eines n-FGM infolge Modaltransformation auf die Lösung von n voneinander unabhängige EFGM in generalisierten Koordinaten zurückgeführt haben.

3.8   Aufgaben

3.1 Zum Beispiel 3.2 ist der Gleichgewichtszustand der Masse m_2 zu skizzieren.

3.2 Es sind die Bewegungsgleichungen des in Bild 3.11 gezeigten elastisch gelagerten angenähert starren Fundamentblockes für kleine Bewegungen um seine Gleichgewichtslage herzuleiten.

3.3 Wie lautet die Zustandsgleichung des Modells von Beispiel 3.2?

3.4 Es sind die Eigenvektoren eines Kettenschwingers mit $n = 2$ und mit Zahlen gleich 1 für die Massen und Steifigkeiten derart zu normieren, daß die generalisierte Massenmatrix die Einheitsmatrix ist.

3.5 Wodurch ist das System charakterisiert, das die Eigenschwingungsgrößen

$$\Lambda_0 = \begin{pmatrix} 1 & 0 \\ 0 & 2 \end{pmatrix}, \qquad \hat{\mathbf{U}}_0 = \begin{pmatrix} 1 & -0{,}1 \\ 0{,}1 & 1 \end{pmatrix}$$

besitzt (Entwurfsproblem)?

3.6 Es sind die Eigenschwingungsgrößen des Systems mit $\mathbf{M} = \mathbf{I}$, $\mathbf{K} = 10^4 \begin{pmatrix} 2 & -1 \\ -1 & 1 \end{pmatrix}$ und der Dämpfungsmatrix $\mathbf{B} = 10 \begin{pmatrix} 0{,}6 & -0{,}3 \\ -0{,}3 & 0{,}3 \end{pmatrix}$ zu ermitteln.

3.7 Mit den Eigenlösungen des zugeordneten ungedämpften Modells der Aufgabe 3.6 und den dort ermittelten Dämpfungsmaßen ist die entsprechende Dämpfungsmatrix $\mathbf{D}$ zu berechnen.

3.8 Für das zugehörige gedämpfte System der Aufgabe 3.6 ist eine äußere Dämpfung derart zu realisieren (proportionale Dämpfungsmatrix $\mathbf{B} = ?$), daß die beiden FG ein Lehrsches Dämpfungsmaß von 5% aufweisen.

3.9 Warum stellt sich die Frage (s. Abschn. 3.3): Wie ergibt sich die freie Schwingung aus den Eigenschwingungsgrößen als Lösung der homogenen Gleichung?

3.10 Die freie Schwingung des MFGM ist in den Integrationskonstanten A_{1i}, A_{2i} (s. Gl. (3.58)) anzugeben.

3.11 Das 2-FGM mit

$$\mathbf{M} = \begin{pmatrix} 10 & 0 \\ 0 & 6 \end{pmatrix} \text{[kg]}, \qquad \mathbf{K} = \begin{pmatrix} 0{,}26 & -0{,}16 \\ -0{,}16 & 0{,}40 \end{pmatrix} \cdot 10^5 \text{ [Nm}^{-1}\text{]}$$

schwinge mit den Anfangsbedingungen $\mathbf{u}_0^T = (0; 0{,}01)$ [m], $\dot{\mathbf{u}}_0^T = (0{,}01; 0)$ [ms^{-1}].
Die freien Schwingungen sind zu skizzieren.

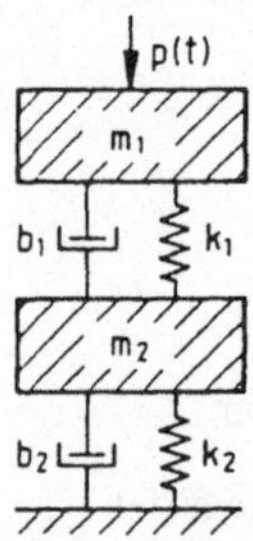

Bild 3.16
Ersatzsystem für ein Maschinenpodest

3.12 Ein Maschinenpodest ist vertikal (symmetrisch) unwuchterregt. Die Modellierung
als 2-FGM (Bild 3.16) führt auf die Modellgrößen

$$m_1 = 56\,050 \text{ kg} \qquad m_2 = 140\,000 \text{ kg}$$
$$k_1 = 7 \cdot 10^8 \text{ Nm}^{-1} \qquad k_2 = 1 \cdot 10^9 \text{ Nm}^{-1}.$$

Gesucht sind die Eigenschwingungen des Ersatzsystems mit masseproportionaler Dämpfung (s. Gl. (3.34)) für a = 1,34 und die maximalen Federkräfte bei Unwuchterregung
mit $m_u = 10$ kg und der Exentrizität $x_0 = 0{,}1$ m (vgl. Bild 2.8a).

3.13 Die Bewegungsgleichungen des proportional gedämpften 2-FGM entsprechend
Bild 3.1b mit

$$m_1 = 1 \text{ kg}, \qquad k_1 = 4 \text{ Nm}^{-1}, \qquad b_1 = 0{,}5 \quad \text{Nm}^{-1}\text{s},$$
$$m_2 = 2 \text{ kg}, \qquad k_2 = 5 \text{ Nm}^{-1}, \qquad b_2 = 0{,}625 \text{ Nm}^{-1}\text{s}$$

sind auf Hauptkoordinaten zu transformieren.

3.14 Ein harmonisch erregtes EFGM (m_1, k_1) wird mit einer Unterkonstruktion
(m_2, k_2, b_2) gegenüber dem (starr angenommenen) Boden gedämpft abgefedert
(Bild 3.17). Es ist die Auswirkung von b_2 auf die Eigenfrequenzen (Frequenzgl. ?),

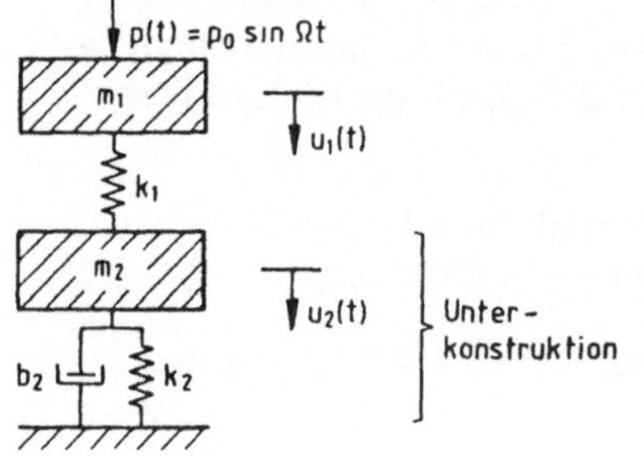

Bild 3.17
Schwingungsisoliertes (gegenüber dem Boden) EFGM
unter Berücksichtigung der Masse der Unterkonstruktion

die Eigenvektoren, die Hauptachsentransformation bez. der zugeordneten Eigenvektoren des ungedämpften Systems anzugeben. Wie sind m_2, k_2, b_2 zu wählen, damit $|u_1|$ minimal wird (prinzipiell)? Was geschieht mit $|u_2|$ für $m_2 \to \infty$?

3.15 Das System der Aufgabe 3.12 ist stoßförmig mit

$$p(t) = \begin{cases} p_0, & 0 \leqslant t \leqslant \tau_0, \\ 0 & \text{sonst}, \end{cases}$$

$p_0 = 10^3 \, \text{kN}, \qquad \tau_0 = 20 \, \text{ms}$ belastet. Gesucht ist die Antwort für $t > \tau_0$.

3.16 Beim EFGM ist der Frequenzgang durch das Verhältnis $U(j\omega)/P(j\omega)$ gegeben. Entsprechend ist beim MFGM die Frequenzgangmatrix definiert: $U(j\omega) = F(j\omega)P(j\omega)$. Wie lautet die Frequenzgangmatrix ausgedrückt durch die Modellparametermatrizen und durch die Eigenschwingungsgrößen (vgl. Gl. (3.82) und Anmerkung nach Beispiel 3.6)? Die Elemente der Frequenzgangmatrix sind zu interpretieren. (Anmerkung: Die Matrix der Übertragungsfunktionen erhält man aus der Frequenzgangmatrix durch Übergang zur LT.)

3.17 Es ist die Gl. (3.83) aus der modaltransformierten Bewegungsgleichung herzuleiten.

3.18 Wie lautet die der Gl. (3.83) entsprechende Spektralzerlegung des Antwortvektors eines MFGM für die freie Schwingung? Hinweis: Zweckmäßig ist die LT zu verwenden.

3.19 Für die ungedämpft modellierte Lochstanze in Beispiel 3.5 ist für Drehzahlen $n = 300 \, \text{U/min}$ und $n = 600 \, \text{U/min}$ mit $p_0^T = (p_0, 0)$ die Bodenkraft gesucht.

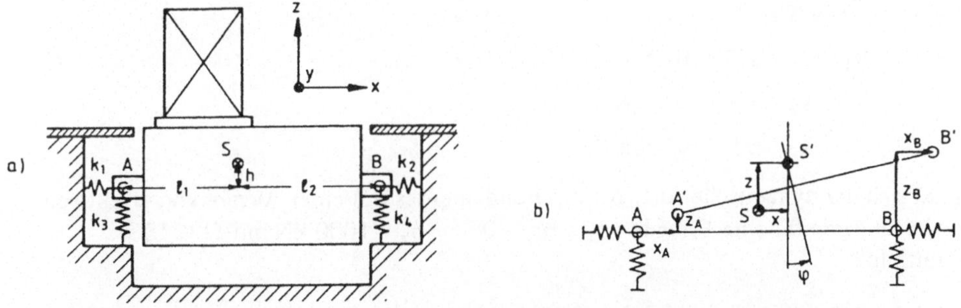

Bild 3.18 a) Maschinenfundament, b) möglicher Schwingungszustand

3.20 Die Anordnung des in Bild 3.18a gezeigten federnd gelagerten Maschinenfundamentes besitzt eine Symmetrieebene parallel zur Zeichenebene (es sind also nur 4 der 8 tatsächlich vorhandenen Federn gezeichnet!), so daß nur die 3 FG der Verschiebungen in x- und z-Richtung sowie Drehungen um die y-Achse als gekoppelte FG vorliegen. Der zu einer beliebigen Zeit t mögliche Schwingungszustand ist in Bild 3.18b dargestellt. S ist der Schwerpunkt der Gesamtanordnung (Maschine + Fundament), h die Höhe des Schwerpunktes über der Verbindungslinie der Federangriffspunkte A und B; z und y sind die Verschiebungen des Schwerpunktes x_A bzw. x_B, z_A bzw. z_B die Verschiebungen der Federangriffspunkte A und B. Bei Beschränkung auf kleine Verschiebungen x und z sowie kleine Verdrehwinkel gilt (näherungsweise):

$$x_A \doteq x + h\varphi \quad \text{bzw.} \quad p_{AX} \doteq k_1(x + h\varphi)$$

$$x_B \doteq x + h\varphi \qquad\qquad p_{BX} \doteq k_2(x + h\varphi)$$

$$z_A \doteq z - \ell_1\varphi \qquad\qquad p_{AZ} \doteq k_3(z - \ell_1\varphi)$$

$$z_B \doteq z + \ell_2\varphi \qquad\qquad p_{BZ} \doteq k_4(z + \ell_2\varphi),$$

wobei p_{AX} bzw. p_{AZ} die Rückstellkraft jeweils e i n e r im Punkt A angreifenden Feder, p_{BX} bzw. p_{BZ} die Rückstellkraft jeweils e i n e r im Punkt B angreifenden Feder in x- bzw. z-Richtung bezeichnen.

Daten der Anordnung:

Gesamtmasse (Fundament + Maschine):

$$m = 25\,000 \text{ kg}$$

Massenträgkeitsmoment (Fundament + Maschine) bezogen auf die durch den Schwerpunkt gehende y-Achse:

$$\Theta = 25\,000 \text{ kgm}^2$$

Lage des Schwerpunktes S zu den Federangriffspunkten A und B:

$$\ell_1 = 1{,}5 \text{ m}$$

$$\ell_2 = 1{,}75 \text{ m}$$

$$h = 0{,}25 \text{ m}$$

Federsteifigkeiten:

$$k_1 = k_2 = 2{,}3 \cdot 10^6 \text{ Nm}^{-1}$$

$$k_3 = 1{,}1 \cdot 10^6 \text{ Nm}^{-1}$$

$$k_4 = 0{,}9 \cdot 10^6 \text{ Nm}^{-1}.$$

Läßt sich die dynamische Antwort des Fundamentes mit einer Anzahl von effektiven Eigenvektoren für eine Erregung $p_x = m_y = 0$, $\quad$ $p_z = 1000$ kN mit $\Omega < 10 \text{ s}^{-1}$ ermitteln?

3.21 Eine Fußgängerbrücke (Stahlkonstruktion) mit einer Stützweite von $\ell = 30$ m wird zu großen Schwingungen angeregt, wenn Fußgänger über die Brücke gehen. Es ist zu untersuchen, wie groß die Schwingungen werden können.

Um die Schwingungen zu reduzieren, ist ein Schwingungstilger einzubauen. Die Wirkung des Tilgers ist zu berechnen.

Vorgaben (Bild 3.19):

1. Statisches Modell

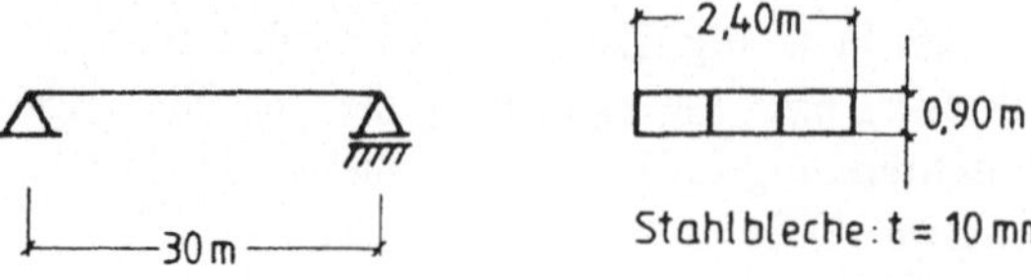

2. Dynamische Größen

Dämpfung: log. Dekrement $\vartheta = 0{,}015$,

Erregung: stationär, harmonisch in Feldmitte mit $p(t) = 100 \sin \Omega t$ [N], $\Omega = 2\pi f_{01}$, f_{01} Grundeigenfrequenz der Brücke.

3. Wahl des Tilgers: ungedämpft, mit einem Massenverhältnis Brücke/Tilger = 50/1.

3.9 Schrifttum

[3.1] Z u r m ü h l , R.; F a l k , S.: Matrizen und ihre Anwendungen. Berlin, Heidelberg, New York, Tokyo: Springer-Verlag 1984 und Teil 2 1986

[3.2] C a u g h e y , T. K.; O' K e l l y , M. E. J.: Classical Normal Modes in Damped Linear Dynamic Systems. ASME Transact., Ser. E., J. Appl. Mech. 32 (1965) 583–588

[3.3] G a n t m a c h e r , F. R.: Matrizenrechnung I, II. Berlin: VEB Deutscher Verlag der Wissenschaften 1970/71

[3.4] W i l k i n s o n , J. H.: The Algebraic Eigenvalue Problem. Oxford: Clarendon Press 1965

[3.5] S c h w a r z , H. R.: Numerik symmetrischer Matrizen. Stuttgart: B. G. Teubner 1972

[3.6] W i l k i n s o n , J. H.; R e i n s c h , C.: Handbook for Automatic Computation, Vol. II., Linear Algebra. Berlin, Heidelberg, New York: Springer-Verlag 1971

[3.7] B a t h e , K.-J.; W i l s o n , E. L.: Numerical Methods in Finite Element Analysis. Inc. Englewood Cliffs, New Jersey: Prentice-Hall 1976

[3.8] H a r t o g , d e n , J. P.: Mechanische Schwingungen. Berlin: Springer-Verlag 1936

[3.9] F r i k , M.: Zur Abstimmung von Mehrmassentilgern. Vortrag b. d. Tagung „Dynamische Systeme" in Oberwolfach, 7.–13. 10. 1979

[3.10] G e r a s c h , W. G.; N a t k e , H. G.: Vibration Reduction of Two Constructions by Absorbers. Internat. Symposium "Vibration Protection in Construction". Leningrad 1984, Papers Scientific Rep. Vol. I, 132–142

[3.11] S c h i e h l e n , W. O.: Computer Generation of Equations of Motion. In Computer Aided Analysis and Optimization of Mechanical System Dynamics, edited by E. J. Haug, NATO ASI Series F, Vol. 9. Berlin, Heidelberg, New York, Tokyo: Springer-Verlag 1984

[3.12] B a r t e l s , M.; F i s c h e r , E.: Adams-Ein universelles Programm zur Berechnung der Dynamik großer Bewegungen. ATZ 86 (1984) 9, 369–376

[3.13] V i g n e r o n , E. R.: A Natural Modes Model and Modal Identities for Damped Linear Structures. J. of Applied Mechanics, March 1986, Vol. 53, 33–38

[3.14] N a t k e , H. G.: Modalanalyse. Plenarvortrag, gehalten auf der 13. Gemeinschaftstagung der Deutschen Arbeitsgemeinschaft für Akustik (DAGA), 23.–26. März 1987 in Aachen

[3.15] B a c h m a n n , H.; A m m a n n , W.: Schwingungsprobleme bei Bauwerken – Durch Menschen und Maschinen induzierte Schwingungen. Internat. Vereinigung für Brückenbau u. Hochbau, IABSE-AIPC-IVBH, ETH, Hönggerberg/Zürich

Modelle technischer Konstruktionen (reale Systeme) sind Kontinua, d. h. ihre Kenn-
größen sind im allgemeinen Funktionen der Ortskoordinaten, und sie sind als deformier-
bar anzusetzen. Die Beschreibung ihres dynamischen Zustandes muß demzufolge orts-
und zeitabhängig erfolgen. Die Verschiebungen bilden demnach ein Verschiebungsfeld,
die zugehörigen Geschwindigkeiten das Geschwindigkeitsfeld. Wegen der vier unabhängigen Variablen der Feldbeschreibungen — im Gegensatz zu der einen Variablen der MFGM,
deren Bewegungsgleichungen deshalb gewöhnliche DGln. sind — sind die Bewegungsgleichungen der Kontinua partielle DGln.

MFGM von Kontinua besitzen eine endliche Anzahl von FG (Bild 1.5; identisch mit
einer endlichen Anzahl von unabhängigen Bewegungskoordinaten), sie liefern also das
das Verschiebungsfeld nur approximativ in endlich vielen Punkten. Eine verbesserte
Modellierung im Sinne einer Genauigkeitssteigerung erhält man durch eine feinere Diskretisierung, die eine Erhöhung der FG nach sich zieht. In der Grenze benötigt man also
zur Beschreibung des Verschiebungsfeldes unendlich viele FG. Dieses Vorgehen würde
voraussetzen, daß die so ermittelten Grenzwerte mit den entsprechenden Werten für das
Kontinuum übereinstimmen (Konvergenz). Für die Praxis, d. h. unter Einbezug der hierfür notwendigen Numerik ist dieser Weg nicht gangbar.

Neben einer evtl. erforderlichen Genauigkeitssteigerung sprechen noch zwei wesentliche
Gründe für eine Modellierung in Form von Kontinua (anstelle diskreter Modelle). Man
vermag mit ihnen auch nichtabgeschlossene Systeme zu behandeln, die ein dynamisches
Verhalten aufweisen (Wellenausbreitung in einem sich unendlich erstreckenden Medi-
um), das MFGM nicht besitzen. Außerdem haben Kontinua mit ihren unendlich
vielen FG auch unendlich viele Eigenfrequenzen in einem unbeschränkten Frequenzintervall, während die Eigenfrequenzen eines MFGM immer in einem endlichen Frequenzintervall liegen ([frequenz-]bandbegrenztes Modell). Um das Eigenfrequenzinter-
vall eines MFGM zu vergrößern, muß das System feiner diskretisiert werden, was auf
Grenzen stößt (s. o.).

Die im folgenden behandelten Kontinua mögen den nachstehenden Voraussetzungen
genügen:

– Geometrische Linearität: Linearer Zusammenhang zwischen Verschiebungen und Ver-
zerrungen (lineare Kinematik)

– Physikalische Linearität: Linearer Zusammenhang zwischen Spannungen und Verzer-
rungen (Hooke).

Kontinua, die diesen Annahmen genügen, bezeichnet man als linearelastisch. Die Verzer-
rungen sind damit hinreichend klein. Zusätzlich wird vorausgesetzt:

– Homogener Werkstoff,

– Temperaturänderungen sind vernachlässigbar.

Die nachstehenden Ausführungen sind im wesentlichen auf konservative Systeme beschränkt,
d. h. im allgemeinen auf ungedämpfte Systeme, die eine stabile Gleichgewichtslage
besitzen und schwingungsfähig sind. Weiter werden hauptsächlich eindimensionale kon-

tinuierliche Modelle (eindimensionale Kontinua, also solche mit e i n e r Ortskoordinate: Stäbe) behandelt und Modelle, die sich aus diesen zusammensetzen lassen. Ausgenommen hiervon sind die Saite (biegeschlaffes und dehnstarres Kontinuum, bei dem an die Stelle der Federkraft die Vorspannung tritt) und das Seil (wie bei der Saite, jedoch nicht dehnstarr); die Saite ist im Bauwesen von geringem Interesse, und das Seil muß realistisch nichtlinear behandelt werden und liegt deshalb außerhalb dieser Einführung. Eindimensionale Kontinua als Modelle realer Systeme können dann gewählt werden, wenn eine Abmessung gegenüber den restlichen Abmessungen stark überwiegt.

Sind Anfangsbedingungen zur zeitabhängigen Beschreibung des Systemverhaltens vorgegeben, dann liegt eine Anfangswertaufgabe vor. Die ortsabhängige Beschreibung muß die im allgemeinen endlichen Abmessungen, die Ränder der Kontinua, berücksichtigen. Hierfür sind Randbedingungen einzuführen, die die geometrischen (wesentlichen) und dynamischen (restlichen) Gegebenheiten für die Ränder beschreiben: Randwertaufgabe.

Weiter werden im folgenden überwiegend Stäbe mit konstanten Querschnitten behandelt. Der Grund hierfür ist, daß die vorliegenden gemischten Anfangs-Randwertprobleme nur unter dieser zusätzlichen Annahme mit elementaren Funktionen geschlossen lösbar sind. Die angenäherte, numerische Behandlung der nicht elementar lösbaren dynamischen Probleme enthalten dann die folgenden Kapitel.

4.1   Dehn- und Torsionsschwingungen von Stäben: Eindimensionale Wellengleichung

Dehn- und Torsionsschwingungen von Stäben führen auf die eindimensionale Wellengleichung als Bewegungsgleichung.

4.1.1   Bewegungsgleichung des Dehnstabes

Die Ortskoordinate sei x, die Abszisse wird gleich der geraden Stabachse gewählt, die Verschiebung sei mit $u = u(x, t)$ bezeichnet. Der Stab habe die Länge ℓ (Bild 4.1a) und die Querschnittsfläche $A(x)$. Seine Dehnsteifigkeit ist dann $EA(x)$ und seine Massenverteilung (Massenbelegung) $\mu(x) = \rho A(x)$, wenn ρ die Dichte (Masse pro Volumen) ist. Der Begriff Massenverteilung besagt also Masse pro Längeneinheit. Die Schnittkräfte am Stabelement zeigt Bild 4.1b. Die Normalkraft $N(x, t)$ ist nicht nur ortsabhängig sondern auch

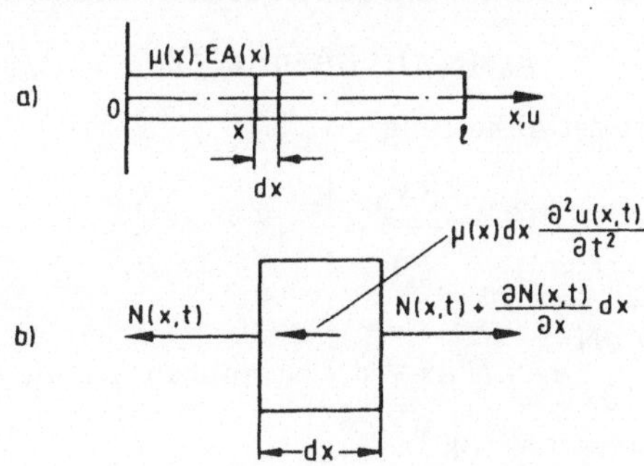

Bild 4.1
a) Stabbezeichnungen
b) Schnittkräfte am differentiellen Element

zeitabhängig. (. . .)' wird als Kurzschreibweise für die partielle Ableitung nach x benutzt, während der Punkt über dem Symbol für die partielle Ableitung nach der Zeit steht, also für die Beschleunigung $\partial^2 u(x, t)/\partial t^2 =: \ddot{u}(x, t)$ gesetzt wird.

Die folgenden Gesetzmäßigkeiten werden auf das unverformte Element der Länge dx angewendet.

1. Trägheitsgesetz (Newton):

$$N(x, t) + \frac{\partial N(x, t)}{\partial x} dx - N(x, t) - \mu(x)dx\ddot{u}(x, t) = 0,$$

$$\mu(x)dx\ddot{u}(x, t) = \frac{\partial N(x, t)}{\partial x} dx = N'(x, t)dx.^{1)}$$

(4.1)

2. Kinematik:

$$\epsilon(x, t) = \frac{\partial u(x, t)}{\partial x} = u'(x, t).$$

(4.2)

3. Elastizitätsgesetz (Hooke):

$$\sigma(x, t) = E\epsilon(x, t)$$

(4.3)

und demzufolge

$$N(x, t) = A(x)\sigma(x, t).$$

(4.4)

Gl. (4.1) gibt das Gleichgewicht der Kräfte wieder. Die Beziehung (4.2) im Hookschen Gesetz (4.3) berücksichtigt,

$$\sigma(x, t) = Eu'(x, t),$$

in den Ausdruck (4.4) für die Normalkraft eingesetzt, partiell nach x differenziert und in die Gleichgewichtsgleichung (4.1) eingeführt, liefert die Bewegungsgleichung

$$\mu(x)\ddot{u}(x, t) = [EA(x)u'(x, t)]'$$

(4.5)

als homogene partielle DGl. zur Beschreibung der freien Dehnschwingungen. Die obige Herleitung der Bewegungsgleichung zeigt das typische Vorgehen bei Kontinua. Hinsichtlich des Stabes mit Belastung s. Abschn. 4.1.5 und 4.1.6.

Für den Stab konstanter Querschnittsfläche A_0 folgt mit konstanter Massenbelegung μ_0

$$\mu_0\ddot{u}(x, t) = EA_0u''(x, t).$$

Mit der Abkürzung

$$c_D^2 := \frac{EA_0}{\mu_0} = \frac{E}{\rho}$$

(4.6)

$^{1)}$ $\dfrac{\partial N}{\partial x} dx = N'dx \neq dN$, wenn man sich die eingeführte Abkürzung $N' := \dfrac{\partial N}{\partial x}$ vergegenwärtigt!

schreibt man

$$\ddot{u}(x, t) = c_D^2 u''(x, t) \tag{4.7}$$

und bezeichnet (4.7) als eindimensionale Wellengleichung. Die Dimensionsbetrachtung von (4.6) zeigt, daß c_D^2 die Dimension einer Geschwindigkeit zum Quadrat besitzt. Vor der physikalischen Deutung der Wellengleichung in Abschn. 4.1.3 wird noch die Bewegungsgleichung des Torsionsstabes hergeleitet.

4.1.2   Bewegungsgleichung des Torsionsstabes

Für den geraden Stab mit der x-Achse als Stabachse, die gleich der Schubmittelpunktslinie (Drillachse) ist, werde die Torsionsbeanspruchung frei von Wölbbehinderung betrachtet. Es sei $J(x)$ die Massenträgheitsmomenten-Verteilung, $\alpha(x, t)$ der Verdrehwinkel und $M_T(x, t)$ das Drehmoment. Entsprechend der Herleitung der Bewegungsgleichung im vorherigen Abschnitt, erhalten wir aufgrund des Trägheitsgesetzes (1) am Stabelement:

$$J(x)dx\ddot{\alpha}(x, t) = M_T'(x, t)dx. \tag{4.8}$$

Die Kinematik (2) und das Elastizitätsgesetz (3) liefern

$$M_T(x, t) = GI_T(x)\alpha'(x, t)^{1)}, \tag{4.9}$$

wobei G der Gleitmodul und $I_T(x)$ das Flächen-Trägheitsmoment bei Torsion ist, das für kreisförmige Querschnitte gleich dem polaren Flächenträgheitsmoment $I_T(x) = I_p(x) = \int_A r^2 \, dA$ ist. Die Gleichung (4.9) in (4.8) eingesetzt, liefert die Bewegungsgleichung

$$J(x)\ddot{\alpha}(x, t) = [GI_T(x)\alpha'(x, t)]'. \tag{4.10}$$

Die DGl. (4.10) stimmt formal mit der Gleichung (4.5) überein. Für einen Stab mit konstanter Querschnittsfläche gilt $I_T(x) = I_{T0} = $ const., und es ist auch die Massenträgheitsmomenten-Verteilung konstant, J_0; es folgt mit der Abkürzung

$$c_T^2 := \frac{GI_{T0}}{J_0} \tag{4.11}$$

(Geschwindigkeit zum Quadrat!) wieder die eindimensionale Wellengleichung

$$\ddot{\alpha}(x, t) = c_T^2 \alpha''(x, t). \tag{4.12}$$

4.1.3   Freie Schwingung des Stabes konstanten Querschnitts als d'Alembertsche Lösung: Wellenfortpflanzung

Die Gesetzmäßigkeiten für die freien Schwingungen sowohl des Dehnstabes als auch des Torsionsstabes, jeweils mit konstantem Stabquerschnitt, führen auf die eindimensionalen Wellengleichungen (4.7) und (4.12), die wir allgemein mit der Koordinate $y(x, t)$

---

1) Im Schrifttum ist der Drillwinkel α' häufig mit ϑ bezeichnet.

und der Geschwindigkeitskonstanten c schreiben wollen:

$$\ddot{y}(x, t) = c^2 y''(x, t).$$ (4.13)

Als nächstes sei die DGl. (4.13) mittels der Substitionen

$$\left.\begin{aligned} \xi &:= x - ct, \\ \eta &:= x + ct \end{aligned}\right\}$$ (4.14)

transformiert, um eine einfache Form derselben zu finden. Die Umrechnung der Differentialquotienten ist:

$$\frac{\partial y}{\partial x} = \frac{1}{2}\left(\frac{\partial y}{\partial \xi}\frac{\partial \xi}{\partial x} + \frac{\partial y}{\partial \eta}\frac{\partial \eta}{\partial x}\right) = \frac{1}{2}\left(\frac{\partial y}{\partial \xi} + \frac{\partial y}{\partial \eta}\right),$$

$$\frac{\partial^2 y}{\partial x^2} = \frac{1}{4}\left(\frac{\partial^2 y}{\partial \xi^2} + 2\frac{\partial^2 y}{\partial \xi \partial \eta} + \frac{\partial^2 y}{\partial \eta^2}\right);$$ (4.15a)

$$\frac{\partial y}{\partial t} = \frac{1}{2}\left(\frac{\partial y}{\partial \xi}\frac{\partial \xi}{\partial t} + \frac{\partial y}{\partial \eta}\frac{\partial \eta}{\partial t}\right) = \frac{c}{2}\left(-\frac{\partial y}{\partial \xi} + \frac{\partial y}{\partial \eta}\right),$$

$$\frac{\partial^2 y}{\partial t^2} = \frac{c^2}{4}\left(\frac{\partial^2 y}{\partial \xi^2} - 2\frac{\partial^2 y}{\partial \xi \partial \eta} + \frac{\partial^2 y}{\partial \eta^2}\right).$$ (4.15b)

Einsetzen von (4.15) in die Wellengleichung liefert

$$c^2\left(\frac{\partial^2 y}{\partial \xi^2} - 2\frac{\partial^2 y}{\partial \xi \partial \eta} + \frac{\partial^2 y}{\partial \eta^2}\right) = c^2\left(\frac{\partial^2 y}{\partial \xi^2} + 2\frac{\partial^2 y}{\partial \xi \partial \eta} + \frac{\partial^2 y}{\partial \eta^2}\right),$$

also die Gl.

$$\frac{\partial^2 y(\xi, \eta)}{\partial \xi \partial \eta} = 0.$$ (4.16)

Faßt man die Gl. (4.16) als Gleichung in der Form

$$\frac{\partial}{\partial \eta}\left(\frac{\partial y}{\partial \xi}\right) = 0$$

auf, so ist

$$y = f_1(\xi)$$ (4.17a)

eine Lösung. In der Schreibweise (entsprechende Stetigkeit der Funktionen und ihrer Ableitungen vorausgesetzt)

$$\frac{\partial}{\partial \xi}\left(\frac{\partial y}{\partial \eta}\right) = 0$$

kann die Lösung nur von η abhängen:

$$y = f_2(\eta).$$ (4.17b)

Infolge der Linearität des Problems ist die Superposition von (4.17) ebenfalls eine Lösung der Gl. (4.16):

$$y(\xi, \eta) = f_1(\xi) + f_2(\eta). \tag{4.18}$$

Es gilt verifizierend:

$$\frac{\partial[f_1(\xi) + f_2(\eta)]}{\partial \xi} = \frac{\partial f_1(\xi)}{\partial \xi}, \qquad \frac{\partial[\partial f_1(\xi)]}{\partial \eta \cdot} = 0,$$

$$\frac{\partial[f_1(\xi) + f_2(\eta)]}{\partial \eta} = \frac{\partial f_2(\eta)}{\partial \eta}, \qquad \frac{\partial[\partial f_2(\eta)]}{\partial \xi} = 0, \qquad \text{w.z.z.w.}$$

Damit haben wir die Lösung der eindimensionalen Wellengleichung als partielle DGl. mit Hilfe von zwei beliebigen Funktionen $f_1(x - ct)$ und $f_2(x + ct)$ gefunden zu

$$y(x, t) = f_1(x - ct) + f_2(x + ct). \tag{4.19}$$

Was bedeuten die Koordinaten (4.14) mit der Geschwindigkeit c, und wie ist (4.19) zu interpretieren?

Wir betrachten die Teillösung $f_1(x - ct)$: Gleiche Ordinaten treten bei gleichen Argumenten auf, also

$$f_1(x_1 - ct_1) = f_1(x_2 - ct_2)$$

mit $x_1 - ct_1 = x_2 - ct_2,$

es folgt $c = \dfrac{x_2 - x_1}{t_2 - t_1}, \qquad x_2 > x_1, t_2 > t_1.$

Mit $f_1(x - ct)$ wird folglich eine Bewegung (Störung) beschrieben, die sich mit einer Geschwindigkeit c gleichförmig in positiver x-Richtung fortpflanzt. Demzufolge beschreibt $f_2(x + ct)$ eine Bewegung im Stab, die sich mit c in negativer x-Richtung fortpflanzt. Derartige Bewegungen bezeichnet man als Wellen und c als Fortpflanzungsgeschwindigkeit der Wellen.

Fortpflanzungsgeschwindigkeiten von Dehnwellen in Stäben sind bspw. für Stahl $c_D \doteq 5 \cdot 10^3 \text{ ms}^{-1}$, für Beton $3{,}5 \cdot 10^3 \text{ ms}^{-1}$ und von Torsionswellen (Schubwellen, da sie sich über Schubspannungen fortpflanzen) in einem konzentrischen Kreisrohr aus Stahl $c_T \doteq 3 \cdot 10^3 \text{ ms}^{-1}$.

Nimmt man unendlich lange Stäbe an, so treten als Anfangsbedingungen jetzt Funktionen von x, nämlich ein Verschiebungs- und ein Geschwindigkeitsfeld für $t = t_0$ (Anfangszustand) auf:

$$\left.\begin{array}{l} y(x, t_0) = g(x), \\[4pt] \dot{y}(x, t)\vert_{t = t_0} = h(x). \end{array}\right\} \tag{4.20}$$

Sie dienen zur Ermittlung der Funktionen $f_1(x - ct)$, $f_2(x + ct)$. Ohne Einschränkung der Allgemeinheit kann $t_0 = 0$ gesetzt werden; aus der Lösung (4.19) folgt mit $t_0 = 0$

$$g(x) = f_1(x) + f_2(x). \tag{4.21a}$$

Für die Geschwindigkeitsverteilung ist die Gl. (4.19) zu differenzieren:

$$h(x) = c[-f_1'(x) + f_2'(x)],$$

Integration überführt diese Gl. mit einer beliebigen unteren Integrationsgrenze x_1 in

$$\frac{1}{c} \int_{x_1}^{x} h(\zeta)\,d\zeta = -f_1(x) + f_2(x) + f_1(x_1) - f_2(x_1). \tag{4.21b}$$

Die Gl. (4.21a) einerseits zu der Gl. (4.21b) addiert und andererseits subtrahiert liefert die Funktionen

$$f_2(x) = \frac{1}{2}\left[g(x) + \frac{1}{c} \int_{x_1}^{x} h(\zeta)\,d\zeta - f_1(x_1) + f_2(x_1) \right],$$

$$f_1(x) = \frac{1}{2}\left[g(x) - \frac{1}{c} \int_{x_1}^{x} h(\zeta)\,d\zeta + f_1(x_1) - f_2(x_1) \right].$$

Diese Gleichungen gelten für beliebige Argumente; wird also in der Gleichung für f_2 anstelle von x das Argument $x + ct$ gesetzt, in die Gleichung für f_1 das Argument $x - ct$, so folgt aus der Summe die Lösung (4.19) zu

$$y(x, t) = \frac{1}{2}\left[g(x - ct) + g(x + ct) + \frac{1}{c} \int_{x-ct}^{x+ct} h(\zeta)\,d\zeta \right]. \tag{4.22}$$

Damit ist die d'Alembertsche Lösung der Wellengleichung mit Hilfe der Anfangsbedingungen in Form von Feldern eindeutig bestimmt.

Beispiel 4.1 Die Anfangsbedingungen seien $g(x) \neq 0$, $h(x) \equiv 0$. Die Lösung vereinfacht sich dann zu $y(x, t) = \frac{1}{2} [g(x - ct) + g(x + ct)]$.

In Bild 4.2 ist $g(x - ct)$ für $t_0 = 0$ (ausgezogen) eingezeichnet (Wellenprofil). Die Teillösung $\frac{1}{2} g(x - ct)$ beschreibt die Verschiebung von $\frac{1}{2} g(x)$ nach rechts mit konstanter Geschwindigkeit c, sie ist für $t = t_1$ gestrichelt in Bild 4.2 enthalten. Die Funktion $\frac{1}{2} g(x + ct)$ beschreibt damit die Verschiebung der Kurve $\frac{1}{2} g(x)$ nach links mit der Geschwindigkeit c.

In Überlagerung beider Funktionen erhält man die Lösung. Die „Anfangsverschiebung" (Anfangsstörung) $g(x)$ läuft mit wachsendem t nach rechts und links auseinander.

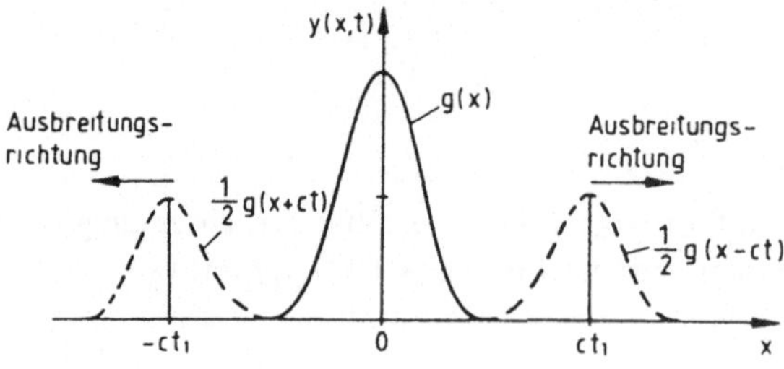

Bild 4.2
Beispiel zur Störungsfortpflanzung in einem Stab

Beispiel 4.2 Beim Rammen von Pfählen bewirkt ein Hammer eine Randerregung des betr. Pfahles. Er möge nur Längs- aber keine Querschwingungen ausführen. Mit diesem Beispiel soll 1. die Randerregung hergeleitet werden, 2. die Beanspruchung des Pfahles während und kurz nach dem Aufschlagen des Hammers ermittelt werden und zwar mit Hilfe der vom Rand fortlaufenden Welle für Zeiten kleiner als bis zum Auftreffen der Welle am anderen Rand (gesucht ist also $f_1(x - c_D t)$ von der Gl. (4.19)).

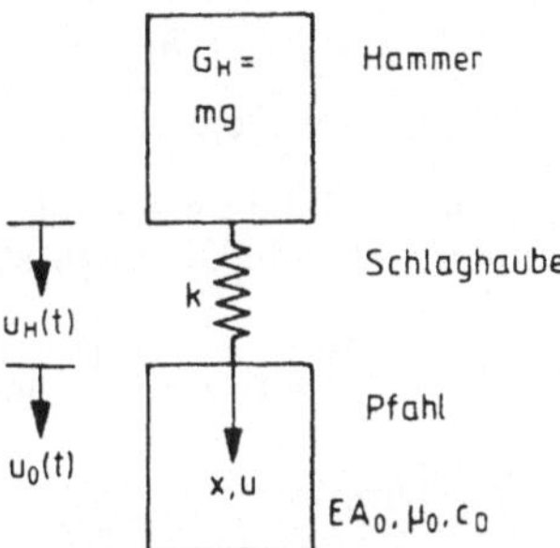

Bild 4.3
Zur Pfahlrammung

Der Hammer (Bild 4.3) wird als starr mit der Masse m und dem Gewicht G_M modelliert. Die Schlaghaube wird durch eine masselose Feder k wiedergegeben. Die Bewegungskoordinate des Hammers sei $u_H(t)$, die Längsverschiebungen des Pfahles (Dehnstabes) werden mit $u(x, t)$ beschrieben. Die obere Randverschiebung wird kürzer $u_0(t) := u(0, t)$ geschrieben, entsprechend die Geschwindigkeit mit $\dot{u}_0(t) := \dfrac{\partial u(0, t)}{\partial t}$ bezeichnet.

Während des Schlages herrscht am Hammer das Kräftegleichgewicht

$$N_H(t) = -m\ddot{u}_H(t),$$

wobei $N_H(t)$ die auf den Hammer wirkende Federkraft

$$N_H(t) = k[u_H(t) - u_0(t)]$$

ist. Um $u_H(t)$ zu eliminieren, wird die letzte Gl. nach $u_H(t)$ aufgelöst, zweimal nach der Zeit differenziert,

$$\ddot{u}_H(t) = \ddot{u}_0(t) + \frac{\ddot{N}_H(t)}{k}$$

und in die obere Gl. eingesetzt:

$$N_H(t) = m\left[-\ddot{u}_0(t) - \frac{\ddot{N}_H(t)}{k}\right].$$

Für die Normalkraft des Stabes am Rand $x = 0$ gilt:

$$N_H(t) = -\sigma(0, t)A_0 = -EA_0 \left.\frac{\partial u(x, t)}{\partial x}\right|_{x=0} = \frac{EA_0}{c_D}\dot{u}_0(t).$$

Während die ersten Gleichheitszeichen aus dem Elastizitätsgesetz und der Kinematik unmittelbar folgen, muß das letzte Gleichheitszeichen erklärt werden: Durch den Schlag wird an der Stelle $x = 0$ eine (Spannungs-) Welle erzeugt, die sich anschickt, den Stab mit der Geschwindigkeit c_D in positiver x-Richtung zu durchlaufen (vgl. Gl. 4.19)): $f_1(x - c_D t) =: f_1(\xi)$. Für die Ableitungen gilt

$$\frac{\partial f_1}{\partial x} = \frac{\partial f_1}{\partial \xi}\frac{\partial \xi}{\partial x} = \frac{\partial f_1}{\partial \xi} \quad \text{wegen} \quad \frac{\partial \xi}{\partial x} = 1,$$

$$\frac{\partial f_1}{\partial t} = \frac{\partial f_1}{\partial \xi}\frac{\partial \xi}{\partial t} = -c_D\frac{\partial f_1}{\partial \xi},$$

es folgt

$$-\frac{\partial f_1}{\partial x} = \frac{1}{c_D}\frac{\partial f_1}{\partial t},$$

also für $x = 0$ die Beziehung, die zu beweisen war. Wird diese Beziehung für $N_H(t)$ in die darüber stehende Gl. eingesetzt, ergibt sich

$$\frac{EA_0}{c_D}\dot{u}_0(t) = m\left[-\ddot{u}_0(t) - \frac{EA_0}{kc_D}\dddot{u}_0(t)\right].$$

In der Schreibweise

$$v_0(t) := \dot{u}_0(t) = \frac{du(0,\,t)}{dt} = \left.\frac{\partial u(x,\,t)}{\partial t}\right|_{x\,=\,0}$$

erhält man die gewöhnliche homogene DGl.

$$\ddot{v}_0(t) + \frac{kc_D}{EA_0}\dot{v}_0(t) + \frac{k}{m}v_0(t) = 0.$$

Mit den Abkürzungen (s. Gln. (2.8b), (2.15))

$$\omega_0^2 := \frac{k}{m},\qquad 2\omega_0 D = \frac{b}{m} = \frac{kc_D}{EA_0},\qquad \delta = \omega_0 D,\qquad \omega_D^2 = \omega_0^2(1 - D^2)$$

lautet die Lösung

$$v_0(t) = e^{-\delta t}(A_1\cos\omega_D t + A_2\sin\omega_D t).$$

Zur Zeit des Schlages $t = 0$ ist die Anfangsgeschwindigkeit des oberen Pfahlrandes Null: $v_0(0) = 0$. Der Hammer dagegen besitzt zur Zeit $t = 0$ eine Geschwindigkeit, die von der Höhe abhängt, aus der er fallengelassen wurde:

$$u_H(t) = u_0(t) + \frac{N_H(t)}{k}\quad\text{(s. oben)},$$

$$v_H := \dot{u}_H(t)|_{t\,=\,0} = \dot{u}_0(t)|_{t\,=\,0} + \left.\frac{\dot{N}_H(t)}{k}\right|_{t\,=\,0},\,\dot{u}_0(t)|_{t\,=\,0} = v_0(0) = 0,$$

$$v_H = \left.\frac{\dot{N}_H(t)}{k}\right|_{t\,=\,0}.$$

Es ist (s. o.) $N_H(t) = \dfrac{EA_0}{c_D}\dot{u}_0(t)$, also

$$v_H = \frac{EA_0}{kc_D}\dot{v}_0(t)|_{t\,=\,0},$$

$$\dot{v}_0(t)|_{t=0} = \frac{kc_D}{EA_0}\, v_H = 2\omega_0 D v_H.$$

Damit sind die Anfangsbedingungen bekannt und die Integrationskonstanten ergeben sich zu

$$A_1 = 0, \qquad A_2 = 2\omega_0 D v_H / \omega_D = 2\, \frac{D}{\sqrt{1 - D^2}}\, v_H,$$

womit die Lösung folgt:

$$v_0(t) = 2\, \frac{D}{\sqrt{1 - D^2}}\, v_H e^{-\omega_0 Dt} \sin \omega_D t.$$

Hieraus ergibt sich die Beanspruchung des Stabes am Rand $x = 0$:

$$N_H(t) = \frac{EA_0}{c_D}\, v_0(t) = \frac{kv_H}{\omega_D}\, e^{-\omega_0 Dt} \sin \omega_D t.$$

Die Randverschiebung $u(0, t) = u_0(t)$ erhält man aus

$$u_0(t) = u_0(0) + \int_0^t v_0(\tau)\,d\tau, \qquad u_0(0) = 0:$$

$$u_0(t) = 2v_H\, \frac{D}{\omega_0} \left[1 - e^{-\omega_0 Dt} \left(\cos \omega_D t + \frac{D}{\sqrt{1 - D^2}}\, \sin \omega_D t \right) \right].$$

Es verbleibt, das Definitionsintervall für die obige Lösung zu bestimmen. Der Hammer hebt zur Zeit $t_a = \pi/\omega_D$ von der Schlaghaube ab, weil $N_H(t)$ dann wieder Null wird. Es gilt also $0 \leqslant t \leqslant t_a$. Da weiter nur die von $x = 0$ fortschreitende Welle betrachtet wurde, die Laufzeit der Welle im Pfahl von $x = 0$ bis $x = \ell$ gleich $T_\ell := \ell/c_D$ ist, muß weiter auch $0 \leqslant t < T_\ell$ eingehalten werden. Außerdem muß (s. Gln. (2.19) etc.)

$$D = \frac{kc_D}{2\omega_0 EA_0} < 1$$

für den gewählten Lösungsansatz vorausgesetzt werden. Daraus folgt mit der Definition von c_D^2

$$\frac{m\omega_0}{2c_D\mu_0} < 1$$

und mit $f_0 := \omega_0/2\pi$

$$\frac{m\pi f_0 \ell}{c_D \mu_0 \ell} < 1.$$

Setzt man die Pfahlmasse gleich $M := \mu_0 \ell$ und die Periodendauer $T_0 := 1/f_0$, so folgt

$$\frac{mT_\ell \pi}{MT_0} < 1$$

und somit

$$T_\ell < \frac{T_0}{\pi}\, \frac{M}{m}.$$

Nun zur 2. Aufgabenstellung: Für die Lösung der fortschreitenden Welle gilt

$$u(x, t) = f_1(x - c_D t),$$

wofür $u(0, t) = f_1(-c_D t) = u_0(t)$

bekannt ist. Es folgt sofort aus der Substitution des Argumentes $-c_D t$ durch $x - c_D t$:

$$u(x, t) = 2v_H \frac{D}{\omega_0} \left[1 - e^{\frac{\omega_0 D}{c_D}(x - c_D t)} \left(\cos \frac{\omega_D}{c_D}(x - c_D t) - \frac{D}{\sqrt{1 - D^2}} \sin \frac{\omega_D}{c_D}(x - c_D t) \right) \right]$$

für $0 \leqslant x \leqslant c_D t < \ell$. Die Konstante D/ω_0 kann noch umgeformt werden, z. B. in

$$\frac{D}{\omega_0} = \frac{m}{M} \frac{T_\varrho}{2},$$

und ebenso kann

$$\frac{\omega_0 D}{c_D} = \frac{k}{2EA_0}$$

als Quasi-Steifigkeitsverhältnis geschrieben werden.

Werden Betonpfähle mit den nachstehenden Kenndaten gerammt,

$$G_H = 3 \cdot 10^4 \text{ N}, \quad v_H = 5 \text{ m s}^{-1}, \quad k = 10^9 \text{ N m}^{-1}, \quad A_0 = 0,25 \text{ m}^2,$$

$$\ell = 30 \text{ m}, \quad E = 3 \cdot 10^{10} \text{ N m}^{-2}, \quad \rho = 2,4 \cdot 10^3 \text{ kg m}^{-3},$$

so ergeben sich zunächst folgende Zwischenwerte:

$$\omega_0^2 = 0,333 \cdot 10^6 \text{ s}^{-2}, \quad \omega_0 = 0,577 \cdot 10^3 \text{ s}^{-1}, \quad f_0 = 91,9 \text{ Hz},$$

$$EA_0 = 0,75 \cdot 10^{10} \text{ N}, \quad \mu_0 = 0,60 \cdot 10^3 \text{ kg m}^{-1}, \quad c_D = 3,5 \cdot 10^3 \text{ m s}^{-1},$$

$$2\omega_0 D = 466,67 \text{ s}^{-1}, \quad D = 0,40, \quad \delta = 233,33 \text{ s}^{-1},$$

$$\omega_D^2 = 0,84 \, \omega_0^2, \quad \omega_D = 0,5288 \cdot 10^3 \text{ s}^{-1}, \quad f_D = 84,2 \text{ Hz},$$

$$\frac{\omega_0 D}{c_D} = 66,667 \cdot 10^{-3} \text{ m}^{-1}, \quad \frac{D}{\sqrt{1 - D^2}} = 0,44,$$

$$t_a = \frac{\pi}{\omega_D} = 5,9 \cdot 10^{-3} = 0,006 \text{ s}, \quad T_0 = \frac{1}{f_0} = 0,011 \text{ s},$$

$$T_\varrho = 0,009 \text{ s},$$

demzufolge ist der Definitionsbereich $0 \leqslant t \leqslant 0,006$ [s]. Die Ungleichung bezüglich T_ϱ ist ebenfalls erfüllt mit $T_\varrho < 0,026$ s.

Die Normalkraft ist

$$N_H(t) = \frac{5 \cdot 10^9}{0,5288 \cdot 10^3} e^{-233,33 t} \sin 0,5288 \cdot 10^3 t$$

$$= 9,46 \cdot 10^6 \, e^{-233,33 t} \sin 0,5288 \cdot 10^3 t \text{ [N]}.$$

Die Dehnschwingungen des Pfahles werden beschrieben durch

$$u(x, t) = 0,69 \cdot 10^{-2} [1 - e^{66,67 \cdot 10^{-3}(x - 3,5 \cdot 10^3 t)} \cdot$$

$$\cdot (\cos 0,1511(x - 3,5 \cdot 10^3 t) - 0,44 \sin 0,1511(x - 3.5 \cdot 10^3 t))]$$

für $0 \leqslant t \leqslant 0{,}006$ [s], $0 \leqslant x < 30$ [m]. Zu verschiedenen Zeiten sind die Dehnschwingungen des Pfahles in Bild 4.4 dargestellt.

(Aufgabe 4.1: Welches sind die Normalkräfte? Hinsichtlich der freien Schwingung für $t \geqslant t_a$ s. Aufgabe 4.2.).

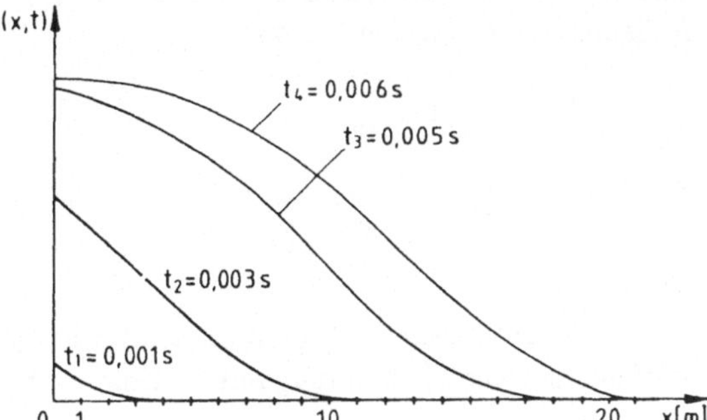

Bild 4.4
Ausbreitung der Dehnwelle vom Rand
x = 0 längs des Rammpfahles

Da die Ermittlung der Funktionen $f_1(\xi)$, $f_2(\xi)$ der Anfangswertaufgabe aus dem Anfangszustand (und für Stäbe endlicher Länge aus den Randbedingungen) sich schwierig gestalten kann, soll der hier eingeschlagene Weg über die Wellenausbreitung nicht weiter verfolgt werden (diesbezüglich s. Lehrbücher über partielle DGln.).

4.1.4 Freie Schwingung des Stabes konstanten Querschnitts nach Bernoulli (Eigenschwingungen)

Im folgenden werden endlich lange Stäbe betrachtet. Die freien Schwingungen werden durch die Lösung der homogenen Wellengleichung mit homogenen Randbedingungen beschrieben, d. h. es wirkt im betrachteten Zeitraum weder eine Strecken- noch Einzellast. Jedoch sind die Anfangsbedingungen von Null verschieden. Zur Lösung der Gl. (4.13) wird der aus der Mathematik bekannte Separationssatz nach Bernoulli .

$$y(x, t) = \hat{y}(x)T(t) \tag{4.23}$$

verwendet. Die Trennung der (unabhängigen) Veränderlichen erfolgt hier durch einen Produktansatz. Die Lage des Stabes wird durch die (nur) ortsabhängige Funktion $\hat{y}(x)$ beschrieben, die gleichmäßig (für jede Stelle x) multiplikativ mit T(t) abhängig von der Zeit t verändert wird: stehende Welle. Einsetzen des Bernoulli-Ansatzes (4.23) mit den entsprechenden partiellen Ableitungen in die Bewegungsgleichung des Stabes mit konstantem Querschnitt (4.13) führt auf die Gl.

$$\hat{y}(x)\ddot{T}(t) = c^2\hat{y}''(x)T(t),$$

die auch in der Form

$$\frac{\ddot{T}(t)}{T(t)} = c^2\frac{\hat{y}''(x)}{\hat{y}(x)} \tag{4.24}$$

geschrieben werden kann. Auf der linken Seite von (4.24) steht eine Funktion ausschließlich von t abhängig, auf der rechten Seite der Gleichung dagegen eine Funktion ausschließlich von x abhängig. Beide Variablen sind unabhängig voneinander, d. h. auf der linken Seite von Gl. (4.24) kann ein Argument unabhängig von dem Argument auf der rechten Seite gewählt werden: Diese Gleichung wird nur erfüllt, wenn beide Seiten konstant sind. Mit diesem typischen Schluß der Methode der getrennten Variablen folgt für die beiden Seiten von (4.24):

$$\frac{\ddot{T}(t)}{T(t)} = -\omega^2 = \text{const.}^1), \tag{4.25a}$$

$$c^2 \frac{\hat{y}''(x)}{\hat{y}(x)} = -\omega^2 = \text{const.} \tag{4.25b}$$

Mit dem Produktansatz (4.23) ist es somit gelungen, die partielle DGl. (4.13) in zwei gewöhnliche DGln. 2. Ordnung mit konstanten Koeffizienten zu überführen:

$$\ddot{T}(t) + \omega^2 T(t) = 0, \tag{4.26a}$$

$$\hat{y}''(x) + \left(\frac{\omega}{c}\right)^2 \hat{y}(x) = 0. \tag{4.26b}$$

Die Lösungen dieser DGln. können sofort aufgrund der Theorie der gewöhnlichen DGLn. angegeben werden:

$$T(t) = A_1 \cos \omega t + A_2 \sin \omega t, \tag{4.27a}$$

$$\hat{y}(x) = B_1 \cos \frac{\omega}{c} x + B_2 \sin \frac{\omega}{c} x. \tag{4.27b}$$

Der Stab führt harmonische Schwingungen aus mit der noch zu bestimmenden Frequenz ω in der Schwingungsform $\hat{y}(x)$. Die Integrationskonstanten der zeitlichen Lösung (4.27a) ergeben sich aus den Anfangsbedingungen, die der räumlichen Lösung aus den Randbedingungen, die darüber hinaus auch bestimmte Werte für ω liefern. Da (4.26b) eine DGl. 2. Ordnung ist, die zwei Fundamentallösungen besitzt, demzufolge in (4.27b) zwei Integrationskonstanten auftauchen, müssen auch 2 Randbedingungen zu ihrer Ermittlung gegeben sein. Die Randbedingungen sollen homogen sein, d. h. gleich Null[2]), folglich ergibt sich ein homogenes Gleichungssystem aus (4.27b) für die zu bestimmenden Integrationskonstanten B_1, B_2. Die Lösbarkeitsbedingung, nämlich daß die Systemdeterminante dieses homogenen Gleichungssystems gleich Null werden muß, damit eine von der trivialen verschiedene Lösung existiert, liefert die Frequenzgleichung zur Ermittlung der Eigenfrequenzen ω.

---

[1]) Das Minuszeichen steht hier, damit die Ansätze (4.27) gemacht werden dürfen, denn nur mit (4.27b) lassen sich die Randbedingungen erfüllen: Würde man $c^2\hat{y}'' = \omega^2\hat{y}$ wählen, ergäbe sich $\hat{y}(x) = C_1 e^{\frac{\omega}{c} x} + C_2 e^{-\frac{\omega}{c} x}$, die Randbedingungen z. B. $\hat{y}(0) = \hat{y}(\ell) = 0$ sind nur für $C_1 = C_2 = 0$ zu erfüllen.

[2]) Die homogene Bewegungsgl. mit homogenen Randbedingungen bildet die homogene Randwertaufgabe.

Beispiel 4.3 Gegeben sei ein beidseitig starr eingespannter Stab konstanten Querschnitts (Bild 4.5). Seine Randbedingungen sind geometrischer Art: $\hat{y}(0) = 0$, $\hat{y}(\ell) = 0$, an den Rändern müssen die Verschiebungen infolge der starren Einspannung gleich Null sein. Es folgt

$$0 = B_1 \cos 0 + B_2 \sin 0,$$

$$0 = B_1 \cos \frac{\omega}{c} \ell + B_2 \sin \frac{\omega}{c} \ell.$$

Dieses homogene lineare Gleichungssystem besitzt nur dann eine von der trivialen verschiedene Lösung, wenn die Systemdeterminante verschwindet:

$$\begin{vmatrix} 1 & 0 \\ \cos \dfrac{\omega}{c} \ell & \sin \dfrac{\omega}{c} \ell \end{vmatrix} = \sin \frac{\omega}{c} \ell = 0.$$

Das ist die Frequenzgleichung des Systems mit den Lösungen

$$\omega_k \ell / c = k\pi, \qquad k = 1, 2, \ldots$$

Die Werte

$$\omega_k = \frac{k\pi c}{\ell}, \qquad k = 1, 2, \ldots$$

sind die Eigenfrequenzen des berandeten eindimensionalen Kontinuums konstanten Querschnitts. Im Gegensatz zu den MFGM existieren hier unendlich viele Eigenfrequenzen.

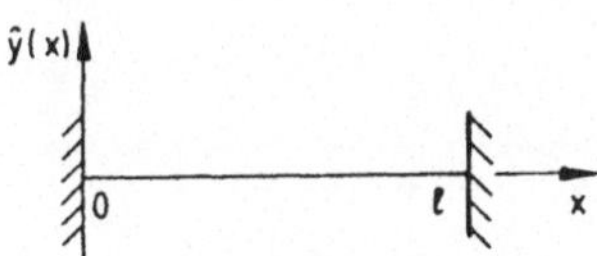

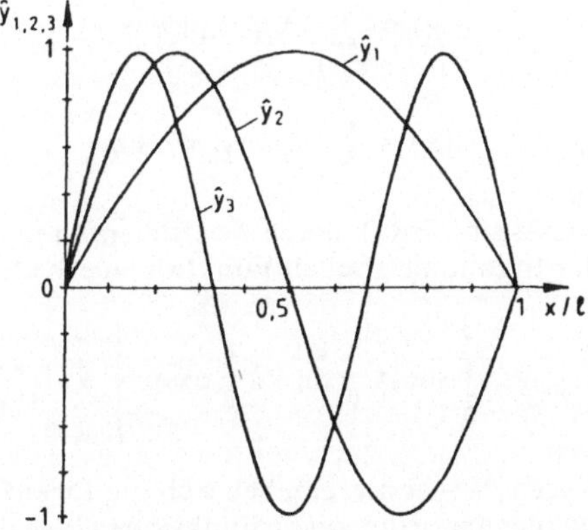

Bild 4.5 Beidseitig starr
eingespannter Stab

Bild 4.6
Darstellung der ersten drei Eigenfunktionen des
beidseitig starr eingespannten Stabes

Die Lösung des Gleichungssystems ist somit für jede Eigenfrequenz ω_k:

$$\hat{y}_k(x) = B_{2k} \sin \frac{\omega_k}{c} x = B_{2k} \sin k\pi \frac{x}{\ell}.$$

Zu jeder Eigenfrequenz gehört eine Funktion $\hat{y}_k(x)$, die Eigenfunktion, die die Eigenschwingungsform des Kontinuums beschreibt. Die Eigenfunktionen sind auch hier nur bis auf einen Faktor bestimmbar, sie sind also normierbar. Bild 4.6 zeigt die ersten drei Eigenschwingungsformen des Stabes. Für $k = 1$ bezeichnet man sie als Grundschwingung und für $k > 1$ als Eigenschwingungsformen der Oberschwingungen. Auch hier unterschei-

den wir wie bei den MFGM Schwingungsknoten (Verschiebung Null) und Schwingungsbäuche (relative Extrema). Die Normierung erfolgte in Bild 4.6 derart, daß die betragsmäßige größte Verschiebung Eins gesetzt wurde. $k = 0$ wurde ausgenommen, da die zugehörige Verschiebung identisch Null ist.

Wegen der vorausgesetzten Linearität können die Teillösungen $\hat{y}_k(x)$ und zugehörigen
(über ω_k) Zeitlösungen $T_k(t) = A_{1k} \cos \omega_k t + A_{2k} \sin \omega_k t$ entsprechend dem Ansatz
(4.23) superponiert werden:

$$y(x, t) = \sum_{k=1}^{\infty} \hat{y}_k(x) T_k(t)$$

$$= \sum_{k=1}^{\infty} B_{2k}(A_{1k} \cos \omega_k t + A_{2k} \sin \omega_k t) \sin k\pi \frac{x}{\ell} .$$

Es ist offensichtlich, daß neue Konstanten

$$\tilde{A}_{1k} := B_{2k} A_{1k},$$

$$\tilde{A}_{2k} := B_{2k} A_{2k},$$

eingeführt werden können, für die Verschiebung folgt damit

$$y(x, t) = \sum_{k=1}^{\infty} (\tilde{A}_{1k} \cos \omega_k t + \tilde{A}_{2k} \sin \omega_k t) \sin k\pi \frac{x}{\ell} .$$

Damit spielt die beliebige Normierung der Eigenfunktionen für den Ansatz der freien
Schwingung keine Rolle.

Es verbleibt, die Anfangsbedingungen (4.20) einzuarbeiten:

$$g(x) = \sum_{k=1}^{\infty} \tilde{A}_{1k} \sin k\pi \frac{x}{\ell} ,$$

$$h(x) = \sum_{k=1}^{\infty} \omega_k \tilde{A}_{2k} \sin k\pi \frac{x}{\ell} .$$

Dieses sind FR[1]), deren Koeffizienten man wieder unter Nutzung der Orthogonalität
der trigonometrischen Funktionen erhält. Es gilt

$$\int_0^{\ell} \sin j\pi \frac{x}{\ell} \sin k\pi \frac{x}{\ell} \, dx = \begin{cases} 0 & \text{für } j \neq k, \\ \dfrac{\ell}{2} & \text{für } j = k. \end{cases}$$

Wegen $\mu_0 = $ const. ergeben sich die Eigenfunktionen als trigonometrische und damit als
zueinander orthogonale Funktionen (vgl. die Eigenschaften der Eigenvektoren des MFGM
bei gleichen Massen; anstelle der Summation beim MFGM tritt hier die Integration!). Es
folgen also aus der Multiplikation der obigen FR mit $\sin (j\pi x/\ell)$ die Koeffizienten

$$\tilde{A}_{1k} = \frac{2}{\ell} \int_0^{\ell} g(x) \sin k\pi \frac{x}{\ell} \, dx,$$

---

[1]) Anders als im Abschn. 2.3.2 sind die FR hier ortsabhängig, was nur die Einführung
und Interpretation einer anderen Variablen bedeutet. Hinsichtlich der Konvergenz der
verallgemeinerten FR s. z. B. [4.1].

$$\tilde{A}_{2k} = \frac{2}{k\pi c} \int\limits_0^\ell h(x) \sin k\pi \frac{x}{\ell}\, dx,$$

wobei für ω_k noch die ermittelten Werte eingesetzt wurden. Damit ist die freie Schwingung des beidseitig starr eingespannten Stabes gefunden.

Das Beispiel bestätigt die vorher getroffenen Aussagen. Zusammengefaßt zeigt sich folgende Situation, die auch für andere homogene Randbedingungen gilt, wie sich zeigen läßt:

— Die Randbedingungen liefern die Integrationskonstanten der Teillösungen (4.27b).

— Die Lösbarkeitsbedingung zur Ermittlung dieser Integrationskonstanten führt auf die Frequenzgleichung, die unendlich viele Eigenfrequenzen ergibt und somit unendlich viele Eigenfunktionen nach sich zieht. Die Eigenlösung $\omega_1, \hat{y}_1(x)$ kennzeichnet die Grundschwingung, die Eigenlösungen mit Indizes $k > 1$ die Oberschwingungen.

— Die Eigenfunktionen, die die Eigenschwingungsformen des Stabes beschreiben, sind nur bis auf einen Faktor bestimmbar und genügen der Orthogonalitätsbeziehung.

— Die Anfangsbedingungen liefern die Integrationskonstanten der zeitlichen Teillösungen (4.27a). Einarbeiten der Anfangsbedingungen führt auf (verallgemeinerte) FR.

Die anderen Lagerungsfälle des Stabes der Länge ℓ mit den zugehörigen Eigenfrequenzen und Eigenfunktionen gibt Tab. 4.1 wieder.

Tab. 4.1 Eigenfrequenzen und Eigenfunktionen

Lagerung	Eigenfrequenzen $f_k = \dfrac{\omega_k}{2\pi}$	Eigenfunktionen $\hat{y}_k(x)$
	$\dfrac{k}{2}\dfrac{c}{\ell}$	$B_{2k} \sin k\pi \dfrac{x}{\ell}$
	$\dfrac{2k-1}{4}\dfrac{c}{\ell}$	$B_{2k} \sin \dfrac{2k-1}{2}\pi \dfrac{x}{\ell}$
	$\dfrac{k}{2}\dfrac{c}{\ell}$	$B_{2k} \cos k\pi \dfrac{x}{\ell}$

Die Orthogonalität der Eigenfunktionen von Stäben mit konstantem Querschnitt folgt unmittelbar aus der Orthogonalität der trigonometrischen Funktionen:

$$\int\limits_0^\ell \hat{y}_j(x)\hat{y}_k(x)dx = \begin{cases} 0 & \text{für } j \neq k \\[2mm] \dfrac{\ell}{2} & \text{für } j = k. \end{cases} \tag{4.28}$$

Die Normierung (4.28) erhält man mit den Eigenfunktionen der Tab. 4.1 für $B_{2k} \equiv 1$. Für Stäbe veränderlichen Querschnitts gilt die verallgemeinerte Orthogonalität nach Abschn. 4.1.7. Die ersten drei Eigenschwingungsformen des einseitig starr eingespann-

ten Stabes mit den Randbedingungen, daß der Stab an der Einspannstelle verformungs-
frei und am freien Ende kraftfrei ist, sind in Bild 4.7 dargestellt. Die ersten drei Eigenschwingungsformen für den frei-freien Stab enthält Bild 4.8. Für den Torsionsstab gelten
entsprechende Randbedingungen, am freien Ende gilt Torsionsmomentenfreiheit.

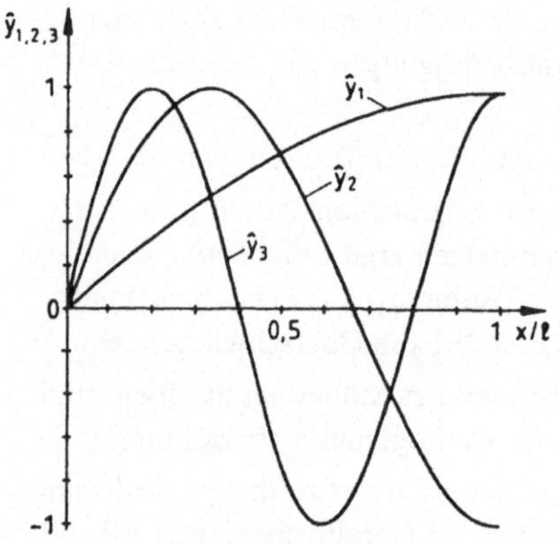

Bild 4.7 Die ersten drei Eigenschwingungsformen für den Stab mit den Randbedingungen starr eingespannt – frei

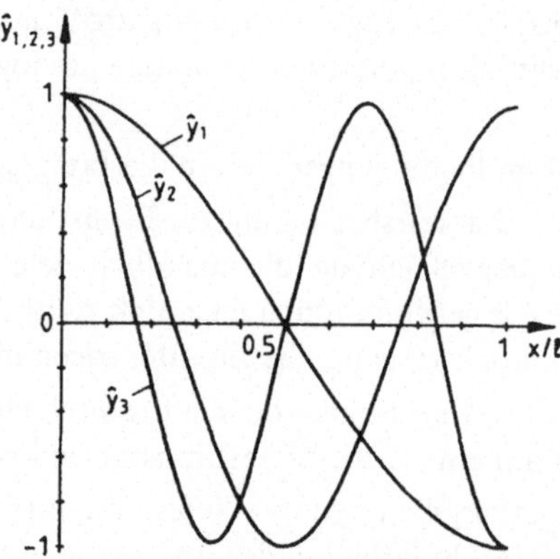

Bild 4.8 Die ersten drei Eigenschwingungsformen für den Stab mit den Randbedingungen frei – frei

Beispiel 4.4 Der einseitig starr eingespannte Dehnstab konstanten Querschnitts sei an
seinem freien Ende ℓ statisch mit p_0 belastet (Stütze). Zum Zeitpunkt $t_0 = 0$ wird der
Stab plötzlich entlastet. Wie verhält er sich für Zeiten $t > 0$?
Die statische Verformung ist

$$u_s(x) = \frac{p_0}{EA_0}\, x.$$

Die Anfangsbedingungen für das Problem lauten somit $g(x) = u_s(x)$, $h(x) \equiv 0$.
Nach Tab. 4.1 sind die Eigenlösungen:

$$\omega_k = \frac{2k-1}{2}\frac{c}{\ell}\pi, \qquad \hat{u}_k(x) = B_{2k} \sin \frac{2k-1}{2}\pi\frac{x}{\ell}$$

und demzufolge die freien Schwingungen:

$$u(x,\,t) = \sum_{k=1}^{\infty} \left(\tilde{A}_{1k} \cos \frac{2k-1}{2}\frac{c}{\ell}\pi t \right) \sin \frac{2k-1}{2}\pi\frac{x}{\ell},$$

denn infolge $h(x) \equiv 0$ sind die $A_{2k} = 0$. Weiter gilt (s. Beispiel 4.3) für die verbleibenden
Fourierkoeffizienten

$$\tilde{A}_{1k} = \frac{2}{\ell} \int_0^{\ell} u_s(x) \sin \frac{2k-1}{2}\frac{\pi}{\ell}\, x\, dx = \frac{(-1)^{k+1}\, 8 p_0 \ell}{(2k-1)^2 \pi^2 EA_0}.$$

Es verbleibt nur noch, auf evtl. Unterschiede in der d'Alembertschen und der Bernoulli-
schen Lösung einzugehen. Das Ergebnis dieser Betrachtungen ist, daß unter angebbaren

mathematischen Bedingungen [4.2] beide Lösungen übereinstimmen, letztere ist die konvergente Reihenentwicklung (nach [orthogonalen] Eigenfunktionen) der d'Alembertschen Lösung.

4.1.5   Der Stab konstanten Querschnitts unter Randlast

Im Bauwesen sind Stützen und Pfähle mit Erregung am Kopf häufiger als Torsionsstäbe. Die folgenden Ausführungen werden deshalb für den Dehnstab mit konstantem Querschnitt formuliert, sie gelten auch für den Torsionsstab, wenn statt der Dehnsteifigkeit die Torsionssteifigkeit, statt der Längenänderung die Winkeländerung benutzt wird.

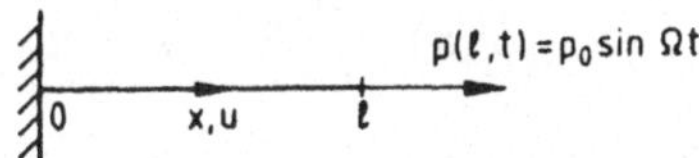

Bild 4.9
Dehnstab mit Randerregung

Gegeben sei der einseitig starr eingespannte Dehnstab der Länge ℓ mit harmonischer Erregung an der Stelle ℓ (Bild 4.9): $p(\ell, t) = p_0 \sin \Omega t$. Die Bewegungsgleichung ist (wegen fehlender Streckenlast) durch die homogene Gl. (4.7) gegeben:

$$\ddot{u}(x, t) = c_D^2 u''(x, t), \qquad c_D^2 = \frac{EA_0}{\mu_0}. \tag{4.7}$$

Die Randbedingungen lauten:

Am eingespannten Rand

$$u(0, t) = 0, \tag{4.29a}$$

am erregten Rand

$$N(\ell, t) = EA_0 u'(x, t)|_{x = \ell} = c_D^2 \mu_0 u'(x, t)|_{x = \ell} = p_0 \sin \Omega t. \tag{4.29b}$$

Wegen der Einzellast am Rand sind die Randbedingungen inhomogen, und die vorliegende Randwertaufgabe wird als inhomogen bezeichnet. Somit sind die aus der Erregung resultierenden Systemantworten als erzwungene Schwingungen (Bild 1.9) einzuordnen.

Das lineare System antwortet auf die Erregung mit der Frequenz Ω wieder in der Erregungsfrequenz, weshalb der Produktansatz

$$u(x, t) = \hat{u}(x) \sin \Omega t \tag{4.30}$$

zur Lösung der partiellen DGl. eingeführt wird. (4.30) entsprechend differenziert und in die DGl. (4.7) eingesetzt, liefert die homogene gewöhnliche DGl. 2. Ordnung

$$-\Omega^2 \hat{u}(x) = c_D^2 \hat{u}''(x). \tag{4.31}$$

Der Produktansatz (4.30) überführt die Randbedingungen (4.29) in

$$\hat{u}(0) = 0, \qquad c_D^2 \mu_0 \hat{u}'(x)|_{x = \ell} = p_0. \tag{4.32}$$

Mit (4.31) und (4.32) ist die Randwertaufgabe vollständig beschrieben. Die DGl. (4.31) hat die allgemeine Lösung

$$\hat{u}(x) = B_1 \cos \frac{\Omega}{c_D} x + B_2 \sin \frac{\Omega}{c_D} x, \tag{4.33}$$

deren Integrationskonstanten aus den Randbedingungen (4.32) folgen:

$$x = 0: \quad 0 = B_1,$$

$$\hat{u}(x) = B_2 \sin \frac{\Omega}{c_D} x,$$

$$\hat{u}'(x) = \frac{\Omega}{c_D} B_2 \cos \frac{\Omega}{c_D} x,$$

$$x = \ell: \quad \frac{p_0}{c_D^2 \mu_0} = \frac{\Omega}{c_D} B_2 \cos \frac{\Omega}{c_D} \ell,$$

$$B_2 = \frac{p_0}{c_D \mu_0 \Omega} \frac{1}{\cos \dfrac{\Omega}{c_D} \ell}. \tag{4.34}$$

Damit ist die stationäre Lösung des Problems durch das partikuläre Integral

$$u_p(x, t) = \hat{u}_p(x) \sin \Omega t \tag{4.35a}$$

$$\hat{u}_p(x) = \frac{p_0}{c_D \mu_0 \Omega} \frac{\sin \dfrac{\Omega}{c_D} x}{\cos \dfrac{\Omega}{c_D} \ell}. \tag{4.35b}$$

gegeben.

F r a g e : Es wirke die Erregung (4.29) erst ab einer Zeit t_0 auf das vorher in Ruhe befindliche System. Wie erhält man dann die Antwort unter Verwendung der stationären Lösung (4.35)?

A n t w o r t : Entsprechend der allgemeinen Lösung der gewöhnlichen DGl., d. h. aus der Überlagerung der Lösung der homogenen DGl. mit dem partikulären Integral unter Berücksichtigung der Anfangsbedingungen.

Diskussion des Ergebnisses (4.35b):

– Es ist $\hat{u}_p(x) \sim p_0$ (Linearität),

– $\hat{u}_p(x) \sim 1/\Omega$, mit wachsender Erregungsfrequenz nimmt die Antwort umgekehrt proportional ab, während der Zähler beschränkt bleibt. Der Nenner muß jedoch noch in die Betrachtung einbezogen werden:

– $\hat{u}_p(x)$ wächst über alle Schranken für $\cos \dfrac{\Omega}{c_D} \ell \to 0$: Dieses ist die Frequenzgleichung

des Stabes mit den Lösungen $\Omega = \omega_k = \dfrac{2k-1}{2}\,\pi\,\dfrac{c}{\ell}$ (s. Tab. 4.1). Die Verschiebung wird
theoretisch beliebig groß, wenn die Einwirkung in Resonanz beliebig lange dauert.
Der Fall einer nichtharmonischen Randerregung kann mit Hilfe der LT gelöst werden
[1.23], jedoch ist die Rücktransformation der Lösung in den Zeitraum aufwendig. Einfacher ist die Behandlung im Zeitraum mittels der inhomogenen Bewegungsgleichung
(s. nächster Abschnitt), in die die Einzellast $p(t)$ am Rand $x = \ell$ mit Hilfe der Dirac-
Funktion als Streckenlast $p(x, t)$ eingeführt wird: $p(x, t) = \delta(x - \ell)p(t)$. Die Dirac-Funktion wurde bereits im Abschn. 2.3.3.1, Gl. (2.58) verwendet; anstelle der Zeitvariablen
tritt jetzt die Ortsvariable.

4.1.6   Der Stab konstanten Querschnitts unter Streckenlast

Wird die Streckenlast, die eingeprägte Kraftverteilung (bzw. Momentenverteilung), mit
$p(x, t)$ bezeichnet, so geht die eindimensionale Wellengleichung (4.13) über in die inhomogene Gl.

$$\ddot{y}(x, t) - c^2 y''(x, t) = \frac{1}{m_0}\,p(x, t), \tag{4.36}$$

wobei m_0 für μ_0 bei Betrachtung des Dehnstabes und für J_0 beim Torsionsstab steht.
Zur Lösung der inhomogenen Gl. (4.36) wird der Produktansatz in Form einer Reihe[1]

$$y(x, t) = \sum_{k=1}^{\infty} \hat{y}_k(x)T_k^*(t) \tag{4.37}$$

eingeführt, mit den Eigenfunktionen $\hat{y}_k(x)$ des betrachteten Stabes. Da die $\hat{y}_k(x)$ als
Eigenfunktionen die Randbedingungen erfüllen, genügt auch $y(x, t)$ diesen Randbedingungen. Die Gl. (4.37) ist infolge Verwendung der Eigenfunktionen eine Modaltransformation, die Zeitfunktionen $T_k^*(t)$ sind generalisierte Koordinaten (s. die $q_i(t)$ beim
MFGM), die angeben, mit welchem Anteil die einzelnen Eigenfunktionen in der Antwort $y(x, t)$ enthalten sind. Der Stern bei $T_k^*(t)$ steht bei der Lösung der inhomogenen
Gleichung zur Unterscheidung von $T_k(t)$ der homogenen Gleichung.
Einsetzen der entsprechenden Ableitungen von (4.37) in die Bewegungsgleichung
(4.36) liefert die Reihe

$$\sum_{k=1}^{\infty} [\hat{y}_k(x)\ddot{T}_k^*(t) - c^2\hat{y}_k''(x)T_k^*(t)] = \frac{p(x, t)}{m_0}.$$

Die Eigenfunktionen erfüllen die gewöhnliche homogene DGl. (4.26b),

$$\omega_k^2\hat{y}_k(x) = -c^2\hat{y}_k''(x), \qquad k \in \mathbf{N};$$

---

[1] Hinsichtlich der Zulässigkeit dieses Ansatzes (Konvergenz und Eindeutigkeit) s. die
Anmerkung nach Gl. (4.39).

Ersetzen von $-c^2 \hat{y}_k''(x)$ in der Reihe durch den obigen Ausdruck liefert

$$\sum_{k=1}^{\infty} [\ddot{T}_k^*(t) + \omega_k^2 T_k^*(t)] \hat{y}_k(x) = \frac{p(x, t)}{m_0}. \tag{4.38}$$

Die schon in Beispiel 4.3 verwendete Orthogonalitätseigenschaft der Eigenfunktionen (4.28) wird jetzt auch hier genutzt: Multiplikation der Gl. (4.38) mit $\hat{y}_j(x)$ und Integration über x von 0 bis ℓ läßt alle Terme auf der linken Seite bis auf den mit $k = j$ verschwinden:

$$\ddot{T}_j^*(t) + \omega_j^2 T_j^*(t) = \frac{2}{m_0 \ell} \int_0^\ell \hat{y}_j(x) p(x, t) dx =: \varphi_j(t), \qquad j \in \mathbf{N}. \tag{4.39}$$

Dieses ist eine gewöhnliche inhomogene DGl. 2. Ordnung mit bekannter rechter Seite für jedes j: Bewegungsgleichung eines generalisierten EFGM, für deren Lösung wir Methoden im Zeitraum- und Frequenzraum bereitgestellt haben (s. Kap. 2). Folglich können die Lösungen $T_j^*(t)$ als bekannt angenommen werden.

A n m e r k u n g : Die Eigenfunktionen von selbstadjungierten Eigenwertaufgaben, die hier vorliegen (vgl. auch Abschn. 6.5.1), bilden ein vollständiges Orthogonalsystem. Jede Funktion, die die DGl. und die Randbedingungen erfüllt, kann in eine absolut konvergente Reihe der Eigenfunktionen entwickelt werden: Gl. (4.37). Die $T_i^*(t)$ sind die Entwicklungskoeffizienten, die wieder angeben, mit welchem Anteil die einzelne Eigenfunktion in der Lösung enthalten ist.

Die Gl. (4.39) beinhaltet hinsichtlich der Erregung $p(x, t)$, daß das Integral $\int_0^\ell \hat{y}_j(x) p(x, t) dx$ existieren muß. Multiplikation von (4.39) mit $\hat{y}_j(x)$, Summation über j von 1 bis ∞ und Ersetzen der linken Seite durch (4.38) ergibt die Gl.

$$p(x, t) = \frac{2}{\ell} \sum_{j=1}^{\infty} \hat{y}_j(x) \int_0^\ell \hat{y}_j(\xi) p(\xi, t) d\xi,$$

eine Entwicklung von $p(x, t)$. In der Praxis wird man nicht mit den obigen Reihen sondern mit Summen arbeiten. Die obige Entwicklung von $p(x, t)$ kann u. U. zur Untersuchung des Abbrechfehlers genutzt werden.

Der Modalansatz (4.37) vermag das Anfangs-, Randwertproblem auf entkoppelte generalisierte EFGM zurückzuführen. Insofern liegen vergleichbare Verhältnisse wie bei den MFGM vor.

F r a g e : Liefert die Gl. (4.39) einen Anhaltspunkt dafür, welche generalisierten Koordinaten in der Reihe (4.37) berücksichtigt werden müssen?

A n t w o r t : Ja, abhängig von der Größe der generalisierten Kräfte $\varphi_j(t)$. Ist die generalisierte Kraft $\varphi_J(t)$, $J \in \mathbf{N}$, vernachlässigbar, dann ist es auch $T_J^*(t)$.

Für $T_k^*(t)$ kann aufgrund des EFGM mit der Gewichtsfunktion $\frac{1}{\omega_k} \sin \omega_k t$ das Duhamelintegral (s. Gl. (2.68))

$$T_k^*(t) = \frac{1}{\omega_k} \int_{-\infty}^{t} \sin \omega_k(t - \tau)\varphi_k(\tau)d\tau \tag{4.40}$$

gesetzt werden. Für die Lösung (4.37) folgt damit

$$y(x, t) = \sum_{k=1}^{\infty} \frac{1}{\omega_k}\hat{y}_k(x) \int_{-\infty}^{t} \sin \omega_k(t - \tau)\varphi_k(\tau)d\tau$$

$$= \frac{2}{m_0\ell} \sum_{k=1}^{\infty} \frac{1}{\omega_k}\hat{y}_k(x) \int_{-\infty}^{t} \sin \omega_k(t - \tau) \int_0^{\ell} \hat{y}_k(\xi)p(\xi, \tau)d\xi d\tau. \tag{4.41}$$

Mit $\varphi_k(t) \equiv 0$ für $t < 0$ und wenn das System für $t < 0$ in Ruhe ist, wird die Lösung vollständig durch die Reihe (4.41) mit den Duhamelintegralen beschrieben.

Erregungen, die sich durch periodische Funktionen beschreiben lassen, die aber nicht bei $-\infty$, sondern bei $t = t_0$ erst beginnen, somit transient sind, lassen sich mathematisch als Summe zweier gleicher periodischer Funktionen mit entgegengesetztem Vorzeichen darstellen, deren eine bei $t = t_0$ endet. Die Antwort eines Systems auf diese Erregung zur Zeit $t = t_0$ liefert die Anfangswerte einer freien Schwingung. Diese freie Schwingung zusammen mit der Antwort auf die periodische Erregung bildet die Gesamtantwort. Es wird also die allgemeine Lösung der inhomogenen Bewegungsgleichung (4.36) aus einer partikulären Lösung und der Lösung der zugehörigen homogenen Gleichung zusammengesetzt, um dann die Anfangsbedingungen einzuarbeiten: Mit (4.37) bzw. (4.41) und mit (4.27a) kann geschrieben werden

$$y(x, t) = y_h(x, t) + y_p(x, t)$$

$$= \sum_{k=1}^{\infty} \hat{y}_k(x)T_k(t) + \sum_{k=1}^{\infty} \hat{y}_k(x)T_k^*(t)$$

$$= \sum_{k=1}^{\infty} \hat{y}_k(x)[T_k(t) + T_k^*(t)] \tag{4.42}$$

$$= \sum_{k=1}^{\infty} \hat{y}_k(x)\left[A_{1k} \cos \omega_k t + A_{2k} \sin \omega_k t + \frac{1}{\omega_k} \int_0^{t} \sin \omega_k(t-\tau)\varphi_k(\tau)d\tau\right].$$

Beispiel 4.5 Ein einseitig starr eingespannter Torsionsstab konstanten Querschnitts werde mit dem Drehmoment pro Längeneinheit $(p(x, t) =)\, m_T(x, t) = m_{T0}e^{-at} \cos \frac{\pi}{4} \frac{x}{\ell}$ belastet, wobei $m_{T0} = 1$ und $a > 0$ sei. Nach Tab. 4.1 sind die Eigenfrequenzen

$$\omega_k = 2\pi f_k = \frac{2k - 1}{2} \pi \frac{c_T}{\ell}$$

und die Eigenschwingungsformen sind

$$\hat{\alpha}_k(x) = \sin \frac{2k - 1}{2} \pi \frac{x}{\ell}.$$

Die Antwort des Stabes lautet nach Gl. (4.41):

$$\alpha(x, t) = \frac{2\ell}{\pi c_T} \sum_{k=1}^{\infty} \frac{1}{2k-1} \sin \frac{2k-1}{2} \pi \frac{x}{\ell} \int_0^t \sin \frac{2k-1}{2} \pi \frac{c_T}{\ell}(t-\tau)\varphi_k(\tau)\,d\tau$$

mit $$\varphi_k(t) = \frac{2}{J_0\ell} \int_0^\ell \sin \frac{2k-1}{2} \pi \frac{x}{\ell} m_T(x, t)\,dx$$

nach Gl. (4.39).

Für das generalisierte Moment folgt

$$\varphi_k(t) = \frac{2}{J_0\ell} e^{-at} \int_0^\ell \sin \frac{2k-1}{2} \pi \frac{x}{\ell} \cos \frac{\pi}{4} \frac{x}{\ell}\,dx$$

$$= \frac{2}{\pi J_0} e^{-at} \left[\frac{1}{4k-1} (2 + (-1)^{k+1} \sqrt{2}) + \frac{1}{4k-3} (2 - (-1)^{k+1} \sqrt{2}) \right].$$

Es verbleibt, das obige Duhamelintegral zu lösen: Das Ergebnis ist

$$\alpha(x, t) = \frac{4\ell}{\pi^2 c_T J_0} \sum_{k=1}^{\infty} a_k \sin \frac{2k-1}{2} \pi \frac{x}{\ell} \cdot$$

$$\cdot \left[a \sin \frac{2k-1}{2} \pi \frac{c_T}{\ell} t - \frac{2k-1}{2} \pi \frac{c_T}{\ell} \left(\cos \frac{2k-1}{2} \pi \frac{c_T}{\ell} t - e^{-at} \right) \right]$$

mit $$a_k := \left\{ \frac{1}{4k-1} [2 + (-1)^{k+1} \sqrt{2}] + \frac{1}{4k-3} [2 - (-1)^{k+1} \sqrt{2}] \right\} \frac{1}{2k-1} \cdot$$

$$\cdot \frac{1}{a^2 + \left(\frac{2k-1}{2} \pi \frac{c_T}{\ell} \right)^2} \cdot$$

Die Reihe konvergiert mit $1/k^2$.

Im vorherigen Abschnitt ist auf die Behandlung der nichtharmonischen Randerregung als inhomogene Randwertaufgabe mit inhomogener Bewegungsgleichung verwiesen:

$$p(x, t) = \delta(x - \ell)p(t) \tag{4.43}$$

mit der Randerregung $p(t)$ an der Stelle $x = \ell$ und der Dirac-Funktion

$$\left. \begin{array}{l} \delta(x - \ell) = 0 \qquad \text{für } x \neq \ell \\[1em] \int_{-\infty}^{\infty} \delta(x - \ell)\,dx = 1 \end{array} \right\} \tag{4.44}$$

und der Ausblendeigenschaft (vgl. Beispiel 2.7)

$$\int_{-\infty}^{\infty} \delta(x - \ell)f(x)\,dx = \int_{-\infty}^{\infty} \delta(x - \ell)f(\ell)\,dx = f(\ell) \int_{-\infty}^{\infty} \delta(x - \ell)\,dx = f(\ell). \tag{4.45}$$

Die Streckenlast (4.43) (die überall gleich Null ist, ausgenommen an der Stelle $x = \ell$) in Gl. (4.39) eingesetzt, führt unter Beachtung der Ausblendeigenschaft auf die generalisierte Kraft

$$\varphi_j(t) = \frac{2\hat{y}_j(\ell)}{m_0\ell}\, p(t), \qquad j \in \mathbf{N}, \tag{4.46}$$

(wie sie über die virtuelle Arbeit natürlich auch herleitbar ist). Diese generalisierte Kraft ist in das Duhamel-Integral der Lösung (4.41) einzusetzen.

A n m e r k u n g : Die Eigenfunktionen $\hat{y}_j(x)$ verlangen die Lösung der homogenen Aufgabe, also ohne Streckenlast und damit Randlast.

Beispiel 4.6 Die in Beispiel 4.2 betrachtete Pfahlrammung sei jetzt mit Hilfe des Bernoulli-Ansatzes untersucht.

Die Randerregung $N_H(t)$ wird entsprechend Gl. (4.43) als Streckenlast

$$p(x, t) = \delta(x)N_H(t)$$

eingeführt. Die generalisierten Kräfte ergeben sich zu

$$\varphi_j(t) = \frac{2\hat{u}_j(0)}{\mu_0\ell}\, N_H(t),$$

wobei in Gl. (4.46) natürlich anstelle $x = \ell$ der hier erregte Rand $x = 0$ genommen werden muß.

Im Gegensatz zum Beispiel 4.2 muß jetzt eine Aussage über den Rand ℓ getroffen werden, um den Modalansatz machen zu können: Es wurde angenommen, daß der Pfahl sich nicht mehr in das Erdreich eintreiben läßt, $u(\ell, t) = 0$. Die anzusetzenden Eigenschwingungsformen sind dann die des freien-einseitig starr eingespannten Stabes, $\sin \dfrac{2j-1}{2}\pi\left(1 - \dfrac{x}{\ell}\right)$ gemäß Tab. 4.1, oder umgerechnet

$$\hat{u}_j(x) = \cos \frac{2j-1}{2}\pi\frac{x}{\ell}$$

in der Normierung

$$\hat{u}_j(0) = 1.$$

Die Eigenfrequenzen sind

$$\omega_j = \frac{2j-1}{2}\frac{\pi c_D}{\ell}.$$

Die Dehnschwingungen folgen nach Gl. (4.41):

$$u(x, t) = \frac{2\ell}{\pi c_D}\sum_{j=1}^{\infty}\frac{1}{2j-1}\cos\frac{2j-1}{2}\pi\frac{x}{\ell}\int_0^t \sin\frac{2j-1}{2}\frac{\pi c_D}{\ell}(t - \tau)\varphi_j(\tau)\,\mathrm{d}\tau$$

$$= \frac{4}{\pi\mu_0 c_D}\sum_{j=1}^{\infty}\frac{1}{2j-1}\cos\frac{2j-1}{2}\pi\frac{x}{\ell}\int_0^t \sin\frac{2j-1}{2}\frac{\pi c_p}{\ell}(t - \tau)N_H(\tau)\,\mathrm{d}\tau.$$

Mit $\mu_0 c_D = EA_0/c_D$ und

$$N_H(t) = \frac{EA_0}{c_D}\,\dot{u}_0(t)$$

ergibt sich die Gl.

$$u(x, t) = \frac{4}{\pi} \sum_{j=1}^{\infty} \frac{1}{2j-1} \cos \frac{2j-1}{2} \pi \frac{x}{\ell} \int_0^t \sin \frac{2j-1}{2} \frac{\pi c_D}{\ell} (t-\tau) \dot{u}_0(\tau) d\tau.$$

Partielle Integration des obigen Integrales überführt die Gl. in

$$u(x, t) = \frac{2c_D}{\ell} \sum_{j=1}^{\infty} \cos \frac{2j-1}{2} \pi \frac{x}{\ell} \int_0^t \cos \frac{2j-1}{2} \frac{\pi c_D}{\ell} (t-\tau) u_0(\tau) d\tau.$$

Anwenden der Additionstheoreme führt auf die Lösung

$$u(x, t) = \frac{c_D}{\ell} \sum_{j=1}^{\infty} \left\{ \left[\cos \frac{2j-1}{2} \frac{\pi}{\ell} (x - c_D t) + \cos \frac{2j-1}{2} \frac{\pi}{\ell} (x + c_D t) \right] \cdot \right.$$

$$\cdot \int_0^t \cos \frac{2j-1}{2} \frac{\pi c_D}{\ell} \tau \cdot u_0(\tau) d\tau$$

$$\left. - \left[\sin \frac{2j-1}{2} \frac{\pi}{\ell} (x - c_D t) - \sin \frac{2j-1}{2} \frac{\pi}{\ell} (x + c_D t) \right] \int_0^t \sin \frac{2j-1}{2} \frac{\pi c_D}{\ell} \tau \cdot u_0(\tau) d\tau \right\}.$$

Damit sind die gesuchten Dehnschwingungen hinreichend beschrieben für einen Vergleich mit der Lösung nach d'Alembert in Beispiel 4.2. Die obigen beiden Formulierungen zeigen, daß für jedes beliebig kleine t sich s o f o r t stehende Wellen ergeben: Die Faktoren oben in den eckigen Klammern werden mit Zahlen ungleich Null multipliziert, die sich allein aus der Zeitabhängigkeit ergeben. In den eckigen Klammern stehen fortschreitende Wellen (s. Gl. (4.19)), die gleich sind (s. vorletzte Gl.) den Eigenschwingungsformen (stehende Wellen) multipliziert mit einem Zeitfaktor.

4.1.7   Der Stab mit veränderlichem Querschnitt: Energieausdrücke, Rayleighscher Quotient, verallgemeinerte Orthogonalität

Anstelle von $\mu(x)$ bzw. J(x) wird allgemein m(x) und anstelle der Steifigkeiten EA(x) und $GI_T(x)$ sei S(x) geschrieben. Die homogene Bewegungsgleichung lautet dann

$$m(x)\ddot{y}(x, t) - [S(x)y'(x, t)]' = 0 \tag{4.47}$$

anstelle von (4.5) bzw. (4.10).

Um die Energie des frei schwingenden Stabes zu erhalten, wird von der Gl. (4.47) ausgegangen und zunächst die Gesamtleistung berechnet:

$$\frac{dE(t)}{dt} = \int_0^\ell m(x)\ddot{y}(x, t)\dot{y}(x, t)dx - \int_0^\ell [S(x)y'(x, t)]'\dot{y}(x, t)dx = 0,$$

d. h. die Gesamtenergie ist zeitunabhängig weil konstant.

Für das Produkt $\ddot{y}(x, t)\dot{y}(x, t)$ im ersten Integranden kann $\frac{1}{2} \frac{\partial}{\partial t} [\dot{y}^2(x, t)]$ geschrieben werden, für das zweite Integral liefert die partielle Integration

$$\int_0^\ell [S(x)y'(x,t)]'\dot{y}(x,t)dx = [S(x)y'(x,t)]\dot{y}(x,t)|_0^\ell - \int_0^\ell S(x)y'(x,t)\dot{y}'(x,t)dx;$$

hier ist der erste Term (Randausdrücke) der rechten Seite gleich Null, weil für den Stab ohne Zusatzfedern entweder die Verschiebung oder ihre örtliche Ableitung am Rand gleich Null ist. Das Produkt $y'(x,t)\dot{y}'(x,t)$ im Integranden der rechten Seite der obigen Gleichung kann $\dfrac{1}{2}\dfrac{\partial}{\partial t}[y'^2(x,t)]$ geschrieben werden. Für die Leistung folgt somit

$$\frac{dE(t)}{dt} = \frac{1}{2}\frac{d}{dt}\int_0^\ell m(x)\dot{y}^2(x,t)dx + \frac{1}{2}\frac{d}{dt}\int_0^\ell S(x)y'^2(x,t)dx = 0. \tag{4.48}$$

Die zeitlich konstante Gesamt-Energie ergibt sich aus der zeitlichen Integration der Leistung:

$$E(t) = \int^t \frac{dE(t')}{dt'}dt' + C = \frac{1}{2}\int_0^\ell m(x)\dot{y}^2(x,t)dx$$

$$+ \frac{1}{2}\int_0^\ell S(x)y'^2(x,t)dx + C = \text{const.}$$

Der Produktansatz (4.23) mit der harmonischen Funktion $T(t) = \sin \omega t$ überführt die Energie in

$$E(t) = \frac{\omega^2}{2}\int_0^\ell m(x)\hat{y}^2(x)dx \cos^2 \omega t$$

$$+ \frac{1}{2}\int_0^\ell S(x)\hat{y}'^2(x)dx \sin^2 \omega t + C = \text{const.}:$$

Diese Gleichung kann offensichtlich nur gelten, wenn die bezüglich der Zeit maximale kinetische Energie des Stabes

$$\hat{E}_{kin} := \frac{\omega^2}{2}\int_0^\ell m(x)\hat{y}^2(x)dx \tag{4.49}$$

gleich dem Anteil der potentiellen Energie (Formänderungsarbeit)

$$\hat{E}_{pot} := \frac{1}{2}\int_0^\ell S(x)\hat{y}'^2(x)dx \tag{4.50}$$

ist, der für $C = 0$ das Maximum der potentiellen Energie darstellt, d. h. wenn

$$\frac{\omega^2}{2}\int_0^\ell m(x)\hat{y}^2(x)dx = \frac{1}{2}\int_0^\ell S(x)\hat{y}'^2(x)dx \tag{4.51}$$

gilt.

Die Gl. (4.51) nach ω^2 aufgelöst,

$$\omega^2 = \frac{\int\limits_0^\ell S(x)\hat{y}'^2(x)\,dx}{\int\limits_0^\ell m(x)\hat{y}^2(x)\,dx}, \tag{4.52}$$

bezeichnet man als den Rayleighschen Quotienten für den Dehn- und Torsionsstab, auf den wir noch später bei den Näherungsverfahren zurückkommen werden. Mit bekannten Eigenfunktionen $\hat{y}_k(x)$ des Stabes liefert er also die Eigenfrequenzen ω_k zum Quadrat.

Vergleicht man (4.52) mit dem Rayleighschen Quotienten (3.16) des MFGM, so sieht man, daß die Summation über die Komponenten beim MFGM hier der Integration entspricht. Gemäß dem Sprachgebrauch beim MFGM bezeichnen wir die bezogene kinetische Energie im Nenner des Rayleighschen Quotienten als generalisierte Masse und den Zählerausdruck demgemäß als generalisierte Steifigkeit. Vervollständigt und noch anschaulicher wird die Einführung dieser Begriffe durch die zeitabhängigen Energieausdrücke transformiert in generalisierte Koordinaten (Aufgabe 4.5).

Um die verallgemeinerte Orthogonalitätsbeziehung für die Eigenfunktionen nachzuweisen, wird die Gl. (4.47) mit dem Produktansatz (4.23) separiert. Die sich ergebende ortsabhängige DGl. ist sowohl für die i-te als auch k-te Eigenlösung erfüllt:

$$-\omega_i^2 m(x)\hat{y}_i(x) = [S(x)\hat{y}_i'(x)]',$$

$$-\omega_k^2 m(x)\hat{y}_k(x) = [S(x)\hat{y}_k'(x)]'.$$

Die erste Gleichung mit $\hat{y}_k(x)$ und die zweite Gleichung mit $\hat{y}_i(x)$ multipliziert und über x von 0 bis ℓ integriert, liefert nach entsprechender partieller Integration die beiden Gln.

$$-\omega_i^2 \int\limits_0^\ell m(x)\hat{y}_i(x)\hat{y}_k(x)\,dx = S(x)\hat{y}_i'(x)\hat{y}_k(x)\big|_0^\ell - \int\limits_0^\ell S(x)\hat{y}_i'(x)\hat{y}_k'(x)\,dx,$$

$$-\omega_k^2 \int\limits_0^\ell m(x)\hat{y}_i(x)\hat{y}_k(x)\,dx = S(x)\hat{y}_k'(x)\hat{y}_i(x)\big|_0^\ell - \int\limits_0^\ell S(x)\hat{y}_i'(x)\hat{y}_k'(x)\,dx.$$

Man sieht die zweite Gleichung von der ersten subtrahiert, daß auf der rechten Seite die Integrale sich aufheben. Was passiert mit den Randtermen? Ihre Differenz wird für homogene eigenwertfreie Randbedingungen (einschließlich Linearkombinationen wie sie z. B. bei elastischer Einspannung auftreten, s. Aufgabe 4.6) ebenfalls Null, da die Werte der Eigenfunktionen an den Rändern gleich, also unabhängig vom Index sind. Alle Eigenfunktionen erfüllen die Randbedingungen. Es folgt

$$(\omega_k^2 - \omega_i^2)\int\limits_0^\ell m(x)\hat{y}_i(x)\hat{y}_k(x)\,dx = 0.$$

Für $k \neq i$ und einfache Eigenwerte ist $\omega_k \neq \omega_i$, es muß also

$$\int\limits_0^\ell m(x)\hat{y}_i(x)\hat{y}_k(x)\,dx = 0, \qquad i \neq k, \tag{4.53a}$$

gelten. Wendet man bezüglich der Randterme die Schlußfolgerung an, die zu Gl. (4.48) führte, daß also für ein nichterregtes System mindestens eine der Randbedingungen jedes Randes Null ist, so ergibt sich zusätzlich noch

$$\int_0^\ell S(x)\hat{y}_i'(x)\hat{y}_k'(x)\,dx = 0, \qquad i \neq k, \tag{4.53b}$$

womit die verallgemeinerte Orthogonalität der Eigenfunktionen gezeigt ist.

Für $\omega_i = \omega_k$ mit $i \neq k$ lassen sich mit dem entsprechenden Ansatz, der für das Matrizeneigenwertproblem des ungedämpften Systems gilt (Abschn. 3.2.1), verallgemeinerte orthogonale Eigenfunktionen konstruieren.

Die verallgemeinerte Orthogonalität der Eigenfunktionen bei eigenwertbehafteten Randbedingungen läßt sich ebenfalls zeigen [4.3] (Abschn. 5.8). Hierbei muß der zum Eigenwert gehörende Faktor in der Randbedingung natürlich in (4.53a) berücksichtigt werden. Da sich diese Rand-, Eigenwertaufgaben im allgemeinen nicht mehr in geschlossener Form lösen lassen, wird der Beweis nicht angetreten. Die Lösung erfolgt approximativ, d. h. das Kontinuum wird auf ein diskretes Modell ($\rightarrow$ MFGM) zurückgeführt, dessen Lösung einschließlich ihrer Eigenschaften in Kap. 3 beschrieben ist.

4.1.8 Dämpfungseinfluß für den Stab konstanten Querschnitts

Der Einfluß innerer und äußerer Dämpfungen sei am Dehnstab konstanten Querschnitts untersucht. Die Übertragung auf den Torsionsstab bereitet keine Schwierigkeiten. Einschränkend sei nur die freie Schwingung (homogenes Problem) und die erzwungene Schwingung infolge harmonischer Randerregung betrachtet.

Eine äußere viskose Dämpfungsverteilung in der Bewegungsgleichung (4.7) liefert einen Zusatzterm proportional zu $\ddot{u}(x, t)$. Für eine innere Dämpfungsverteilung erhält man den Zusatzterm aus folgender Überlegung: Das Formänderungsgesetz (4.3) um eine Verzerrungsgeschwindigkeit $\dot{\epsilon}$ erweitert,

$$\sigma(x, t) = E\left[\epsilon(x, t) + \frac{\beta_{in}}{c_D^2}\,\dot{\epsilon}(x, t)\right],$$

führt mit der Kinematik (4.2) auf einen Zusatzterm $\dot{u}'(x, t)$, der in Gl. (4.7) für die innere Dämpfung einen Ausdruck proportional $\partial^3 u(x, t)/(\partial x^2 \partial t)$ ergibt.

Die Bewegungsgleichung (4.7) erweitert um die Dämpfungsausdrücke lautet nun

$$\ddot{u}(x, t) = c_D^2 u''(x, t) + \beta_{in}\dot{u}''(x, t) - \beta_{au}\dot{u}(x, t). \tag{4.54}$$

β_{in} und β_{au} sind die auf μ_0 bezogenen Koeffizienten der inneren und äußeren Dämpfung, sie haben die Dimensionen $L^2 Z^{-1}$ und Z^{-1} (L – Länge, Z – Zeit).

Der Produktansatz (4.23) führt auf

$$\ddot{T}(t)\hat{u}(x) = c_D^2\hat{u}''(x)T(t) + \beta_{in}\hat{u}''(x)\dot{T}(t) - \beta_{au}\hat{u}(x)\dot{T}(t),$$

$$[\ddot{T}(t) + \beta_{au}\dot{T}(t)]\hat{u}(x) = c_D^2\left[T(t) + \frac{\beta_{in}}{c_D^2}\,\dot{T}(t)\right]\hat{u}''(x),$$

es folgt

$$\frac{\ddot{T}(t) + \beta_{au}\dot{T}(t)}{T(t) + \dfrac{\beta_{in}}{c_D^2}\,\dot{T}(t)} = c_D^2\,\frac{\hat{u}''(x)}{\hat{u}(x)} = -\omega^2,$$

denn diese Gleichung mit den beiden unabhängigen Veränderlichen auf den verschiedenen Seiten kann nur gelten, wenn beide Seiten unabhängig von der Wahl der Veränderlichen sind, also jede Seite konstant ist. Es folgen die beiden gewöhnlichen DGln. 2. Ordnung:

$$\ddot{T}(t) + \left(\beta_{au} + \omega^2\,\frac{\beta_{in}}{c_D^2}\right)\dot{T}(t) + \omega^2 T(t) = 0, \tag{4.55a}$$

$$\hat{u}''(x) + \left(\frac{\omega}{c_D}\right)^2 \hat{u}(x) = 0. \tag{4.55b}$$

Die Gl. (4.55b) in der Ortskoordinate stimmt mit der entsprechenden Gl. (4.26b) des ungedämpften Systems überein. Es gelten also die Eigenfrequenzen der Tab. 4.1. Die DGl. (4.55a) gilt für jede Zeitkoordinate $T_k(t)$ und zugehöriger Eigenfrequenz ω_k:

$$\ddot{T}_k(t) + \left(\beta_{au} + \omega_k^2\,\frac{\beta_{in}}{c_D^2}\right)\dot{T}_k(t) + \omega_k^2 T_k(t) = 0, \quad k \in \mathbb{N}. \tag{4.56}$$

Das ist die DGl. eines gedämpften EFGM in der (generalisierten) Koordinate $T_k(t)$. Der Exponentialansatz $e^{\lambda_k t}$ liefert die charakteristische Gl.

$$\lambda_k^2 + \left(\beta_{au} + \omega_k^2\,\frac{\beta_{in}}{c_D^2}\right)\lambda_k + \omega_k^2 = 0.$$

Einführen der Abklingkonstanten (s. (2.13), die Division durch die generalisierte Masse ist bereits in der Gl. (4.55a) erfolgt)

$$\delta_{au} := \frac{\beta_{au}}{2}, \qquad \delta_{ink} := \omega_k^2\,\frac{\beta_{in}}{2c_D^2} \tag{4.57}$$

und der Dämpfungsmaße (s. (2.15))

$$D_{auk} := \frac{\delta_{au}}{\omega_k} = \frac{\beta_{au}}{2\omega_k}, \qquad D_{ink} := \frac{\delta_{ink}}{\omega_k} = \omega_k\,\frac{\beta_{in}}{2c_D^2}, \tag{4.58}$$

führt auf die Gl.

$$\lambda_k^2 + 2(\delta_{au} + \delta_{ink})\lambda_k + \omega_k^2 = 0 \tag{4.59}$$

mit den Wurzeln

$$\lambda_{k1,2} = -(\delta_{au} + \delta_{ink}) \pm j\omega_k\,\sqrt{1 - (D_{auk} + D_{ink})^2}\,. \tag{4.60}$$

Im folgenden sei vorausgesetzt, daß der Radikand von (4.60) reell sei (schwingungsfähiges System!). Die Wurzeln seien für zwei Sonderfälle diskutiert. Wirkt die äußere Dämpfung allein, so wird

$$\lambda_{k1,2}^{(au)} = -\delta_{au} \pm j\omega_k \sqrt{1 - D_{auk}^2} =: -\delta_{au} \pm j\omega_{Dk}^{(au)}. \tag{4.61}$$

Die Lösung der DGl. (4.56) lautet jetzt in reeller Form (vgl. (2.22)):

$$T_k^{(au)}(t) = e^{-\delta_{au}t}(A_{1k} \cos \omega_{Dk}^{(au)}t + A_{2k} \sin \omega_{Dk}^{(au)}t). \tag{4.62}$$

Der Abklingfaktor $e^{-\delta_{au}t}$ ist unabhängig von dem Index k, folglich sind Grund- und Oberschwingungen durch die äußere Dämpfung gleich stark gedämpft. Diese Aussage gilt nicht nur für die generalisierten Koordinaten, sondern gemäß dem Produktansatz wegen der ungedämpften DGl. in den Ortskoordinaten für alle k-ten Verschiebungen $u_k(x, t) = \hat{u}_k(x)T_k(t)$. — Wie wirkt sich die innere Dämpfung auf den Stab aus? Für die Wurzeln gilt

$$\lambda_{k1,2}^{(in)} = -\delta_{ink} \pm j\omega_k \sqrt{1 - D_{ink}^2} := -\delta_{ink} \pm j\omega_{Dk}^{(in)} \tag{4.63}$$

und für die Lösung

$$T_k^{(in)}(t) = e^{-\delta_{ink}t}(A_{1k} \cos \omega_{Dk}^{(in)}t + A_{2k} \sin \omega_{Dk}^{(in)}t) \tag{4.64}$$

mit (4.56):

$$\delta_{ink} = \omega_k^2 \frac{\beta_{in}}{2c_D^2}.$$

Mit wachsendem k macht sich die innere Dämpfung immer stärker bemerkbar, ab einem bestimmten Index spielen die höheren Eigenschwingungsformen in der Antwort keine Rolle.

Hinsichtlich erzwungener Schwingungen sei lediglich der einseitig starr eingespannte Dehnstab mit harmonischer Randerregung am freien Ende andiskutiert. Es gilt die Bewegungsgleichung (4.54) mit den Randbedingungen (4.29), die jedoch komplex in vereinfachter Form geschrieben seien[1]): $N(\ell, t) = p_0 e^{j\Omega t}$. Mit dem Produktansatz $u(x, t) = \hat{u}(x)e^{j\Omega t}$ erhält man jetzt

$$-\Omega^2\hat{u}(x) = c_D^2\hat{u}''(x) + j\Omega\beta_{in}\hat{u}''(x) - j\Omega\beta_{au}\hat{u}(x) \tag{4.65}$$

bzw. umgeformt

$$(c_D^2 + j\Omega\beta_{in})\hat{u}''(x) + (\Omega^2 - j\Omega\beta_{au})\hat{u}(x) = 0. \tag{4.66}$$

Dieses ist wieder eine gewöhnliche DGl. 2. Ordnung, jedoch sind jetzt durch den unvollständigen komplexen Ansatz ihre Koeffizienten komplex. Der Lösungsansatz entsprechend (4.33) mit dem Argument κ führt auf

$$\kappa^2 = \frac{\Omega^2 - j\Omega\beta_{au}}{c_D^2 + j\Omega\beta_{in}}. \tag{4.67}$$

κ ist komplex, was aber bezüglich der trigonometrischen Funktionen im Lösungsansatz mit ihrem Zusammenhang zu den Exponentialfunktionen statthaft ist. Die Integrations-

---

[1]) s. Abschnitt 2.2.1, d. h. ohne den zugehörigen additiven konjugiert komplexen Anteil.

konstanten folgen aus den Randbedingungen (4.32) zu

$$B_1 = 0,$$

$$B_2 = \frac{p_0}{c_D^2 \mu_0 \kappa \cos \kappa \ell} \cdot$$

(4.68)

Damit lautet die stationäre Lösung der Aufgabe

$$\hat{u}(x) = \frac{p_0}{c_D^2 \mu_0 \kappa} \frac{\sin \kappa x}{\cos \kappa \ell} \cdot$$

(4.69)

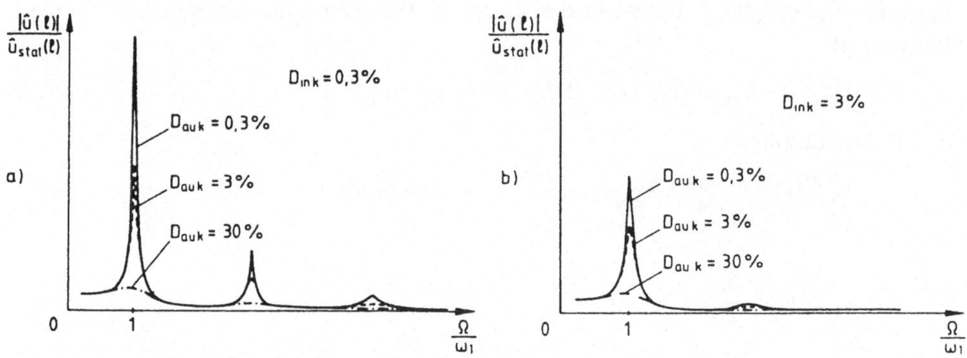

Bild 4.10 Bezogene Amplitudenfrequenzgänge des einseitig starr eingespannten Stabes mit harmonischer Randerregung am freien Ende für verschiedene Werte der inneren (in) und äußeren (au) Dämpfung

Bild 4.10 zeigt die bezogenen Amplitudenfrequenzgänge $|\hat{u}(\ell)|/\hat{u}_{stat}(\ell)$ des freien Stabendes über $\Omega/\omega_1 = 2\ell\Omega/(\pi c_D)$ und parametrisch abhängig von verschiedenen Dämpfungswerten für den Betonpfahl in Beispiel 4.2. Es treten Resonanzerscheinungen auf, wobei die Resonanzüberhöhungen infolge der Dämpfungen endlich sind. Bei den gewählten Dämpfungswerten zeigt die innere Dämpfung einen größeren Einfluß als die äußere Dämpfung. In ähnlich gelagerten Fällen ist diese Erkenntnis für den Entwurf von Konstruktionen bedeutsam, die wesentlich auf Dämpfung angewiesen sind. — Wurden umgekehrt Abklingfaktoren gemessen, so zeigt ihre Abhängigkeit von den Eigenschwingungen (Index k), wie die Dämpfungsverteilungen zu modellieren sind.

4.2   Querschwingungen eines Stabes: Biegebalken

Die Längsabmessungen werden ebenso wie beim Dehn- und Torsionsstab als groß gegenüber den Querabmessungen vorausgesetzt, d. h. es werden Spannungsresultierende (Schnittkräfte) angenommen, und es wird Ebenbleiben der Querschnitte (Bernoulli) vorausgesetzt.

Die Drehträgheit (Rayleigh) und die Schubverformung (Timoshenko) werden im folgenden teilweise berücksichtigt und ihr Einfluß wird abgeschätzt. Bei niedrigen Beanspruchungen (große Krümmungsradien, wie sie bei Eigenschwingungsformen niedriger Eigenfrequenzen auftreten), sind die hieraus resultierenden Anteile vernachlässigbar, nicht aber ohne weiteres für kleinere Krümmungsradien der Eigenschwingungsformen höherer Ordnungen mit größeren Eigenfrequenzen, wie sie bei Stoßvorgängen auftreten können.

4.2.1   Bewegungsgleichung und Randbedingungen

Die wesentlichen Voraussetzungen seien hier genannt:

– Gleichgewicht am unverformten Balkenelement, lineare Geometrie und Hookesches Gesetz, homogenes Material etc.

– Ebenbleiben der Querschnitte

– Existenz einer geraden elastischen Achse

– Schwereachse und elastische Achse fallen zusammen.

Zu den letzten beiden Voraussetzungen sind einige Erklärungen erforderlich. Die elastische Achse ist definiert als die Linie längs derer Kräfte senkrecht zur Stabachse nur Biegemomente aber keine Torsionsmomente hervorrufen (Schubmittelpunktslinie). Diese sei gerade und falle mit der Schwerelinie, der Verbindungslinie der Schwerpunkte in jedem Schnitt, zusammen. Wählen wir die elastische Achse als Bezugsachse, so entfällt aufgrund der 1. Voraussetzung eine elastische Kopplung und aufgrund der 2. Annahme eine Trägheitskopplung zwischen Biegung und Torsion (s. Abschn. 4.3.2).

Nun zu den Bezeichnungen. Bild 4.11 zeigt das verwendete Koordinatensystem, weiter ist

$B(x) := EI_y(x)$ die Biegesteifigkeit des Balkens mit der Querschnittsfläche $A(x)$ und dem axialen Flächenträgheitsmoment $I_y(x)$ um die y-Achse (für die z-Achse),

$\mu(x) = \rho A(x)$ ist wieder die Massenverteilung, mit ρ der Dichte,

$\Theta(x) = \rho I_y(x)$ ist das Massenträgheitsmoment pro Längeneinheit (Massenträgheitsmomenten-Verteilung) an jeder Stelle x in bezug auf

$\alpha(x, t)$, die Verdrehung des Querschnittes an der Stelle x gegenüber seiner unverformten Lage,

$w(x, t)$ ist die Querverschiebung, die Biegeverformung.

Die Schnittkräfte am Balkenelement enthält Bild 4.12. Beim Aufstellen der Bewegungsgleichung wird wie im vorherigen Abschnitt vorgegangen:

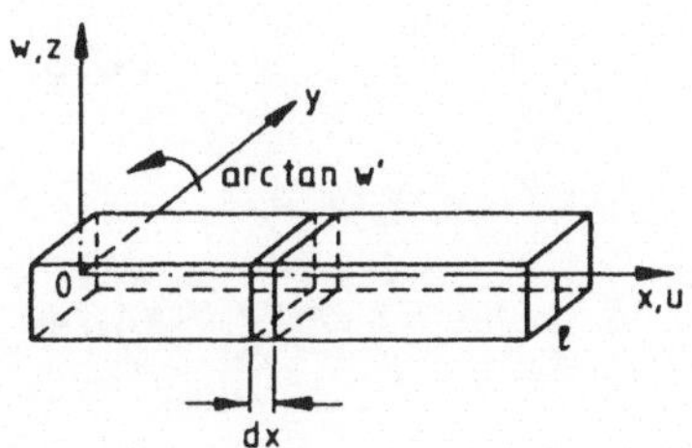

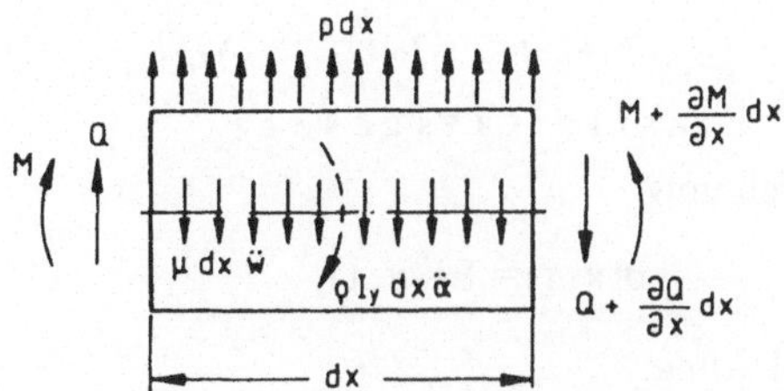

Bild 4.11 Koordinatensystem beim Biegebalken   Bild 4.12 Schnittkräfte am Balkenelement

1. T r ä g h e i t s g e s e t z : Für die Vertikalbewegung gilt am Balkenelement

$$\mu(x)dx\,\frac{\partial^2 w(x,t)}{\partial t^2} = Q(x,t) + p(x,t)dx - \left[Q(x,t) + \frac{\partial Q(x,t)}{\partial x}\,dx\right]$$

$$= -\frac{\partial Q(x,t)}{\partial x}\,dx + p(x,t)dx = [-Q'(x,t) + p(x,t)]dx. \quad (4.70)$$

Für die Drehbewegung gilt nach dem Drallsatz

$$\Theta(x)dx\,\frac{\partial^2 \alpha(x,t)}{\partial t^2} = -M(x,t) - Q(x,t)dx + \left[M(x,t) + \frac{\partial M(x,t)}{\partial x}\,dx\right]$$

$$= -Q(x,t)dx + \frac{\partial M(x,t)}{\partial x}\,dx = [M'(x,t) - Q(x,t)]dx. \quad (4.71)$$

Die aus der Statik bekannte elementare Beziehung zwischen Querkraft Q und Biegemoment M gilt also hier zunächst einmal nicht.

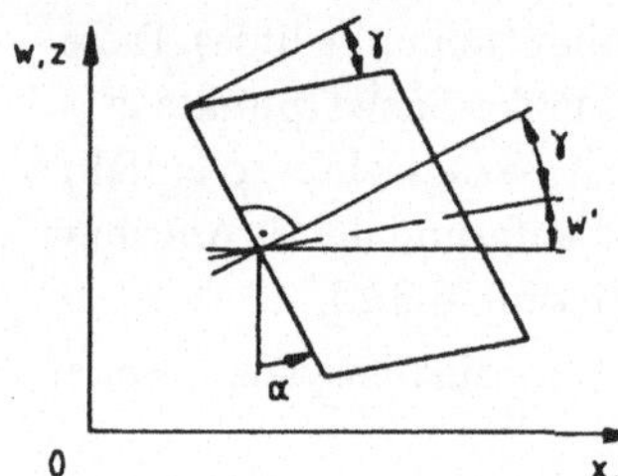

Bild 4.13
Verdrehung des ebenen Querschnittes

2. K i n e m a t i k (Bild 4.13): $\alpha(x,t)$ ist die Gesamt-Verdrehung des als eben vorausgesetzten Querschnittes. Für die Verzerrung gilt

$$\epsilon(x,t) = u'(x,t) = -z\alpha'(x,t). \qquad (4.72)$$

$\dfrac{\partial w(x,t)}{\partial x} = w'(x,t)$ ist (gemäß den getroffenen Voraussetzungen) gleich der Neigung der

elastischen Achse. Ohne Schubverformung bleibt der Querschnitt senkrecht zur elastischen Achse und die Verdrehung α ist gleich w'. Mit Schubverformung dagegen gilt

$$\alpha(x,t) = \gamma(x,t) + w'(x,t),$$

oder die Schubdeformation durch die anderen Größen ausgedrückt,

$$\gamma(x,t) = \alpha(x,t) - w'(x,t). \qquad (4.73)$$

3. E l a s t i z i t ä t s g e s e t z :
Dehnung:

$$\sigma(x,t) = E\epsilon(x,t), \qquad (4.74)$$

Gleitung:

$$\tau(x,t) = G\gamma(x,t) \qquad (4.75)$$

mit der Beziehung

$$G = \frac{E}{2(1 + \nu)}$$

zwischen Gleit- und Elastizitätsmodul, ν ist die Querkontraktionszahl.

Die Integration von $-z\sigma(x, t)$ über den Querschnitt liefert das Biegemoment

$$M(x, t) = -\int\limits_A z\sigma(x, t)dA = \int\limits_A z^2 E\alpha'(x, t)dA = B(x)\alpha'(x, t) \tag{4.76}$$

(α' ist über z konstant), und die Integration von $\tau(x, t)$ die Querkraft

$$Q(x, t) = \int\limits_A \tau(x, t)dA = \int\limits_A G[\alpha(x, t) - w'(x, t)]dA$$

$$= GA_s(x)[\alpha(x, t) - w'(x, t)] \tag{4.77}$$

(γ ist über z konstant). $A_s(x)$ ist die effektive Schubfläche des Querschnittes. Die Annahme über das Ebenbleiben des Querschnittes ist bekanntlich mit den örtlichen Gleichgewichtsaussagen unverträglich. Erfüllen des örtlichen Gleichgewichtes (im energischen Mittel) führt auf eine Schubfläche $A_s(x) < A(x)$ (s. z. B. [2.1], [4.4]) und auf die (statische) formabhängige Größe

$$K(x) = \frac{Q^2(x)}{\int\limits_A \tau^2(x)A(x)dA} \, , \tag{4.78}$$

so daß die Beziehung

$$A_s(x) = K(x)A(x), \qquad K(x) < 1 \tag{4.79}$$

gültig ist. Den Kehrwert $1/K$ nennt man auch Schubkoeffizient. Für den Rechteckquerschnitt ist $K = 5/6$, für das I-Profil gilt $A_s = A_{Steg}$.

Einsetzen von (4.77) in (4.70), von (4.76) und (4.77) in (4.71) liefert die beiden partiellen DGln. für $w(x, t)$ und $\alpha(x, t)$

$$\mu(x)\ddot{w}(x, t) = -\{GA_s(x)[\alpha(x, t) - w'(x, t)]\}' + p(x, t) \tag{4.80}$$

$$\Theta(x)\ddot{\alpha}(x, t) = -GA_s(x)[\alpha(x, t) - w'(x, t)] + [B(x)\alpha'(x, t)]', \tag{4.81}$$

welche die Querverformungen des Stabes beschreiben einschließlich der Rayleighschen Rotationsträgheit und des Schubsteifigkeitseinflusses nach Timoshenko. Beide DGln. sind miteinander gekoppelt. Sie würden für Stäbe mit konstanten Querschnitten die Einführung der Längswellengeschwindigkeit

$$c_\varrho^2 = \frac{EA_0}{\mu_0} = \frac{E}{\rho} = c_D^2$$

und der Schubwellengeschwindigkeit

$$c_s^2 = \frac{G}{\rho}$$

zulassen. Hierfür könnten die beiden Gln. (4.80) und (4.81) unter Elimination von $\alpha(x, t)$ zu einer Gleichung in $w(x, t)$ zusammengefaßt werden: Die Gl. (4.80) nach $\alpha'(x, t)$ aufgelöst, die Gl. (4.81) partiell nach x differenziert und $\alpha'(x, t)$ eingesetzt.

A n m e r k u n g : Eine zusätzliche Lastmomentenverteilung $m_L(x, t)$ müßte in Gl. (4.71) berücksichtigt werden. Sie würde auf der rechten Seite von Gl. (4.81) additiv hinzukommen.

Die Lösungen der Gln. (4.80) und (4.81) müssen natürlich auch die Anfangsbedingungen und Randbedingungen erfüllen. Wie lauten die Randbedingungen für einen Biegebalken? Für den starr eingespannten Rand gilt die geometrische Randbedingung für alle Zeiten t

$$w_s = 0, \qquad \alpha_s = 0 \qquad \text{(starr eingespannt)}, \tag{4.82a}$$

w_s' verschwindet nicht am Rand. Ist der Rand gestützt (drehbar gelagert)[1]), so sind Durchbiegung und Biegemoment gleich Null (s. Gl. (4.76)):

$$w_g = 0, \qquad \alpha_g' = 0 \qquad \text{(gestützt)}. \tag{4.82b}$$

Das freie Ende ist gekennzeichnet durch verschwindendes Biegemoment und verschwindende Querkraft:

$$\alpha_f' = 0, \qquad \alpha_f = w_f' \qquad \text{(frei)}. \tag{4.82c}$$

Wird der Einfluß der Drehträgheit vernachlässigt (Abschätzung s. Abschn. 4.2.5), so gehen die Gln. (4.80) und (4.81) unter Berücksichtigung der Gln. (4.76) und (4.77) über in die Gln.

$$\mu(x)\ddot{w}(x, t) = - \{GA_s(x)[\alpha(x, t) - w'(x, t)]\}' + p(x, t), \tag{4.83}$$

$$M'(x, t) = Q(x, t). \tag{4.84}$$

Die Gl. (4.84) bestätigt die Gl. (4.71) für den betrachteten Fall.

Der Einfluß der Schubverformung sei hier statisch an einem Beispiel abgeschätzt, die Auswirkung auf dynamische Vorgänge ist im Abschn. 4.2.5 in einem Beispiel abgeschätzt. Für den beidseitig gestützten Balken konstanten Querschnittes A_0, damit sind auch die Biegesteifigkeit B_0 und die Massenbelegung μ_0 konstant, unter konstanter Belastung p_0 folgen aus den beiden Gln. (4.83), (4.84) mit den Gln. (4.76) und (4.77) die Gleichungen

$$0 = -GA_0K[\alpha(x) - w'(x)]' + p_0,$$

$$B_0\alpha''(x) = GA_0K[\alpha(x) - w'(x)]$$

mit den Randbedingungen

$$w(0) = 0, \qquad \alpha'(x)|_{x=0} = 0, \qquad w(\ell) = 0, \qquad \alpha'(x)|_{x=\ell} = 0.$$

Man erhält als Lösungen

$$w(x) = \frac{p_0}{B_0}\left(\frac{x^4}{24} - \frac{\ell x^3}{12} + \frac{\ell^3 x}{24}\right) + \frac{p_0 x}{2}\frac{\ell - x}{GA_0K}, \qquad \alpha(x) = \frac{p_0}{B_0}\left(\frac{x^3}{6} - \frac{\ell x^2}{4} + \frac{\ell^3}{24}\right).$$

---

[1]) Im folgenden wird stets vorausgesetzt, daß der Stab nicht abhebt.

Mit dem Trägheitsradius $i^2 = I_{y0}/A_0$ ist dann die Verschiebung in Balkenmitte:

$$w\left(\frac{\ell}{2}\right) = \frac{5}{384} \frac{p_0 \ell^4}{B_0}\left(1 + \frac{48}{5} \frac{E}{G} \frac{i^2}{K\ell^2}\right).$$

Für $i \ll 1$ ist die Auswirkung also gering. Soll der Einfluß der Schubverformung kleiner als 3% sein, so folgt

$$0{,}03 > \frac{48}{5} \frac{E}{G} \frac{i^2}{K\ell^2},$$

$$\frac{5}{48} \cdot 0{,}03 \frac{1}{2(1+\nu)} > \frac{i^2}{K\ell^2},$$

Vergrößern der linken Seite der Ungleichung, ergibt

$$\frac{5}{48} \cdot 0{,}03 \cdot \frac{1}{2} > \frac{i^2}{K\ell^2} > \frac{i^2}{\ell^2},$$

$$1{,}56 \cdot 10^{-3} > \frac{i^2}{\ell^2}.$$

Für einen Rechteckquerschnitt mit $A_0 = hb$, $I_{y0} = bh^3/12$, $i^2 = h^2/12$ muß dann $h/\ell < 1:7$ gelten.

Vernachlässigt man neben der Drehträgheit auch den Schubeinfluß, so bedeutet dieses nach Gleichung (4.73) $\gamma = 0$, also

$$w'(x, t) = \alpha(x, t); \tag{4.85}$$

das Biegemoment folgt aus Gleichung (4.76) zu

$$M(x, t) = B(x)w''(x, t) \tag{4.86}$$

und die Querkraft nach (4.84) mit der linken Seite aus Gl. (4.86) zu

$$Q(x, t) = M'(x, t) = [B(x)w''(x, t)]'. \tag{4.87}$$

Die Gl. (4.70) geht damit über in die partielle Dgl. für den Bernoulli-Balken

$$[B(x)w''(x, t)]'' + \mu(x)\ddot{w}(x, t) = p(x, t). \tag{4.88}$$

A n m e r k u n g : Zur Herleitung müssen selbstverständlich die Ausgangsgleichungen und nicht abgeleitete Gleichungen verwendet werden. Denn würde man in Gl. (4.80) die Vereinfachung (4.85) einsetzen, so würde man fälschlich $\mu\ddot{w} = p$ erhalten.

Der erste Term der Bewegungsgleichung (4.88) ist nach Gl. (4.87) die Änderung der Querkraft, die mit der Trägheitskraft pro Längeneinheit und der Streckenlast im Gleichgewicht steht. Die zugehörigen Randbedingungen (4.82) lauten jetzt:

$$w_s = 0, \qquad w_s' = 0 \qquad \text{(starr eingespannt)}, \tag{4.89a}$$

$$w_g = 0, \qquad w_g'' = 0 \qquad \text{(gestützt)}, \tag{4.89b}$$

$$w_f'' = 0, \qquad Q_f = 0 \qquad \text{(frei)}, \tag{4.89c}$$

wobei für die Querkraft (4.87) zu setzen ist.

Die Balkenbiegung wurde oben für die z-Biegung, d. h. für eine Bewegung in der x, y-Ebene beschrieben; für eine y-Biegung gelten die Gleichungen entsprechend.

Wie auch beim Dehn- und Torsionsstab wird in diesen Abschnitten überwiegend der Balken mit konstantem Querschnitt abgehandelt (A_0, μ_0, B_0), weil sich nur hierfür die Quadraturen mit elementaren Funktionen durchführen lassen. Die Randwertaufgaben lauten für $A_0 = \text{const.}$:

$$B_0 w^{(4)}(x, t) + \mu_0 \ddot{w}(x, t) = p(x, t), \tag{4.90}$$

$$w_s = 0, \qquad w_s' = 0 \qquad \text{(starr eingespannt)}, \tag{4.91a}$$

$$w_g = 0, \qquad w_g'' = 0 \qquad \text{(gestützt)}, \tag{4.91b}$$

$$w_f'' = 0, \qquad w_f''' = 0 \qquad \text{(frei)}. \tag{4.91c}$$

4.2.2   Freie Schwingung des Bernoulli-Balkens (Eigenschwingungen)

In der Gl. (4.88) die Streckenlast $p(x, t) \equiv 0$ gesetzt, ergibt die homogene DGl. der freien Schwingung. Es wird wieder der Bernoulli-Ansatz zur Trennung der Variablen verwendet,

$$w(x, t) = \hat{w}(x)T(t). \tag{4.92}$$

Es folgt

$$[B(x)\hat{w}''(x)]''T(t) + \mu(x)\hat{w}(x)\ddot{T}(t) = 0$$

also
$$\frac{[B(x)\hat{w}''(x)]''}{\mu(x)\hat{w}(x)} = -\frac{\ddot{T}(t)}{T(t)}. \tag{4.93}$$

Mit derselben Schlußfolgerung wie in Abschn. 4.1.4 kann die Gl. (4.93) nur gelten, wenn beide Seiten konstant sind:

$$-\frac{\ddot{T}(t)}{T(t)} = \omega^2, \qquad \frac{[B(x)\hat{w}''(x)]''}{\mu(x)\hat{w}(x)} = \omega^2,$$

folglich geht die partielle DGl. über in die beiden gewöhnlichen DGln.

$$\ddot{T}(t) + \omega^2 T(t) = 0, \tag{4.94a}$$

$$[B(x)\hat{w}''(x)]'' - \omega^2 \mu(x)\hat{w}(x) = 0. \tag{4.94b}$$

Die DGl. (4.94a) mit konstanten Koeffizienten besitzt die bekannte Lösung (4.27a). Die Teillösung ist also harmonisch. Die DGl. (4.94b) ist von 4. Ordnung und geht erst für Balken mit konstantem Querschnitt in eine DGl. mit konstanten Koeffizienten über,

$$B_0 \hat{w}^{(4)}(x) - \omega^2 \mu_0 \hat{w}(x) = 0, \tag{4.95}$$

deren Fundamentalsystem $\cos \lambda \dfrac{x}{\ell}$, $\sin \lambda \dfrac{x}{\ell}$, $\cosh \lambda \dfrac{x}{\ell}$, $\sinh \lambda \dfrac{x}{\ell}$ mit dem dimensionslosen

Eigenwert λ,

$$\lambda^4 := \omega^2 \frac{\mu_0 \ell^4}{B_0} , \tag{4.96}$$

die Lösung

$$\hat{w}(x) = B_1 \cos \lambda \frac{x}{\ell} + B_2 \sin \lambda \frac{x}{\ell} + B_3 \cosh \lambda \frac{x}{\ell} + B_4 \sinh \lambda \frac{x}{\ell} \tag{4.97}$$

mit den Integrationskonstanten B_1 bis B_4 bildet. Der endliche Balken mit seinen beiden Rändern besitzt 2 Randbedingungen je Rand, also insgesamt 4 Randbedingungen zur Ermittlung der 4 Integrationskonstanten. Da in diesem Abschnitt die Randbedingungen als homogen vorausgesetzt werden (homogene Randwertaufgabe), führen die 4 Randbedingungen auf ein homogenes lineares Gleichungssystem. Das Gleichungssystem besitzt nur dann eine von der trivialen verschiedene Lösung, wenn die Systemdeterminante gleich Null ist. Diese Forderung liefert die charakterische Gleichung, die Frequenzgleichung zur Ermittlung der Eigenfrequenzen.

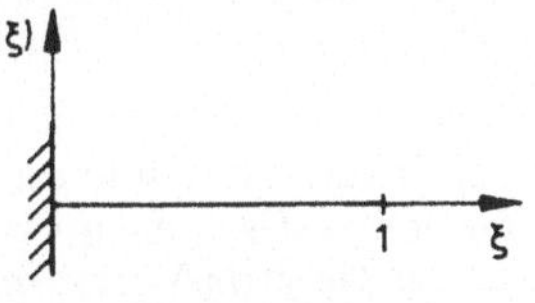

Bild 4.14
Balken mit den Randbedingungen fest – frei

Beispiel 4.7 Der Balken konstanten Querschnittes sei einseitig starr (fest) eingespannt (Bild 4.14). Wir führen die dimensionslose Ortskoordinate $\xi := x/\ell$ ein. Die DGl. (4.95) geht über in

$$\hat{w}^{(4)}(\xi) - \lambda^4 \hat{w}(\xi) = 0, \qquad \lambda^4 := \omega^2 \frac{\mu_0 \ell^4}{B_0} .$$

Die Randbedingungen sind:

$$\xi = 0: \qquad \hat{w}(0) = 0, \qquad \hat{w}'(\xi)|_{\xi=0} = 0,$$

$$\xi = 1: \qquad \hat{w}''(\xi)|_{\xi=1} = 0, \qquad \hat{w}'''(\xi)|_{\xi=1} = 0.$$

Allgemeine Lösung:

$$\hat{w}(\xi) = B_1 \cos \lambda\xi + B_2 \sin \lambda\xi + B_3 \cosh \lambda\xi + B_4 \sinh \lambda\xi.$$

Einarbeiten der Randbedingungen:

$$\hat{w}'(\xi) = \lambda(-B_1 \sin \lambda\xi + B_2 \cos \lambda\xi + B_3 \sinh \lambda\xi + B_4 \cosh \lambda\xi)$$

$$\xi = 0: \qquad 0 = B_1 + B_3 : B_3 = -B_1,$$

$$0 = B_2 + B_4 : B_4 = -B_2.$$

$$\hat{w}(\xi) = B_1(\cos \lambda\xi - \cosh \lambda\xi) + B_2(\sin \lambda\xi - \sinh \lambda\xi)$$

$$\hat{w}'(\xi) = \lambda[-B_1(\sin \lambda\xi + \sinh \lambda\xi) + B_2(\cos \lambda\xi - \cosh \lambda\xi)]$$

$$\hat{w}''(\xi) = -\lambda^2[B_1(\cos \lambda\xi + \cosh \lambda\xi) + B_2(\sin \lambda\xi + \sinh \lambda\xi)]$$

$$\hat{w}'''(\xi) = -\lambda^3[B_1(-\sin \lambda\xi + \sinh \lambda\xi) + B_2(\cos \lambda\xi + \cosh \lambda\xi)]$$

$$\xi = 1: \qquad 0 = -\lambda^2[B_1(\cos \lambda + \cosh \lambda) + B_2(\sin \lambda + \sinh \lambda)]$$

$$0 = -\lambda^3[B_1(-\sin \lambda + \sinh \lambda) + B_2(\cos \lambda + \cosh \lambda)]$$

Systemdeterminante

$$(\cos \lambda + \cosh \lambda)^2 - (-\sin^2 \lambda + \sinh^2 \lambda) = 0.$$

$$2(1 + \cos \lambda \cosh \lambda) = 0,$$

$$\cos \lambda \cosh \lambda + 1 = 0.$$

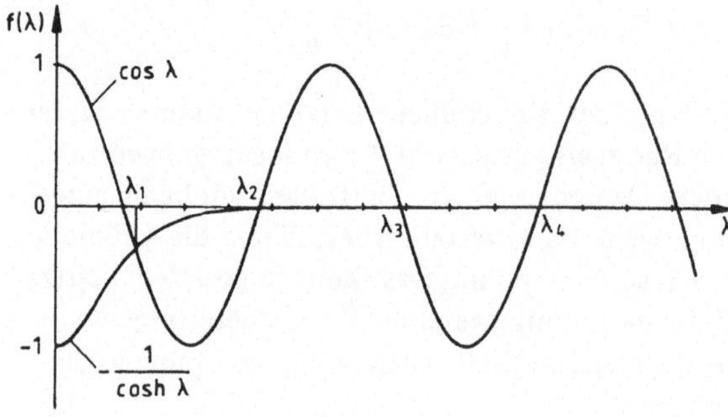

Bild 4.15
Zur grafischen Ermittlung der Wurzeln der Frequenzgleichung $\cos \lambda \cdot$
$\cdot \cosh \lambda + 1 = 0$ aus $\cos \lambda = -\dfrac{1}{\cosh \lambda}$

Die Wurzeln der (transzendenten) Frequenzgleichung (s. z. B. [4.5], [4.6]) werden iterativ ermittelt. Hierzu kann bei bekannten und hinreichend guten Näherungswerten, die man sich grafisch nach Bild 4.15 als ungeradzahlige Vielfache von $\pi/2$ ermitteln kann, z. B. das Newton-Verfahren verwendet werden, das sehr rasch konvergiert oder auch eine allgemeinere Iterationsvorschrift: Division der Frequenzgleichung durch $\cosh \lambda$ liefert

$$\cos \lambda = - \frac{1}{\cosh \lambda} = - \frac{2}{e^\lambda + e^{-\lambda}} \cdot$$

Mit der Näherung $\lambda_1^{(0)} = 2{,}0$ für die erste Wurzel λ_1 ändert sich in der obigen Gleichung die rechte Seite weniger stark als die linke Seite, so daß die Iterationsvorschrift

$$\cos \lambda_1^{(\nu)} = - \frac{1}{\cosh \lambda_1^{(\nu-1)}}, \qquad \nu = 1, 2, \ldots$$

derart benutzt wird, daß für die rechte Seite der Gleichung die Näherung $\lambda_1^{(\nu-1)}$ eingesetzt wird und für den sich damit ergebenden Wert die Umkehrfunktion

$$\lambda_1^{(\nu)} = \arccos \left[- \frac{1}{\cosh \lambda_1^{(\nu-1)}} \right] \text{ berechnet wird:}$$

$$\lambda_1^{(0)} = 2{,}0: \qquad \cos \lambda_1^{(1)} = -0{,}2658,$$

$$\lambda_1^{(1)} = 1{,}84: \qquad \cos \lambda_1^{(2)} = -0{,}3098,$$

$$\lambda_1^{(2)} = 1{,}886: \qquad \cos \lambda_1^{(3)} = -0{,}2965,$$

$$\lambda_1^{(3)} = 1{,}872: \qquad \cos \lambda_1^{(4)} = -0{,}30052,$$

$$\lambda_1^{(4)} = 1{,}876: \qquad \cos \lambda_1^{(5)} = -0{,}29938,$$

$$\lambda_1 \ = 1{,}875.$$

Man erkennt, die Konvergenz dieses Verfahrens ist unterlinear. Entsprechend können die anderen Wurzeln berechnet werden, so daß die Eigenwerte sind:

$$\lambda_1 = 1{,}875; \quad \lambda_4 = 10{,}996;$$

$$\lambda_2 = 4{,}694; \quad \lambda_5 = 14{,}137;$$

$$\lambda_3 = 7{,}855; \quad \lambda_6 = 17{,}279.$$

Mit λ_k ergeben sich die Eigenfrequenzen zum Quadrat zu $\omega_k^2 = \lambda_k^4 B_0/(\mu_0 \ell^4)$. Hinsichtlich der Lösung des homogenen Gleichungssystems kann man B_1 in Abhängigkeit von B_2 (oder umgekehrt) für jedes λ_k ausdrücken. Die 1. Gl. des homogenen Gleichungssystems liefert

$$B_{1k} = -\frac{\sin \lambda_k + \sinh \lambda_k}{\cos \lambda_k + \cosh \lambda_k} B_{2k},$$

d. h. die Eigenfunktionen $\hat{w}_k(\xi)$ sind (natürlich, $\rightarrow$ homogene Gleichungen) wieder nur bis auf einen Faktor (hier B_{2k}) bestimmbar.

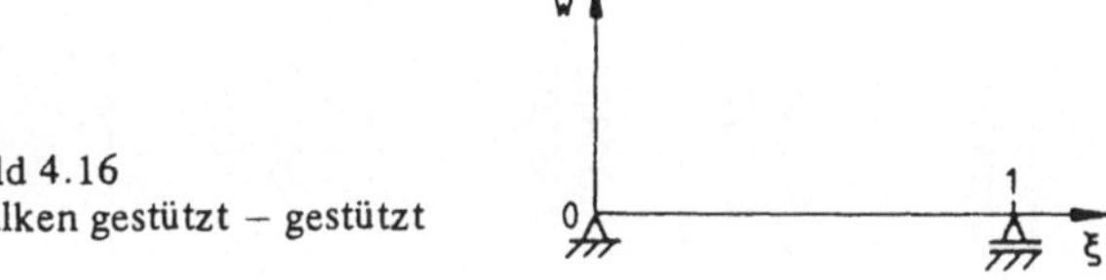

Bild 4.16
Balken gestützt – gestützt

Beispiel 4.8 Randbedingungen (Bild 4.16):

$$\xi = 0: \quad \hat{w}(0) = 0, \quad \hat{w}''(\xi)|_{\xi=0} = 0,$$

$$\xi = 1: \quad \hat{w}(1) = 0, \quad \hat{w}''(\xi)|_{\xi=1} = 0.$$

Es folgt (s. Lösungsansatz mit Ableitungen in Beispiel 4.7):

$$\xi = 0: \quad B_1 = 0, \quad B_3 = 0,$$

$$\xi = 1: \quad B_4 \sinh \lambda + B_2 \sin \lambda = 0,$$

$$B_4 \sinh \lambda - B_2 \sin \lambda = 0$$

$$\overline{}$$

$$\sin \lambda = 0,$$

Eigenwerte:

$$\lambda_k = k\pi, \quad k = 1, 2, \ldots$$

es folgt $B_4 = 0$ und damit lauten die Eigenfunktionen:

$$\hat{w}_k(\xi) = B_{2k} \sin \lambda_k \xi.$$

Die beiden Beispiele zeigen, daß die Eigenschwingungen einfeldriger Balken konstanten Querschnittes mit homogenen Randbedingungen leicht zu behandeln sind. Die Tab. 4.2 enthält für verschiedene Randbedingungen die charakteristischen Gleichungen, die ersten beiden Eigenwerte und die asymptotischen Werte. Die reibungsfreie Führung symbolisiert die Randbedingungen $\hat{w}_r' = 0$, $\hat{w}_r''' = 0$. Die Eigenschwingungsgrößen bis zur 4. Oberschwingung zeigt die Tab. 4.3.

Aus der Theorie der gewöhnlichen DGln. ist bekannt, daß die DGl. (4.94b) für den Balken variablen Querschnitts $A(x)$ unendlich viele Eigenlösungen ω_k^2, $\hat{w}_k(x)$, $k = 1, 2, \ldots$, besitzt,

$$[B(x)\hat{w}_k''(x)]'' - \omega_k^2 \mu(x)\hat{w}_k(x) = 0, \tag{4.98}$$

Tab. 4.2 Frequenzgleichungen und Eigenwerte für den Bernoulli-Balken konstanten Querschnittes mit verschiedenen Randbedingungen

Randbedingungen				Frequenzgleichung mit $\omega^2 = \lambda^4 B_0/(\mu_0 \ell^4)$	1. Eigenwert λ_1	2. Eigenwert λ_2	Asymptotisch gegen
	$\xi = 0$:	$\hat{w} = 0,$	$\hat{w}' = 0$	$1 + \cos\lambda \cosh\lambda = 0$	$\dfrac{\pi}{2} + 0,30431 = 1,87510$	$\dfrac{3\pi}{2} - 0,01830 = 4,69410$	$(2k-1)\dfrac{\pi}{2}$
	$\xi = 1$:	$\hat{w}'' = 0,$	$\hat{w}''' = 0$				
	$\xi = 0$:	$\hat{w} = 0,$	$\hat{w}' = 0$	$\tan\lambda + \tanh\lambda = 0$	$\dfrac{3\pi}{4} + 0,00883 = 2,36502$	$\dfrac{7\pi}{4} + 0,00002 = 5,49780$	$(4k-1)\dfrac{\pi}{4}$
	$\xi = 1$:	$\hat{w}' = 0,$	$\hat{w}''' = 0$				
	$\xi = 0$:	$\hat{w}' = 0,$	$\hat{w}'' = 0$				
	$\xi = 1$:	$\hat{w}'' = 0,$	$\hat{w}''' = 0$				
	$\xi = 0$:	$\hat{w} = 0,$	$\hat{w}' = 0$	$\tan\lambda - \tanh\lambda = 0$	$\dfrac{5\pi}{4} - 0,00039 = 3,9266$	$\dfrac{9\pi}{4} - 0,00000 = 7,0686$	$(4k+1)\dfrac{\pi}{4}$
	$\xi = 1$:	$\hat{w} = 0,$	$\hat{w}'' = 0$				
	$\xi = 0$:	$\hat{w} = 0,$	$\hat{w}'' = 0$				
	$\xi = 1$:	$\hat{w}'' = 0,$	$\hat{w}''' = 0$				
	$\xi = 0$:	$\hat{w} = 0,$	$\hat{w}'' = 0$	$\cos\lambda = 0$	$\dfrac{\pi}{2}$	$\dfrac{3\pi}{2}$	$(2k-1)\dfrac{\pi}{2}$
	$\xi = 1$:	$\hat{w}' = 0,$	$\hat{w}''' = 0$				
	$\xi = 0$:	$\hat{w} = 0,$	$\hat{w}'' = 0$				
	$\xi = 1$:	$\hat{w} = 0,$	$\hat{w}'' = 0$				
	$\xi = 0$:	$\hat{w}' = 0,$	$\hat{w}''' = 0$	$\sin\lambda = 0$	π	2π	$k\pi$
	$\xi = 1$:	$\hat{w}' = 0,$	$\hat{w}''' = 0$				
	$\xi = 0$:	$\hat{w} = 0,$	$\hat{w}' = 0$				
	$\xi = 1$:	$\hat{w} = 0,$	$\hat{w}' = 0$	$1 - \cos\lambda \cosh\lambda = 0$	$\dfrac{3\pi}{2} + 0,01765 = 4,73004$	$\dfrac{5\pi}{2} - 0,00078 = 7,85320$	$(2k+1)\dfrac{\pi}{2}$ *)
	$\xi = 0$:	$\hat{w}'' = 0,$	$\hat{w}''' = 0$				
	$\xi = 1$:	$\hat{w}'' = 0,$	$\hat{w}''' = 0$				

*) $k = 1, 2, \ldots$ bezeichnet den Index der Eigenschwingungsfunktion in dem Fall, in dem eine Fesselung des Balkens gegeben ist. Für den ungefesselten Balken kommt der „Nullfreiheitsgrad" mit dem Eigenwert Null hinzu.

Tab. 4.3 Die ersten fünf Eigenschwingungsgrößen des Bernoulli-Balkens konstanten Querschnitts für verschiedene Randbedingungen (Knotenpunkte sind als ξ-Koordinaten angegeben)

Randbedingung	1. Eigenform	2. Eigenform	3. Eigenform	4. Eigenform	5. Eigenform
eingespannt – frei	$\lambda_1^2 = 3{,}52$	0,774 $\lambda_2^2 = 22{,}4$	0,500 0,868 $\lambda_3^2 = 61{,}7$	0,356 0,644 0,906 $\lambda_4^2 = 121{,}0$	0,279 0,500 0,723 0,926 $\lambda_5^2 = 200{,}0$
gelenkig – gelenkig	$\lambda_1^2 = 9{,}87$	0,500 $\lambda_2^2 = 39{,}5$	0,333 0,667 $\lambda_3^2 = 88{,}9$	0,25 0,50 0,75 $\lambda_4^2 = 158$	0,20 0,40 0,60 0,80 $\lambda_5^2 = 247$
eingespannt – gelenkig	$\lambda_1^2 = 15{,}4$	0,560 $\lambda_2^2 = 50{,}0$	0,384 0,692 $\lambda_3^2 = 104$	0,294 0,529 0,765 $\lambda_4^2 = 178$	0,238 0,429 0,619 0,810 $\lambda_5^2 = 272$
gelenkig – eingespannt	0,736 $\lambda_1^2 = 15{,}4$	0,446 0,853 $\lambda_2^2 = 50{,}0$	0,308 0,616 0,898 $\lambda_3^2 = 104$	0,235 0,471 0,707 0,922 $\lambda_4^2 = 178$	0,190 0,381 0,581 0,763 0,937 $\lambda_5^2 = 272$
eingespannt – eingespannt	$\lambda_1^2 = 22{,}4$	0,500 $\lambda_2^2 = 61{,}7$	0,359 0,641 $\lambda_3^2 = 121$	0,278 0,500 0,722 $\lambda_4^2 = 200$	0,227 0,409 0,591 0,773 $\lambda_5^2 = 298$
frei – frei	0,224 0,776 $\lambda_1^2 = 22{,}4$	0,132 0,500 0,868 $\lambda_2^2 = 61{,}7$	0,094 0,356 0,644 0,906 $\lambda_3^2 = 121$	0,073 0,277 0,500 0,723 0,927 $\lambda_4^2 = 200$	0,060 0,227 0,409 0,591 0,773 0,940 $\lambda_5^2 = 298$

deren Eigenschaften für homogene Randbedingungen untersucht werden sollen. Multiplikation von (4.98) mit $\hat{w}_i(x)$ und Integration über x von 0 bis ℓ ergibt

$$\int_0^\ell [B(x)\hat{w}_k''(x)]''\hat{w}_i(x)dx = \omega_k^2 \int_0^\ell \mu(x)\hat{w}_k(x)\hat{w}_i(x)dx. \tag{4.99}$$

Das erste Integral mittels partieller Integration umgeformt liefert:

$$\int_0^\ell [B(x)\hat{w}_k''(x)]''\hat{w}_i(x)dx = [B(x)\hat{w}_k''(x)]'\hat{w}_i(x)|_0^\ell - \int_0^\ell [B(x)\hat{w}_k''(x)]'\hat{w}_i'(x)dx$$

$$= [B(x)\hat{w}_k''(x)]'\hat{w}_i(x)|_0^\ell - [B(x)\hat{w}_k''(x)]\hat{w}_i'(x)|_0^\ell + \int_0^\ell B(x)\hat{w}_k''(x)\hat{w}_i''(x)dx$$

$$= [B(x)\hat{w}_k''(x)]'\hat{w}_i(x)|_0^\ell - [B(x)\hat{w}_k''(x)]\hat{w}_i'(x)|_0^\ell \tag{4.100a}$$

$$- [B(x)\hat{w}_i''(x)]'\hat{w}_k(x)|_0^\ell + [B(x)\hat{w}_i''(x)]\hat{w}_k'(x)|_0^\ell + \int_0^\ell [B(x)\hat{w}_i''(x)]''\hat{w}_k(x)dx.$$

Da die Eigenfunktionen die Randbedingungen erfüllen, sind die obigen Randterme unabhängig vom Index, und es folgt:

$$\int_0^\ell [B(x)\hat{w}_k''(x)]''\hat{w}_i(x)dx = \int_0^\ell [B(x)\hat{w}_i''(x)]''\hat{w}_k(x)dx \; ^{1}). \tag{4.100b}$$

Die Gl. (4.94b) für die i-te Eigenlösung mit $\hat{w}_k(x)$ multipliziert und über x von 0 bis ℓ integriert führt auf die Gl.

$$\int_0^\ell [B(x)\hat{w}_i''(x)]''\hat{w}_k(x)dx = \omega_i^2 \int_0^\ell \mu(x)\hat{w}_i(x)\hat{w}_k(x)dx. \tag{4.101}$$

Diese Gleichung unter Beachtung von (4.100b) von der Gl. (4.99) subtrahiert, liefert

$$0 = (\omega_k^2 - \omega_i^2) \int_0^\ell \mu(x)\hat{w}_i(x)\hat{w}_k(x)dx,$$

also für disjunkte Eigenwerte

$$\int_0^\ell \mu(x)\hat{w}_i(x)\hat{w}_k(x)dx = 0 \qquad \text{für } i \neq k: \tag{4.102}$$

Zwischen den Eigenfunktionen besteht unter der Voraussetzung nicht gleicher Eigenfrequenzen für $i \neq k$ wieder die verallgemeinerte Orthogonalitätsrelation:

$$\int_0^\ell \mu(x)\hat{w}_i(x)\hat{w}_k(x)dx = \begin{cases} 0 & \text{für } i \neq k, \\ m_{gi} & \text{für } i = k. \end{cases} \tag{4.102a}$$

m_{gi} wird als generalisierte Masse des Biegebalkens in der i-ten Eigenschwingungsform [(i − 1)-ten Oberschwingung] bezeichnet (Normierung! Vgl. MFGM und Dehn-, Torsionsstab!).

---

^{1}) Der Mathematiker spricht von Selbstadjungiertheit.

Die Voraussetzung $\omega_i \neq \omega_k$ für $i \neq k$ kann noch fallengelassen werden. Denn für den zweifachen Eigenwert $\omega_i^2 = \omega_k^2$, $\quad i \neq k$, können zwei Eigenfunktionen so gewählt (konstruiert) werden, daß (4.102a) gilt. Sollte (4.102) zunächst nicht gelten, so ersetzt man $\hat{w}_k(x)$ durch die Funktion $\hat{w}_k^{orth}(x) := \hat{w}_i(x) + a\hat{w}_k(x)$ und bestimmt a aus der Forderung nach verallgemeinerter Orthogonalität zwischen $\hat{w}_i(x)$ und $\hat{w}_k^{orth}(x)$:

$$\int\limits_0^\ell \mu(x)\hat{w}_i(x)[\hat{w}_i(x) + a\hat{w}_k(x)]dx \stackrel{!}{=} 0,$$

$$a = -\frac{m_{gi}}{\int\limits_0^\ell \mu(x)\hat{w}_i(x)\hat{w}_k(x)dx} \quad \text{w.z.z.w.,} \tag{4.103}$$

denn der Nenner ist lt. Voraussetzung von Null verschieden. (Dieses prinzipielle Vorgehen wurde bereits in Abschn. 3.2.1 beim MFGM benutzt.) Entsprechend ist die Verallgemeinerung bei mehr als zwei gleichen Eigenwerten.

Die verallgemeinerte Orthogonalitätseigenschaft der Eigenfunktionen eines Bernoullibalkens gilt für einen Balken mit variablem Querschnitt und beliebigen Randbedingungen [4.3] (vgl. Abschn. 4.1.7). Wie bei den bisher behandelten Systemen vereinfacht diese Eigenschaft die Rechenmodelle, vermindert den Rechenaufwand und bietet für Rechen- und Versuchsergebnisse (zumindest) eine willkommene Kontrolle. Die physikalische Interpretation ist wie bei dem anderen System: Die zeitunabhängigen Massenkräfte bezüglich der i-ten Eigenschwingungsform leisten an der k-ten Eigenschwingungsform für $i \neq k$ keine Arbeit.

A n m e r k u n g : Hinsichtlich der (inneren) Schubkräfte s. Abschn. 4.2.5. Diese Aussagen gelten auch beim Vorhandensein von Einzel-Steifigkeiten und -Massen. — Indirekt wurden bei der Ableitung der verallgemeinerten Orthogonalitätsbeziehungen das Prinzip der virtuellen Arbeiten bzw. Verrückungen benutzt.

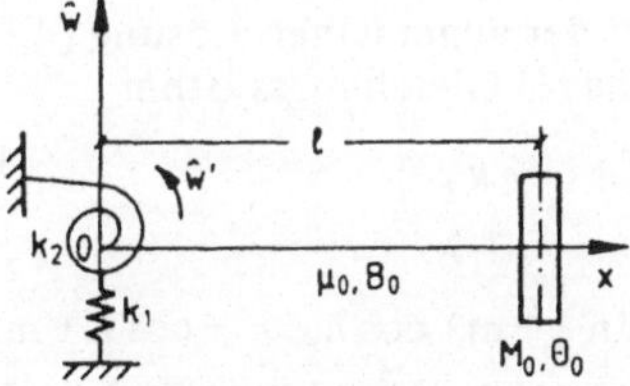

Bild 4.17
Elastisch eingespannter Balken mit Kopfmasse

Beispiel 4.9 Wir betrachten jetzt den elastisch eingespannten Balken mit Kopfmasse gemäß Bild 4.17.
Die Bewegungsgleichung ist gleich der Gl. (4.95). Die Randbedingungen sind:

$$[B_0 w''(x,t)]' \big|_{x=0} = -k_1 w(0,t)$$

$$B_0 w''(x,t)\big|_{x=0} = k_2 w'(x,t)\big|_{x=0}$$

$$[B_0 w''(x,t)]' \big|_{x=\ell} = M_0 \ddot{w}(\ell,t)$$

$$B_0 w''(x,t)\big|_{x=\ell} = -\Theta_0 \frac{\partial^2}{\partial t^2}\left(\frac{\partial w(x,t)}{\partial x}\right)\bigg|_{x=\ell}.$$

Im allgemeinen bereitet es keine Schwierigkeiten, die Vorzeichen der Randbedingungen anzugeben, jedoch ist in Abschn. 5.2 ein Verfahren bereitgestellt, das die Randbedingungen vorzeichenrichtig (mit Zusatzarbeit natürlich) liefert.

Der Produktansatz (für harmonische Bewegungen, s. Gl. (4.94a)) überführt die Randbedingungen in (Indexschreibweise, die wohl selbsterklärend ist)

$$B_0 \hat{w}_0''' = -k_1 \hat{w}_0$$

$$B_0 \hat{w}_0'' = k_2 \hat{w}_0'$$

$$B_0 \hat{w}_\ell''' = -\omega^2 M_0 \hat{w}_\ell$$

$$B_0 \hat{w}_\ell'' = \omega^2 \Theta_0 \hat{w}_\ell'.$$

Mit $\xi := x/\ell$, $\lambda^4 := \omega^2 \dfrac{\mu_0 \ell^4}{B_0}$ gilt wieder $\hat{w}^{(4)}(\xi) - \lambda^4 \hat{w}(\xi) = 0$. Die Differentiationen sind nach ξ vorzunehmen. Um nachstehend Konfusion zu vermeiden, wird (korrekterweise)

$$v(\xi) := \hat{w}(\ell\xi), \qquad v'(\xi) := \frac{dv(\xi)}{d\xi}$$

gesetzt. Damit gehen die Randbedingungen über in

$$v_0''' = -\kappa_1 v_0, \qquad \kappa_1 := \frac{k_1 \ell^3}{B_0},$$

$$v_0'' = \kappa_2 v_0', \qquad \kappa_2 := \frac{k_2 \ell}{B_0},$$

$$v_1''' = -m\lambda^4 v_1, \qquad m := \frac{M_0}{\mu_0 \ell},$$

$$v_1'' = \vartheta\lambda^4 v_1', \qquad \vartheta := \frac{\Theta_0}{\mu_0 \ell^3}.$$

Mit der allgemeinen Lösung (4.97) in ξ erhält man aus den Randbedingungen das homogene (!) Gleichungssystem

$$\begin{pmatrix} \kappa_1 & -\lambda^3 & \kappa_1 & \lambda^3 \\ -\lambda & -\kappa_2 & \lambda & -\kappa_2 \\ \sin\lambda + m\lambda\cos\lambda, & -\cos\lambda + m\lambda\sin\lambda, & \sinh\lambda + m\lambda\cosh\lambda, & \cosh\lambda + m\lambda\sinh\lambda \\ -\cos\lambda + \vartheta\lambda^3\sin\lambda, & -\sin\lambda - \vartheta\lambda^3\cos\lambda, & \cosh\lambda - \vartheta\lambda^3\sinh\lambda, & \sinh\lambda - \vartheta\lambda^3\cosh\lambda \end{pmatrix} \begin{pmatrix} B_1 \\ B_2 \\ B_3 \\ B_4 \end{pmatrix} = 0.$$

Nehmen wir jetzt der Einfachheit halber starre Einspannung an, $k_1, k_2 \to \infty$, also $\kappa_1, \kappa_2 \to 0$, dividieren die ersten beiden Gleichungen durch κ_1 bzw. κ_2 und führen den Grenzübergang durch, dann erhalten wir

$$B_1 + B_3 = 0,$$

$$-B_2 - B_4 = 0.$$

Es verbleibt das Gleichungssystem

$$\begin{pmatrix} \sin\lambda - \sinh\lambda + m\lambda(\cos\lambda - \cosh\lambda), & -(\cos\lambda + \cosh\lambda) + m\lambda(\sin\lambda - \sinh\lambda) \\ -(\cos\lambda + \cosh\lambda) + \vartheta\lambda^3(\sin\lambda + \sinh\lambda), & -(\sin\lambda + \sinh\lambda) + \vartheta\lambda^3(-\cos\lambda + \cosh\lambda) \end{pmatrix} \begin{pmatrix} B_1 \\ B_2 \end{pmatrix} = 0.$$

Die Systemdeterminante gleich Null gesetzt:

$$1 + \cos \lambda \cosh \lambda + m\lambda(\cos \lambda \sinh \lambda - \sin \lambda \cosh \lambda)$$

$$- \vartheta\lambda^3(\cos \lambda \sinh \lambda + \sin \lambda \cosh \lambda) + m\vartheta\lambda^4(1 - \cos \lambda \cosh \lambda) = 0.$$

Für $m = \vartheta = 0$ geht die Frequenzgleichung über in die entsprechende Frequenzgleichung des Balkens ohne Kopfmasse (vgl. Tab. 4.2).

Für $\Theta_0 = 0$ aber $M_0 \neq 0$ erhält man die ersten drei Eigenwerte mit m als Parameter:

m	λ_1	λ_2	λ_3
0,5	1,420	4,110	7,189
1,0	1,248	4,031	7,134
1,5	1,146	4,002	7,114
2,0	1,076	3,982	7,101.

Schließlich soll uns noch das Vorgehen bei einem Mehrfeldbalken interessieren. Der Ansatz für den Mehrfeldbalken ist dadurch gekennzeichnet, daß er außer den Randbedingungen noch geometrische und dynamische Zwischen- oder Übergangsbedingungen erfüllen muß, die den Randbedingungen ähnlich sind.

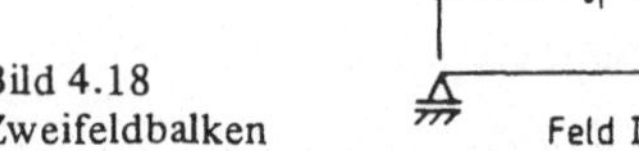

Bild 4.18
Zweifeldbalken

Beispiel 4.10 Bild 4.18 zeigt einen zweifeldrigen Balken. Für die beiden Felder werden zunächst getrennte Lösungsansätze gemacht.

Feld I mit dem Index I: $\ell := \ell_1 + \ell_2$,

$$\hat{w}_I(x) = B_{1I} \cos \lambda \frac{x}{\ell} + B_{2I} \sin \lambda \frac{x}{\ell} + B_{3I} \cosh \lambda \frac{x}{\ell} + B_{4I} \sinh \lambda \frac{x}{\ell},$$

Randbedingungen für $x = 0$:

$$\hat{w}_I(0) = 0, \qquad \hat{w}_I''(x)|_{x=0} = 0, \qquad \text{es folgt } B_{1I} = B_{3I} = 0 \text{ und somit}$$

$$\hat{w}_I(x) = B_{2I} \sin \lambda \frac{x}{\ell} + B_{4I} \sinh \lambda \frac{x}{\ell}.$$

Feld II mit dem Index II: Um den Aufwand zu vermindern, wird der Ansatz gewählt

$$\hat{w}_{II}(x) = B_{1II} \cos \lambda \left(\frac{x}{\ell} - 1\right) + B_{2II} \sin \lambda \left(\frac{x}{\ell} - 1\right) + B_{3II} \cosh \lambda \left(\frac{x}{\ell} - 1\right)$$

$$+ B_{4II} \sinh \lambda \left(\frac{x}{\ell} - 1\right),$$

Randbedingungen für $x = \ell$:

$$\hat{w}_{II}(\ell) = 0, \qquad \hat{w}_{II}''(x)|_{x=\ell} = 0, \qquad \text{es folgt } B_{1II} = B_{3II} = 0 \text{ und somit}$$

$$\hat{w}_{II}(x) = B_{2II} \sin \lambda \left(\frac{x}{\ell} - 1\right) + B_{4II} \sinh \lambda \left(\frac{x}{\ell} - 1\right).$$

Damit sind die Randbedingungen eingearbeitet, es verbleiben noch 2 x 2 Integrationskonstante aus den Übergangsbedingungen für $x = \ell_1$ mit dem mittleren Auflager zu ermitteln. Zunächst gilt

$$\hat{w}_I(\ell_1) = \hat{w}_{II}(\ell_1) = 0,$$

womit z. B. B_{4I} durch B_{2I} und B_{4II} durch B_{2II} ausgedrückt werden können:

$$\hat{w}_I(x) = B_{2I}\left(\sin\lambda\frac{x}{\ell} - \frac{\sin\lambda\frac{\ell_1}{\ell}}{\sinh\lambda\frac{\ell_1}{\ell}}\sinh\lambda\frac{x}{\ell}\right),$$

$$\hat{w}_{II}(x) = B_{2II}\left[\sin\lambda\left(\frac{x}{\ell}-1\right) - \frac{\sin\lambda\left(\frac{\ell_1}{\ell}-1\right)}{\sinh\lambda\left(\frac{\ell_1}{\ell}-1\right)}\sinh\lambda\left(\frac{x}{\ell}-1\right)\right].$$

Es verbleiben 2 Unbekannte aus den beiden Übergangsbedingungen

$$\hat{w}_I'(x)\big|_{x=\ell_1} = \hat{w}_{II}'(x)\big|_{x=\ell_1},$$

$$\hat{w}_{II}''(x)\big|_{x=\ell_1} = \hat{w}_{II}''(x)\big|_{x=\ell_1}$$

zu bestimmen:

$$\begin{pmatrix} \cos\lambda\dfrac{\ell_1}{\ell} - \dfrac{\sin\lambda\frac{\ell_1}{\ell}}{\sinh\lambda\frac{\ell_1}{\ell}}\cosh\lambda\dfrac{\ell_1}{\ell}, & -\cos\lambda\left(\dfrac{\ell_1}{\ell}-1\right) + \dfrac{\sin\lambda\left(\frac{\ell_1}{\ell}-1\right)}{\sinh\lambda\left(\frac{\ell_1}{\ell}-1\right)}\cosh\lambda\left(\dfrac{\ell_1}{\ell}-1\right) \\[2em] -2\sin\lambda\dfrac{\ell_1}{\ell}, & 2\sin\lambda\left(\dfrac{\ell_1}{\ell}-1\right) \end{pmatrix}\begin{pmatrix} B_{2I} \\[2em] B_{2II} \end{pmatrix} = 0.$$

Das resultierende homogene Gleichungssystem liefert mit der Systemdeterminanten gleich Null die Frequenzgleichung

$$2\left(\cos\lambda\frac{\ell_1}{\ell} - \coth\lambda\frac{\ell_1}{\ell}\sin\lambda\frac{\ell_1}{\ell}\right)\sin\lambda\left(\frac{\ell_1}{\ell}-1\right)$$

$$-2\left[\cos\lambda\left(\frac{\ell_1}{\ell}-1\right) - \coth\lambda\left(\frac{\ell_1}{\ell}-1\right)\sin\lambda\left(\frac{\ell_1}{\ell}-1\right)\right]\sin\lambda\frac{\ell_1}{\ell} = 0,$$

die in die Gleichung

$$\sin\lambda\left(\coth\lambda - \coth\lambda\frac{\ell_1}{\ell}\right) + \sin\lambda\frac{\ell_1}{\ell}\sin\lambda\left(\frac{\ell_1}{\ell}-1\right)\left[1 - \coth^2\lambda\frac{\ell_1}{\ell}\right] = 0$$

überführt werden kann. Die Wurzelberechnung kann mit den üblichen Verfahren erfolgen (s. Beispiel 4.7). Mit der Wahl einer der Konstanten identisch gleich Eins folgt schließlich – z. B. aus der letzten Gleichung – die restliche Integrationskonstante.

Ganz entsprechend werden durchlaufende Balken mit beliebigen Rand- und Zwischenbedingungen behandelt, die verlangen, daß mehrere Bereiche unterschieden werden müssen.

Beispiel 4.11 Eine Brücke im Freivorbau sei entsprechend Bild 4.19 fertiggestellt. Sie werde durch Stäbe modelliert. Die Stütze als Dehnstab wird weiter vereinfacht: Masselose Feder (Bild 4.20).

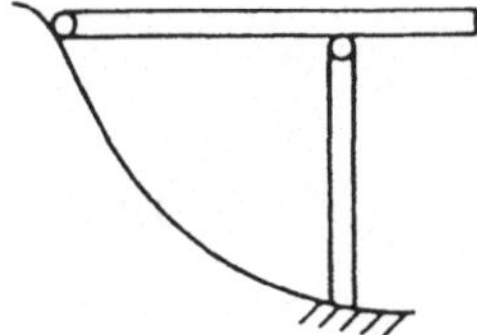

Bild 4.19 Modell einer teilweise fertiggestellten   Bild 4.20 Stützenvereinfachung
Brücke

Gemäß der Zwischenstützung werden zwei Bereiche eingeführt:

Bereich I: $0 \leqslant x \leqslant x_s$; $B_0 \hat{w}^{(4)}(x) - \omega^2 \mu_0 \hat{w}(x) = 0,$

$$\hat{w}(0) = 0, \qquad \hat{w}''(x)|_{x=0} = 0,$$

$$[B_0 \hat{w}''(x)]'|_{x=x_s-0} = \hat{Q}(x_s).$$

Bereich II: $x_s < x \leqslant \ell$; $B_0 \hat{w}^{(4)}(x) - \omega^2 \mu_0 \hat{w}(x) = 0,$

$$[B_0 \hat{w}''(x)]'|_{x=x_s+0} = \hat{Q}(x_s) - k\hat{w}(x_s),$$

$$\hat{w}'''(x)|_{x=\ell} = 0, \qquad \hat{w}''(x)|_{x=\ell} = 0.$$

An der Übergangsstelle x_s können Bedingungen formuliert werden; was erkennbar ist, ist der Querkraftsprung an der Stelle x_s (Zwischenbedingung):

$$[B_0 \hat{w}''(x)]'|_{x_s-0}^{x_s+0} = -k\hat{w}(x_s).$$

Damit haben wir 5 Bestimmungsgleichungen für die Integrationskonstanten. Insgesamt sind entsprechend der beiden Bereiche 4 + 4 Integrationskonstante zu ermitteln. Die fehlenden drei Gleichungen erhält man aus den Übergangsbedingungen:

$$\hat{w}_I(x_s) = \hat{w}_{II}(x_s),$$

$$\hat{w}_I'(x)|_{x=x_s} = \hat{w}_{II}'(x)|_{x=x_s},$$

Verschiebung und Ableitung der Verschiebung nach der Ortskoordinate müssen für beide Bereiche gleiche Werte besitzen. Was ist mit dem Moment an dieser Stelle? Auch das Moment muß an dieser Stelle gleich sein für beide Bereiche (kein Momentensprung):

$$\hat{w}_I''(x)|_{x=x_s} = \hat{w}_{II}''(x)|_{x=x_s}$$

(die Krümmung muß gleich sein).

Man sieht auch an diesem Beispiel, daß es schwierig sein kann, Rand-, Zwischen- und Übergangsbedingungen aufzustellen, hier hilft das in Abschn. 5.2 bereitgestellte und schon erwähnte Verfahren.

Sind die Eigenschwingungen des Balkens bekannt, können entsprechend dem Produktansatz (4.92) mit den zugehörigen Lösungen (4.27a) die freien Schwingungen formuliert werden:

$$w(x, t) = \sum_{k=1}^{\infty} \hat{w}_k(x)T_k(t)$$

$$= \sum_{k=1}^{\infty} \hat{w}_k(x)(A_{1k} \cos \omega_k t + A_{2k} \sin \omega_k t). \tag{4.104}$$

Mit den Anfangsbedingungen

$$\left. \begin{array}{l} w(x, 0) = g(x), \\[2mm] \dot{w}(x, t)|_{t=0} = h(x) \end{array} \right\} \tag{4.105}$$

erhält man die verbleibenden Integrationskonstanten aus den sich ergebenden verallgemeinerten FR unter Ausnutzung der verallgemeinerten Orthogonalitätsbedingungen. Diese Formulierung muß erläutert werden: Dadurch, daß die Eigenfrequenzen ω_k nicht mehr ganzzahlige Vielfache einer Grundfrequenz sein müssen, liegt nicht mehr eine FR vor, wie wir sie in Abschn. 2.3.2 behandelt haben, d. h. die Schwingung ist fastperiodisch. Wir können aber die obige trigonometrische Reihe (verallgemeinerte FR) ähnlich behandeln und ihre Koeffizienten wie oben angedeutet ermitteln (Aufgabe 4.10).

F r a g e : Was folgt aus Gl. (4.104), speziell aus der Darstellung der Eigenfunktionen (s. Tab. 4.3), hinsichtlich der Balkenbeanspruchung?
A n t w o r t : Gemäß dem Modalansatz ist die Reaktion des Balkens als Superposition der Eigenfunktionen darstellbar (4.104). Die Funktionen $T_k(t)$ geben an, mit welchem Anteil die einzelne Eigenfunktion in der dynamischen Antwort enthalten ist. Zwischen Moment und Krümmung (bezüglich der jeweiligen Eigenschwingungsform) besteht nach Gl. (4.86) der Zusammenhang $\hat{M}(x) = B_0\hat{w}''(x)$, Krümmung ($\rho$-Krümmungsradius):
$$\frac{1}{\rho} = \frac{\hat{w}''}{(1 + \hat{w}'^2)^{3/2}} \doteq \hat{w}'' \left(1 - \frac{3}{2} \hat{w}'^2\right) \doteq \hat{w}''.$$ Folglich tritt bei einer Balkenverformung in der betreffenden Eigenschwingungsform dort die größte Biegebeanspruchung auf, wo die größte Krümmung ist.

4.2.3   Der Biegebalken konstanten Querschnitts unter harmonischer Einzellast

Dieser Fall sei von vornherein an einem Beispiel betrachtet. Der beidseitig gestützte Balken konstanten Querschnitts sei mittig harmonisch erregt (Bild 4.21). Als lineares Gebilde antwortet der Balken harmonisch in der Erregerfrequenz (erzwungene Schwingung): Der Produktansatz

$$w(x, t) = \hat{w}(x) \sin \Omega t \tag{4.106a}$$

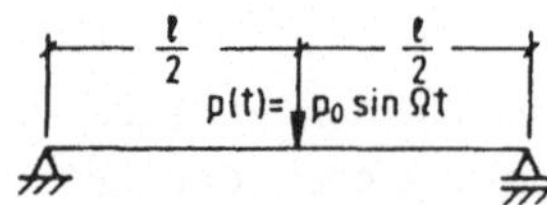

Bild 4.21
Beidseitig gestützter Bernoulli-Balken mit mittiger Erregung

führt auf die DGl.

$$
\left.\begin{array}{l}
v^{(4)}(\xi) - \Lambda^4 v(\xi) = 0, \\[2mm]
v(\xi) := \hat{w}(x), \qquad \xi := \dfrac{x}{\ell}, \\[3mm]
\Lambda^4 := \Omega^2 \, \dfrac{\mu_0 \ell^4}{B_0}.
\end{array}\right\}
\tag{4.106b}
$$

Die Randbedingungen sind:

$$
\left.\begin{array}{l}
v(0) = 0, \\[2mm]
v''(\xi)|_{\xi=0} = 0, \\[2mm]
v(1) = 0, \\[2mm]
v''(\xi)|_{\xi=1} = 0.
\end{array}\right\}
\tag{4.107a}
$$

Aus der allgemeinen Lösung der homogenen Gleichung, jetzt jedoch mit Λ anstelle von λ gemäß dem Ansatz (4.106a) und die Randbedingungen (4.107a) bereits berücksichtigt (s. Beispiel 4.8), folgt

$$
v_I(\xi) = B_{I2} \sin \Lambda\xi + B_{I4} \sinh \Lambda\xi \qquad \text{für } 0 \leqslant \xi < \frac{1}{2},
$$

$$
v_{II}(\xi) = B_{II2} \sin \Lambda(\xi - 1) + B_{II4} \sinh \Lambda(\xi - 1) \qquad \text{für } \frac{1}{2} < \xi \leqslant 1.
$$

Die verbleibenden 4 Integrationskonstanten werden aus den Zwischenbedingungen

$$
\left.\begin{array}{l}
v_I\!\left(\dfrac{1}{2}\right) = v_{II}\!\left(\dfrac{1}{2}\right), \\[3mm]
v_I'(\xi)|_{\xi=1/2} = v_{II}'(\xi)|_{\xi=1/2} = 0, \\[2mm]
v_I''(\xi)|_{\xi=1/2} = v_{II}''(\xi)|_{\xi=1/2}, \\[2mm]
B_0 v'''(\xi)|_{1/2-0}^{1/2+0} = p_0 \ell^3
\end{array}\right\}
\tag{4.107b}
$$

bestimmt. Die obige 2. Zwischenbedingung besteht aus den beiden Gleichungen (durch die symmetrische Anregung des Balkens konstanten Querschnittes werden antimetrische Schwingungsformen mit einem Knoten an der Stelle $\xi = 1/2$ ausgeschlossen)

$$
B_{I2} \cos \frac{\Lambda}{2} + B_{I4} \cosh \frac{\Lambda}{2} = 0,
$$

$$
B_{II2} \cos \frac{\Lambda}{2} + B_{II4} \cosh \frac{\Lambda}{2} = 0,
$$

aus denen die beiden Beziehungen

$$B_{I4} = -\frac{\cos\dfrac{\Lambda}{2}}{\cosh\dfrac{\Lambda}{2}}\, B_{I2},$$

$$B_{II4} = -\frac{\cos\dfrac{\Lambda}{2}}{\cosh\dfrac{\Lambda}{2}}\, B_{II2}$$

folgen. Die beiden Ansatzfunktionen gehen damit über in

$$v_I(\xi) = \left(\sin\Lambda\xi - \frac{\cos\dfrac{\Lambda}{2}}{\cosh\dfrac{\Lambda}{2}}\,\sinh\Lambda\xi\right) B_{I2},$$

$$v_{II}(\xi) = \left[\sin\Lambda(\xi-1) - \frac{\cos\dfrac{\Lambda}{2}}{\cosh\dfrac{\Lambda}{2}}\,\sinh\Lambda(\xi-1)\right] B_{II2}.$$

Die obige 1. und 3. Zwischenbedingung ergeben die Gleichungen

$$\left(\sin\frac{\Lambda}{2} - \tanh\frac{\Lambda}{2}\cos\frac{\Lambda}{2}\right)B_{I2} + \left(\sin\frac{\Lambda}{2} - \tanh\frac{\Lambda}{2}\cos\frac{\Lambda}{2}\right)B_{II2} = 0,$$

$$\left(\sin\frac{\Lambda}{2} + \tanh\frac{\Lambda}{2}\cos\frac{\Lambda}{2}\right)B_{I2} + \left(\sin\frac{\Lambda}{2} + \tanh\frac{\Lambda}{2}\cos\frac{\Lambda}{2}\right)B_{II2} = 0.$$

Diese beiden Gleichungen liefern nur die Beziehung

$$B_{I2} = -B_{II2}.$$

Damit verbleibt die inhomogene 4. Zwischenbedingung, der Querkraftssprung, zur Berechnung der verbleibenden Integrationskonstanten: $[B_0 v_{II}'''(\xi) - B_0 v_I'''(\xi)]|_{\xi=1/2} = p_0\ell^3$,

$$B_{I2} = \frac{p_0\ell^3}{4B_0\Lambda^3\cos\dfrac{\Lambda}{2}}\,.$$

Es folgt damit

$$B_{II2} = -B_{I2} = -\frac{p_0\ell^3}{4B_0\Lambda^3\cos\dfrac{\Lambda}{2}}\,.$$

(Natürlich hätte man das inhomogene lineare Gleichungssystem für die Integrationskonstanten auch insgesamt hinschreiben können, um es dann zu lösen.)

Die Verschiebung (dynamische Biegelinie) ist somit

$$v(\xi) = \frac{p_0\ell^3}{4B_0\Lambda^3} \left\{ \begin{array}{ll} \left(\dfrac{\sin \Lambda\xi}{\cos \dfrac{\Lambda}{2}} - \dfrac{\sinh \Lambda\xi}{\cosh \dfrac{\Lambda}{2}} \right) & \text{für } 0 \leqslant \xi \leqslant \dfrac{1}{2}, \\[3ex] \left(-\dfrac{\sin \Lambda(\xi-1)}{\cos \dfrac{\Lambda}{2}} + \dfrac{\sinh \Lambda(\xi-1)}{\cosh \dfrac{\Lambda}{2}} \right) & \text{für } \dfrac{1}{2} \leqslant \xi \leqslant 1. \end{array} \right\} \quad (4.108)$$

Sie strebt für $\Lambda_k = (2k-1)\pi$, $\quad k \in \mathbf{N}$; über alle Grenzen. Dieser Resonanzfall (harmonische und damit stationäre Erregung) trifft ein, wenn die Erregungsfrequenz mit einer entsprechenden Eigenfrequenz (vgl. Gl. (4.107)) $(2k-1)^2\pi^2\sqrt{B_0/(\mu_0\ell^4)}$ übereinstimmt. (Die restlichen Eigenfrequenzen, s. Tab. 4.2 und Beispiel 4.8, wurden ausgeschlossen.)

Beispiel 4.12 Um den Einfluß der „Dynamik" in der Lösung (4.108) im Vergleich zu einer statischen Belastung mit p_0 abzuschätzen, sei die zugehörige statische Verschiebung an der Stelle $\xi = 1/2$ ermittelt:

$$v\left(\frac{1}{2}\right) = \frac{p_0\ell^3}{4B_0\Lambda^3} \left(\tan \frac{\Lambda}{2} - \tanh \frac{\Lambda}{2} \right) = \frac{p_0\ell^3}{48B_0} \left(1 + \frac{17}{1680} \Lambda^4 + \ldots \right).$$

$\Lambda = 0$: $v_{\text{stat}}\left(\dfrac{1}{2}\right) = \dfrac{p_0\ell^3}{48B_0}$. Die harmonische Variation der Kraft verursacht einen Anteil von ungefähr $(0,1\Lambda^4)\%$.

Ist die Erregung mit Einzelkräften (inhomogene Randbedingungen bzw. Zwischenbedingungen) nichtharmonisch, so kann einerseits mit den Integraltransformationen und andererseits mit der Dirac-Funktion und inhomogener Bewegungsgleichung (s. nächster Abschn.) gearbeitet werden.

4.2.4   Der Bernoulli-Balken unter Streckenlast

Eine weitere Art erzwungener Schwingungen als im vorhergehenden Abschnitt behandelt, erhält man bei nichtidentisch verschwindender Streckenlast. Um die Lösung der DGl. (4.88) zu erhalten, gehen wir — wie bereits mehrfach angewendet — mit dem Produktansatz in Form eines Modalansatzes

$$w(x, t) = \sum_{k=1}^{\infty} \hat{w}_k(x)T_k^*(t) \qquad (4.109)$$

in die DGl. (4.88):

$$\sum_{k=1}^{\infty} \{\mu(x)\hat{w}_k(x)\ddot{T}_k^*(t) + [B(x)\hat{w}_k''(x)]''T_k^*(t)\} = p(x, t).$$

Die Eigenfunktionen erfüllen die homogene DGl. (4.98), damit kann der Term

$$[B(x)\hat{w}_k''(x)]'' = \omega_k^2\mu(x)\hat{w}_k(x)$$

durch die rechte Seite ersetzt werden:

$$\sum_{k=1}^{\infty} \mu(x)\hat{w}_k(x)[\ddot{T}_k^*(t) + \omega_k^2 T_k^*(t)] = p(x, t).$$

Diese Gleichung mit $\hat{w}_i(x)$ multipliziert, über x von 0 bis ℓ integriert und die verallgemeinerte Orthogonalitätseigenschaften (4.102a) berücksichtigt, ergibt die DGl.

$$\ddot{T}_k^*(t) + \omega_k^2 T_k^*(t) = \frac{1}{m_{gk}} \int_0^{\ell} \hat{w}_k(x)p(x, t)dx =: \varphi_k(t), \quad k = 1, 2, \ldots . \quad (4.110)$$

Diese DGl. ist eine gewöhnliche DGl. 2. Ordnung mit konstanten Koeffizienten in den generalisierten Koordinaten $T_k^*(t)$: Sie beschreibt wieder ein generalisiertes EFGM mit der generalisierten Masse m_{gk} und der generalisierten Steifigkeit $\omega_k^2 m_{gk}$. Lösungsverfahren hierfür haben wir bereitgestellt (z. B. das Duhamel-Integral), so daß die Lösungen hierfür als bekannt angenommen werden können.

A n m e r k u n g : Der Leser vergleiche die formale Analogie der Gl. (4.110) mit der Gl. (4.39). S. auch die Anmerkung hinter der Gl. (4.39) in diesem Zusammenhang.

Greift eine transiente Einzellast p(t) an der Stelle x_e an, so wird $p(x, t) = \delta(x - x_e)p(t)$ gesetzt und in die Gl. (4.110) unter Berücksichtigung der Ausblendeigenschaft der Dirac-Funktion (4.45) eingesetzt. (S. in diesem Zusammenhang die Anmerkung vor Beispiel 4.6.)

Beispiel 4.13 Ein Schornstein, ausgeführt als Stahlrohr mit konstantem Querschnitt und gegebener Höhe (Bild 4.22), werde horizontal mit der Bö

$$p(x, t) = p_0 \sin\frac{\pi}{2}\frac{x}{\ell} \sin\frac{\pi}{4}t \ [Nm^{-1}],$$

$$0 \leqslant x \leqslant \ell \text{ und } 0 \leqslant t \leqslant 4[s],$$

sonst Null, belastet. Gesucht ist die Beanspruchung (Biegemoment). Wie groß ist das Einspannmoment verglichen mit dem aus der statischen Last

$$p_0 \sin\frac{\pi}{2}\frac{x}{\ell} ?$$

Modell: Einseitig eingespannter Balken konstanten Querschnittes unter Streckenlast. Rechenschritte:

1. Ermittlung von B_0, μ_0

2. Berechnung der Eigenfrequenzen

3. Entscheidung anhand des Erregungsspektrums wieviele FG zu berücksichtigen sind

4. Berechnung der restlichen Eigenschwingungsgrößen: Eigenschwingungsformen, generalisierte Massen

5. Berechnung der generalisierten Belastung

6. Aufstellen und Lösen des Duhamel-Integrals für (4.110) in generalisierten Koordinaten

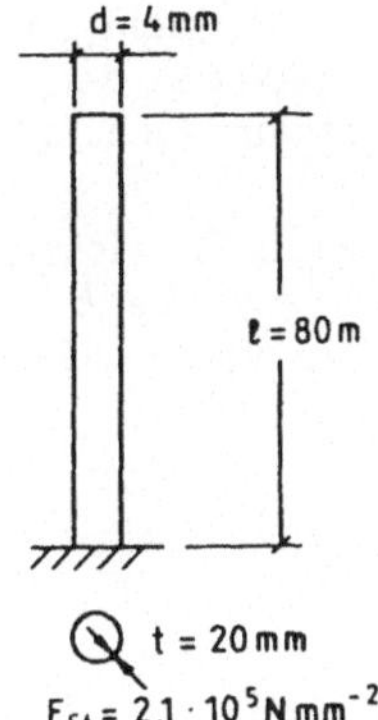

Bild 4.22 Kenndaten des Schornsteines

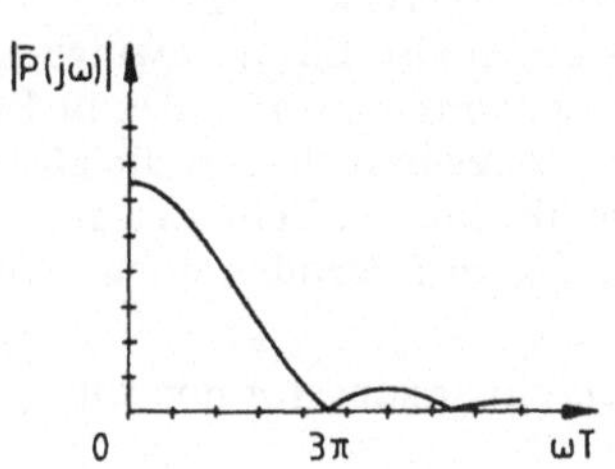

Bild 4.23 Betrag der bezogenen fouriertransformierten Erregung

7. Ermittlung des (angenäherten) Verschiebungsfeldes

8. Ermittlung des Biegemomentes und Vergleich.

Zu 1.: $B_0 = E_{st}I_0$, $\ell = 80$ m,

$$I_0 = \pi \left(\frac{d}{2}\right)^3 t = 0,5027 \text{ m}^4,$$

$$A_0 = \pi dt = 0,2513 \text{ m}^2,$$

$$B_0 = 1,0556 \cdot 10^8 \text{ kN m}^2,$$

$$\mu_0 = \rho A_0 = 1973 \text{ kg m}^{-1}.$$

Zu 2.: Nach Beispiel 4.7 gilt

$$\lambda^4 = \omega^2 \frac{\mu_0 \ell^4}{B_0}$$

mit $\lambda_1 = 1,8751$, $\lambda_2 = 4,6941$, $\lambda_3 = 7,85$ nach Tab. 4.2.

Es folgen die Eigenfrequenzen zu

$$\omega_1 = 4,02 \text{ s}^{-1}, \qquad f_1 = 0,64 \text{ Hz},$$

$$\omega_2 = 25,2 \text{ s}^{-1}, \qquad f_2 = 4,01 \text{ Hz},$$

$$\omega_3 = 79,5 \text{ s}^{-1}, \qquad f_3 = 11,2 \text{ Hz}.$$

Zu 3.: Es handelt sich um eine transiente Erregung mit der Amplitudendichte

$$F\{p(t)\} = p_0 \sin \frac{\pi}{2} \frac{x}{\ell} \int_0^4 \sin \frac{\pi}{4} t \, e^{-j\omega t} dt.$$

Die Fouriertransformierte der zeitabhängigen Funktion ist lt. [1.20], Tab. 4.1: T = 4s,

$$\bar{P}(j\omega) = \frac{2 p_0 T \pi}{\pi^2 - T^2 \omega^2} \cos \frac{\omega T}{2} e^{-j\omega \frac{T}{2}},$$

deren Betrag in Bild 4.23 wiedergegeben ist. Damit liefert die erste Nullstelle die „Grenzfrequenz" $\omega_G = 3\pi/4 = 2,36 \text{ s}^{-1}$, bis zu der eine wesentliche Erregungsamplitude ungleich Null vorliegt. Zieht man maximal Eigenfrequenzen bis zu $4\omega_G$ in Betracht, so bedeutet dieses bei einem MFGM (generalisierte Koordinaten!) die Multiplikation der Arbeit, die von der Erregung an der betr. Eigenschwingungsform geleistet wird (generalisierte Kraft), mit $1/[\omega_G^2(16-1)] = 0{,}067/\omega_G^2$:

Im folgenden werden also Eigenschwingungsformen in der Verschiebung (als Entwicklung nach Eigenschwingungsformen) mit Eigenfrequenzen größer als $4\omega_G = 9{,}45\ s^{-1}$ vernachlässigt, d. h. es braucht nur die Grundschwingung berücksichtigt zu werden. Um einen Anhaltspunkt für den Fehler in der Reihenentwicklung zu erhalten, wird die 1. Oberschwingung im folgenden noch berücksichtigt.

Zu 4.: Die Eigenschwingungsformen sind (s. Beispiel 4.7):

$$\hat{w}_k(\xi) = B_{1k}(\cos \lambda_k \xi - \cosh \lambda_k \xi) + B_{2k}(\sin \lambda_k \xi - \sinh \lambda_k \xi),$$

$$\xi := x/\ell, \qquad B_{1k} = -\frac{\sin \lambda_k + \sinh \lambda_k}{\cos \lambda_k + \cosh \lambda_k}, \qquad B_{2k} = 1.$$

$$k = 1: \qquad B_{11} = -1{,}36222,$$

$$k = 1: \qquad B_{12} = -0{,}98187.$$

Generalisierte Massen (Gl. (4.102a)):

$$m_{gk} = \mu_0 \int_0^\ell \hat{w}_k^2(x)dx = \mu_0\ell \int_0^1 \hat{w}_k^2(\xi)d\xi.$$

Nach längerer Rechnung folgt $\int_0^1 \hat{w}_k^2(\xi)d\xi = B_{1k}^2$:

$$m_{g1} = \mu_0\ell \cdot 1{,}8556 = 0{,}29289 \cdot 10^6\ kg,$$

$$m_{g2} = \mu_0\ell \cdot 0{,}9641 = 0{,}15217 \cdot 10^6\ kg.$$

Zu 5.: Die generalisierte Belastung berechnet sich nach Gl. (4.110):

$$\varphi_k(t) = \frac{1}{m_{gk}} \int_0^\ell \hat{w}_k(x)p(x,t)dx$$

$$= \frac{p_0}{m_{gk}} \int_0^\ell \hat{w}_k(x) \sin \frac{\pi}{2}\frac{x}{\ell}\ dx \ \sin \frac{\pi}{4}t \qquad \text{für } 0 \leqslant t \leqslant 4\ [s].$$

$$\varphi_k(t) = \frac{p_0\ell}{m_{gk}} \left\{ \frac{1}{2}\left(\frac{1}{\lambda_k + \dfrac{\pi}{2}} + \frac{1}{\lambda_k - \dfrac{\pi}{2}} \right)(B_{1k}\sin \lambda_k - \cos \lambda_k) \right.$$

$$- \frac{\lambda_k}{\lambda_k^2 + \dfrac{\pi^2}{4}}(B_{1k}\sinh \lambda_k + \cosh \lambda_k)$$

$$\left. + \frac{B_{1k}}{2}\left(\frac{1}{\lambda_k + \dfrac{\pi}{2}} - \frac{1}{\lambda_k - \dfrac{\pi}{2}} \right) - \frac{B_{1k}\pi}{2}\frac{1}{\lambda_k^2 + \dfrac{\pi^2}{4}} \right\} \cdot \sin \frac{\pi}{4}t.$$

$$k = 1: \qquad \varphi_1(t) = \frac{p_0\ell}{m_{g1}} \cdot 0{,}92339 \sin \frac{\pi}{4} t$$

$$= \hat{\varphi}_1 \sin \frac{\pi}{4} t, \qquad \hat{\varphi}_1 = 2{,}5221 \cdot p_0 \cdot 10^{-4} \, N \, kg^{-1},$$

$$k = 2: \qquad \varphi_2(t) = \frac{p_0\ell}{m_{g2}} \cdot 0{,}19008 \sin \frac{\pi}{4} t$$

$$= \hat{\varphi}_2 \sin \frac{\pi}{4} t, \qquad \hat{\varphi}_2 = 0{,}9993 \cdot p_0 - 10^{-4} \, N \, kg^{-1}.$$

Zu 6.: (4.110): $\ddot{T}_k^*(t) + \omega_k^2 T_k^*(t) = \varphi_k(t)$, Gewichtsfunktion: $\dfrac{1}{\omega_k} \sin \omega_k t,$

$$T_k^*(t) = \frac{1}{\omega_k} \int_0^t \sin \omega_k(t - \tau)\varphi_k(\tau)d\tau$$

$$= \frac{\hat{\varphi}_k}{\omega_k} \int_0^t \sin \omega_k(t - \tau) \sin \frac{\pi}{4} \tau d\tau$$

$$= \frac{\hat{\varphi}_k}{2\omega_k} \left[\left(\frac{1}{\frac{\pi}{4} + \omega_k} - \frac{1}{\frac{\pi}{4} - \omega_k} \right) \sin \frac{\pi}{4} t + \left(\frac{1}{\frac{\pi}{4} + \omega_k} + \frac{1}{\frac{\pi}{4} - \omega_k} \right) \sin \omega_k t \right].$$

$$k = 1: \qquad T_1^*(t) = p_0 \cdot 10^{-4} \left(0{,}16225 \sin \frac{\pi}{4} t - 0{,}03170 \sin 4{,}02t \right) \, [m],$$

$$k = 2: \qquad T_2^*(t) = p_0 \cdot 10^{-6} \left(0{,}15750 \sin \frac{\pi}{4} t - 0{,}00491 \sin 25{,}2t \right) \, [m].$$

Zu 7.: $\qquad w(x, t) = \sum_{k=1}^{\infty} \hat{w}_k(x)T_k^*(t)$

$$\doteq p_0 \cdot 10^{-4} \left\{ \left[-1{,}3622 \left(\cos 1{,}8751 \frac{x}{80} - \cosh 1{,}8751 \frac{x}{80} \right) \right. \right.$$

$$+ \sin 1{,}8751 \frac{x}{80} - \sinh 1{,}8751 \frac{x}{80} \right] \left(0{,}16225 \sin \frac{\pi}{4} t - 0{,}03170 \sin 4{,}02t \right)$$

$$+ 10^{-2} \left[-0{,}98187 \left(\cos 4{,}6841 \frac{x}{80} - \cosh 4{,}6941 \frac{x}{80} \right) \right.$$

$$\left. + \sin 4{,}6941 \frac{x}{80} - \sinh 4{,}6941 \frac{x}{80} \right] \cdot$$

$$\cdot \left(0{,}15750 - \sin \frac{\pi}{4} t - 0{,}00491 \sin 25{,}2t \right) \right\} \, [m].$$

Der obige 2. Term ist um 1/100 kleiner als der 1., er wird vernachlässigt.

Zu 8. Gl. (4.86):

$$M(x, t) = B_0 w''(x, t) \doteq B_0 \hat{w}_1''(x) T_1^*(t) =$$

$$= - \frac{B_0 \lambda_1^2}{\ell^2} \left[B_{11} \left(\cos \lambda_1 \frac{x}{\ell} + \cosh \lambda_1 \frac{x}{\ell} \right) + \sin \lambda_1 \frac{x}{\ell} + \sinh \lambda_1 \frac{x}{\ell} \right] T_1^*(t) =$$

$$= - 5{,}7992\, p_0 \left[-1{,}3622 \left(\cos 1{,}8751 \frac{x}{80} + \cosh 1{,}8751 \frac{x}{80} \right) + \sin 1{,}8751 \frac{x}{80} \right.$$

$$\left. + \sinh 1{,}8751 \frac{x}{80} \right] \left(0{,}16225 \sin \frac{\pi}{4} t - 0{,}03170 \sin 4{,}02t \right) [\mathrm{k\,N\,m}].$$

Biegemoment infolge der statischen Streckenlast $p_0 \sin \dfrac{\pi}{2} \dfrac{x}{\ell}$ (zweifache Integration derselben):

$$M_{st}(x) = \frac{4 p_0 \ell^2}{\pi^2} \left(1 - \sin \frac{\pi}{2} \frac{x}{\ell} \right) [\mathrm{k\,N\,m}].$$

$$M_{st}(0) = 2{,}5938\, p_0 [\mathrm{k\,N\,m}],$$

$$M(0, t) = 2{,}5635\, p_0 \left(\sin \frac{\pi}{4} t - 0{,}1954 \sin 4{,}02t \right) [\mathrm{k\,N\,m}].$$

4.2.5 Der Biegestab mit veränderlichem Querschnitt: Energieausdrücke, Rayleighscher Quotient und Abschätzungen zum Schubeinfluß (Timoshenko) und zur Rotationsträgheit (Rayleigh)

Die Energieausdrücke für den frei schwingenden Biegestab mit den Bewegungsgleichungen (4.80) und (4.81) ergeben sich aus der Gesamtleistung

$$\frac{dE(t)}{dt} = \frac{1}{2} \frac{d}{dt} \int_0^\ell [\mu(x)\dot{w}^2(x, t) + \Theta(x)\dot{\alpha}^2(x, t)]\,dx$$

$$+ \int_0^\ell GA_s(x)[\alpha(x, t) - w'(x, t)][\dot{\alpha}(x, t) - \dot{w}'(x, t)]\,dx$$

$$+ \int_0^\ell B(x)\alpha'(x, t)\dot{\alpha}(x, t)\,dx = 0.$$

Es folgt (vgl. auch Abschn. 4.1.7)

$$E(t) = \frac{1}{2} \int_0^\ell [\mu(x)\dot{w}^2(x, t) + \Theta(x)\dot{\alpha}^2(x, t)]\,dx$$

$$+ \frac{1}{2} \int_0^\ell \{GA_s(x)[\alpha(x, t) - w'(x, t)]^2 + B(x)\alpha'^2(x, t)\}\,dx + C = \mathrm{const.}$$

Mit dem Produktansatz

$$w(x, t) = \hat{w}(x) \sin \omega t,$$

$$\alpha(x, t) = \hat{\alpha}(x) \sin \omega t$$

für die freien Schwingungen, die harmonisch sind, erhält man die zeitlich konstante Gesamtenergie zu

$$E(t) = \frac{\omega^2}{2} \int_0^\ell [\mu(x)\hat{w}^2(x) + \Theta(x)\hat{\alpha}^2(x)]dx \cos^2 \omega t$$

$$+ \frac{1}{2} \int_0^\ell \{GA_s(x)[\hat{\alpha}(x) - \hat{w}'(x)]^2 + B(x)\hat{\alpha}'^2(x)\}\, dx \sin^2 \omega t + C = \text{const.}$$

Diese Gleichung kann nur dann gelten, wenn die maximale kinetische Energie

$$\hat{E}_{T_i\,kin} := \frac{\omega^2}{2} \int_0^\ell [\mu(x)\hat{w}^2(x) + \Theta(x)\hat{\alpha}^2(x)]dx \tag{4.111}$$

gleich der maximalen potentiellen Energie (Formänderungsarbeit)

$$\hat{E}_{T_i\,pot} := \frac{1}{2} \int_0^\ell \{GA_s(x)[\hat{\alpha}(x) - \hat{w}'(x)]^2 + B(x)\hat{\alpha}'^2(x)\}\, dx \tag{4.112}$$

mit $C = 0$ ist, d. h. wenn

$$\frac{\omega^2}{2} \int_0^\ell [\mu(x)\hat{w}^2(x) + \Theta(x)\hat{\alpha}^2(x)]dx =$$

$$= \frac{1}{2} \int_0^\ell \{GA_s(x)[\hat{\alpha}(x) - \hat{w}'(x)]^2 + B(x)\hat{\alpha}'^2(x)\}\, dx \tag{4.113}$$

gilt.

Für den Bernoulli-Balken ohne zusätzliche Einzelfedern und Punkt- und Einzelmassen folgt aus (4.111) und (4.112) mit (4.85), nämlich $w'(x, t) = \alpha(x, t)$, und unter Vernachlässigung der Rotationsträgheit

$$E_{B\,kin}(t) = \frac{1}{2} \int_0^\ell \mu(x)\dot{w}^2(x, t)dx, \tag{4.114}$$

$$E_{B\,pot}(t) = \frac{1}{2} \int_0^\ell B(x)w''^2(x, t)dx = \frac{1}{2} \int_0^\ell \frac{M^2(x, t)}{B(x)}\, dx. \tag{4.115}$$

Wird die Verschiebung $\hat{w}(x)$ aus einer Teilverschiebung $\hat{w}_B(x)$ des Bernoulli-Balkens, also $\hat{w}_B'(x) = \hat{\alpha}(x)$ und einer weiteren Teilverschiebung $\hat{w}_G(x)$ aufgrund der Schubverformung, also $\hat{w}_G'(x) = \alpha(x) - \hat{w}'(x)$, zusammengesetzt,

$$\hat{w}(x) = \hat{w}_B(x) + \hat{w}_G(x), \tag{4.116}$$

so erhält man aus (4.112) die maximale potentielle Energie des Timoshenkobalkens zu

$$\hat{E}_{T_i\,pot} = \frac{1}{2} \int_0^{\ell} B(x)\hat{w}_B''^2(x)\,dx + \frac{1}{2} \int_0^{\ell} K(x)GA(x)\hat{w}_G'^2(x)\,dx$$

$$=: \hat{E}_{B\,pot} + \hat{E}_{S\,pot} \tag{4.117}$$

mit $\quad \hat{E}_{S\,pot} := \dfrac{1}{2} \displaystyle\int_0^{\ell} \dfrac{Q^2(x,t)}{K(x)GA(x)}\,dx = \dfrac{1}{2} \int_0^{\ell} K(x)GA(x)\hat{w}_G'^2(x)\,dx,$ $\quad$ (4.118)

wobei Gl. (4.79) verwendet wurde. Der kinetische Energieanteil bez. der Rotation ist explizit in Gl. (4.111) enthalten und als solcher erkennbar.

Aus Gl. (4.113) (Energiesatz!) nach ω^2 aufgelöst, folgt der Rayleighsche Quotient des Timoshenkobalkens unter Berücksichtigung der Rayleighschen Rotationsträgheit

$$\omega^2 = \frac{\displaystyle\int_0^{\ell} \{B(x)\hat{\alpha}'^2(x) + GA_s(x)[\hat{\alpha}(x) - \hat{w}'(x)]^2\}\,dx}{\displaystyle\int_0^{\ell} [\mu(x)\hat{w}^2(x) + \Theta(x)\hat{\alpha}^2(x)]\,dx}$$

$$= \frac{\displaystyle\int_0^{\ell} B(x)\hat{w}_B''^2(x)\,dx + \int_0^{\ell} K(x)GA(x)\hat{w}_G'^2(x)\,dx}{\displaystyle\int_0^{\ell} [\mu(x)\hat{w}^2(x) + \Theta(x)\hat{\alpha}^2(x)]\,dx} \tag{4.119}$$

Er liefert die Eigenfrequenz zum Quadrat für die zugehörige Eigenschwingungsform, die sich aus $\hat{w}(x)$ und $\hat{\alpha}(x)$ zusammensetzt. Der Rayleighsche Quotient für den Bernoulli-Balken lautet demzufolge

$$\omega_B^2 = \frac{\displaystyle\int_0^{\ell} B(x)\hat{w}_B''^2(x)\,dx}{\displaystyle\int_0^{\ell} \mu(x)\hat{w}_B^2(x)\,dx} \tag{4.119a}$$

Beispiel 4.14 Abschätzung des Schubsteifigkeitseinflusses für den beidseitig gestützten Balken konstanten Querschnittes ohne Rotationsträgheit. Der Einfachheit halber nehmen wir an:

$$\hat{w}(x) \sim \hat{w}_B(x), \qquad \text{es folgt } \hat{w}_G(x) \sim \hat{w}_B(x),$$

also $\hat{w}(x) = (1 + \chi)\hat{w}_B$. Der Proportionalitätsfaktor χ kann bspw. aus dem Verhältnis der Anteile aus Schubverformung und Biegeverformung der statischen Verschiebung des Balkens in Balkenmitte infolge einer Einheitslast in Balkenmitte angenähert ermittelt werden:

$$\chi \doteq \frac{48}{4}\frac{E}{G}\frac{I_0\ell}{KA_0\ell^3} = 12\,\frac{E}{KG}\frac{i^2}{\ell^2}\,.$$

Aus der Energie (4.117) folgt

$$2\hat{E}_{Ti\,pot} = B_0 \int_0^{\ell} \hat{w}_B''^2(x)dx + KGA_0\chi^2 \int_0^{\ell} \hat{w}_B'^2(x)dx.$$

Für die Grundeigenschwingung mit $\hat{w}_{B1}(x) = \sin \pi \dfrac{x}{\ell}$ (vgl. Beispiel 4.8) ergibt sich

$$2\hat{E}_{Ti\,pot} \doteq B_0 \frac{\pi^4}{2\ell^3}(1 + 1{,}2\chi).$$

Mit der kinetischen Energie

$$2\hat{E}_{B\,kin} \doteq \omega_B^2\mu_0 \int_0^{\ell}(1 + \chi)^2\hat{w}_B^2(x)dx$$

und ω_B der Eigenfrequenz des Bernoulli-Balkens folgt aus dem Verhältnis der Rayleigh-schen Quotienten die Grundeigenfrequenz zum Quadrat zu

$$\omega_1^2 \doteq \omega_{B1}^2 \frac{1 + 1{,}2\chi}{(1 + \chi)^2}.$$

Wie nicht anders zu erwarten, vermindert die einbezogene Schubnachgiebigkeit die Eigenfrequenz gegenüber der des Bernoulli-Balkens.

Für einen Stahlträger IPB 200 folgt mit

$$\ell_1 = 1000\ \text{cm}: \qquad \chi_{(1)} = 0{,}01,$$
$$\ell_2 = 500\ \text{cm}: \qquad \chi_{(2)} = 0{,}04,$$
$$\ell_3 = 100\ \text{cm}: \qquad \chi_{(3)} = 0{,}99$$

und somit

$$\omega_{(1)1}^2 = 0{,}99\ \omega_{B(1)1}^2,$$
$$\omega_{(2)1}^2 = 0{,}96\ \omega_{B(2)1}^2,$$
$$\omega_{(3)1}^2 = 0{,}5\ \omega_{B(3)1}^2.$$

Beispiel 4.15 Abschätzung des Einflusses der Rotationsträgheit für den Balken in Beispiel 4.14.

Es ist $\Theta_0 = i_\Theta^2\mu_0$, und wir setzen $\hat{\alpha}(x) \doteq \hat{w}'(x)$. Die maximale kinetische Energie beträgt

$$2\hat{E}_{kin} \doteq \omega^2\mu_0 \int_0^{\ell}[\hat{w}^2(x) + i_\Theta^2\hat{w}'^2(x)]dx.$$

Die Eigenfunktion der Grundeigenschwingung eingesetzt liefert

$$2\hat{E}_{kin} \doteq \frac{\omega^2}{2}\mu_0\ell\left(1 + \pi^2\frac{i_0^2}{\ell^2}\right).$$

Der Korrekturfaktor für die Grundeigenfrequenz im betrachteten Fall ist (der obige auf ω^2 bezogene Ausdruck steht im Nenner des Rayleighschen Quotienten)

$$\frac{1}{\sqrt{1 + \pi^2\dfrac{i_0^2}{\ell^2}}} \doteq 1 - \frac{1}{2}\left(\frac{\pi i_\Theta}{\ell}\right)^2.$$

Auch hier verkleinert der Rotationseinfluß die Eigenfrequenz des zugehörigen Bernoulli-Balkens.

Für den beidseitig gestützten Stahlträger IPB 200 ist $i_\Theta = 8,54$ cm und demzufolge für

$$\ell_1 = 1000 \text{ cm}, \qquad \omega^2_{(1)1} = 0,9996 \; \omega^2_{B(1)1},$$

$$\ell_2 = 500 \text{ cm}, \qquad \omega^2_{(2)1} = 0,9986 \; \omega^2_{B(2)1},$$

$$\ell_3 = 100 \text{ cm}, \qquad \omega^2_{(3)1} = 0,9640 \; \omega^2_{B(3)1}.$$

Kehren wir zurück zur Betrachtung des Bernoulli-Balkens. Mit der Modaltransformation (Reihenansatz)

$$w(x, t) = \sum_{k=1}^{\infty} \hat{w}_k(x) T_k(t) \tag{4.120}$$

erhält man die kinetische Energie (4.114) zu

$$2E_{B\,kin}(t) = \sum_{i=1}^{\infty} \sum_{k=1}^{\infty} \int_0^\ell \mu(x)\hat{w}_i(x)\hat{w}_k(x)\,dx \; \dot{T}_i(t)\dot{T}_k(t).$$

Die verallgemeinerte Orthogonalitätseigenschaft (4.102a) berücksichtigt, überführt die obige Gleichung in die Reihe

$$2E_{B\,kin}(t) = \sum_{k=1}^{\infty} m_{gk}\dot{T}_k^2(t), \qquad m_{gk} := \int_0^\ell \mu(x)\hat{w}_k^2(x)\,dx. \tag{4.121}$$

Dieses ist eine Reihe gebildet aus den kinetischen Energien der generalisierten EFGM (in den generalisierten Koordinaten $T_k(t)$). Entsprechendes gilt für die potentielle Energie (4.115):

$$2E_{B\,pot}(t) = \sum_{i=1}^{\infty} \sum_{k=1}^{\infty} \int_0^\ell B(x)\hat{w}_i''(x)\hat{w}_k''(x)\,dx \; T_i(t)T_k(t).$$

Die verallgemeinerte Orthogonalitätsbeziehung (4.102a) in Gl. (4.99) beachtet und (4.100a) eingearbeitet, führt auf die verallgemeinerte Orthogonalitätsbeziehung bezüglich der Steifigkeitsverteilung

$$\int_0^\ell B(x)\hat{w}_i''(x)\hat{w}_k''(x)\,dx = \begin{cases} 0 & \text{für } i \neq k, \\ \omega_k^2 m_{gk} & \text{für } i = k. \end{cases} \tag{4.122}$$

Mit der Abkürzung

$$k_{gk} := \omega_k^2 m_{gk} \tag{4.123}$$

für die generalisierte Steifigkeit des k-ten FG erhält man für die potentielle Energie in generalisierten Koordinaten

$$2E_{B\,pot}(t) = \sum_{k=1}^{\infty} \int_0^\ell B(x)\hat{w}_k''^2(x)\,dx \; T_k^2(t) = \sum_{k=1}^{\infty} k_{gk}T_k^2(t). \tag{4.124}$$

Sie läßt sich ebenfalls als Reihe der potentiellen Energien der generalisierten EFGM darstellen.

Beispiel 4.16 Der zweistöckige Rahmen (Bild 4.24a) bestehend aus Stäben konstanten Querschnittes und mit gelenkig an den Stielen angeschlossenen Riegeln sei derart belastet, daß die Stiele auf Biegung beansprucht sind, und es genügt, die Massen der dehnstarren Riegel hierfür zu beachten (Bild 4.24b). Im Unterschied zu der Modellierung in Bild 3.1a sind u. a. die Stiele jetzt also massebelegt. Die Bewegungsgleichung mit den Rand- und Zwischenbedingungen bez. der Punktmassen entspricht der Formulierung in Beispiel 4.7.

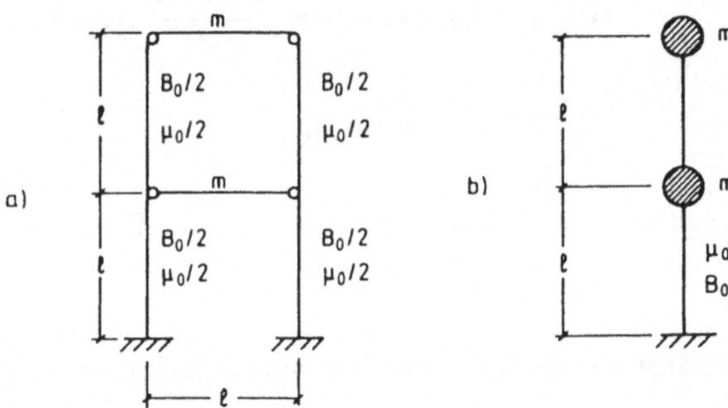

Bild 4.24
Idealisierung (b) eines
zweistöckigen Rahmens (a)

Die potentielle Energie der freien Schwingungen wird durch die Gl. (4.115), die kinetische Energie durch

$$2E_{kin}(t) = \int_0^{2\ell} \mu_0 \dot{w}^2(x, t)dx + m[\dot{w}^2(2\ell, t)]$$

wiedergegeben.

4.2.6   Schnittkräfte

Die Schnittkräfte des Bernoulli-Balkens sind definiert durch die Gln. (4.86) und (4.87). Man kann sie also aufgrund des Elastizitätsgesetzes durch Differentiation der dynamischen Biegelinie berechnen, wobei letztere in den vorher behandelten Fällen als Reihe darstellbar ist.

Aufgrund der Gleichgewichtsaussage (4.88) gilt

$$M''(x, t) = p(x, t) - \mu(x)\ddot{w}(x, t), \tag{4.125}$$

Einfachintegration liefert die Querkraft, Zweifachintegration das Biegemoment. Diese Berechnungsart ist in den Fällen genauer, in denen die Biegelinie näherungsweise ermittelt wurde, genauer, da das Moment der äußeren Belastung damit richtig wiedergegeben wird und nur der dynamische Zusatzanteil näherungsweise erfaßt wird.

Hinzu kommt bei Verwendung von Näherungsverfahren zur Ermittlung der dynamischen Biegelinie, daß die numerische Differentiation fehlerbehafteter sein kann (aufrauhend) gegenüber der (glättenden) Integration (s. Kap. 6).

4.2.7   Der Einfluß von axialen Kräften auf die Balkenbiegung

Wir gehen aus von einem verformten Balkenelement der Länge dx nach Bild 4.25. Der Drallsatz mit vernachlässigbarer rotatorischer Trägheit (Momentengleichgewicht) liefert die Gleichung

$$M(x, t) + Q(x, t)dx - N_0 \frac{\partial w(x, t)}{\partial x} dx - \left[M(x, t) + \frac{\partial M(x, t)}{\partial x} dx \right] = 0.$$

Mit $\quad \dfrac{\partial w(x, t)}{\partial x} dx = w'(x, t)dx,$

folgt aus dem Momentengleichgewicht die Beziehung

$$Q(x, t) = N_0 w'(x, t) + M'(x, t), \tag{4.126}$$

die anstelle von Gl. (4.84) tritt, und anstelle von (4.87) erhält man die Gl.

$$Q(x, t) = N_0 w'(x, t) + [B(x)w''(x, t)].' \tag{4.127}$$

Mit der konstanten Normalkraft N_0 ergibt sich die Bewegungsgleichung, die die Gl. (4.88) ersetzt:

$$[B(x)w''(x, t)]'' + N_0 w''(x, t) + \mu(x)\ddot{w}(x, t) = p(x, t). \tag{4.128}$$

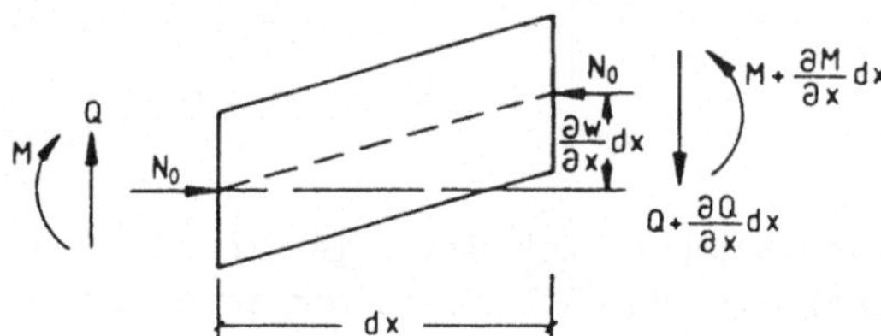

Bild 4.25
Verformtes Balkenelement

Setzen wir konstanten Querschnitt voraus, A_0 = const., machen den Produktansatz (4.92) für die homogene Gleichung, so geht die Gl. (4.128) über in die beiden gewöhnlichen DGln. mit konstanten Koeffizienten

$$\ddot{T}(t) + \omega^2 T(t) = 0, \tag{4.129a}$$

$$B_0 \hat{w}^{(4)}(x) + N_0 \hat{w}''(x) - \omega^2 \mu_0 \hat{w}(x) = 0. \tag{4.129b}$$

Gl. (4.129a) zeigt, daß durch den Einfluß der Axialkraft der harmonische Charakter der Schwingung unbeeinflußt bleibt.

Mit den Substitutionen

$$\left. \begin{array}{ll} \xi := x/\ell, & v(\xi) := \hat{w}(\ell\xi), \\[2ex] \lambda^4 := \dfrac{\omega^2 \mu_0 \ell^4}{B_0}, & \kappa^2 := \dfrac{N_0 \ell^2}{B_0} \end{array} \right\} \tag{4.130}$$

und dem Ansatz $v(\xi) = Be^{s\xi}$ erhält man aus (4.129b) die charakteristische Gleichung

$$s^4 + \kappa^2 s^2 - \lambda^4 = 0$$

mit den Wurzeln

$$s = \pm js_1, \pm s_2,$$

$$s_1 = \sqrt{\sqrt{\frac{\kappa^4}{4} + \lambda^4} + \frac{\kappa^2}{2}}, \qquad s_2 = \sqrt{\sqrt{\frac{\kappa^4}{4} + \lambda^4} - \frac{\kappa^2}{2}}.$$

Es folgt die viergliedrige Lösung

$$v(\xi) = B_1 \cos s_1\xi + B_2 \sin s_1\xi + B_3 \cosh s_2\xi + B_4 \sinh s_2\xi. \tag{4.131}$$

Für $\kappa \to 0$ (Normalkraft $\to 0$) gilt $s_{1,2} \to \lambda$ und die Lösung (4.131) geht über in die Lösung (4.97) für den (elementaren) Bernoulli-Balken.

Der statische Fall ($\omega \to 0$, $\lambda \to 0$) liefert $s_1 \to \kappa$, $s_2 \to 0$ und damit

$$v_{stat}(\xi) = B_1 \cos \kappa\xi + B_2 \sin \kappa\xi + B_3\xi + B_4, \tag{4.132}$$

wobei die letzten beiden Terme den Wurzeln $\pm s_2 = 0$ entsprechen. Mit den zugehörigen Randbedingungen erhält man aus der obigen Gleichung die kritische Axialkraft, die kritische Knicklast.

Die Längsdruckkraft N_0 verringert die effektive Steifigkeit des Balkens und verringert die Eigenfrequenzen verglichen mit denen des Biegebalkens ohne Längsdruckkraft (s. die obige biquadratische charakteristische Gleichung).

4.3   Ergänzungen: Stabtragwerke, Trägheitskopplung und ebene Flächentragwerke

4.3.1   Stabtragwerke

Als Stabtragwerke bezeichnet man Systeme, die aus mehreren (längs-, torsions-, querbelasteten) Stäben zusammengesetzt sind. Sie können mit den in Abschn. 4.1 und 4.2 behandelten Elementen ebenfalls untersucht werden, wenn man sich das Stabtragwerk in seine Einzelstäbe zerlegt denkt und neben den Randbedingungen an den Verbindungsstellen Zwischenbedingungen (Verträglichkeitsbedingungen) formuliert.

Abgesehen von einem mehrfachen Arbeitsaufwand entsprechend der Anzahl der Stäbe, laufen die Rechengänge wie vorher dargestellt ab. Anzumerken ist gegebenenfalls noch, daß in den jeweiligen Produktansätzen dieselbe Zeitfunktion (mit demselben ω) auftritt, denn es wird das dynamische Verhalten zum Zeitpunkt t eines Systems, eines Tragwerks in allen seinen Teilen beschrieben.

Beispiel 4.17 Wie lautet die Randwertaufgabe des in Bild 4.26 horizontal belasteten Stahlrahmens mit biegesteif angeschlossenem Riegel? Die Querschnittsflächen der einzelnen Stäbe seien konstant und gleich.

Die DGln. lassen sich sofort hinschreiben:

Stab 1: $B_1 w_1^{(4)}(x_1, t) + \mu_1 \ddot{w}_1(x_1, t) = p(x_1, t)$.

Stab 2: $\ddot{u}_2(x_2, t) = c_{D2}^2 u_2''(x_2, t)$,

$\qquad B_2 w_2^{(4)}(x_2, t) + \mu_2 \ddot{w}_2(x_2, t) = 0$,

Stab 3: $B_3 w_3^{(4)}(x_3, t) + \mu_3 \ddot{w}_3(x_3, t) = 0$.

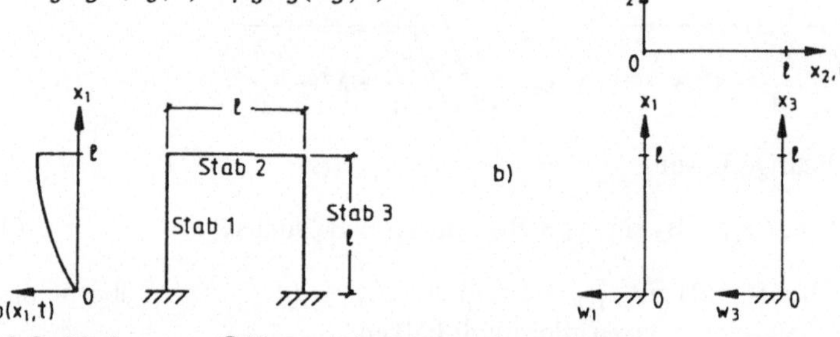

Bild 4.26 Stahlrahmen aus Stäben mit konstanten Querschnitten
    a) Rahmen mit Belastung, b) Koordinatensysteme

Die Lösung der inhomogenen DGl. erfolgt wie in Abschn. 4.2.4 angegeben. Die 4 Lösungen der homogenen Gln. umfassen 14 Integrationskonstanten. Sie ergeben sich mittels folgender Bedingungen:

Randbedingungen Stab 1:

$$w_1(0, t) = 0, \qquad w_1'(x_1, t)|_{x_1 = 0} = 0,$$

Randbedingungen Stab 2:

$$w_2(0, t) = 0, \qquad w_2(\ell, t) = 0,$$

Randbedingungen Stab 3:

$$w_3(0, t) = 0, \qquad w_3'(x_3, t)|_{x_3 = 0} = 0.$$

Verträglichkeitsbedingungen hinsichtlich Translation und Rotation:

$$w_1(\ell, t) + u_2(0, t) = 0,$$

$$w_3(\ell, t) + u_2(\ell, t) = 0,$$

$$w_1'(x_1, t)|_{x_1 = \ell} - w_2'(x_2, t)|_{x_2 = 0} = 0,$$

$$w_3'(x_3, t)|_{x_3 = \ell} - w_2'(x_2, t)|_{x_2 = \ell} = 0.$$

Verträglichkeitsbedingungen hinsichtlich Quer-, Normalkräfte und Momente:

$$B_1 w_1'''(x_1, t)|_{x_1 = \ell} = -EA_2 u_2'(x_2, t)|_{x_2 = 0},$$

$$B_3 w_3'''(x_3, t)|_{x_3 = \ell} = EA_2 u_2'(x_2, t)|_{x_2 = \ell},$$

$$B_1 w_1''(x_1, t)|_{x_1 = \ell} = B_2 w_2''(x_2, t)|_{x_2 = 0},$$

$$B_3 w_3''(x_3, t)|_{x_3 = \ell} = - B_2 w_2''(x_2, t)|_{x_2 = \ell}.$$

Damit ist das Anfangs-Randwertproblem vollständig beschrieben und lösbar, sofern noch die Anfangsbedingungen gegeben sind. Der grundsätzliche Unterschied zu Beispiel 4.16 besteht im Fallenlassen der Dehnstarrheit der Riegel und in ihrer zusätzlichen Biegebeanspruchung.

4.3.2   Biege- und Torsionsbeanspruchung von Stäben infolge Trägheitskopplung

Wir lassen die Voraussetzung fallen, daß die Trägheitslinie s(x) mit der x-Achse (elastischen Achse) zusammenfällt. Bild 4.27 deutet den Sachverhalt an. Durch die außerhalb der elastischen Achse vorhandenen Trägheitskräfte treten zusätzlich zu den Biegemomenten jetzt auch Torsionsmomente auf. Die Verschiebung eines Schnittes x = const. des in y-Richtung ausgedehnten aber nichtdeformierbar gedachten Stabes zeigt Bild 4.28.

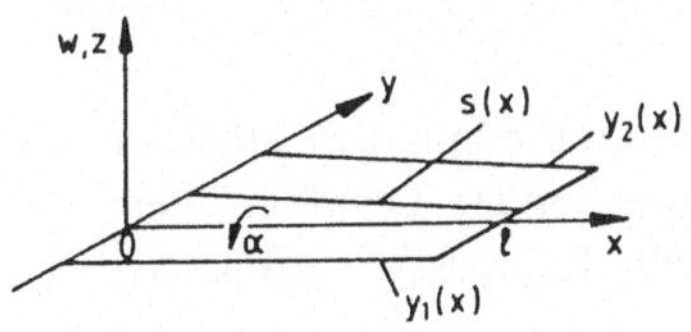

Bild 4.27 Balken mit Schwerelinie s(x) ≠ 0   Bild 4.28 Balkenverschiebung für x = const.

Die Gesamtverschiebung lautet

$$w(x, y, t) = w_B(x, t) + y\alpha(x, t), \tag{4.133}$$

mit der Biegelinie des Bernoulli-Balkens $w_B(x, t)$ und dem Verdrehwinkel $\alpha(x, t)$. Zur Herleitung der Bewegungsgleichungen wird von den Energien ausgegangen. Zunächst wird die kinetische Energie der freien Schwingung aufgestellt: Für flächenhaft verteilte Massen mit der Flächendichte $\rho(x, y) = dm/dA$ ($dA = dxdy$ dem Flächenelement, dm dem Massenelement des Stabelementes der Länge dx) und den in Bild 4.27 eingetragenen Randbedingungen gilt

$$E_{kin}(t) = \frac{1}{2} \int_0^\ell \int_{y_1(x)}^{y_2(x)} \rho(x, y)\dot{w}^2(x, y, t)\,dy\,dx =$$

$$= \frac{1}{2} \int_0^\ell \int_{y_1(x)}^{y_2(x)} \rho(x, y)[\dot{w}_B^2(x, t) + 2\dot{w}_B(x, t)y\dot{\alpha}(x, t) + y^2\dot{\alpha}^2(x, t)]\,dy\,dx.$$

Mit den Trägheitsdaten, der Masse

$$\mu(x)dx = \int_{y_1(x)}^{y_2(x)} \rho(x, y)\,dy\,dx = \int_{y_1(x)}^{y_2(x)} dm, \tag{4.134a}$$

dem linearen Moment

$$s(x)\mu(x)dx = \int_{y_1(x)}^{y_2(x)} \rho(x, y)y\,dy\,dx = \int_{y_1(x)}^{y_2(x)} y\,dm \tag{4.134b}$$

und dem Trägheitsmoment

$$J(x)dx = [\vartheta(x) + s^2(x)\mu(x)]dx = \int_{y_1(x)}^{y_2(x)} \rho(x, y)y^2\,dy\,dx = \int_{y_1(x)}^{y_2(x)} y^2\,dm, \tag{4.134c}$$

wobei $\vartheta(x)$ die Eigenträgheitsmomenten-Verteilung ist, kann die Integration über y in dem Ausdruck für die kinetische Energie ausgeführt werden:

$$E_{kin}(t) = \frac{1}{2} \int_0^\ell [\mu(x)\dot{w}_B^2(x,t) + 2s(x)\mu(x)\dot{w}_B(x,t)\dot{\alpha}(x,t) + J(x)\dot{\alpha}^2(x,t)]dx$$

$$(4.135)$$

Die potentielle Energie ist (bezogen auf die elastische Achse, vgl. Gl. (4.50), hier ist für S(x) die Torsionssteifigkeit $T(x) := GI_T(x)$ zu setzen, und Gl. (4.115))

$$E_{pot}(t) = \frac{1}{2} \int_0^\ell [B(x)w_B''^2(x,t) + T(x)\alpha'^2(x,t)]dx.$$

$$(4.136)$$

Um in der Gl. (4.136) die unabhängigen Koordinaten w_B und α explizit zu erhalten und nicht noch die partiellen Ableitungen nach x in den entsprechenden Lagrangeschen Gleichungen berücksichtigen zu müssen, wird die potentielle Energie (4.136) partiell integriert (vgl. z. B. (4.100)):

$$E_{pot}(t) = \frac{1}{2} \int_0^\ell \{[B(x)w_B''(x,t)]''w_B(x,t)$$

$$- [T(x)\alpha'(x,t)]'\alpha(x,t)\} \, dx + \text{Randterme}.$$

Die Lagrangesche Funktion

$$L(t) = E_{kin}(t) - E_{pot}(t)$$

$$(4.137)$$

liefert für die unabhängigen Bewegungskoordinaten w_B und α die Lagrangeschen Gln.[1])

$$\left.\begin{aligned}
\frac{d}{dt}\left(\frac{\partial L(t)}{\partial \dot{w}_B}\right) - \frac{\partial L(t)}{\partial w_B} &= 0, \\[2ex]
\frac{d}{dt}\left(\frac{\partial L(t)}{\partial \dot{\alpha}}\right) - \frac{\partial L(t)}{\partial \alpha} &= 0.
\end{aligned}\right\}$$

$$(4.138)$$

Die Ableitungen ergeben sich zu:

$$\frac{\partial L}{\partial \dot{w}_B} = \int_0^\ell [\mu(x)\dot{w}_B(x,t) + s(x)\mu(x)\dot{\alpha}(x,t)]dx,$$

$$\frac{\partial L}{\partial \dot{\alpha}} = \int_0^\ell [s(x)\mu(x)\dot{w}_B(x,t) + J(x)\dot{\alpha}(x,t)]dx,$$

$$\frac{d}{dt}\frac{\partial L}{\partial \dot{w}_B} = \int_0^\ell [\mu(x)\ddot{w}_B(x,t) + s(x)\mu(x)\ddot{\alpha}(x,t)]dx,$$

$$\frac{d}{dt}\frac{\partial L}{\partial \dot{\alpha}} = \int_0^\ell [s(x)\mu(x)\ddot{w}_B(x,t) + J(x)\ddot{\alpha}(x,t)]dx,$$

$$\frac{\partial L}{\partial w_B} = - \int_0^\ell [B(x)w_B''(x,t)]''dx,$$

---

[1]) s. die Anmerkung nach Gl. (4.140).

$$\frac{\partial L}{\partial \alpha} = \int\limits_0^\ell [T(x)\alpha'(x, t)]' dx.$$

Diese Ableitungen in die Lagrangeschen Gln. (4.138) eingesetzt, ergibt die Integrale

$$\left.\begin{array}{l} \int\limits_0^\ell \{\mu(x)\ddot{w}_B(x, t) + s(x)\mu(x)\ddot{\alpha}(x, t) + [B(x)w_B''(x, t)]''\} \, dx = 0, \\[2ex] \int\limits_0^\ell \{s(x)\mu(x)\ddot{w}_B(x, t) + J(x)\ddot{\alpha}(x, t) - [T(x)\alpha'(x, t)]'\} \, dx = 0. \end{array}\right\} \qquad (4.139)$$

Die Gleichungen (4.139) können durch Nullsetzen der Integranden erfüllt werden. Die durch Streckenlasten und äußere Momentenverteilungen erweiterte Gln. lauten somit

$$\left.\begin{array}{l} [B(x)w_B''(x, t)]'' + \mu(x)\ddot{w}_B(x, t) + s(x)\mu(x)\ddot{\alpha}(x, t) = p(x, t), \\[2ex] [T(x)\alpha'(x, t)]' - [s(x)\mu(x)\ddot{w}_B(x, t) + J(x)\ddot{\alpha}(x, t)] = m_T(x, t). \end{array}\right\} \qquad (4.140)$$

A n m e r k u n g : Um zu zeigen, daß die Gln. (4.140) mit rechten Seiten gleich Null die einzigen Lösungen von (4.139) sind, müßte das Hamiltonsche Prinzip mit der

Lagrangeschen Dichte L_d, $L = \int\limits_0^\ell L_d \, dx$, und der virtuellen Änderung δL_d formuliert

werden, s. [1.17], S. 232 f. Die Herleitung der Bewegungsgln. mit Hilfe der Variationsrechnung ist in Abschn. 5.2 angesprochen.

Die Bewegungsgleichungen (4.140) gehen mit $s(x) = 0$ in die bekannten trägheitsentkoppelten Dgln. für Biegung (4.88) und Torsion (4.10) über. Kürzer können die Gln. (4.140) als Matrizengleichung geschrieben werden (vgl. die Ausführungen des nächsten Abschnittes).

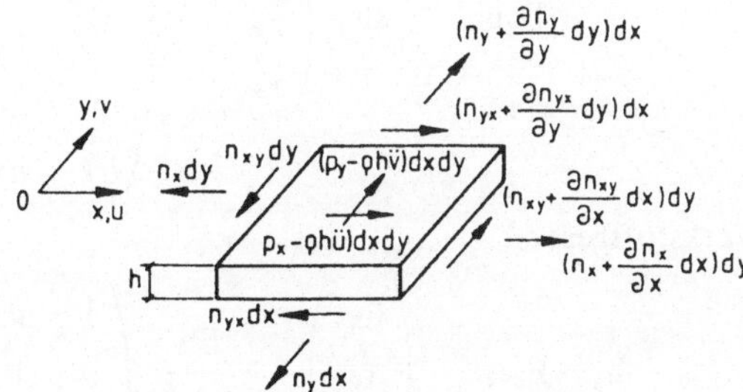

Bild 4.29
Scheibenschnittgrößen

4.3.3 Anmerkungen zur Scheibe und Platte

Scheiben und Platten sind ebene Flächentragwerke, wobei Scheiben in der Bezugsfläche und Platten senkrecht zu ihr belastet sind. Als Bezugsfläche wird im allgemeinen die Mittelfläche gewählt. Scheibenschnittgrößen sind demzufolge Normal- und Schubkräfte (Bild 4.29), Plattenschnittgrößen sind Biege-, Drillmoment und Querkraft (Bild 4.30). Unter den üblichen vereinfachenden Annahmen [4.7] − [4.9] erhält man gemäß dem Vorgehen bei Stäben die folgenden Gleichungen (die Argumente x, y, t sind unterdrückt):

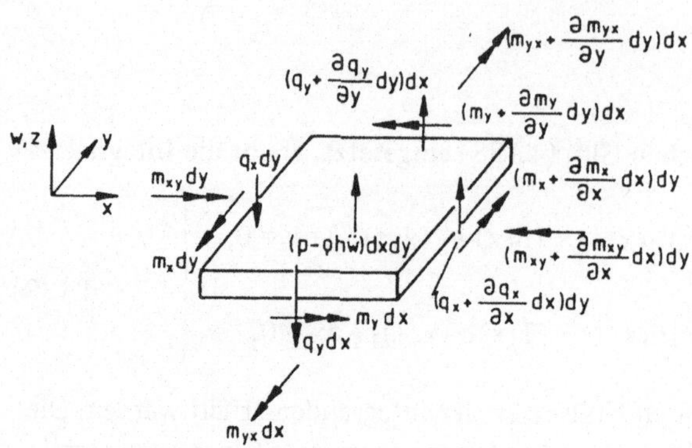

Bild 4.30
Plattenschnittgrößen

D ü n n e   S c h e i b e

Gleichgewicht (Newton):

$$\varrho h \ddot{u}_S = D_S^T n_s + p_S,$$

d. h.
$$\varrho h \begin{pmatrix} \ddot{u} \\ \ddot{v} \end{pmatrix} = \begin{pmatrix} \dfrac{\partial}{\partial x} & 0 & \dfrac{\partial}{\partial y} \\[2ex] 0 & \dfrac{\partial}{\partial y} & \dfrac{\partial}{\partial x} \end{pmatrix} \begin{pmatrix} n_x \\ n_y \\ n_{xy} \end{pmatrix} + \begin{pmatrix} p_x \\ p_y \end{pmatrix}$$

Kinematik:

$$\varepsilon_s = D_s u_s, \qquad \text{also} \quad \begin{pmatrix} \epsilon_x \\ \epsilon_y \\ \gamma_{xy} \end{pmatrix} = \begin{pmatrix} \dfrac{\partial}{\partial x} & 0 \\[2ex] 0 & \dfrac{\partial}{\partial y} \\[2ex] \dfrac{\partial}{\partial y} & \dfrac{\partial}{\partial x} \end{pmatrix} \begin{pmatrix} u \\ v \end{pmatrix}$$

Werkstoffgesetz:

$$n_s = E_s \varepsilon_s, \qquad \begin{pmatrix} n_x \\ n_y \\ n_{xy} \end{pmatrix} = \frac{Eh}{1 - \nu^2} \begin{pmatrix} 1 & \nu & 0 \\ \nu & 1 & 0 \\ 0 & 0 & \dfrac{1-\nu}{2} \end{pmatrix} \begin{pmatrix} \epsilon_x \\ \epsilon_y \\ \gamma_{xy} \end{pmatrix}$$

mit $n_x = h\sigma_x$, $n_y = h\sigma_y$, $n_{xy} = h\tau_{xy} = n_{yx}$.

Die Definitionen der oben verwendeten Abkürzungen gehen aus den jeweils nachstehend aufgeführten ausgeschriebenen Matrizengleichungen hervor. Es folgt die Bewegungsgleichung zu

$$-D_S^T E_S D_S u_S + \varrho h \ddot{u}_S = p_S \tag{4.141}$$

als partielles DGl.-System in den Verschiebungen $u(x, y, t)$ und $v(x, y, t)$.

P l a t t e (Kirchhoff)

Gleichgewicht (Newton):

$$\rho h \ddot{u}_p = D_p^T m_p + p_p,$$

d. h.
$$\rho h \ddot{w} = \left(\frac{\partial^2}{\partial x^2}, \frac{\partial^2}{\partial y^2}, 2\frac{\partial^2}{\partial x \partial y} \right) \begin{pmatrix} m_x \\ m_y \\ m_{xy} \end{pmatrix} + p$$

Kinematik: κ-Krümmung der Biegefläche $w(x, y, t)$,

$$\varepsilon_p = D_p u_p, \quad \begin{pmatrix} \kappa_x \\ \kappa_y \\ 2\kappa_{xy} \end{pmatrix} = \begin{pmatrix} \dfrac{\partial^2}{\partial x^2} \\ \dfrac{\partial^2}{\partial y^2} \\ 2\dfrac{\partial^2}{\partial x \partial y} \end{pmatrix} w$$

Werkstoffgesetz.

$$m_p = E_p \varepsilon_p, \quad \begin{pmatrix} m_x \\ m_y \\ m_{xy} \end{pmatrix} = -K \begin{pmatrix} 1 & \nu & 0 \\ \nu & 1 & 0 \\ 0 & 0 & \dfrac{1-\nu}{2} \end{pmatrix} \begin{pmatrix} \kappa_x \\ \kappa_y \\ 2\kappa_{xy} \end{pmatrix},$$

$$m_x = \int\limits_{-h/2}^{h/2} \sigma_x z\, dz \quad \text{etc.},$$

$$K = \frac{Eh^3}{12(1-\nu^2)} \quad \text{(Plattensteifigkeit)}.$$

Die Plattengleichung ergibt sich somit zu

$$-D_p^T E_p D_p u_p + \rho h \ddot{u}_p = p_p \tag{4.142a}$$

oder
$$K\Delta\Delta w + \rho h \ddot{w} = p, \tag{4.142b}$$

mit dem Laplaceoperator

$$\Delta := \frac{\partial^2}{\partial x^2} + \frac{\partial^2}{\partial y^2}.$$

A n m e r k u n g : Die Operatorenschreibweise kann auch für Stäbe verwendet werden; für räumliche Stabtragwerke in Matrizenschreibweise führt dieses Vorgehen auf ähnliche Gln. wie oben [4.10].

Analytische Lösungen für die Bewegungsgleichungen von Scheiben und Platten sind nur für einfache Geometrien, Randbedingungen und Belastungen möglich. Die Vorgehensweise (Ansätze, Verwendung von mathematischen Hilfsmitteln) entspricht der bei Stäben.

Beispiel 4.18 Gesucht ist die freie Schwingung einer Rechteckplatte mit den Kantenlängen a und b, die allseitig gelenkig gelagert ist: $w\,|_{x=0,a\,;\,y=0,b} = 0$, $m_x\,|_{x=0,a} = 0$, $m_y\,|_{y=0,a} = 0$. Die Anfangsbedingungen seien $w(x, y, 0) = g(x, y)$, $\dot{w}(x, y, t)\,|_{t=0} = h(x, y)$. Der Lösungsweg sei hier nur angedeutet.

Die Bewegungsgleichung (4.142b) geht über in die homogene Gl.

$$K\Delta\Delta w(x, y, t) + \rho h \ddot{w}(x, y, t) = 0.$$

Nimmt man eine harmonische Bewegung an und führt den Produktansatz

$$w(x, y, t) = \hat{w}(x, y) \sin \omega t$$

in die DGl. ein, erhält man die zeitunabhängige Schwingungsgleichung

$$\Delta\Delta\hat{w}(x, y) - \frac{\bar{m}\omega^2}{K}\,\hat{w}(x, y) = 0, \qquad \bar{m} := \rho h.$$

Wird jetzt bezüglich der Ortskoordinaten der Separationsansatz verwendet,

$$\hat{w}(x, y) = \hat{u}(x)\hat{v}(y),$$

so folgt

$$\hat{u}^{(4)}\hat{v} + 2\hat{u}''\hat{v}'' + \hat{u}\hat{v}^{(4)} - \frac{\bar{m}\omega^2}{K}\,\hat{u}\hat{v} = 0.$$

Für die vorliegenden Randbedingungen werden für $\hat{u}(x)$ und $\hat{v}(x)$ FR angesetzt,

$$\hat{w}(x, y) = \hat{u}(x)\hat{v}(y) = \sum_{k=1}^{\infty} \sum_{\ell=1}^{\infty} A_{k\ell} \sin \frac{k\pi x}{a} \sin \frac{\ell\pi y}{b},$$

und in die darüberstehende Gl. eingesetzt; es ergibt sich die Frequenzgl.

$$\frac{k^4\pi^4}{a^4} + 2\,\frac{k^2\ell^2\pi^4}{a^2 b^2} + \frac{\ell^4\pi^4}{b^4} - \frac{\bar{m}\omega^2}{K} = 0,$$

aus der die Eigenfrequenzen folgen,

$$\omega_{k\ell} = \pi^2 \left[\frac{k^2}{a^2} + \frac{\ell^2}{b^2} \right] \sqrt{\frac{K}{\bar{m}}}, \qquad k, \ell = 1, 2, \ldots$$

Die Eigenfrequenz der Grundschwingung ergibt sich hieraus mit $k = \ell = 1$:

$$\omega_{11} = \pi^2 \left[\frac{1}{a^2} + \frac{1}{b^2} \right] \sqrt{\frac{K}{\bar{m}}};$$

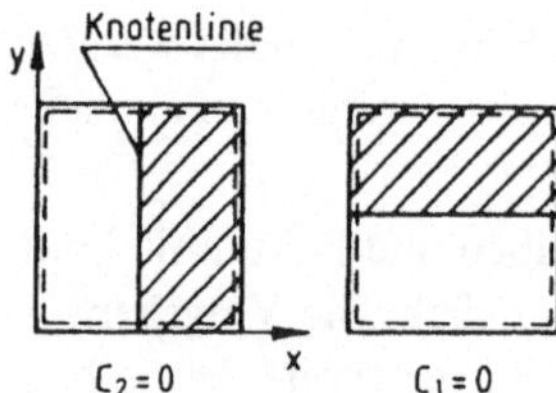
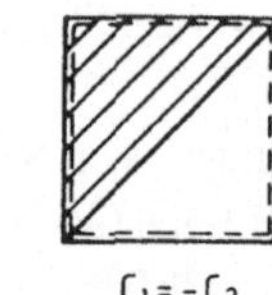
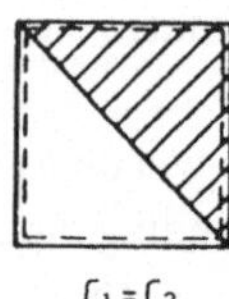

Bild 4.31
Kombination von
Eigenschwingungsformen

die nächst höheren Eigenfrequenzen werden mit k = 1, ℓ = 2 und k = 2, ℓ = 1 gebildet:

$$\omega_{12} = \pi^2 \left[\frac{1}{a^2} + \frac{4}{b^2} \right] \sqrt{\frac{K}{m}}, \qquad \omega_{21} = \pi^2 \left[\frac{4}{a^2} + \frac{1}{b^2} \right] \sqrt{\frac{K}{m}}.$$

Wir erkennen, daß für a = b die Eigenfrequenzen $\omega_{12} = \omega_{21}$ gleich sind, die Eigenschwingungsformen sind es jedoch nicht, und sie können mit beliebigen Konstanten C_1, C_2 superponiert werden:

$$C_1 \sin \frac{2\pi x}{a} \sin \frac{\pi y}{a} + C_2 \sin \frac{\pi x}{a} \sin \frac{2\pi y}{a}.$$

Bild 4.31 zeigt mögliche Kombinationen der Eigenschwingungsformen.

Für die nur an gegenüberliegenden Seiten (x = 0, x = a) gelenkig gelagerte Rechteckplatte kann ein Ansatz

$$\hat{w}(x, y) = \sum_{k=1}^{\infty} \hat{v}(y) \sin \frac{k\pi x}{a}$$

gemacht werden. Er führt in die Bewegungsgleichung eingesetzt auf eine lineare gewöhnliche DGl. 4. Ordnung mit konstanten Koeffizienten für $\hat{v}(x)$, die mit dem üblichen 4-gliedrigen Ansatz der Fundamentallösungen gelöst wird. Wie kompliziert und vielfältig die Verhältnisse sein können, zeigt Bild 4.32, das die ersten Eigenschwingungsformen (gekennzeichnet durch das Vorzeichen und die Knotenlinien) einer allseitig starr eingespannten quadratischen Platte wiedergibt.

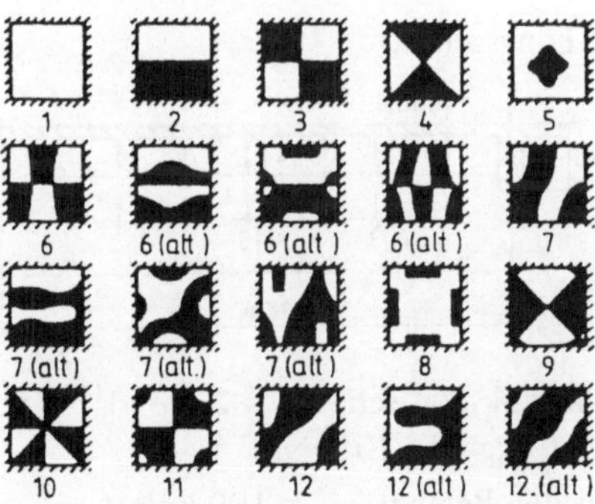

Bild 4.32
Die ersten Eigenschwingungsformen der allseitig starr
eingespannten quadratischen Platte (alt. = alternativ)

Weitergehende und detaillierte Ausführungen findet der Leser in [4.8], [4.11], [4.12]. Die in den nachstehenden Abschnitten enthaltenen Näherungsverfahren können zur Behandlung von Scheiben- und Plattenproblemen (zumindest für einfache Geometrien und Randbedingungen) ebenfalls herangezogen werden.

4.4   Aufgaben

4.1 Wie groß sind die Normalkräfte des Pfahles von Beispiel 4.2?

4.2 Es sind die freien Schwingungen des Pfahles von Beispiel 4.2 für Zeiten $t \geqslant t_a$ zu beschreiben.

4.3 Das Ergebnis des Beispiels 4.4 ist zu diskutieren für einen Betonstab:
$E_{Beton} = 3 \cdot 10^{10} \text{ N m}^{-2}$, $\rho = 2{,}4 \cdot 10^3 \text{ kg m}^{-3}$, $A_0 = 0{,}24 \text{ m}^2$, $\ell = 8 \text{ m}$.

4.4 Ein Pfahl konstanten Querschnittes der Länge ℓ ist einseitig starr eingespannt. Er wird am freien Ende axial harmonisch während der Zeit $0 \leqslant t \leqslant \tau_0$ erregt. Es sind die Verformung und die axialen Kräfte zu beschreiben.

4.5 Wie lauten die Energien des einseitig elastisch eingespannten Dehnstabes konstanten Querschnitts mit Kopfmasse m_0? Wie lautet die kinetische Energie in modalen generalisierten Koordinaten?

4.6 Gesucht ist die Grundeigenfrequenz einer (als Balken modellierten) Stahlbetondecke. Gegeben: Grundrißabmessungen 18 x 30 m

a) Querschnitt:

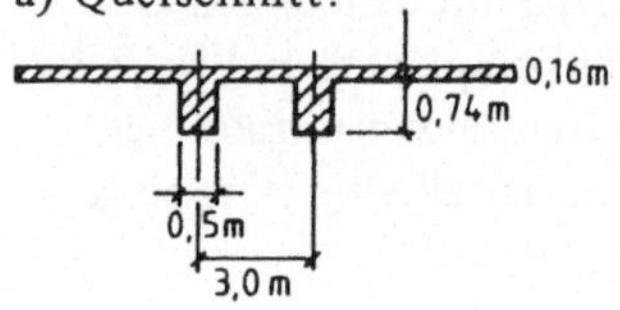

b) Längsschnitt:

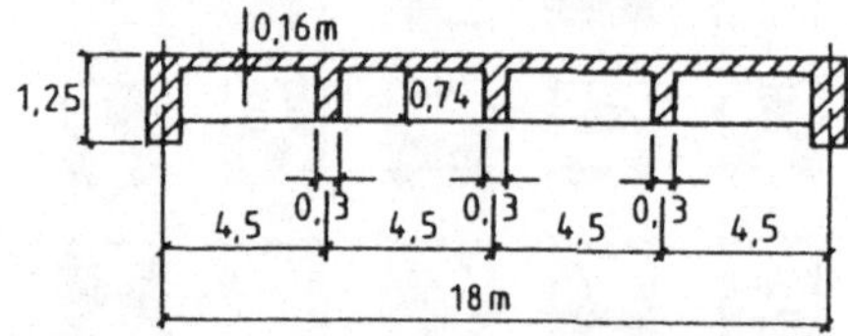

Bild 4.33
Stahlbetondecke

E-Modul: statisch: $E_{st} = 2{,}1 \cdot 10^{10} \text{ Nm}^{-2}$, dynamisch: bis $5 \cdot 10^{10} \text{ Nm}^{-2}$, hier zu rechnen mit $E_{dyn} = 4 \cdot 10^{10} \text{ Nm}^{-2}$.

Für den Belag ist $\rho_B = 100 \text{ kg/m}^2$ anzusetzen.

c) Mittragende Breite beim beiderseitigen Plattenbalken:

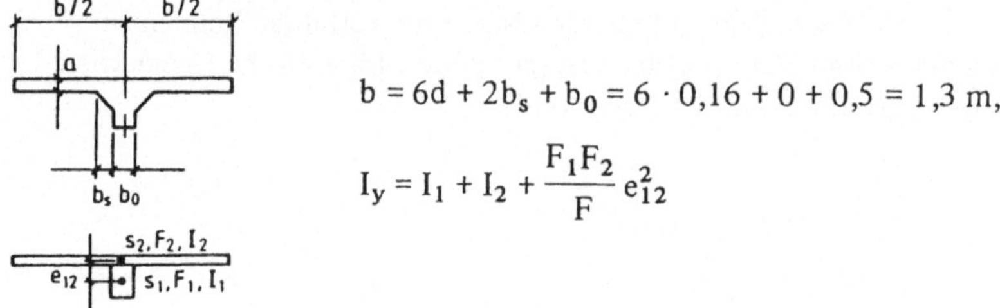

$$b = 6d + 2b_s + b_0 = 6 \cdot 0{,}16 + 0 + 0{,}5 = 1{,}3 \text{ m},$$

$$I_y = I_1 + I_2 + \frac{F_1 F_2}{F} e_{12}^2$$

4.7 Es ist die Vorschrift zur Berechnung der Integrationskonstanten (Fourierkoeffizienten) in der Lösung (4.104) mit den Anfangsbedingungen (4.105) allgemein für homogene Randbedingungen zu formulieren. Hinweis: S. Beispiel 4.3.

4.8 Es ist die freie Schwingung eines beidseitig gestützten Betonbalkens ($E_{Beton} = = 3 \cdot 10^{10}$ N m^{-2}, $\rho = 2{,}5 \cdot 10^3$ kg m^{-3} mit Rechteckquerschnitt h/b = 0,6 m/0,4 m der Länge $\ell = 8$ m aufgrund plötzlicher Entlastung der mittigen statischen Last $p_0 = 10$ kN zu beschreiben.

4.9 Ein am unteren Ende gelenkig gelagerter und am oberen Ende abgespannter Stahlmast konstanten Querschnittes genüge den Anfangsbedingungen $w(x, 0) = \hat{w}_\ell \dfrac{x}{\ell}$,

$\dot{w}(x, t)|_{t=0} = 0$. Wie lautet seine freie Schwingung, wenn die Abspannung durch eine Feder an der Stelle $x = \ell$ modelliert wird?

4.10 Die freie Schwingung eines Stahlbetonbalkens mit Kragarm (s. Bild 4.20) ist zu untersuchen:

$$E_{Beton} = 3 \cdot 10^{10} \text{ N m}^{-2}, \quad A_0 = 0{,}3 \text{ m}^2, \quad \ell = 9 \text{ m}, \quad x_s = 7 \text{ m},$$

$$\rho = 2{,}4 \cdot 10^3 \text{ kg m}^{-3}, \quad k \to \infty, \quad w(x, 0) = 0,$$

$$\dot{w}(x, t)|_{t=0} = \begin{cases} 0 & \text{für } x < x_s, \\ v_0\left(1 - \dfrac{x}{x_s}\right) & \text{für } x \geqslant x_s \end{cases}, \quad v_0 = 0{,}1 \text{ m s}^{-1}.$$

4.11 Wie verhält sich ein Kragbalken mit harmonisch bewegter Einspannung? Das Problem ist in physikalischen Koordinaten zu formulieren und in generalisierten (modalen) Koordinaten zu beschreiben. Vereinfacht wird $\hat{w}'(x)|_{x=0} = 0$ angenommen.

4.12 Ein beidseitig gestützter Stahlträger (IPB 400; $E_{st} = 2{,}1 \cdot 10^8$ kN m^{-2}) der Länge $\ell = 10$ m sei belastet mit

$$p(x, t) = \left[\frac{4(p_0 - p_1)}{\ell^2}(x^2 - x\ell) + p_0\right] \cdot \begin{cases} \dfrac{t}{t_0} & \text{für } 0 \leqslant t \leqslant t_0, \\ 1 + \dfrac{t_0 - t}{t_0} & \text{für } t_0 \leqslant t \leqslant 2t_0, \\ 0 & \text{sonst.} \end{cases}$$

Für $p_0 = 10$ kNm^{-1}; $p_1 = 1{,}0$ kNm^{-1} und $t_0 = 1{,}0$ s ist die dynamische Antwort zu ermitteln.

4.13 Auf einem Betonträger ($E_{Beton} = 3 \cdot 10^{-10}$ Nm^{-2}, $\rho = 2{,}2 \cdot 10^3$ kg m^{-3}) der Länge $\ell = 8$ m mit Rechteckquerschnitt h/b = 60 cm/40 cm, beidseitig gestützt, werde mittig eine Last (Gewicht) G abgesetzt (Bild 4.34). Wie reagiert der Balken, wenn er sich vor dem Absetzen des Gewichtes in Ruhe befand?

4.14 Eine gelenkig gelagerte Zweifeld-Durchlaufplatte aus Stahlbeton (Feldweiten $\ell = 6{,}20$ m, $E_b = 3 \cdot 10^7$ kNm^{-2}, I = 0,0012 m^{4}m^{-1}, Eigengewicht = 7,1 kNm^{-2}) wird

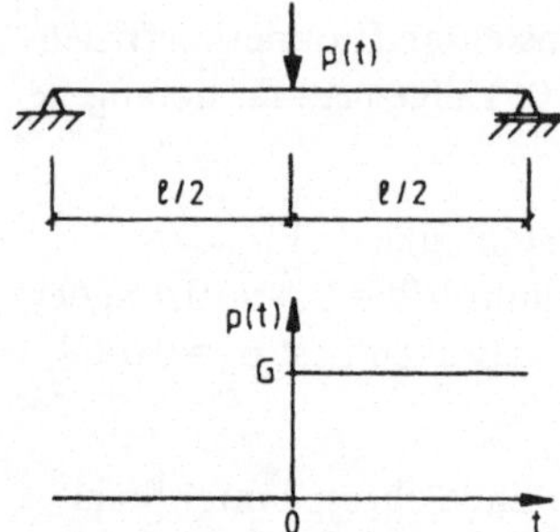

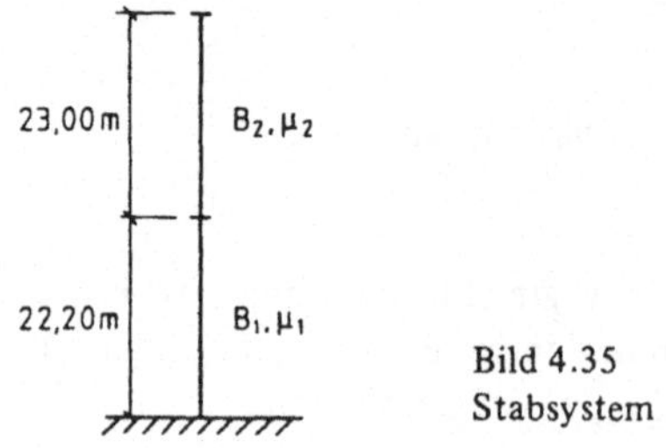

Bild 4.34
Beidseitig gelenkig gelagerter Träger, mittig belastet

in den Feldmitten durch Maschinen mit rotierenden Antrieben (100 U/min) belastet.
Die statische Gesamtdurchbiegung beträgt in den Feldmitten 0,0017 m.

Zu ermitteln ist die dynamische Antwort des Systems. Tritt Resonanz auf?

4.15 Der Balken in Bild 4.24b werde oben zusätzlich abgespannt (Feder gegen Festpunkt).
Wie ändern sich die Energien im Vergleich zu denen für den Balken in Bild 4.24b?

4.16 Ein einseitig starr eingespannter Stab konstanten Querschnittes wird axial außer-
mittig mit N_0 belastet. Wie lautet die Biegelinie?

Bild 4.35
Stabsystem

4.17 Von dem Stabsystem (Bild 4.35) mit

$$B_2 = 8{,}232 \cdot 10^4 \ \text{kNm}^2,$$

$$\mu_2 = 83 \ \text{kg m}^{-1},$$

$$B_1 = 85{,}47 \cdot 10^4 \ \text{kNm}^2,$$

$$\mu_1 = 181 \ \text{kg m}^{-1}$$

sind die ersten beiden Eigenfrequenzen gesucht.

4.18 Welches sind Beispiele aus dem Bauwesen für die Kopplung von Biegung und
Torsion gemäß Gl. (4.140)?

Anmerkung: Lösungen werden im allg. näherungsweise ermittelt (s. Kap. 6).

4.19 Eine Betondecke mit Randbedingungen gemäß Beispiel 4.1 sei gegeben für
$E_B = 4 \cdot 10^4 \ \text{N mm}^{-2}$, $\nu_B = 0{,}18$, Massenbelegung $675 \ \text{kg m}^{-2}$ plus ständige Nutzlast
$700 \ \text{kg m}^{-2}$ liefert die mitschwingende Massenbelegung von $1375 \ \text{kg m}^{-2}$. $a/b = 1{,}71$
mit $a = 12{,}0 \ \text{m}$, $b = 7{,}0 \ \text{m}$, $h = 0{,}27 \ \text{m}$. Gesucht sind die ersten drei Eigenfrequenzen
für den ungerissenen Zustand und den um 50% abgeminderten Zustand.

4.5   Schrifttum

[4.1]   M i c h l i n , S. G.: Variationsmethoden der mathematischen Physik. Berlin: Akademie-Verlag 1962

[4.2]   S a u e r , R.; S z a b ó , I. (Hrsg.): Mathematische Hilfsmittel des Ingenieurs, Teil II. Berlin, Heidelberg, New York: Springer-Verlag 1969

[4.3]   M e i r o v i t c h , L.: Analytical Methods in Vibrations. McMillan Comp. New York, Collier-McMillan London, 1967

[4.4]   L e h m a n n , T.: Elemente der Mechanik II: Elastostatik. Braunschweig: Vieweg 1975

[4.5]   Z u r m ü h l , R.: Praktische Mathematik für Ingenieure und Physiker. Berlin, Göttingen, Heidelberg: Springer-Verlag 1961

[4.6]   S t o e r , J.: Einführung in die Numerische Mathematik I. Berlin, Heidelberg, New York: Springer-Verlag 1972

[4.7]   S c h n e l l , W.; C z e r w e n k a , G.: Einführung in die Rechenmethoden des Leichtbaus II. Mannheim, Wien, Zürich: Bibliographisches Institut 1970

[4.8]   S z i l a r d , R.: Theory and Analysis of Plates. Inc. Englewood Cliffs, New Jersey: Prentice-Hall 1974

[4.9]   L e i s s a , A. W.: Vibration of Plates. NASA SP-160, Washington, D. C.: US Government Printing Office 1969

[4.10] N a t k e , H. G.: Die Bewegungsgleichungen des am Flügel eingespannten Rumpfhinterteiles. „Weser" Flugzeugbau GmbH, Bericht Etv-B18, 1961

[4.11] G i r k m a n n , K.: Flächentragwerke. 6. Aufl. Wien, New York: Springer-Verlag 1974

[4.12] G o r m a n , D. J.: Free Vibration Analysis of Rectangular Plates. New York, Amsterdam, Oxford: Elsevier 1982

5 Energiemethoden: Rayleighsches Prinzip und Herleitung der Gleichungen des Randwertproblems

Ausgehend von den Energien der Kontinua soll nun für den Rayleighschen Quotienten das Rayleighsche (Minimal-) Prinzip angegeben werden, das die Grundlage für Näherungsverfahren bildet. Weiter wird die Variationsrechnung benutzt, um für die Randwertprobleme neben den Bewegungsgleichungen insbesondere die dynamischen Randbedingungen herzuleiten.

5.1 Rayleighscher Quotient und Rayleighsches Prinzip

Der Rayleighsche Quotient ist für die zuvor behandelten Stäbe in Abschn. 4.1.7 und in Abschn. 4.2.5 angegeben. Seine allgemeine Herleitung basiert auf dem Satz von der Erhaltung der Energie für frei schwingende konservative Systeme (mit skleronomen Nebenbedingungen). Der Energiesatz sagt aus, daß die Gesamtenergie konstant ist,

$$E_{ges} = E_{kin}(t) + E_{pot}(t) = \text{const.} \tag{5.1}$$

Wird die potentielle Energie des Systems in seiner statischen Ruhelage zu Null gesetzt (d. h. wird nur die potentielle Energie berücksichtigt, die zur Bewegung des Systems beiträgt), so folgt aus (5.1), daß die maximalen Energien (unter Verwendung des Produktansatzes) $\hat{E}_{pot}(\hat{y}_i)$ und $\hat{E}_{kin}(\hat{y}_i)$ für jeden i-ten FG mit der Eigenschwingungsform $\hat{y}_i$ gleich sind:

$$\hat{E}_{pot}(\hat{y}_i) = \hat{E}_{kin}(\hat{y}_i). \tag{5.2}$$

Ein in der i-ten Eigenschwingungsform $\hat{y}_i$ schwingendes System nimmt abwechselnd die maximale kinetische Energie (bei minimaler potentieller Energie) und die maximale potentielle Energie an.

Eigenschwingungen sind harmonisch, folglich kann die zugehörige Eigenfrequenz ω_i aus dem Ausdruck für die maximale kinetische Energie herausgezogen werden:

$$\hat{E}_{kin}(\hat{y}_i) = \omega_i^2 [\hat{E}_{kin}(\hat{y}_i)/\omega_i^2] = \frac{1}{2}\,\omega_i^2 m_{gi}.$$

Für die in Kap. 4 behandelten Stäbe ist die doppelte maximale kinetische Energie gleich $\omega_i^2 m_{gi}$ mit m_{gi} der generalisierten Masse des i-ten FG, es wird also

$$2\hat{E}_{kin}(\hat{y}_i)/\omega_i^2 = m_{gi}$$

gesetzt. Die doppelte maximale potentielle Energie (Formänderungsarbeit) der i-ten Eigenschwingungsform ist gleich der generalisierten Steifigkeit (vgl. z. B. die Gln. (4.123), (4.124))

$$2\hat{E}_{pot}(\hat{y}_i) = k_{gi},$$

so daß aus Gl. (5.2) der Rayleighsche Quotient

$$\omega_i^2 = \frac{\hat{E}_{pot}(\hat{y}_i)}{\hat{E}_{kin}(\hat{y}_i)/\omega_i^2} = \frac{k_{gi}}{m_{gi}} =: R[\hat{y}_i], \qquad i = 1, 2, \ldots \tag{5.3}$$

folgt.

Die Eigenfrequenzen der konservativen Systeme können also mit Hilfe der Energien berechnet werden, wozu die zugehörigen Eigenfunktionen bekannt sein müssen. Ist die Eigenfunktion unbekannt und läßt sie sich nur mit erheblichem Aufwand ermitteln, so könnte man versuchen, die Eigenfrequenz aus dem Rayleighschen Quotienten angenähert mit Hilfe von Näherungen für die Eigenfunktion zu berechnen. Die Grundlage für diese angenäherte Berechnung von Eigenfrequenzen ist das Rayleighsche Prinzip. Als Näherungen kommen Funktionen aus den Klassen der zulässigen Funktionen und der Vergleichsfunktionen infrage. Die zulässigen Funktionen sind alle die Funktionen, die (neben bestimmten Stetigkeits- und Differenzierbarkeitsbedingungen) die wesentlichen, geometrischen Randbedingungen erfüllen[1]) (also nicht die restlichen Randbedingungen und nicht die DGl.). Die Vergleichsfunktionen dagegen genügen (wieder neben bestimmten Stetigkeits- und Differenzierbarkeitsbedingungen) allen Randbedingungen (aber nicht der DGl.). Das Rayleighsche Prinzip sagt nun folgendes aus: Wird der Rayleighsche Quotient mit einer Vergleichsfunktion v(x) als Näherung für die Grundeigenschwingungsform gebildet, so ist der resultierende Wert R[v] (unter in [1.13], [5.1] näher genannten Voraussetzungen) stets größer oder höchstens gleich ω_1^2:

$$\omega_1^2 \leqslant R[v] \tag{5.4}$$

(Beweis s. z. B. [5.1]). Damit ist eine obere Schranke für die Grundeigenfrequenz gegeben. Wird abgesehen von dem Faktor $\frac{1}{2}$ für die maximale potentielle Energie, gebildet mit der Vergleichsfunktion v(x), $\phi[v, v]^2$) und für die bezogene maximale kinetische Energie $\psi[v, v]^2$) geschrieben, so ist

$$R[v] = \frac{\phi[v, v]}{\psi[v, v]} . \tag{5.5}$$

Für die Eigenfunktion $\hat{y}_1(x)$ ist der Rayleighsche Quotient erfüllt (es gilt das Gleichheitszeichen in Gl. (5.4)), d. h. je besser die Vergleichsfunktion v(x) die 1. Eigenfunktion $\hat{y}_1(x)$ approximiert, desto kleiner wird der Abstand $R[\hat{v}] - \omega_1^2$.

---

[1]) Wie schon vorher ausgeführt, unterscheidet man geometrische, auch kinetische oder wesentliche Randbedingungen genannt, und dynamische oder restliche Randbedingungen. Bei linearen Rand- und Eigenwertaufgaben der Ordnung 2m (selbstadjungiert) enthalten die wesentlichen Randbedingungen nur Ableitungen bis zur Ordnung m − 1, die restlichen Randbedingungen enthalten Ableitungen m-ter bis höchstens (2m − 1)-ter Ordnung und beschreiben die am Rande vorhandenen inneren Kräfte.

[2]) Zur Hervorhebung der quadratischen Ausdrücke in den Energien wird formal das Argument [v, v] geschrieben. Damit ist es später möglich, bilineare Ausdrücke der Funktionen v und η einfach durch [v, η] zu kennzeichnen.

Beispiel 5.1 Gesucht ist die Grundeigenfrequenz der Dehnschwingungen eines einseitig starr eingespannten konischen Stabes (Bild 5.1) mit gegebenen Werten für E, ρ, ℓ, $r_0/r_1 = 1{,}5$ aus dem Rayleighschen Quotienten a) mit einer quadratischen Verschiebungsfunktion, b) mit der Grundeigenschwingungsform des Stabes konstanten Querschnittes als Vergleichsfunktion.

$$2\hat{E}_{pot} = \int\limits_0^\ell EA(x)\hat{u}'^2(x)dx,$$

also

$$\phi[v,v] = E\int\limits_0^\ell A(x)v'^2(x)dx,$$

$$A(x) = \pi r^2(x), \qquad r(x) = r_0 + \frac{r_1 - r_0}{\ell}x = r_0 + r_0'x, \qquad r_0' := \frac{r_1 - r_0}{\ell}.$$

$$2\hat{E}_{kin} = \omega^2\rho\int\limits_0^\ell A(x)\hat{u}^2(x)dx,$$

$$\psi[v,v] = \rho\int\limits_0^\ell A(x)v^2(x)dx,$$

Randbedingungen: $\hat{u}(0) = 0, \qquad \hat{u}'(x)|_{x=\ell} = 0.$

a) $v(x) = a_2x^2 + a_1x + a_0$. Als Vergleichsfunktion muß $v(0) = 0$ gelten, es folgt $a_0 = 0$.
$v'(x) = 2a_2x + a_1$,

$$v'(\ell) = 2a_2\ell + a_1 = 0, \qquad a_1 = -2a_2\ell:$$

$$v(x) = a_2x(x - 2\ell), \qquad v'(x) = 2a_2(x - \ell).$$

$$\phi[v,v] = \frac{4}{3}E\pi\ell^3 a_2^2\left(\frac{r_0'^2\ell^2}{10} + \frac{r_0'r_0\ell}{2} + r_0^2\right),$$

$$\psi[v,v] = \frac{1}{15}\rho\pi\ell^5 a_2^2\left(\frac{29r_0'^2\ell^2}{7} + 11r_0'r_0\ell + 8r_0^2\right),$$

$$R[v] = \frac{\dfrac{4}{3}E\pi\ell^3 a_2^2\left(\dfrac{r_0'^2\ell^2}{10} + \dfrac{r_0'r_0\ell}{2} + r_0^2\right)}{\dfrac{1}{15}\rho\pi\ell^5 a_2^2\left(\dfrac{29r_0'^2\ell^2}{7} + 11r_0'r_0\ell + 8r_0^2\right)}$$

$$= \frac{14E}{\rho\ell^2}\frac{\left(\dfrac{r_1}{r_0} - 1\right)^2 + 5\left(\dfrac{r_1}{r_0} - 1\right) + 10}{29\left(\dfrac{r_1}{r_0} - 1\right)^2 + 77\left(\dfrac{r_1}{r_0} - 1\right) + 56}$$

$$= \frac{14E}{\rho\ell^2}\cdot\frac{38}{151}.$$

$$\omega_1 \leqslant \sqrt{R[v]} = \frac{1{,}877}{\ell}\sqrt{\frac{E}{\rho}}.$$

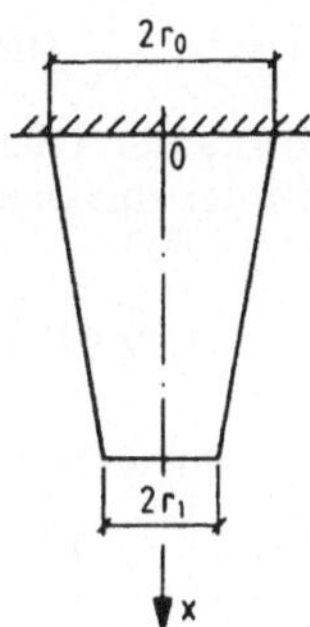

Bild 5.1
Konischer Stab

Die exakte Lösung ist $\omega_1 = \dfrac{1{,}837}{\ell} \sqrt{\dfrac{E}{\rho}}$, d. h. die obige Näherung ist um 2,2% zu groß.

(Der Normierungsfaktor a_2 steht quadratisch sowohl im Zähler als auch im Nenner und kürzt sich heraus, es kommt also auch bei den Vergleichsfunktionen wie bei den Eigenfunktionen nur auf den Funktionsverlauf aber nicht auf den absoluten Wert an.)
b) Die erste Eigenschwingungsform des Stabes mit konstantem Querschnitt ist $\sin\dfrac{\pi}{2}\dfrac{x}{\ell}$ (s. Tab. 4.1). Wird sie als Vergleichsfunktion gewählt, so erhält man:

$$R[v] = \frac{E\pi^3 \displaystyle\int_0^{\ell} r^2(x)\cos^2\frac{\pi}{2\ell}x\,dx}{4\ell^2\rho\pi \displaystyle\int_0^{\ell} r^2(x)\sin^2\frac{\pi}{2\ell}x\,dx}$$

$$= \frac{E\pi^2}{4\rho\ell^2}\;\frac{\displaystyle\int_0^{\ell} r^2(x)dx - \int_0^{\ell} r^2(x)\sin^2\frac{\pi}{2\ell}x\,dx}{\displaystyle\int_0^{\ell} r^2(x)\sin^2\frac{\pi}{2\ell}x\,dx}$$

$$= \frac{E\pi^2}{4\rho\ell^2}\left\{\frac{\ell\left(r_0^2 + r_0 r_0' \ell + \dfrac{r_0'^2\ell^2}{3}\right)}{\ell\left[\dfrac{r_0^2}{2} + r_0 r_0'\ell\left(\dfrac{1}{2}+\dfrac{2}{\pi^2}\right) + r_0'^2\ell^2\left(\dfrac{1}{6}+\dfrac{1}{\pi^2}\right)\right]} - 1\right\}$$

$$= \frac{E\pi^2}{4\rho\ell^2}\cdot 1{,}3808,$$

$$\omega_1 \leqslant \frac{1{,}8458}{\ell}\sqrt{\frac{E}{\rho}},\qquad \text{relativer Fehler: 0,5\%.}$$

Das Rayleighsche Prinzip (5.4) gilt auch für zulässige Funktionen, allerdings nur unter zusätzlichen Voraussetzungen, die bspw. für Stäbe ohne elastische Auflager und ohne Einzelmassen erfüllt sind.

Beispiel 5.2 Die tiefste Eigenfrequenz des einseitig starr eingespannten Bernoulli-Balkens konstanten Querschnittes folgt aus Tab. 4.2 mit $\lambda_1 = 1{,}87510$ zu $\omega_1 = 3{,}516 \dfrac{1}{\ell^2} \sqrt{\dfrac{B_0}{\mu_0}}$.
Mit der zulässigen Funktion $v(x) = x^2$ erhält man

$$\sqrt{R[v]} = 4{,}47 \,\frac{1}{\ell^2} \sqrt{\frac{B_0}{\mu_0}} > \omega_1$$

mit einem Fehler von 27%. Wählt man die statische Biegelinie unter Eigengewicht,
$v(x) = \left(\dfrac{x}{\ell} - 1\right)^4 - 4\left(\dfrac{x}{\ell} - 1\right) + 3$, die eine Vergleichsfunktion ist, da sie alle Randbedingungen erfüllt, so folgt $R[v] = 3{,}53 \dfrac{1}{\ell^2} \sqrt{\dfrac{B_0}{\mu_0}}$ mit einem Fehler von ungefähr 0,3%.

Der Rayleighsche Quotient als obere Schranke von ω_1^2 kann demzufolge eine Näherung für ω_1^2 liefern (s. auch das Resultat der Aufgabe 5.2).

Beispiel 5.3 Ein Stockwerksrahmen werde durch den natürlichen böigen Wind beansprucht. Von dem böigen Wind sei bekannt, daß er nur wesentliche Kraftanteile in einem Frequenzintervall bis 1,2 Hz besitzt. Wie kann ohne ausführliche Rechnung entschieden werden, ob zur Ermittlung der Beanspruchung eine statische Rechnung genügt?

Die obere interessierende Intervallgrenze des Erregungsspektrums ist mit $\omega_G = 2\pi \cdot 1{,}2 \ \mathrm{s}^{-1}$ bekannt. Von einem EFGM wissen wir mit Hilfe des Frequenzganges (oder der Verstärkungsfunktion), daß man für eine Eigenfrequenz $\omega_0 \gg \omega_G$ mit dem statischen Kraftanteil allein rechnen kann (s. Kap. 2). Wenn nun die Grundeigenfrequenz des Stockwerksrahmens wesentlich größer als ω_G ist, so gilt dieselbe Aussage (Bild 5.2), denn die Eigenfrequenzen der Oberschwingungen haben von ω_G jeweils einen noch größeren Abstand als die Grundeigenschwingung, und die dynamische Antwort des idealisierten Stockwerksrahmens kann als Superposition der Antworten generalisierter Einfreiheitsgradsysteme gedeutet werden (s. Kap. 3).

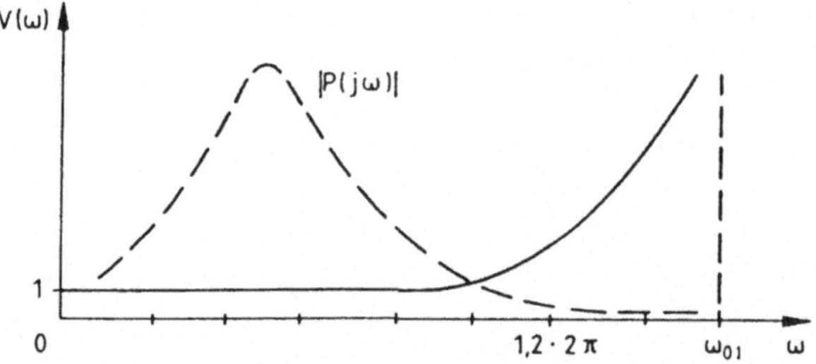

Bild 5.2
Abschätzung des Einflusses der dynamischen Anteile des generalisierten EFGM mit der Verstärkungsfunktion V(w) aufgrund der Erregung $P(j\omega) = \mathcal{F}\{p(t)\}$.

Die Ermittlung der Grundeigenfrequenz kann näherungsweise mit dem Rayleighschen Quotienten erfolgen. Bei diesem Vorgehen ist Vorsicht geboten, weil der Rayleighsche Quotient, gebildet mit einer Vergleichsfunktion v_1 ungleich der zugehörigen Eigenfunktion, stets einen zu großen Wert liefert anstelle der eigentlich benötigten unteren Schranke. Es ist also eine möglichst gute Annäherung erforderlich, um Fehlschlüsse aus einem sich u. U. ergebenden zu großen Frequenzabstand zwischen ω_G und $R[v_1] > \omega_1^2$ zu vermeiden.

Benötigt man auch die höheren Eigenwerte, so kann man sie ähnlich wie bei der Lösung von Matrizeneigenwertproblemen unter Verwendung der verallgemeinerten Orthogonalität hier durch die Wahl von verallgemeinert orthogonalen Vergleichs- bzw. zulässigen Funktionen erhalten (Verwendung des Courantschen Minimax-Prinzips [4.5]). Zur angenäherten Berechnung des 2. Eigenwertes, für die Ermittlung der höheren Eigenwerte wird entsprechend vorgegangen, wird der Rayleighsche Quotient mit der Nebenbedingung $\psi[v_1, v_2] = 0$ erfüllt. $v_1(x)$ ist die zulässige Funktion oder Vergleichsfunktion zu dem Eigenwert ω_1^2, $v_2(x)$ ist die zulässige Funktion zu dem 2. Eigenwert. $\psi[v_1, v_2]$ ist der zu der generalisierten Masse $\psi[\hat{y}_i, \hat{y}_i]$ zugehörige Bilinearausdruck, d. h. gebildet mit $v_1(x) \cdot v_2(x)$ anstelle mit $\hat{y}_i^2(x)$. Wegen des Erfülltseins der obigen Nebenbedingung ist $v_2(x)$ verallgemeinert orthogonal zu $v_1(x)$. – Da es schwierig ist, eine zu $v_1(x)$ verallgemeinert orthogonale zulässige Funktion oder Vergleichsfunktion $v_2(x)$ zu finden, wählen wir eine zulässige Funktion oder Vergleichsfunktion $\tilde{v}_2(x)$ mit der die Eigenfunktion $\hat{y}_2(x)$ approximiert werden soll, d. h. sie sollte u. a. eine Nullstelle mehr als $v_1(x)$ aufweisen und konstruieren uns die verallgemeinert orthogonale Funktion $v_2(x)$ dadurch, daß wir $\tilde{v}_2(x)$ von Anteilen von $v_1(x)$ bereinigen. Dies erreicht man mit dem Ansatz

$$v_2(x) = \tilde{v}_2(x) - Kv_1(x) \tag{5.6}$$

und der Forderung

$$\psi[v_1, v_2] := \int\limits_0^\ell m(x)v_1(x)v_2(x)dx = 0,$$

$v_2(x)$ nach Gl. (5.6) eingesetzt, führt auf

$$\int\limits_0^\ell m(x)v_1(x)[\tilde{v}_2(x) - Kv_1(x)]dx = 0.$$

Es folgt

$$K = \frac{\int\limits_0^\ell m(x)v_1(x)\tilde{v}_2(x)dx}{\int\limits_0^\ell m(x)v_1^2(x)dx}. \tag{5.7}$$

Ist $\tilde{v}_2(x)$ bereits verallgemeinert orthogonal zu $v_1(x)$, dann ist der Zähler von (5.7) gleich Null und $\tilde{v}_2(x)$ braucht nicht mehr von $v_1(x)$ „bereinigt" zu werden (s. Gl. (5.6)). Mit der Vergleichsfunktion oder zulässigen Funktion (5.6), verallgemeinert orthogonal zu $v_1(x)$, liefert der Rayleighsche Quotient eine Näherung für ω_2^2, das Quadrat der Eigenfrequenz der 1. Oberschwingung. Die Schwierigkeit bei diesem Vorgehen liegt in der Wahl von $\tilde{v}_2(x)$. Dieser Weg wird hier nicht weiter verfolgt, er wird abgewandelt in Abschn. 6.5 aufgegriffen.

5.2   Herleitung der Gleichungen der Randwertaufgabe

Der Abstand $R[v] - \omega_1^2$ wird desto kleiner werden, je besser die Vergleichsfunktion $v(x)$ die Eigenfunktion $\hat{y}_1(x)$ approximiert (für $v(x) = \hat{y}_1(x)$ nimmt $R[v]$ den Wert ω_1^2 an). Diese Eigenschaft wird mit Gl. (5.5) durch

$$R[v] = \frac{\phi[v, v]}{\psi[v, v]} \to \text{Minimum} \tag{5.8}$$

formuliert. Denkt man sich die Vergleichsfunktion von einem Parameter abhängig, durch dessen geeignete Wahl (5.8) erreicht werden kann, so liefert die notwendige Bedingung für (5.8) formal (der Strich bedeutet die partielle Ableitung nach dem oben genannten Parameter):

$$R' = \left(\frac{\phi}{\psi}\right)' = 0, \tag{5.9a}$$

$$\frac{\phi'\psi - \phi\psi'}{\psi^2} = 0, \qquad \psi \neq 0,$$

$$\phi' - \frac{\phi}{\psi}\psi' = \phi' - R\psi' = 0. \tag{5.9b}$$

Diese notwendige Bedingung (5.9b) ergibt sich auch als notwendige Bedingung des Problems

$$J[v] = \phi[v, v] - R[v]\psi[v, v] \to \text{Minimum.} \tag{5.10}$$

B e w e i s : Die notwendige Bedingung für (5.10) lautet $J' = \phi' - R'\psi - R\psi' = 0$; da (5.9a) gilt, folgt (5.9b).

Damit ist die Aufgabe (5.10), nämlich J[v] zu minimieren, der Forderung (5.8) gleichwertig. Sie wird auch als Rayleighsches Prinzip bezeichnet. In der Formulierung (5.10) ist eine Aufgabe der Variationsrechnung gegeben, nämlich einen gegebenen Integralausdruck J[v] für die Gesamtheit aller zur Konkurrenz zugelassenen Funktionen v zu minimieren. Liegt ein Maximum vor, dann wird $-$ J[v] zu einem Minimum.

Das Vorgehen ist folgendermaßen: Man wählt e i n e beliebige zulässige Funktion bzw. eine Vergleichsfunktion $\eta(x)$ aus, die die wesentlichen bzw. alle Randbedingungen erfüllt und darüber hinaus noch den notwendigen Stetigkeits- und Differenzierbarkeitsbedingungen genügt. Mit dieser Funktion $\eta(x)$ und mit der zunächst als bekannt angenommenen Lösung $\hat{y}(x)$ der Extremalaufgabe (5.10) wird weiter mit dem Parameter ϵ die Schar der Funktionen

$$v(x) = \hat{y}(x) + \epsilon\eta(x) \tag{5.11}$$

gebildet. $\hat{y}(x)$ ist als Lösung auch Vergleichsfunktion, $\eta(x)$ war als zulässige Funktion bzw. Vergleichsfunktion gewählt, folglich ist v(x) in Superposition von $\hat{y}(x)$ und $\eta(x)$ ebenfalls eine zulässige Funktion bzw. Vergleichsfunktion, die in den Extremalausdruck (5.10) eingesetzt werden kann:

$$J[v] = J[\hat{y}, \hat{y}] + 2\epsilon J[\hat{y}, \eta] + \epsilon^2 J[\eta, \eta]. \tag{5.12}$$

J[v] = J[v, v] als quadratische Form in v(x) setzt sich aus den quadratischen Formen entsprechend den generalisierten Massen und Steifigkeiten zusammen. $v^2(x) = \hat{y}^2(x) + 2\epsilon\hat{y}(x)\eta(x) + \epsilon^2\eta^2(x)$ in J[v, v] eingesetzt, $J[v, v] = J[\hat{y}^2 + 2\epsilon\hat{y}\eta + \epsilon^2\eta^2]$, und das Bildungsgesetz von J (Integration und Differentiation, neben algebraischen Operationen, einer Summe von Funktionen) beachtet, erlaubt den Operator J in die obige Klammer zu ziehen (Definition eines linearen Operators). Man erhält die Gl. (5.12). Wiederholend sei gesagt, daß die Vorschrift $J[\hat{y}, \eta]$ bedeutet, daß J als Bilinearform mit den Funktionen $\hat{y}(x)$ und $\eta(x)$ zu bilden ist.

Die Form (5.12) nimmt aufgrund des Rayleighschen Prinzips das Minimum (exakt) für $\epsilon = 0$ an, $J[v]|_{\epsilon=0} = J[\hat{y}, \hat{y}]$. Es folgt also die notwendige Bedingung, da ϵ der einzige freie Parameter ist,

$$\frac{\partial J[v]}{\partial \epsilon}\bigg|_{\epsilon=0} = 0,$$

also $\{2J[\hat{y}, \eta] + 2\epsilon J[\eta, \eta]\}|_{\epsilon=0} = 0:$

$$J[\hat{y}, \eta] = 0, \tag{5.13}$$

d. h. die (5.10) zugeordnete Bilinearform in $\hat{y}$ und η muß verschwinden:

$$\phi[\hat{y}, \eta] - R[\hat{y}]\psi[\hat{y}, \eta] = 0. \tag{5.14a}$$

R in Gl. (5.14a) hängt wegen $\epsilon = 0$ nur von der Eigenlösung selbst ab, folglich ist $R[\hat{y}] = \omega^2$, nämlich gleich dem zugehörigen Eigenwert, und wir erhalten als Minimalbedingung

$$\phi[\hat{y}, \eta] - \omega^2\psi[\hat{y}, \eta] = 0. \tag{5.14b}$$

Die Bedingung (5.14) muß für alle zulässigen Funktionen bzw. für alle Vergleichsfunktionen $\eta(x)$ gelten!

Sind mehrere Systeme miteinander gekoppelt, so daß mehrere Parameter eingeführt werden müssen, so sind die Ableitungen durchweg für alle Parameter zu nehmen.

Im allgemeinen wird man die Gleichungen des Randwertproblems z. B. mit Hilfe der Gleichgewichtsaussagen herleiten. Wo in Sonderfällen dieses Vorgehen schwierig ist, liefert die Minimalforderung des quadratischen Integralausdruckes (5.10) mit der Bedingung (5.14b) einen anderen Weg. Die hierzu notwendigen Energieausdrücke lassen sich einfach aufstellen, womit sich die erforderlichen zugehörigen Bilinearausdrücke sofort hinschreiben lassen. Die nachstehenden durchschaubaren Beispiele werden die Einfachheit des Vorgehens zeigen.

Beispiel 5.4 Zunächst seien für den Balken in Beispiel 4.9 die Gln. hergeleitet. Die Energien sind (für den Bernoulli-Balken wird für die Eigenfunktion $\hat{y}(x) = \hat{w}(x)$ geschrieben):

$$2\hat{E}_{\text{pot}} = \int_0^\ell B_0\hat{w}''^2(x)dx + k_1\hat{w}_0^2 + k_2\hat{w}_0'^2 = \phi[\hat{w}, \hat{w}],$$

$$2\hat{E}_{\text{kin}} = \omega^2[\int_0^\ell \mu_0\hat{w}^2(x)dx + M_0\hat{w}_\ell^2 + \Theta_0\hat{w}_\ell'^2] = \omega^2\psi[\hat{w}, \hat{w}]$$

mit $\hat{w}_0 := \hat{w}(0), \qquad \hat{w}_0' := \frac{d\hat{w}(x)}{dx}\bigg|_{x=0}, \qquad \hat{w}_\ell := \hat{w}(\ell),$

$$\hat{w}_\ell' := \frac{d\hat{w}(x)}{dx}\bigg|_{x=\ell}.$$

Die Bilinearausdrücke für (5.14b) sind (rein formal gebildet):

$$\phi[\hat{w}, \eta] = \int_0^\ell B_0 \hat{w}''(x)\eta''(x)dx + k_1\hat{w}_0\eta_0 + k_2\hat{w}_0'\eta_0',$$

$$\psi[\hat{w}, \eta] = \int_0^\ell \mu_0\hat{w}(x)\eta(x)dx + M_0\hat{w}_\ell\eta_\ell + \Theta_0\hat{w}_\ell'\eta_\ell'.$$

Diese Ausdrücke in Gl. (5.18b) eingesetzt:

$$\int_0^\ell B_0 \hat{w}''(x)\eta''(x)dx + k_1\hat{w}_2\eta_0 + k_2\hat{w}_0'\eta_0'$$

$$-\omega^2 [\int_0^\ell \mu_0\hat{w}(x)\eta(x)dx + M_0\hat{w}_\ell\eta_\ell + \Theta_0\hat{w}_\ell'\eta_\ell'] = 0.$$

Diese Gl. muß noch über partielle Integration umgeformt werden, um alle Terme in $\eta(x)$ und den zugehörigen Randtermen $\eta_0, \eta_0', \eta_\ell, \eta_\ell'$, (wesentliche Randbedingungen: zulässige Funktionen!), die wir kennen, zusammenfassen zu können:

$$\int_0^\ell B_0 \hat{w}''(x)\eta''(x)dx = B_0\hat{w}''(x)\eta'(x)|_0^\ell - \int_0^\ell B_0\hat{w}'''(x)\eta'(x)dx =$$

$$= B_0\hat{w}''(x)\eta'(x)|_0^\ell - B_0\hat{w}'''(x)\eta(x)|_0^\ell + \int_0^\ell B_0\hat{w}^{(4)}(x)\eta(x)dx,$$

es folgt die Gl.

$$\int_0^\ell [B_0\hat{w}^{(4)}(x) - \omega^2\mu_0\hat{w}(x)]\eta(x)dx + (k_1\hat{w}_0 + B_0\hat{w}_0''')\eta_0 + (k_2\hat{w}_0' - B_0\hat{w}_0'')\eta_0'$$
$$+ (-\omega^2 M_0\hat{w}_\ell - B_0\hat{w}_\ell''')\eta_\ell + (-\omega^2\Theta_0\hat{w}_\ell' + B_0\hat{w}_\ell'')\eta_\ell' = 0.$$

$\eta(x)$ ist als zulässige Funktion beliebig, d. h. die obige Gl. ist nur dann erfüllt, wenn die Koeffizienten von $\eta(x)$, η_0, η_0', η_ℓ und η_ℓ' verschwinden:

$$\eta(x): \qquad B_0\hat{w}^{(4)}(x) - \omega^2\mu_0\hat{w}(x) = 0,$$

$$\eta_0: \qquad B_0\hat{w}_0''' = -k_1\hat{w}_0,$$

$$\eta_0': \qquad B_0\hat{w}_0'' = k_2\hat{w}_0',$$

$$\eta_\ell: \qquad B_0\hat{w}_\ell''' = -\omega^2 M_0\hat{w}_\ell,$$

$$\eta_\ell': \qquad B_0\hat{w}_\ell'' = \omega^2\Theta_0\hat{w}_\ell', \qquad \text{w.z.z.w.}$$

Beispiel 5.5 Der beiderseits gestützte Balken nichtkonstanten Querschnittes mit einem Feder-Masse-System an der Stelle x_F sei betrachtet (Bild 5.3). Die Energieausdrücke ergeben sich zu:

$$\phi = \int_0^\ell B(x)\hat{w}''^2(x)dx + k(\hat{q} - \hat{w}_F)^2, \qquad \hat{w}_F := \hat{w}(x_F),$$

$$\psi = \int_0^\ell \mu(x)\hat{w}^2(x)dx + m\hat{q}^2.$$

Dieses Mal sind die Energien quadratische Ausdrücke in den Koordinaten $\hat{w}(x)$ und $\hat{q}$. Die zulässigen Funktionen sind:

$$v(x) = \hat{w}(x) + \epsilon_1\eta(x),$$

$$r = \hat{q} + \epsilon_2\zeta,$$

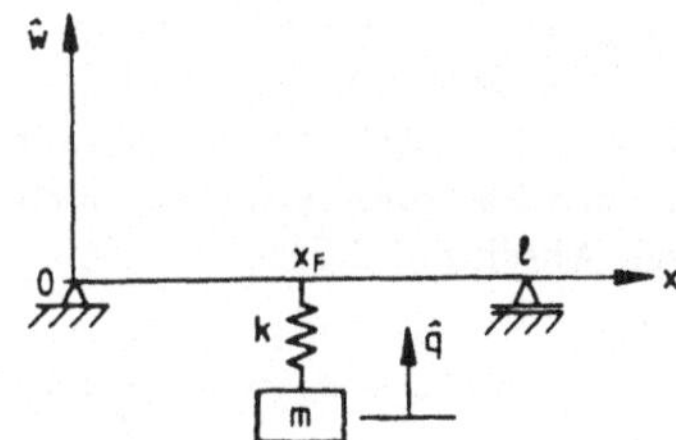

Bild 5.3
Beidseitig gestützter Balken mit Feder-Masse-System

gefordert wird

$$J(\epsilon_1, \epsilon_2) = \text{Extr.}$$

mit den notwendigen Bedingungen

$$\frac{\partial J}{\partial \epsilon_1}\bigg|_{\epsilon_1 = \epsilon_2 = 0} = 0, \qquad \frac{\partial J}{\partial \epsilon_2}\bigg|_{\epsilon_1 = \epsilon_2 = 0} = 0,$$

also

$$\phi[\hat{w}, \eta] - \omega^2 \psi[\hat{w}, \eta] = 0, \qquad \phi[\hat{q}, \zeta] - \omega^2 \psi[\hat{q}, \zeta] = 0,$$

wie man formal der Herleitung von (5.14b) entnimmt.
Es folgen die beiden Gln.

$$\int_0^\ell [B(x)\hat{w}''(x)\eta''(x) - \omega^2 \mu(x)\hat{w}(x)\eta(x)]dx - k(\hat{q} - \hat{w}_F)\eta_F = 0,$$
$$-\omega^2 m\hat{q}\zeta + k(\hat{q} - \hat{w}_F)\zeta = 0.$$

Da in der ersten Gl. im Integranden $\eta''(x)$ auftritt, worüber nichts ausgesagt werden
kann, wird dieser Teil wieder mittels partieller Integration umgeformt, wobei auf die
Unstetigkeit im Querkraftverlauf (und im Momentenverlauf?) an der Stelle x_F geach-
tet werden muß durch Unterscheidung des linksseitigen Grenzwertes, gekennzeichnet
durch $x_F - 0$, von dem rechtsseitigen Grenzwert für $x_F + 0$:

$$\int_0^\ell \{[B(x)\hat{w}''(x)]'' - \omega^2 \mu(x)\hat{w}(x)\}\,\eta(x)dx + k(\hat{w}_F - \hat{\varphi})\eta_F$$
$$+ B(x)\hat{w}''(x)\eta'(x)\big|_0^{x_F - 0} + B(x)\hat{w}''(x)\eta'(x)\big|_{x_F + 0}^\ell$$
$$- [B(x)\hat{w}''(x)]'\eta(x)\big|_0^{x_F - 0} - [B(x)\hat{w}''(x)]'\eta(x)\big|_{x_F + 0}^\ell = 0,$$
$$[-\omega^2 m\hat{q} + k(\hat{q} - \hat{w}_F)]\zeta = 0.$$

Die beiden Gln. gelten für beliebige zulässige Funktionen $\eta(x)$ und ζ, unter Berücksichtigung der bekannten geometrischen Randbedingungen $\eta_0 = \eta_\ell = 0$ muß also gliedweise
gelten:

$$\eta(x): \qquad [B(x)\hat{w}''(x)]'' - \omega^2 \mu(x)\hat{w}(x) = 0,$$
$$\zeta: \qquad -\omega^2 m\hat{q} + k[\hat{q} - \hat{w}(x_F)] = 0,$$
$$\eta_0': \qquad B(x)\hat{w}''(x)\big|_{x=0} = 0,$$
$$\eta_F': \qquad B(x)\hat{w}''(x)\big|_{x_F - 0}^{x_F + 0} = 0: \text{ also kein Momentensprung an der Stelle } x_F,$$
$$\eta_\ell': \qquad B(x)\hat{w}''(x)\big|_{x=\ell} = 0,$$
$$\eta_F: \qquad [B(x)\hat{w}''(x)]'\big|_{x_F - 0}^{x_F + 0} = -k[\hat{w}(x_F) - \hat{q}].$$

Die geometrischen Randbedingungen werden zum Erfüllen der notwendigen Bedingung benutzt: $\hat{w}(0) = 0$, $\hat{w}(\ell) = 0$. Der Querkraftverlauf besitzt an der Stelle x_F den erwarteten Sprung. Die beiden DGln. sind miteinander gekoppelt.

Für den Fall eines konstanten Querschnittes wird man als Lösungssatz hier wählen (vgl. Abschn. 4.2.2):

$$\hat{w}_I(x) = B_{I2} \sin \lambda \frac{x}{\ell} + B_{I4} \sinh \lambda \frac{x}{\ell} \qquad \text{für } 0 \leqslant x < x_F,$$

$$\hat{w}_{II}(x) = B_{II2} \sin \lambda \left(\frac{x}{\ell} - 1 \right) + B_{II4} \sinh \lambda \left(\frac{x}{\ell} - 1 \right) \qquad \text{für } x_F < x \leqslant \ell.$$

$\hat{q}$ ergibt sich sofort aus der Bewegungsgleichung: $\hat{q} = \dfrac{k\hat{w}(x_F)}{-\omega^2 m + k}$.

Der Vorteil des in diesem Abschnitt geschilderten Vorgehens liegt darin, daß von relativ einfach aufzustellenden skalaren Ausdrücken, den Energien, ausgegangen wird, und man dann rein schematisch zu den Bewegungsgleichungen und den dynamischen Randbedingungen gelangt.

5.3   Aufgaben

5.1 Ein beidseitig gelenkig gelagerter Bernoulli-Balken konstanten Querschnitts trage noch mittig eine Masse der Größe $0,1\,\mu_0\ell$ (10% der Balkenmasse). Wie beeinflußt diese Zusatzmasse die Grundeigenfrequenz des Balkens ohne Zusatzmasse? Der Balken sei an der Stelle $x = \ell/2$ zusätzlich durch eine Feder der Steifigkeit $k_1 = 0,1\,k$ befestigt mit $1/k = \ell^3/[48B_0]$. Wie groß ist die Änderung der Grundeigenfrequenz gegenüber der Eigenfrequenz des nicht zusätzlich abgefederten Balkens (ohne Zusatzmasse)?

5.2 Berechnung der ersten Biege-Eigenfrequenz eines einseitig eingespannten prismatischen Balkens (Bild 5.4) der Länge ℓ, der Dichte ρ, der Dicke h und der Breite $b(x) = b_0 \left(1 - \dfrac{x}{2\ell} \right)$. Als Vergleichsfunktion ist die zugehörige Eigenfunktion des gleichmäßig belasteten Kragträgers mit konstantem Querschnitt zu nehmen.

5.3 Für den beidseitig starr eingespannten Biegebalken der Länge ℓ und konstanten Querschnitts sollen die ersten beiden Eigenfrequenzen über den Rayleighschen Quotienten mit Hilfe der Funktionen $\bar{v}_k(x) = \sin \pi \dfrac{x}{\ell} \sin k\pi \dfrac{x}{\ell}$, $k = 1, 2$, $v_1(x) = \bar{v}_1(x)$, angenähert werden.

Hinweis zur Konstruktion der Funktionen $\bar{v}_k(x)$: Es treten nur die geometrischen Randbedingungen $\hat{w}(0) = \hat{w}(\ell) = 0$, $\hat{w}'(x)|_{x=0} = \hat{w}'(x)|_{x=\ell} = 0$ auf (zulässige Funktionen sind hier also auch Vergleichsfunktionen). Durch den Produktansatz (einfacher Funktionen) erreicht man, daß die geometrischen Randbedingungen erfüllt sind und zugleich $\bar{v}_2(x)$ einen Knoten mehr als $\bar{v}_1(x)$ aufweist.

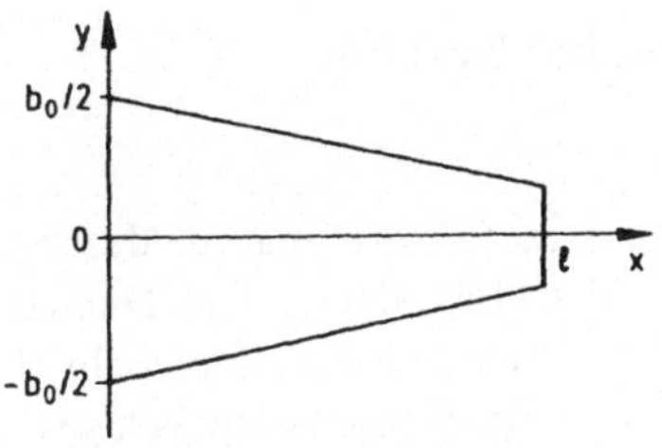

Bild 5.4 Prismatischer Balken

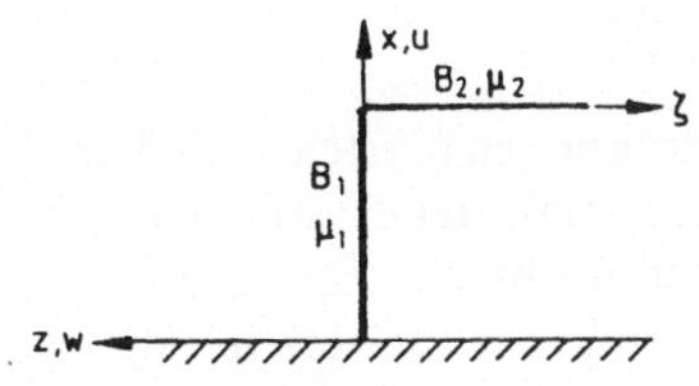

Bild 5.5 Balkensystem

5.4 Ein Fernsehturm sei als Bernoulli-Balken mit konstantem Querschnitt idealisiert:
$B_0 = 5{,}18 \cdot 10^{12}$ N m^2, $\mu_0 = 6{,}6 \cdot 10^4$ kg m^{-1}, $\ell = 120$ m. Welche Näherungen für die
Grundeigenfrequenz liefert der Rayleighsche Quotient mit der zulässigen Funktion x^2
und der Vergleichsfunktion (s. Aufgabe 5.2) $v(x) = (x/\ell)^4 - 4(x/\ell)^3 + 6(x/\ell)^2$?

5.5 Wie lauten die Bewegungsgleichungen des im Bild 5.5 skizzierten Balkensystems
für Bewegungen in der x, z-Ebene? Vorausgesetzt sei, daß die Stäbe dehnstarr sind und
die Schwereachsen in den gezeichneten Stabachsen liegen.

5.6 Es sind die Bewegungsgln. eines Bernoulli-Balkens bezüglich Biegung und Torsion
herzuleiten, dessen Trägheitslinie nicht mit der elastischen Achse zusammenfällt. Randbedingungen: Einseitig starr eingespannt, ρ-Massendichte (konstant).

5.4   Schrifttum

[5.1] C o l l a t z , L.: Eigenwertaufgaben mit technischen Anwendungen. Leipzig
1949, Nachdruck 1962

6 Die numerische Berechnung kontinuierlicher Systeme

Reale Konstruktionen (Systeme) sind kontinuierliche Systeme. Ersetzt man sie durch
Tragwerke, so beinhaltet dieses schon eine Idealisierung. Die Modellierung von Tragwer-
ken ist bereits in Abschn. 1.2 angesprochen worden. Bild 1.3 gibt die einzelnen Schritte
wieder. Bei den bisher behandelten Modellen wurden jeweils die Voraussetzungen genannt und ihre Eigenschaften diskutiert, es wurden jedoch keine Hinweise zur Modellierung gegeben. Das Ziel dieses Kapitels ist es anzugeben, wie man ein MFGM eines kontinuierlichen Systems konstruiert, um dann die Gln. für das MFGM nach den Methoden
des Kapitels 3 zu lösen. Das MFGM muß das dynamische Verhalten des realen Systems
in einem vorgegebenen Frequenzbereich wiedergeben, und die Modellgenauigkeit sollte
dem Verwendungszweck (z. B. Entwurfsrechnung oder Ausführrechnung) angemessen
sein.

Einfache kontinuierliche Schwinger (Kap. 4), d. h. Kontinua aus homogenem Werkstoff
etc. mit geometrisch einfachen Rändern und linearem Verhalten, können Teilsysteme[1]
realer Systeme sein. Ihr dynamisches Verhalten wird durch partielle DGln. beschrieben.
Diese sind in Kap. 4 über den Produktansatz auf Systeme gewöhnlicher DGln. zurückgeführt und sind unter der Voraussetzung konstanter Querschnitte elementar lösbar. Bei
Kontinua mit nichtkonstanten Querschnitten und bei zusammengesetzten Systemen
sind die Bewegungsgleichungen (Gl.-Systeme) entweder nicht geschlossen lösbar, oder
die Suche nach einer geschlossenen Lösung ist zu aufwendig. Hierfür müssen Näherungsverfahren zur Lösung der Bewegungsgleichungen bereitgestellt werden. Darüber hinaus
gibt es Systeme, für die die Bewegungsgleichungen von vornherein nur vereinfacht, z. B.
über die Finite-Element-Modellierung (örtliche Diskretisierung) in Form eines Systems
gewöhnlicher DGln. (MFGM), aufgestellt werden, sei es aus Aufwandsgründen oder
weil ein anderes Vorgehen unmöglich ist (Bild 6.1). Man erhält damit ein MFGM als
diskretes Analogon, welches Näherungswerte der gesuchten Lösung für diskrete Orte
und für ein endliches Frequenzintervall liefert.

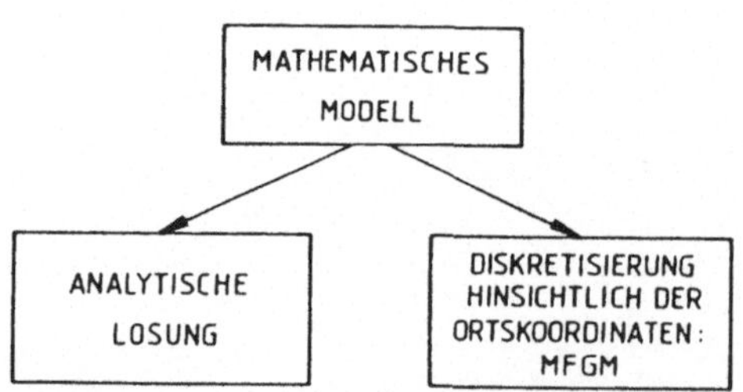

Bild 6.1
Zur Lösung des mathematischen Modells

Im folgenden werden zunächst einige allgemeine Hinweise zur Modellierung und Para-
meterermittlung (s. Bild 1.3) gegeben, die, soweit bisher erforderlich, bereits befolgt
wurden. Weiter werden die direkte, d. h. die A-priori-Diskretisierung der Kontinua, die
indirekte Diskretisierung durch Approximation der Bewegungsgleichungen in Form von

---

[1] Subsystem ist ein Synonym für Teilsystem.

DGln. und Integralgleichungen (IGln.) für die Kontinua und schließlich die näherungsweise Lösung der Bewegungsgleichungen über Ansatzfunktionen (Rayleigh-Ritz, Galerkin) diskutiert.[1])

6.1   Hinweise zur Modellierung und Parameterermittlung

Das aus der Statik bekannte schrittweise Vorgehen an Teilsystemen ist in der Dynamik grundsätzlich auch möglich (s. Kap. 7), jedoch sind die zu verwendenden Gleichgewichts- und Kompatibilitätsbedingungen hier zeitabhängig. Dieses führt dazu, daß das Gesamtsystem auch dort dynamisch modelliert werden muß, wo in der Statik noch ersatzweise (mit abschätzbarer Fehlerauswirkung) evtl. modifizierte konstante Randbedingungen oder vorgegebene Lasten eingeführt werden können.

Zusätzlich zu den in der Statik berücksichtigten Kräften (s. Abschn. 1.3) müssen Trägheitskraft- und Dämpfungskraftverteilungen und die zeitabhängigen äußeren Lasten berücksichtigt werden. Wie schon einleitend angedeutet (Abschn. 1.3), ist die Ermittlung der zu den elastischen Rückstellkräften gehörenden Steifigkeits- bzw. Nachgiebigkeitsverteilungen oder − Matrizen Aufgabe der Statik und wird daher hier nicht direkt behandelt. Die in den vorgegebenen Stützstellen (Knoten) zu berechnenden Steifigkeiten bzw. Nachgiebigkeiten müssen in Ergänzung zu den bekannten statischen Gesichtspunkten den durch die Dynamik gegebenen Frequenzbereich berücksichtigen, der sich aus dem Belastungsspektrum und den (zunächst unbekannten) Eigenfrequenzen ergibt. D. h. konkret: Der Berechnung der Steifigkeitsmatrix bzw. Nachgiebigkeitsmatrix muß ein physikalisches Modell zugrunde gelegt werden, das die aus der d y n a m i s c h e n Belastung resultierende (angenäherten) Verschiebungen berücksichtigt[2]). Diese Forderung bedeutet, wenn man die Verschiebungen gedanklich nach Eigenschwingungsformen entwickelt, daß die zur Darstellung der Verschiebung notwendige Eigenschwingungsform größter Ordnung (mit allen ihren Nulldurchgängen, Krümmungen etc., s. Abschn. 4.2) von diesem Modell (d. h. durch diskrete Werte!) richtig wiedergegeben werden muß.

Die Modellierung der Trägheitskräfte bedingt die Ermittlung der Trägheitsverteilungen und ggf. Einzelmassen (s. Abschn. 6.2) aus den Konstruktionszeichnungen und technischen Daten, was als Routinearbeit (im doppelten Sinne: einfach und über existierende Programme) bezeichnet werden kann.

---

[1]) Das Übertragungsmatrizenverfahren für Systeme mit stückweise konstanten Querschnitten [1.24], [1.26] und das Drehwinkelverfahren [6.1] sind hier nicht behandelt. Die praktische Bedeutung dieser Verfahren ist heutzutage mit der Verwendung der Finiten-Element-Methoden aus numerischen Gründen und wegen des Aufwandes geringer als zur Zeit ihrer Entstehung. − Noch ein weiterer Hinweis: Sind die Bewegungsgln. bekannt, dann findet man in dem umfangreichen Schrifttum zahlreiche Lösungsverfahren und Routinen. Neben Spezialliteratur hierzu sei die Aufmerksamkeit des Lesers auf die Bücher insbesondere der Numerischen bzw. Praktischen Mathematik gelenkt. Speziell sei auf den Vergleich der Methoden in [6.9], S. 205 ff. und [4.2], S. 457 ff. hingewiesen.

[2]) Man muß sie also vorher zumindest abschätzen.

Ein „wunder" Punkt der Modellierung ist die Erfassung der Dämpfungskräfte. Sie lassen sich allgemein nicht aus den Konstruktionszeichnungen und technischen Daten ermitteln, sondern sie sind nur aufgrund von Erfahrungen approximierbar, oder sie müssen durch Versuche bestimmt werden.[1])

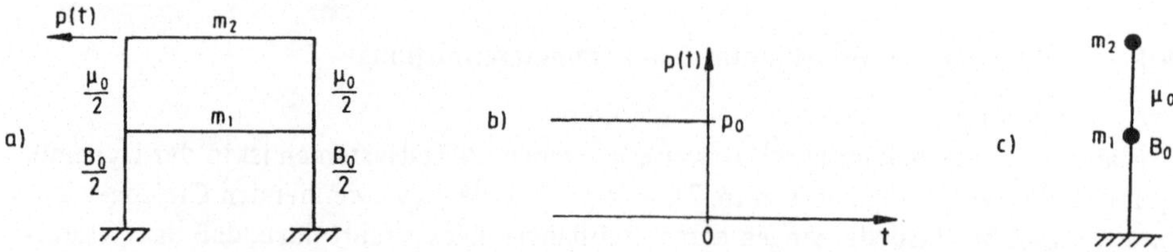

Bild 6.2 Horizontal belasteter Stockwerksrahmen (a) mit Modell (c)

Beispiel 6.1 Es zeigt den Einfluß der Kraftrichtung auf die Modellierung. Im obersten Punkt eines zweigeschossigen Stockwerksrahmens wirke horizontal ein Entlastungssprung (Bild 6.2). Die Modellierung wird bei entsprechenden Steifigkeitsverhältnissen mit dehnstarren und biegeschlaffen Riegeln erfolgen, während die Stiele als massebehaftete Bernoulli-Balken modelliert werden. Bei anderen Steifigkeitsverhältnissen ist zu überlegen, ob die endlichen Biegesteifigkeiten der Riegel vereinfacht über Drehfedern eingeführt werden können.

Wegen der Energiekonzentration des Entlastungssprung-Spektrums (vgl. Tab. 2.4 mit $p(t) = -p_0[1 - 1(t)]$) im unteren Frequenzbereich und seines damit verbundenen raschen Abfalls nach höheren Frequenzen kann man erfahrungsmäßig mit relativ wenigen Eigenfunktionen im Modalansatz (vgl. Abschn. 3.7 und Beispiel 4.13) auskommen. Derselbe Rahmen ebenfalls horizontal am oberen Riegel jedoch impulsförmig belastet, wird im Verschiebungsansatz dagegen mehr modale Ansatzfunktionen (FG) als bei der Sprungfunktion erfordern, um den höherfrequenten Anteil der Erregung mit zu erfassen (generalisierte Kräfte $\varphi_k(t)$ in Gl. (4.110)).

Wird dieser Rahmen durch vertikale Kräfte belastet, so führt diese Belastung zu einem völlig anderen Modell (Bild 6.3); vorausgesetzt, daß die Stiele biegesteif aber dehnstarr angenommen werden dürfen (durch den Unterschied von Größenordnungen in den Steifigkeiten: Damit liegen die Dehneigenfrequenzen außerhalb des zu betrachtenden Fre-

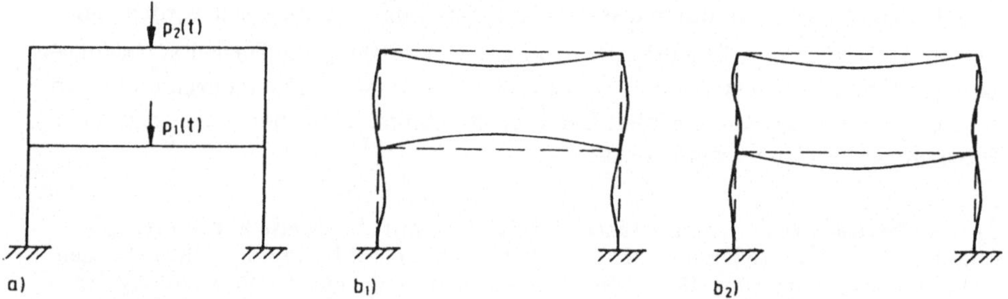

Bild 6.3 Vertikal belasteter Stockwerksrahmen

---

[1]) Abhängig von der Größe der Verschiebungen sind z. B. bei Bauteilverbindungen (einschließlich bei Auflagern) Reibungskräfte zu berücksichtigen, die linearisiert näherungsweise über Dämpfungen beschrieben werden können. Bei kleinen Amplituden brauchen bei Bauteilverbindungen keine Reibungskräfte überwunden zu werden, und derartige Verbindungen können diesbezüglich als starr modelliert werden.

quenzbereiches). Zu untersuchen wäre jetzt noch, um ein möglichst einfaches aber doch hinreichend genaues Modell zu erhalten, ob anstelle der Mitnahme der Stiele als Biegebalken nicht (schwingungsformabhängige) Drehfedern an den Riegelenden eingeführt werden können. Diese Entscheidung hängt ab von dem Verhältnis der Steifigkeiten von Stielen und Riegeln (Eigenfrequenzen → Rayleighscher Quotient!) im Verhältnis zum Kraftspektrum.

Mit diesem Beispiel sind mehrere weitere Modellierungshinweise angesprochen. Ist die Belastung so, daß (überwiegend!) eine Bewegung in einer Ebene erwartet wird, so ist aus Aufwandsgründen ein zweidimensionales Modell zu wählen. Ein in der Dimension reduziertes Modell kann natürlich auch aus einem speziellen Steifigkeitsverhältnis resultieren.

Beispiel 6.2 Eine gegründete Hallenbodenplatte dynamisch vertikal und horizontal mit etwa gleich großen maximalen Kraftamplituden erregt, wird wegen der Scheibenwirkung der Bodenplatte auf die horizontalen Kräfte (mit um Größenordnungen höherer Steifigkeit als für die Plattenwirkung und folglich hauptsächlich trägheitsmäßig mit der Gesamtmasse antwortend), insgesamt im wesentlichen vertikal reagieren; es genügt eine Betrachtung der Plattenwirkung. Sollte die eine Längenabmessung gegenüber der zweiten stark überwiegen, so kann u. U. (geeignete Lastverteilung) ein eindimensionales Modell das dynamische Verhalten ausreichend genau beschreiben.

Die Kopplung von Gleichungen erschwert die Lösung der Gleichungen, indem ein größerer Aufwand als bei entkoppelten Gleichungssystemen getrieben werden muß. Ein erhöhter Rechenaufwand kann auch zu einer Genauigkeitseinbuße führen. Durch geschickte Koordinatenwahl können häufig Kopplungen vermieden werden (s. z. B. Achsenwahl beim Bernoulli-Balken, Hauptachsentransformation beim MFGM).

Die bisherigen Betrachtungen zeigen, daß Aufgabenstellung, daraus folgend die physikalische Relevanz, und Wirtschaftlichkeit (als Teil einer ingenieurmäßigen Betrachtung unter Beachtung der erforderlichen Genauigkeit) ausschlaggebend für die Modellierung sind: Das betreffende Modell sollte so einfach wie möglich und so kompliziert (aufwendig) wie notwendig sein.

In die Modellgenauigkeit geht neben der Ungenauigkeit der Lasten natürlich auch die Ungenauigkeit der Systemdaten ein. Um eine bestimmte Genauigkeit in der Beanspruchungsaussage zu erhalten, die letztlich den konstruktiven Ingenieur interessiert, besteht die Tendenz, ein Modell mit vielen FG zu erstellen, womit der Aufwand insgesamt steigt. Manchmal ist jedoch der entgegengesetzte Weg (nämlich der der FG-Reduktion) bei gleicher Genauigkeit weniger aufwendig (s. Aufgabe 6.2).

6.2   Direkte Diskretisierung des Kontinuums: A-priori-Ersatzsystem

Wird das kontinuierliche System von vornherein (direkt) durch ein MFGM ersetzt, so heißt das, daß für eine endliche Anzahl von vorgegebenen Stützstellen (Knoten, Gitterpunkte, Punkte) zunächst Einzelmassen bzw. Punktmassen zu ermitteln sind.

Das Vorgehen wird der Einfachheit halber an einem eindimensionalen System erklärt. Zunächst einmal seien Kriterien zur Stützstellenwahl (Knotenwahl) diskutiert:

— Die Stützstellen müssen bezüglich Anzahl und Lage derart gewählt werden, daß mit den zugehörigen Ordinaten die relativen Verschiebungen (Eigenschwingungsformen, dynamische Antwort unter der gegebenen Last) hinreichend genau beschrieben und damit das Verschiebungsfeld rekonstruiert werden kann.

— Stützstellen sind in die Angriffspunkte von Einzelkräften und Einzelmomenten zu legen (um nicht umrechnen zu müssen).

— D. h. auch dort, wo große konzentrierte Massen vorhanden sind, sollten Stützstellen genommen werden (um die großen Trägheitskräfte richtig nachzubilden).

— Sollen die Schnittkräfte in bestimmten Punkten ermittelt werden, so sind dort Stützstellen zu wählen,

— Unstetigkeitsstellen in der Steifigkeitsverteilung sollten entsprechend den Voraussetzungen der numerischen Integration berücksichtigt werden.

Insgesamt sind dynamisch signifikante physikalische Eigenschaften zu erfassen. Will man n_E Eigenfrequenzen und Eigenschwingungsformen ermitteln, so gilt als Faustregel (Erfahrung) für Systeme, deren Eigenschwingungsformen qualitativ bekannt sind, daß $2n_E$ bis $3n_E$ FG modelliert werden sollten, d. h. bei Betrachtung von translatorischen FG, daß $2n_E$ bis $3n_E$ Massenpunkte ermittelt werden müssen. Ist die Massenverteilung $\mu(x)$ vorgegeben, so zeigt Beispiel 6.3 die Ermittlung der Massenpunkte.

Beispiel 6.3 Ermittlung der Punktmassen aus gegebener Massenverteilung für einen Fernsehturm. Die graphische Darstellung von $\mu(x)$ enthält Bild 6.4. Als A-priori-Kenntnis sei vorhanden, daß vom Fernsehturm die ersten beiden Eigenschwingungsformen modelliert werden müssen (gesucht sind) und, daß die Antenne als Subsystem mit starrer Einspannung betrachtet, in ihrer Grundeigenschwingung wiedergegeben werden soll. Um diese Forderung zu erfüllen, muß das MFGM also $2 + 1$ FG richtig wiedergeben. Mangels weiterer Informationen muß also das Modell nach dem oben Gesagten 6 Massenpunkte enthalten (Bild 6.4c).

Eine Stützstelle ist durch den Schwerpunkt x_S der großen Einzelmasse M gegeben, von der wir das Massenträgheitsmoment nicht berücksichtigen wollen. Die Stützstellen werden hier für Mast und Antenne unterschiedlich, aber jeweils äquidistant festgelegt:

$$\Delta x_M := x_S/4, \qquad x_i = i\Delta x_M, \qquad i = 1(1)4;$$

$$\Delta x_A := (\ell - x_S)/2, \qquad x_5 = x_4 + \Delta x_A, \qquad x_6 = x_4 + 2\Delta x_A.$$

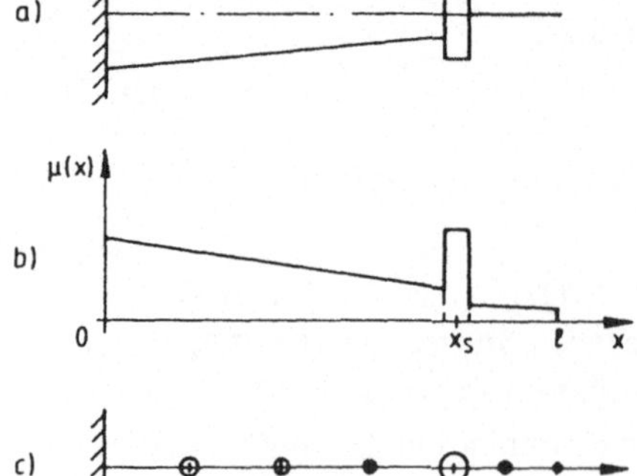

Bild 6.4
Zur direkten Diskretisierung eines Fernsehturms

Wir integrieren jetzt über $\mu(x)$ zwischen den Stützstellen,

$$m_k' = \int\limits_{x_{k-1}}^{x_k} \mu(x)dx, \qquad k = 1(1)6,\ x_0 = 0,$$

und denken uns die Massenpunkte m_k' in die Intervallschwerpunkte

$$x_k' = \frac{1}{m_k'} \int\limits_{x_{k-1}}^{x_k} x\mu(x)dx$$

gelegt (Bild 6.5). Gesucht sind jedoch die Massenpunkte m_k in den Stützstellen x_k und nicht in den Punkten x_k'! Also sind die Massen m_k' so auf die Stützstellen umzulegen, daß zumindest die Schwerpunkte x_k' erhalten bleiben (statische Betrachtung!):

$$m_k^1 + m_k^2 = m_k',$$
$$x_{k-1}m_k^1 + x_k m_k^2 = x_k' m_k'$$

$$\rule{6cm}{0.4pt}$$

$$m_k^1 = \frac{x_k - x_k'}{x_k - x_{k-1}} m_k',$$

$$m_k^2 = \frac{x_k' - x_{k-1}}{x_k - x_{k-1}} m_k'.$$

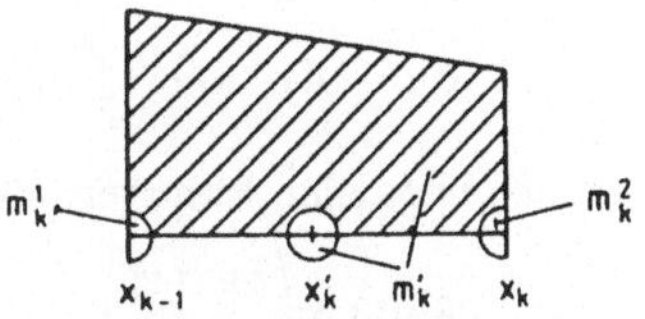

Bild 6.5
Umlegung der Massenpunkte m_k'

Für die Massenpunkte m_k an den Stellen x_k folgt somit:

$$m_k = m_k^2 + m_{k+1}^1, \qquad k = 1(1)n,$$

mit $m_{n+1}^1 = 0$. Mit voneinander unabhängigen Verschiebungskoordinaten $u_k(t)$ und der zugehörigen Steifigkeitsmatrix ist damit das MFGM ermittelt.

A n m e r k u n g : Sind Sprünge in der Massenverteilung oder in der Ableitung vorhanden, so müssen dort Integrationsgrenzen gewählt werden.

Wird auf eine äquidistante Massenpunktanordnung kein Wert gelegt, so können als Stützstellen für die Massenpunkte selbstverständlich die Teilintervall-Schwerpunkte genommen werden.

Beispiel 6.3 enthält die Massenpunkt-Ermittlung nach statischen Gesichtspunkten für vorgegebene Stützstellen. Möchte man die Massenermittlung nach dynamischen Gesichtspunkten vornehmen, so sind die Energien (generalisierte Werte!) heranzuziehen, wie sie bspw. bei der Eigenfrequenzberechnung mit dem Rayleighschen Quotienten verwendet werden (s. auch Abschn. 6.5).

Man bezeichnet die Steifigkeitsdaten konsistent zu den Trägheitsdaten, wenn dasselbe Verschiebungsfeld (Interpolationsfunktion) den Berechnungen zugrunde gelegt ist. Natürlich sollten Steifigkeiten bzw. Nachgiebigkeiten und Trägheiten konsistent berechnet werden, um durch Verwendung nicht-konsistenter Daten den Ergebnisfehler nicht zu vergrößern, oder man sollte den Einfluß zumindest abschätzen.

Beispiel 6.4 Für ein Stabelement der Länge ℓ mit der Längssteifigkeit $k = EA/\ell$ und den Verschiebungskoordinaten $u_1(t)$ und $u_2(t)$ an seinen Enden (Bild 6.6) ist die Steifigkeitsmatrix zu

$$\mathbf{K} = k \begin{pmatrix} 1 & -1 \\ -1 & 1 \end{pmatrix}, \qquad \mathbf{u}(t) = \begin{pmatrix} u_1(t) \\ u_2(t) \end{pmatrix},$$

ermittelt. Nach dem Vorhergehenden lautet die (nichtkonsistente) Massenmatrix bei einer Massenbelegung μ_0:

$$\mathbf{M} = \frac{\mu_0 \ell}{2} \begin{pmatrix} 1 & 0 \\ 0 & 1 \end{pmatrix}.$$

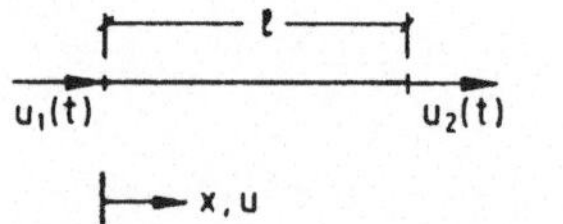

Bild 6.6
Stabelement

Die zu $\mathbf{K}$ konsistente Massenmatrix $\mathbf{M_c}$ erhalten wir aus dem Gleichsetzen der virtuellen Arbeiten (Energien) für das diskrete und das kontinuierliche System:

$$\delta \mathbf{u}^T(t) \mathbf{M_c} \ddot{\mathbf{u}}(t) = \int_0^\ell \mu_0 \ddot{u}(x, t) \delta u(x, t) dx$$

mit den virtuellen Randverrückungen

$$\delta \mathbf{u}(t) = \begin{pmatrix} \delta u_1(t) \\ \delta u_2(t) \end{pmatrix}$$

und der Stabverschiebung $u(x, t)$. Für die Verschiebung $u(x, t)$ machen wir einen linearen lokalen Ansatz

$$u(x, t) = u_1(t) + [u_2(t) - u_1(t)] \frac{x}{\ell}$$

$$=: v_1(x) u_1(t) + v_2(x) u_2(t)$$

mit $\qquad v_1(x) := 1 - \frac{x}{\ell}, \qquad v_2(x) := \frac{x}{\ell}.$

Wir erkennen unschwer, daß die Funktion $v_1(x)$ die geometrische Randbedingung des linken Randes und die Funktion $v_2(x)$ die geometrische Randbedingung des rechten Randes erfüllen.

Für den Integranden des obigen Integrales folgt

$$\mu_0 \ddot{u}(x, t) \delta u(x, t) = \mu_0 [v_1(x) \ddot{u}_1(t) + v_2(x) \ddot{u}_2(t)][v_1(x) \delta u_1(t) + v_2(x) \delta u_2(t)]$$

$$= \mu_0 (\delta u_1, \delta u_2) \begin{pmatrix} v_1^2(x), & v_1(x) v_2(x) \\ v_2(x) v_1(x), & v_2^2(x) \end{pmatrix} \begin{pmatrix} \ddot{u}_1 \\ \ddot{u}_2 \end{pmatrix}$$

$$= \mu_0 \delta \mathbf{u}^T \mathbf{V} \ddot{\mathbf{u}}, \qquad \mathbf{V}(x) := \begin{pmatrix} v_1^2(x), & v_1(x) v_2(x) \\ v_2(x) v_1(x), & v_2^2(x) \end{pmatrix}.$$

Damit ergibt sich aus den obigen virtuellen Arbeiten

$$\delta\mathbf{u}^{T}(t)\mathbf{M}_c\ddot{\mathbf{u}}(t) = \mu_0 \int\limits_0^{\ell} \ddot{u}(x,t)\delta u(x,t)dx:$$

$$\mathbf{M}_c = \mu_0 \int\limits_0^{\ell} V(x)dx$$

$$= \frac{\mu_0\ell}{6}\begin{pmatrix} 2 & 1 \\ 1 & 2 \end{pmatrix}.$$

Der Unterschied von $\mathbf{M}_c$ und $\mathbf{M}$ besteht in den von Null verschiedenen Nebendiagonalelementen und den daraus resultierenden verschiedenen Werten in der Hauptdiagonalen. Die Auswirkung auf die Eigenfrequenz des elastischen Freiheitsgrades ist erheblich:

$$\mathbf{M} : \omega_2^2 = 4\,\frac{k}{\mu_0\ell}, \qquad \mathbf{M}_c : \omega_{c2}^2 = 12\,\frac{k}{\mu_0\ell} = 3\omega_2^2.$$

A n m e r k u n g : Die generalisierte Steifigkeit und die generalisierte Masse des Rayleigh-Quotienten werden selbstverständlich mit e i n e r Ansatzfunktion (e i n e m Ansatzvektor) gebildet. Hier ist die Konsistenz von vornherein gegeben.

Sind Trägheitsmomentenverteilungen zu der Massenverteilung zu berücksichtigen, so können diese entsprechend wie die Massen diskretisiert werden und dann über die Punktmassen mit entsprechenden Trägheitsradien modelliert werden (Bild 6.7).

Mit dem Vorhergehenden können die diskretisierten Trägheitsdaten berechnet werden. Des weiteren wird die zugehörige Steifigkeits- bzw. Nachgiebigkeitsmatrix benötigt, u. U. auch die Dämpfungsmatrix (evtl. vereinfacht: proportional zur Trägheits- und/oder Steifigkeitsmatrix). Es verbleibt, die Lastverteilungen zu diskretisieren. Diese muß konsistent zu der Massenverteilung erfolgen, d. h. bei Beachtung von statischen Gesichtspunkten bei der Diskretisierung sind die Resultierenden wie in der Statik üblich als Einzellasten anzusetzen, sonst sind die konsistenten (generalisierten) Kräfte zu bestimmen. Damit ist es jetzt möglich, die Bewegungsgleichungen des Modells als MFGM hinzuschreiben und nach den Methoden des Kapitels 3 zu behandeln.

Zusammenfassend kann die direkte Disktretisierung des Kontinuums, die Erstellung des (diskreten) A-priori-Ersatzsystems als ein recht willkürliches Vorgehen bezeichnet werden, für das zwar einige Hinweise (Faustregeln) existieren, dessen Güte letztlich von dem Anwender und seiner Erfahrung abhängt. Nachteilig bei diesem Vorgehen ist, daß keine Fehler für die Modellergebnisse angegeben werden können, wodurch die numerische Rechnung (Aussage) an Wert verliert.

Abschließend sollen noch zwei Beispiele das Vorgehen erläutern.

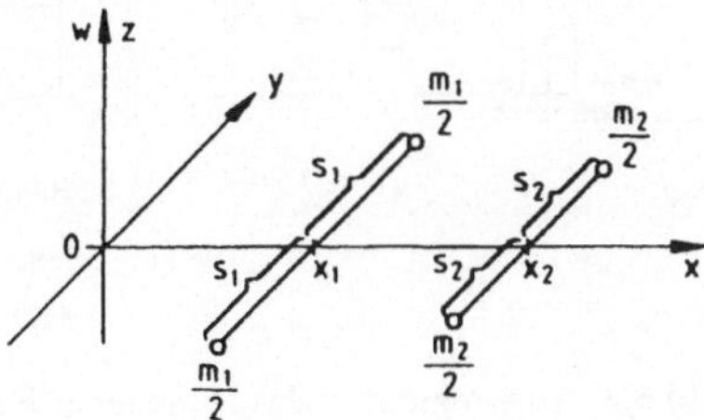

Bild 6.7
Beispiel zur Modellierung der Massenträgheitsmomente
um die x-Achse von Einzelmassen durch Punktmassen

Beispiel 6.5 Von dem einseitig starr eingespannten prismatischen Biegebalken (der Aufgabe 5.2) mit der Länge ℓ, der Dichte ρ, der Dicke h und der Breite $b(x) = b_0 \left(1 - \dfrac{x}{2\ell} \right)$

ist die Grundeigenfrequenz zu ermitteln; der exakte Wert lautet $\omega_1 = \dfrac{4{,}34}{\ell^2} \sqrt{\dfrac{B_0}{\mu_0}}$
mit $B_0 := Eh^3 b_0/12$ und $\mu_0 := \rho h b_0$.
Möchte man mit einem (generalisierten) EFGM arbeiten, so sind die generalisierte Steifigkeit und die generalisierte Masse zu berechnen, man erhält z. B. die Lösung der Aufgabe 5.2 bei Verwendung der Eigenfunktion der Grundeigenschwingung des zugehörigen Kragträgers konstanten Querschnittes unter Gleichlast als Vergleichsfunktion zu

$$\tilde{\omega}_1 = \frac{4{,}37}{\ell^2} \sqrt{\frac{B_0}{\mu_0}} \; .$$

Als MFGM modelliert benötigen wir mindestens 2 Massenpunkte nach der erwähnten Faustregel, um die Grundeigenfrequenz zu berechnen. Gewählt werden zur Diskretisierung der Massenverteilung $\mu(x) = \rho h b_0 \left(1 - \dfrac{x}{2\ell} \right)$ die beiden Teilintervalle $[0, \ell/2]$

und $[\ell/2, \ell]$. Die Schwerpunkte für die beiden Teilintervalle ergeben sich zu $x_1 = (5/21)\ell$,
$x_2 = (5/21)\ell + \dfrac{\ell}{2} = \dfrac{31}{42}\ell$, die gleichzeitig als Stützstellen dienen. Die zugehörigen Einzel-

massen sind $m_1 = \dfrac{7}{16} \rho h b_0 \ell$, $m_2 = \dfrac{5}{16} \rho h b_0 \ell$ und die Nachgiebigkeitsmatrix lautet (s.

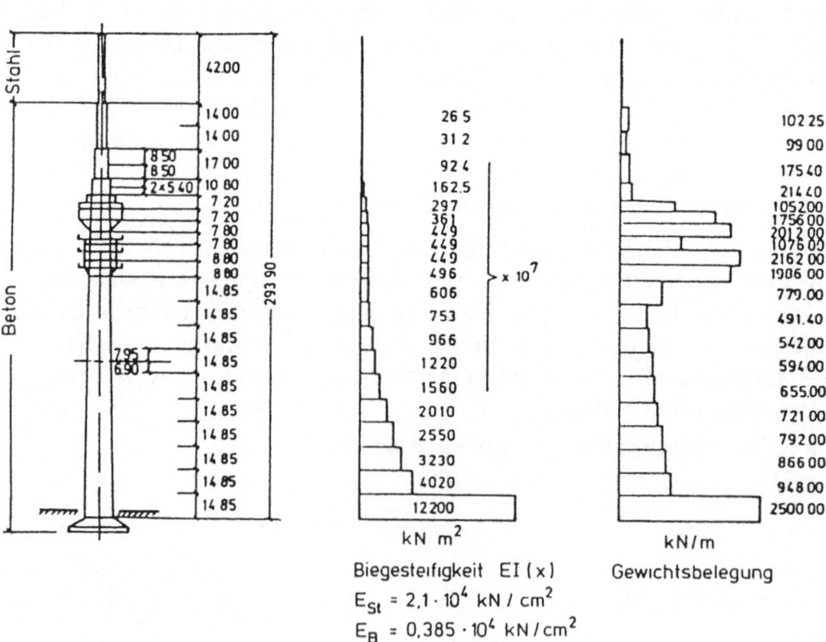

Bild 6.8 Ausgangsdaten des Münchener Fernsehturmes

Abschn. 6.4.2)

$$G = \frac{\ell^3}{Eh^3 b_0} \cdot 10^{-2} \begin{pmatrix} 5{,}56781 & 23{,}29277 \\ 23{,}29277 & 178{,}3869 \end{pmatrix},$$

Die Grundeigenfrequenz folgt zu $\omega_{01} = \dfrac{4{,}58}{\ell^2} \sqrt{\dfrac{B_0}{\mu_0}}$.

Verglichen mit dem exakten Ergebnis beträgt der Fehler 5,5%.

Beispiel 6.6 Die ersten drei Biege-Eigenschwingungsgrößen des Münchener Fernsehturmes (Bild 6.8) sind für starre Einspannung und unter Vernachlässigung der axialen Kräfte infolge Eigengewicht zu berechnen. Es sind Punktmassen in 0 m, 14,85 m, 59,40 m, 103,95 m, 157,30 m, 171,30 m, 185,30 m, 223,90 m, 251,90 m, 271,50 m und in 293,90 m Höhe zu wählen. Die Nachgiebigkeitsmatrix aufgrund der mittleren Biege-steifigkeiten

Intervall-Nr. i	1	2	3	4	5
$B_i\, 10^{-7}\,[\mathrm{kN\,m^2}]$	12200	3267	1597	729	449
Intervall-Nr. i	6	7	8	9	10
$B_i\, 10^{-7}\,[\mathrm{kN\,m^2}]$	426	175	29	0,685	0,086

der Balkenelemente liefert die Finite Elementrechnung (hier nicht wiedergegeben).
Die Punktmassen für die o. g. Knoten sind:

k	0	1	2	3	4	5
$m_k[\mathrm{t}]$	1856	3868	3383	3014	4234	2229
k	6	7	8	9	10	
$m_k[\mathrm{t}]$	2724	629	151	18	6	

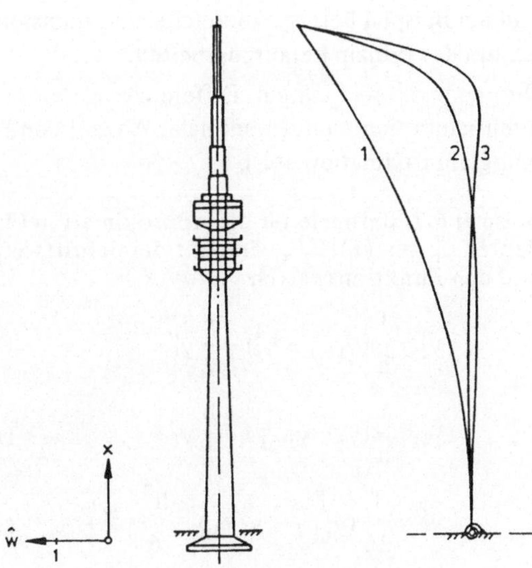

Bild 6.9
Die ersten drei Eigenschwingungsformen

Das zugehörige Matrizeneigenwertproblem gelöst, liefert die nachstehenden Ergebnisse:

Verfahren		$\omega_1[s^{-1}]$	$\omega_2[s^{-1}]$	$\omega_3[s^{-1}]$
Beispiel 6.6		1,15	4,16	5,5
	berechnet	1,10	4,71	6,5
Vergleichs-	(Theorie 2. Ordnung,			
werte	elast. Einspannung)			
	gemessen	1,14	–	6,2

Die Eigenschwingungsformen gibt Bild 6.9 wieder.

Vergleicht man die Rechenwerte mit den gemessenen Werten, so sind die Rechenwerte relativ genau. Die gemessenen Werte berücksichtigen die nichtstarre Einspannung. Die veröffentlichten gerechneten Eigenfrequenzen (Werte der 2. Zeile oben) gelten für Steifigkeiten unter Axialeinfluß (steifigkeitsverringernd), der gegenüber dem Modellierungsfehler hier untergeht.

6.3   Differenzenverfahren

Ein Näherungsverfahren zur Lösung der Bewegungsgleichungen des Systems in Form von DGln. ist das Differenzenverfahren. Die Differentialquotienten (nach den Raumkoordinaten) werden durch die entsprechenden Differenzenquotienten ersetzt, und man erhält das diskrete Analogon zur DGl., die Differenzengleichung. Dieses Vorgehen ist nicht nur einfach sondern ermöglicht auch, den Fehler abzuschätzen und daher klein zu halten.

Hinsichtlich der numerischen Behandlung von DGln. mittels Differenzenverfahren gibt es eine Reihe ausgezeichneter Bücher [6.2], [4.2] einschließlich der Lehrbücher über Praktische bzw. Numerische Mathematik, so daß das Folgende auf einige Erläuterungen und ein Beispiel betr. gewöhnliche eindimensionale DGln. (Produkt-Ansatz) beschränkt ist, um das Prinzip herauszuarbeiten.

Die g e w ö h n l i c h e n Differenzenverfahren verwenden Näherungsformeln für Differentialquotienten mit minimaler Anzahl von Funktionswerten (Tangenten-, Krümmungsapproximation etc.).

Beispiel 6.7 Beispiele für die Approximation (Taylorentwicklung) des Differentialquotienten $y_i' := y'(x)|_{x=x_i}$ sind mit der Schrittweite h (Maschenweite, Gitterkonstante) und den Funktionswerten $y_i := y(x_i)$:

$$y_i' = \frac{1}{h}(y_{i+1} - y_i) - \frac{h}{2} y_i'' - \ldots \qquad \text{(Vorwärts-Differenz)},$$

$$y_i' = \frac{1}{h}(y_i - y_{i-1}) + \frac{h}{2} y_i'' + \ldots \qquad \text{(Rückwärts-Differenz)},$$

$$y_i' = \frac{1}{2h}(y_{i+1} - y_{i-1}) - \frac{h^2}{6} y_i''' + \ldots \qquad \text{(zentrale Differenz)}.$$

Die v e r b e s s e r t e n Verfahren benutzen zusätzliche Funktionswerte, um die Ordnung des Taylor-Abgleichs (Restglied) zu erhöhen. Das M e h r s t e l l e n - Verfahren schließlich basiert auf Differentialausdrücken an mehreren Stellen, die auf gleiche Weise behandelt werden [6.2].

Vorteilhaft ist es, gebietsweise äquidistante Stützstellen (Gitterpunkte, Knoten) und zentrale Differenzen zu wählen, die symmetrisch zur betrachteten Stützstelle aufgebaut sind, d. h. sie verwenden links der betrachteten Stützstelle nicht mehr Punkte als rechts davon, wodurch der Aufwand bei bestmöglicher Genauigkeit minimal ist. Zum Rand hin und für den Rand sind notgedrungen einseitige Differenzenformeln (vorwärts, rückwärts genommene) zu verwenden, sofern sich die Lösung nicht über den Rand hinaus mit den entsprechenden Differenzierbarkeitsbedingungen fortsetzen läßt.

Beispiel 6.8 Wir untersuchen den Dehn- bzw. Torsionsstab mit der homogenen Bewegungsgl. (4.26b),

$$\hat{y}''(x) + \lambda\hat{y}(x) = 0, \qquad \lambda := \left(\frac{\omega}{c}\right)^2,$$

mit den inhomogenen Randbedingungen $\hat{y}(0) = \alpha$, $\hat{y}(\ell) = \beta$; $\alpha, \beta = $ const.
Das Intervall $[0, \ell]$ wird in $n + 1$ äquidistante Teilintervalle zerlegt: $x_i = ih$,

$h := \dfrac{\ell}{n+1}$, $i = 0(1)n + 1$. Ersetzen des 2. Differentialquotienten unter der Voraussetzung $\hat{y}(x) \in C^4[0, \ell]$ durch

$$\Delta^2\hat{y}_i := \frac{\hat{y}_{i+1} - 2\hat{y}_i + \hat{y}_{i-1}}{h^2}$$

beinhaltet einen Fehler

$$\tau_i(\hat{y}) := \hat{y}_i'' - \Delta^2\hat{y}_i = -\frac{h^2}{12}\,\hat{y}^{(4)}(x_i + \vartheta_i h), \qquad |\vartheta_i| < 1,$$

aus der Taylorentwicklung.
Einsetzen in die DGl.:

$$\hat{y}_0 = \alpha,$$

$$\frac{\hat{y}_{k+1} - 2\hat{y}_k + \hat{y}_{k-1}}{h^2} + \lambda\hat{y}_k = -\tau_k(\hat{y}), \qquad k = 1(1)n,$$

$$\hat{y}_{n+1} = \beta.$$

Wegen der vorgegebenen Randwerte kommt man hier mit den zentralen Differenzen aus, denn in dem obigen Gl.-System ist die Lösung für jede Stützstelle enthalten. Mit den Abkürzungen

$$\hat{y}^T := (\hat{y}_0, \ldots, \hat{y}_{n+1}),$$

$$A := \frac{1}{h^2}\begin{pmatrix} 1 & 0 & 0 & 0 & \ldots & 0 \\ 1 & h^2\lambda - 2 & 1 & 0 & \ldots & 0 \\ 0 & 1 & h^2\lambda - 2 & 1 & \ldots & 0 \\ \hdotsfor{6} \\ 0 & 0 & 0 & 0 & \ldots & 1 \end{pmatrix},$$

$$\mathbf{a}^T := \left(\frac{\alpha}{h^2}, 0, \ldots, 0, \frac{\beta}{h^2} \right),$$

$$\boldsymbol{\tau}^T := -(0, \tau_1, \ldots, \tau_n, 0)$$

folgt aus Gleichungssystem

$$\mathbf{A}\hat{\mathbf{y}} = \mathbf{a} + \boldsymbol{\tau},$$

in dem der Fehlervektor $\boldsymbol{\tau}$ vernachlässigt wird, was auf den Näherungsvektor $\tilde{\hat{\mathbf{y}}}$ für $\hat{\mathbf{y}}$ führt:

$$\mathbf{A}\tilde{\hat{\mathbf{y}}} = \mathbf{a}.$$

Dieses inhomogene Gleichungssystem ist zu lösen.

Sind die Randbedingungen gleich Null, $\alpha = \beta = 0$, so folgt $\mathbf{a} = \mathbf{0}$. Durch Rändern des obigen Gl.-Systems ($\hat{y}_0 = \hat{y}_{n+1} = 0$ sind bekannt!) erhalten wir mit

$$\tilde{\hat{\mathbf{u}}}_0^T := (\tilde{\hat{y}}_{01}, \ldots, \tilde{\hat{y}}_{0n})$$

– der Index Null soll auf das homogene Problem hinweisen – und mit der aus $\mathbf{A}$ folgenden geränderten Matrix $\mathbf{B}$ das homogene Gl.-System

$$\mathbf{B}\tilde{\hat{\mathbf{u}}}_0 = \mathbf{0}.$$

Es ist $\mathbf{B} = \mathbf{B}(\tilde{\lambda}_0) =: \mathbf{C} - \tilde{\lambda}_0\mathbf{I}$, also ein Matrizeneigenwertproblem mit dem angenähertem Eigenwert λ_0:

$$(\mathbf{C} - \tilde{\lambda}_0\mathbf{I})\tilde{\hat{\mathbf{u}}}_0 = \mathbf{0}.$$

Der Fehler läßt sich mit Hilfe der in dem Schrifttum angegebenen Verfahren abschätzen [6.2], [4.2].

Wie ist nun die Schrittweite h bei vorgegebenem Ordinatenfehler zu wählen? Die 4. Ableitung in dem Fehlerausdruck τ_i kann durch die DGl. (2-maliges Anwenden) ersetzt werden:

$$\hat{y}^{(4)} = -\lambda\hat{y}'' = \lambda^2\hat{y}.$$

Für die DGl. folgt an der Stelle x_k genommen:

$$\frac{\hat{y}_{k+1} - 2\hat{y}_k + \hat{y}_{k-1}}{h^2} + \lambda\hat{y}_k = 0 - \frac{h^2}{12}\lambda^2\hat{y}(x_k + \vartheta_k h).$$

Der Fehler auf der rechten Seite der obigen Gl. soll sehr klein sein gegenüber $\lambda\hat{y}_k$, es folgt

$$\lambda\hat{y}_k \gg \frac{h^2}{12}\lambda^2\hat{y}_k:$$

$$1 \gg \frac{h^2\lambda}{12} = \frac{h^2\omega^2}{12c^2}.$$

Wird mit vorgegebenem Fehler $a < 1$ gefordert

$$\frac{h^2\omega^2}{12c^2} =: a,$$

und ist das interessierende Frequenzintervall $[0, \omega_G]$, so folgt der Anhaltswert

$$h = \frac{\sqrt{12a}\,c}{\omega_G}.$$

Die Stablänge ist implizit durch die Wahl der Frequenz (s. Tab. 4.1 für den Stab konstanten Querschnitts) enthalten.

Für einen Beton-Dehnstab mit $c_D = 3,5 \cdot 10^3$ m s^{-1}, $a = 0,01$ und $\omega_G = 2\pi \cdot 1000$ s^{-1} ist

$$h = \frac{\sqrt{0,12} \cdot 3,5 \cdot 10^3}{2\pi \cdot 10^3} = 0,2 \text{ m}.$$

Für $\ell = 10$ m ergeben sich $\ell/h = 50 = n + 1$ Teilintervalle.

A n m e r k u n g : Wird mit Hilfe des Differenzenverfahrens die Lösung des Problems diskret angenähert und sollen damit die Schnittkraftgrößen ermittelt werden, so ist die numerische Differentiation angewendet auf die Näherungswerte wegen ihres Aufrauhungseffektes nicht zu empfehlen, s. die Ausführungen in Abschn. 4.2.6.

Das Aufstellen der DGl. ist unproblematisch. Das algebraische Gleichungssystem läßt sich sogar auf EDV-Anlagen automatisch generieren. Es sollten alle vorhandenen Symmetrien des betreffenden Systems hierbei ausgenutzt werden. Wenn verschiedene Differenzenformeln (Vorwärts-, Rückwärts, zentrale Differenzen, Approximation von Differentialausdrücken verschiedener Ordnungen) genommen werden müssen, ist es aus Genauigkeitsgründen wichtig, Formeln gleicher Restgliedordnung (h-Potenz) zu wählen. Die Wahl der Maschenweite richtet sich nach der zu erzielenden Genauigkeit für die Lösung. Möchte man eine höhere Genauigkeit als im bereits durchgeführten Rechengang erreichen, so ist eine kleinere Maschenweite als vorher vorzugeben. Dieses Vorgehen ist aber nicht beliebig weit zu treiben (Aufwand, Unwirtschaftlichkeit, Rundungsfehler), statt dessen ist es besser, Differenzenformeln höherer Genauigkeit und damit verbesserte Verfahren zu verwenden.

Das Differenzenverfahren zur Diskretisierung von DGln. benötigt häufig einen großen Rechenaufwand, strebt man eine ausreichende Genauigkeit an; es hat aber den Vorteil, für die in der Baudynamik vorkommenden Aufgaben, Fehlerabschätzungen durch das Vorgehen vornehmen zu können [6.2], [4.2].

6.4 Numerische Integration der Bewegungsgleichungen des Dehn- bzw. Torsionsstabes und des Bernoulli-Balkens

Statt die Antwort des Systems über Differenzenverfahren anzunähern, kann es günstiger sein, die numerische Integration zu verwenden. Das Ergebnis ist wieder ein System algebraischer Gleichungen. Auch hier lassen sich Fehlerausdrücke für die Näherungen angeben, nämlich die aus den numerischen Integrationsformeln. Die Bewegungsgleichungen müssen dazu in Form von Integralgleichungen (IGln.) vorliegen. Die Zwischenstufe zwischen DGl. und IGl. ist die Integro-DGl. Diese Gleichungen werden im folgenden für die Bewegungsgleichung des Dehn- bzw. Torsionsstabes und für die Bewegungsgleichung des Bernoulli-Balkens hergeleitet. Die äußeren Lasten werden einschränkend als harmonisch oder identisch verschwindend angenommen, um den Produktansatz machen und zeitunabhängig rechnen zu können.

Um die Bewegungsgleichungen in Form von IGln. herleiten zu können, bedienen wir uns der mathematischen Beziehung [6.3]

$$\int\limits_0^x \int\limits_\eta^\ell f(x, \xi, \eta)d\xi d\eta = \int\limits_0^\ell \int\limits_0^{\min(x,\,\xi)} f(x, \xi, \eta)d\eta d\xi \tag{6.1}$$

für Stäbe und Balken endlicher Länge, die aus der Theorie der IGln. entstammt und die Greenschen Funktionen (Einflußfunktionen) einzuführen gestattet. Die Gl. (6.1) wird später physikalisch interpretiert.

6.4.1   Dehn-, Torsionsstab

Die Bewegungsgleichung für das homogene Problem ist durch die Gln. (4.5) und (4.10) gegeben, die aufgrund des Produktansatzes allgemein auf (4.47) führen:

$$[S(x)\hat{y}'(x)]' = -\omega^2 m(x)\hat{y}(x). \tag{4.47}$$

Es wird der beidseitig elastisch gelagerte Stab behandelt, um dann die in Kap. 4 betrachteten Randbedingungen aus Grenzwertbetrachtungen der Federsteifigkeiten k_0, k_ℓ herleiten zu können.

$$[S(x)\hat{y}'(x)]|_{x=0} = k_0\hat{y}(x)|_{x=0}, \tag{6.2a}$$

$$[S(x)\hat{y}'(x)]|_{x=\ell} = -k_\ell\hat{y}(x)|_{x=\ell}. \tag{6.2b}$$

6.4.1.1 Die Integrodifferentialgleichung Die DGl. (4.47) einmal von 0 bis x integriert, liefert

$$S(x)\hat{y}'(x) = [S(x)\hat{y}'(x)]|_0 - \omega^2 \int\limits_0^x m(\xi)\hat{y}(\xi)d\xi.$$

Die Randbedingung (6.2a) berücksichtigt, folgt mit $\hat{y}_0 := \hat{y}(0)$:

$$S(x)\hat{y}'(x) = k_0\hat{y}_0 - \omega^2 \int\limits_0^x m(\xi)\hat{y}(\xi)d\xi. \tag{6.3}$$

In (6.3) $x = \ell$ gesetzt, erhält man mit (6.2b) und der Abkürzung $\hat{y}_\ell := \hat{y}(\ell)$:

$$[S(x)\hat{y}'(x)]|_\ell = -k_\ell\hat{y}_\ell = k_0\hat{y}_0 - \omega^2 \int\limits_0^\ell m(\xi)\hat{y}(\xi)d\xi,$$

also die Gleichgewichtsbedingung des Systems:

$$k_\ell\hat{y}_\ell + k_0\hat{y}_0 = \omega^2 \int\limits_0^\ell m(\xi)\hat{y}(\xi)d\xi. \tag{6.4}$$

Die Summe der beiden (verallgemeinerten) Federkräfte an den Rändern muß im Gleichgewicht sein mit der resultierenden Trägheitskraft ausgedrückt durch $\hat{y}(x)$. Wird die Gleichgewichtsbedingung (6.4) in der Gl. (6.3) berücksichtigt, so erhält man die Integro-

DGl. des Systems in der Form

$$S(x)\hat{y}'(x) = -k_\varrho\hat{y}_\varrho + \omega^2 \int\limits_{x}^{\varrho} m(\xi)\hat{y}(\xi)d\xi.$$ (6.5)

Sie ist die Darstellung der Schnittgröße (evtl. nach Elimination der Randbedingung) und dient hier als Zwischenstufe auf dem Weg zur IGl.

6.4.1.2 Die Integralgleichung Mit $S(x) \neq 0$ im Intervall $[0, \varrho]$ kann die Gl. (6.5) durch $S(x)$ dividiert werden,

$$\hat{y}'(x) = -\frac{k_\varrho\hat{y}_\varrho}{S(x)} + \frac{\omega^2}{S(x)} \int\limits_{x}^{\varrho} m(\xi)\hat{y}(\xi)d\xi.$$

Integration dieser Gleichung von 0 bis x liefert:

$$\hat{y}(x) = \hat{y}_0 - k_\varrho\hat{y}_\varrho \int\limits_{0}^{x} \frac{d\eta}{S(\eta)} + \omega^2 \int\limits_{0}^{x} \frac{1}{S(\eta)} \int\limits_{\eta}^{\varrho} m(\xi)\hat{y}(\xi)d\xi d\eta.$$

Wird die Beziehung (6.1) beachtet, so folgt

$$\hat{y}(x) = \hat{y}_0 - k_\varrho\hat{y}_\varrho \int\limits_{0}^{x} \frac{d\eta}{S(\eta)} + \omega^2 \int\limits_{0}^{\varrho} \left[\int\limits_{0}^{\min(x,\xi)} \frac{d\eta}{S(\eta)} \right] m(\xi)\hat{y}(\xi)d\xi.$$ (6.6)

Wir führen jetzt die Greensche Funktion

$$G(x, \xi) := \int\limits_{0}^{\min(x,\xi)} \frac{d\eta}{S(\eta)}$$ (6.7)

ein und erhalten für (6.6):

$$\hat{y}(x) = \hat{y}_0 - k_\varrho\hat{y}_\varrho G(x, x) + \omega^2 \int\limits_{0}^{\varrho} G(x, \xi)m(\xi)\hat{y}(\xi)d\xi.$$ (6.8)

Die Gl. (6.8) enthält noch explizit die Randbedingungen des Systems. Die Randbedingung an der Stelle 0 sei zunächst mit Hilfe der Gleichgewichtsbedingung (6.4) durch die Randbedingung an der Stelle ϱ und die Trägheitskraft ausgedrückt:

$$\hat{y}(x) = -\left[G(x, x) + \frac{1}{k_0} \right] k_\varrho\hat{y}_\varrho + \omega^2 \int\limits_{0}^{\varrho} \left[G(x, \xi) + \frac{1}{k_0} \right] m(\xi)\hat{y}(\xi)d\xi.$$ (6.9)

Die hier um den Term $1/k_0$ erweiterte Greensche Funktion sei abgekürzt mit

$$G_{el}(x, \xi) := G(x, \xi) + \frac{1}{k_0}$$ (6.10)

und in (6.9) eingesetzt:

$$\hat{y}(x) = -G_{el}(x, x)k_\varrho\hat{y}_\varrho + \omega^2 \int\limits_{0}^{\varrho} G_{el}(x, \xi)m(\xi)\hat{y}(\xi)d\xi.$$ (6.11)

Es verbleibt noch, die restliche Randbedingung in (6.11) zu eliminieren, bevor wir mit der physikalischen Interpretation des Ergebnisses beginnen können. In der Gl. (6.11) $x = \ell$ gesetzt, führt auf die Randbedingung

$$k_\ell \hat{y}_\ell = \frac{\omega^2}{G_{el}(\ell, \ell) + 1/k_\ell} \int_0^\ell G_{el}(\ell, \xi)m(\xi)\hat{y}(\xi)d\xi. \qquad (6.12)$$

Diese Randbedingung in (6.11) wieder berücksichtigt, liefert die IGl. des Systems in der Form

$$\hat{y}(x) = \omega^2 \int_0^\ell \left[G_{el}(x, \xi) - \frac{G_{el}(x, x)G_{el}(\ell, \xi)}{G_{el}(\ell, \ell) + 1/k_\ell} \right] m(\xi)\hat{y}(\xi)d\xi \qquad (6.13a)$$

bzw. mit der Greenschen Funktion des Gesamtsystems

$$G_{ges}(x, \xi) := G_{el}(x, \xi) - \frac{G_{el}(x, x)G_{el}(\ell, \xi)}{G_{el}(\ell, \ell) + 1/k_\ell} \qquad (6.14)$$

auf $\qquad \hat{y}(x) = \omega^2 \int_0^\ell G_{ges}(x, \xi)m(\xi)\hat{y}(\xi)d\xi. \qquad (6.13b)$

Die IGl. (6.13b) ist eine homogene Fredholmsche IGl. 2. Art, die Randbedingungen treten explizit nicht auf, sie sind in der Greenschen Funktion bereits eingearbeitet.

Wie ist die physikalische Deutung der IGl. und was ist eine Greensche Funktion? Wir betrachten einen Dehnstab und gehen gleich von Gl. (6.10) aus. Für $x = 0$ ist $G_{el}(0, \xi) = 1/k_0$, also gleich der Verschiebung an der Einspannstelle aufgrund der Einspannfeder unter einer Einheits-Normalkraft. Diesem Wert $1/k_0$ ist $G(x, \xi)$ aus (6.7) überlagert: Die Verschiebung an der Stelle x infolge einer Einheitskraft an der Stelle ξ (Bild 6.10). Für die Verschiebungen an den Stellen $x < \xi_1$ gilt nach Gl. (6.7)

$$G(x, \xi_1) = \int_0^x \frac{d\eta}{S(\eta)}$$

mit $\qquad S(x) = EA(x);$

die Verschiebungen für die Stellen $x > \xi_1$ sind wegen $G(x, \xi_1) = \int_0^{\xi_1} \frac{d\eta}{S(\eta)}$ bei festgehaltenem ξ_1 konstant. Bei elastischer Einspannung an der Stelle 0 (s. Gl. (6.10)) kommt also noch die Verschiebung $1/k_0$ zu der des Stabes bei starrer Einspannung (s. Gl. (6.7) mit $G(0, \xi) = 0$) hinzu. $G(x, \xi)$ wird auch als Einflußfunktion und ihre Werte an einzelnen Stellen, $G(x_i, x_k)$, als Einflußzahlen bezeichnet. Die Gesamt-Einflußfunktion (6.14)

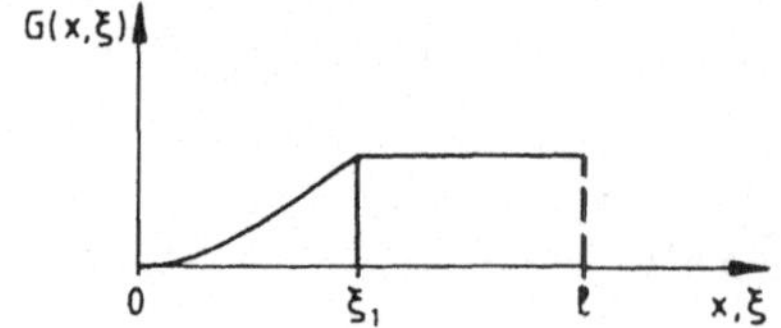

Bild 6.10
Greensche Funktion des Dehnstabes mit veränderlichem Querschnitt: Dargestellt ist die Verschiebung in Abhängigkeit von x für eine Einheitskraft in ξ_1

berücksichtigt die Federn an beiden Rändern. Für einen freien Rand an der Stelle ℓ wird mit $k_\ell \to 0$ $G_{ges}(x, \xi) \to G_{el}(x, \xi)$ etc. In der Einflußfunktion sind die Variablen x und ξ vertauschbar (Maxwell), damit ist die Matrix der Einflußzahlen (Nachgiebigkeitsmatrix) mit den Elementen $G(x_i, x_k)$ symmetrisch.

Dadurch, daß die Funktion $G_{ges}(x, \xi)$ als Einflußfunktion erkannt ist, ist die physikalische Deutung der IGl. nun einfach:

$G_{ges}(x, \xi)$ gibt die Verschiebung an der Stelle x infolge einer Einheitskraft an der Stelle ξ wieder. Auf den Stab wirkt aber keine Einheitskraft sondern die Trägheitskraftverteilung $\omega^2 m(\xi)\hat{y}(\xi)$ (s. Abschn. 4.1.7 aus dem Produktansatz). Es ist also $G_{ges}(x, \xi)\, \omega^2 m(\xi)\hat{y}(\xi)d\xi$ die Verschiebung an der Stelle x infolge der Trägheitskraft $\omega^2 m(\xi)\hat{y}(\xi)d\xi$ an der Stelle ξ. Es verbleibt, über die Normalkräfte an allen Stellen ξ zu integrieren, und man erhält die IGl. (6.13b).

Beispiel 6.9 Die Eigenschwingungen eines einseitig starr eingespannten Dehnstabes mit der Querschnittsfläche $A(x) = A_0 e^{-x/\ell}$ seien über die IGl. dargestellt.

Die Massenverteilung ist $\mu(x) = \mu_0 e^{-x/\ell}$, $\mu_0 = \rho A_0$, die Einflußfunktion ist nach Gl. (6.7)

$$G(x, \xi) = \int_0^{min(x,\xi)} \frac{d\eta}{EA(\eta)} = \frac{1}{EA_0} \int_0^{min(x,\xi)} \frac{d\eta}{e^{-\eta/\ell}} = \frac{1}{EA_0} \int_0^{min(x,\xi)} e^{\eta/\ell}d\eta =$$

$$= \frac{\ell}{EA_0} \cdot \begin{cases} e^{x/\ell} - 1 & \text{für } x \leqslant \xi, \\ e^{\xi/\ell} - 1 & \text{für } x \geqslant \xi. \end{cases}$$

Bild 6.11 zeigt zwei Einflußlinien für $\xi_1 = 0{,}4\ell$, $\xi_2 = 0{,}6\ell$. Setzt man $G(x, \xi) =: \dfrac{\ell}{EA_0}\, g(x, \xi)$, so lautet die IGl. der Eigenschwingungen für den Dehnstab:

$$\hat{u}(x) = \frac{\omega^2 \ell}{EA_0} \int_0^\ell g(x, \xi)\mu(\xi)\hat{u}(\xi)d\xi = \omega^2 \frac{\rho\ell}{E} \int_0^\ell g(x, \xi)e^{-\xi/\ell}\hat{u}(\xi)d\xi.$$

Ist noch eine harmonische Streckenlast $p(x, t) = \hat{p}(x)e^{j\Omega t}$ zu berücksichtigen, so kann über das d'Alembertsche Prinzip diese in die IGl. eingearbeitet werden. Die Last im Punkt ξ ist jetzt $[\hat{p}(\xi) + \Omega^2 m(\xi)\hat{y}(\xi)]d\xi$, folglich ergibt sich die (verallgemeinerte) Verschiebung (stationäre Lösung) zu

$$\hat{y}(x) = \int_0^\ell G_{ges}(x, \xi)[\hat{p}(\xi) + \Omega^2 m(\xi)\hat{y}(\xi)]d\xi. \tag{6.15}$$

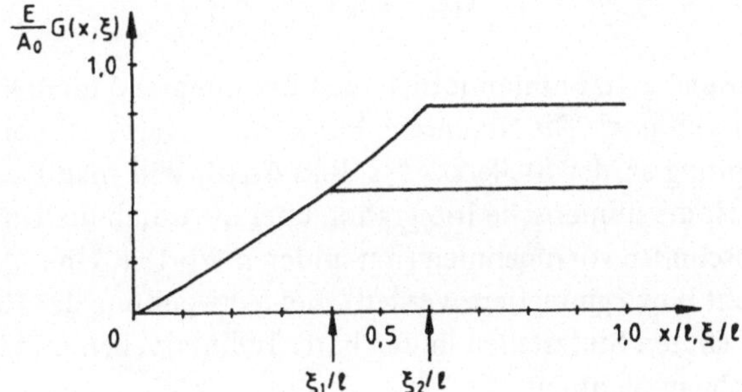

Bild 6.11
Einflußlinien des Stabes mit
$A(x) = A_0 e^{-x/\ell}$ von Beispiel 6.9 für
$\xi_1 = 0{,}4\,\ell$ und $\xi_2 = 0{,}6\,\ell$

A n m e r k u n g : Schlägt man nicht den hier gewählten Weg ein, um zu der IGl. (6.13)
zu gelangen, sondern drückt die IGl. (6.8) durch die Bedingungen des Randes $x_0 = 0$ aus,
so erhält man mit

$$k_0 \hat{y}_0 = \omega^2 \int\limits_0^{\ell} \frac{G_{el}(\ell, \ell) - G_{el}(\ell, \xi) + \dfrac{1}{k_\ell}}{G_{el}(\ell, \ell) + \dfrac{1}{k_\ell}} \, m(\xi)\hat{y}(\xi)d\xi$$

die IGl. (6.13b).

6.4.1.3 Numerische Integration der Integralgleichung
Die IGln. (6.13b) bzw. (6.15)
können jetzt näherungsweise gelöst werden: Auswahl einer Quadraturformel und Anwendung derselben. Die numerische Integration soll zunächst für das homogene Problem
gezeigt werden.

Das Integrationsintervall $[0, \ell]$ wird äquidistant durch $n + 1$ Stützstellen x_i unterteilt,
$x_i = ih$, $h := \ell/n$, $i = 0(1)n$. Die Lösung für diese Stützstellen ist $\hat{y}(x_i) =: \hat{y}_i$, die Einflußzahlen werden abgekürzt mit

$$G_{ges\,i,k} := G_{ges}(x_i, x_k), \qquad k = 0(1)n, \tag{6.16}$$

und die Gewichte der numerischen Integration seien mit g_k bezeichnet. Weiter sei $m_i := m(x_i)$.

Beispiel 6.10 Wendet man die Simpsonregel an, so gilt

$$\int\limits_{x_i}^{x_{i+2}} f(x)dx = \frac{h_i}{3}(f_i + 4f_{i+1} + f_{i+2}) + r_{i+1}^{(S)},$$

also lauten die Gewichte der numerischen Integration $\dfrac{h_i}{3}, \dfrac{4h_i}{3}, \dfrac{h_i}{3}$ für das Teilintervall
$[x_i, x_{i+2}]$. Das Restglied ist bekanntlich [4.6].

$$r_{i+1}^{(S)} = -\frac{h^5}{90} f^{(4)}(\zeta), \qquad x_i < \zeta < x_{i+2}.$$

Somit erhält man aus Gl. (6.13b) das diskrete Analogon

$$\hat{y}_i = \omega^2 \sum_{k=0}^{n} G_{ges\,i,k} g_k m_k \hat{y}_k + r_i. \tag{6.17}$$

Beispiel 6.10 entnimmt man, daß der Integrand hierbei bis zur 4. Ableitung differenzierbar sein muß. Die Greensche Funktion hingegen ist bereits in der 1. Ableitung unstetig
(Sprung an der Stelle $x = \xi$, s. Bild 6.10). Will man Genauigkeitseinbußen vermeiden,
so ist die numerische Integration über die durch die Unstetigkeitsstellen getrennten
Abschnitte vorzunehmen (mit anderen Worten: Über die Unstetigkeitsstellen „darf“
nicht hinwegintegriert werden). Bei Verwendung der Rechteckregel mit nichtmittig
gewählten Stützstellen in den betr. Teilintervallen und bei der Trapezregel tritt dieses
Problem nicht auf.

Den Vektor

$$\hat{y}^T := (\hat{y}_0, \ldots, \hat{y}_n), \tag{6.18}$$

die Einflußmatrix

$$G := (G_{ges\,i,k}) \tag{6.19}$$

und die Trägheitsmatrix

$$M := \text{diag}\,(g_k m_k) \tag{6.20}$$

eingeführt, liefert mit dem Fehlervektor $r^T := (r_0, \ldots, r_n)$ aus Gl. (6.17) das algebraische Gl.-System

$$\hat{y} = \omega^2 GM\hat{y} + r. \tag{6.21}$$

Vernachlässigt man den Fehler der numerischen Integration und setzt eine Tilde über die jetzt angenäherten Größen, so erhält man das Matrizeneigenwertproblem

$$(I - \tilde{\omega}^2 GM)\tilde{\hat{y}} = 0 \tag{6.22a}$$

bzw. mit der Steifigkeitsmatrix

$$K := G^{-1}, \tag{6.23}$$

sofern die Inverse G^{-1} existiert,

$$(K - \tilde{\omega}^2 M)\tilde{\hat{y}} = 0. \tag{6.22b}$$

Folgende wesentlichen Aussagen sind an dieser Stelle zu treffen, die allgemein bez. der numerischen Integration der Bewegungsgleichung in Form einer IGl. gelten:

1. Mit dem Vorliegen der Einflußzahlen braucht man sich um die Randbedingungen nicht mehr zu kümmern, da sie dort bereits eingearbeitet sind.

2. Die „Willkür" der Massenaufteilung bei der direkten Diskretisierung (Abschn. 6.2: A-priori-Ersatzsystem) ist hier dem Vorgehen gemäß (6.20) gewichen. Dieses ist ein wesentlicher Punkt der jetzigen Diskretisierung.

3. Das Ergebnis ist wieder ein Matrizeneigenwertproblem entsprechend einem MFGM.

Beispiel 6.11 Die ersten beiden Eigenfrequenzen und Eigenschwingungsformen des einseitig gelagerten Dehnstabes in Beispiel 6.9 mit den Werten $A_0 = 5 \cdot 10^{-3} \text{m}^2$, $\ell = 10 \text{ m}$, $\rho = 7{,}85 \cdot 10^3 \text{ kg m}^{-3}$ (Stahl) und $E = 2{,}1 \cdot 10^8 \text{ kNm}^{-2}$ sind unter Verwendung der Trapezregel für 5, 10 und 20 Teilintervalle zu ermitteln.
Die Einflußmatrix ist symmetrisch, für n = 5 Teilintervalle lautet die Trägheitsmatrix

$$M_5 = \text{diag}\,(64{,}2704;\ 52{,}6201;\ 43{,}0817;\ 35{,}2723;\ 14{,}4393)\ [\text{kg}].$$

Die Eigenfrequenzen sind:

n	5	10	20
f_1 [Hz]	156,17	156,56	156,66
f_2 [Hz]	384,5	395,0	397,7

Für 5 Teilintervalle ist die 1. Eigenfrequenz in den Ziffern vor dem Komma bereits richtig, die 2. Eigenfrequenz dagegen erst für n = 20.

Bild 6.12 zeigt die ersten beiden Eigenschwingungsformen. Innerhalb der Zeichenungenauigkeit zeigen sich für die Näherungen keine Unterschiede.

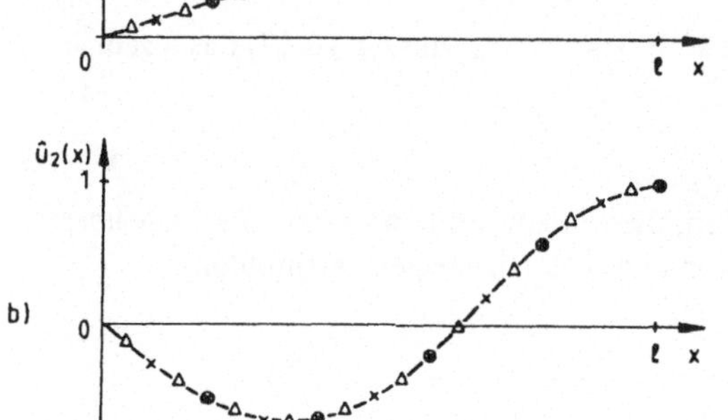

Bild 6.12
Die Näherungen für die ersten beiden
Eigenschwingungsformen des Dehnstabes
des Beispiels 6.11
o für 5 Teilintervalle
x für 10 Teilintervalle
alle Punkte für 20 Teilintervalle

Wie erfolgt die numerische Integration beim inhomogenen Problem (6.15)? Diskretisierung bezüglich der Ortskoordinate entsprechend vorher liefert

$$\hat{y}(x_i) = \sum_{k=0}^{n} G_{ges}(x_i, x_k) g_k [\hat{p}(x_k) + \Omega^2 m(x_k)\hat{y}(x_k)] + r_i, \tag{6.24}$$

also mit

$$\left. \begin{aligned} \hat{\mathbf{y}}^T &:= (\hat{y}(x_0), \ldots, \hat{y}(x_n)), \\ \hat{\mathbf{p}}^T &:= (\hat{p}(x_0), \ldots, \hat{p}(x_n)), \\ \mathbf{W} &:= \text{diag}\,(g_k) \end{aligned} \right\} \tag{6.25}$$

folgt angenähert (Tilde: Ignorieren der Fehler der numerischen Integration)

$$\tilde{\hat{\mathbf{y}}} = \mathbf{G}[\mathbf{W}\hat{\mathbf{p}} + \Omega^2 \mathbf{M}\tilde{\hat{\mathbf{y}}}]. \tag{6.26}$$

Sofern die Steifigkeitsmatrix (6.23) existiert, d. h. die Inversion $\mathbf{G}^{-1} = \mathbf{K}$ ausführbar ist, nimmt (6.26) die Gestalt

$$-\Omega^2 \mathbf{M}\tilde{\hat{\mathbf{y}}} + \mathbf{K}\tilde{\hat{\mathbf{y}}} = \mathbf{W}\hat{\mathbf{p}} \tag{6.27}$$

an: Bewegungsgleichung des diskretisierten Systems (MFGM) für eine harmonische Streckenlast als algebraisches lineares inhomogenes Gleichungssystem. Angemerkt sei, daß die Matrix $\mathbf{M}$ die Wichtung $\mathbf{W}$ enthält (s. Gl. (6.20)).

Wie bei gewählter Integrationsregel die Schrittweite und damit die Anzahl der Stützstellen zu wählen ist, sei an dem nachstehenden einfachen Beispiel erläutert.

Beispiel 6.12 Der Gesamtfehler bei der numerischen Integration mit der Simpsonregel für die Berechnung von $\hat{y}(x_i) =: \hat{y}_i$ ist

$$r_i := r(x_i) = \sum_k r_{k+1}^{(S)}(x_i)$$

(s. Beispiel 6.10). Das Restglied der Simpsonregel sei für $G(x, \xi)$, konstante Trägheitsbelegung m_0 und konstante Steifigkeit S_0 beim homogenen Problem untersucht. Für das Restglied gilt

$$r_{k+1}^{(S)} = -\frac{h^5}{90} f^{(4)}(\xi)|_{\xi=\zeta}, \qquad \xi_k < \zeta < \xi_{k+2},$$

$$r_{k+1}^{(S)}(x) = -\frac{h^5}{90} \omega^2 m_0 \frac{\partial^4}{\partial\xi^4} [G(x, \xi)\hat{y}(\xi)]|_{\xi=\zeta}.$$

Wir erhalten mit $G(x, \xi) = \frac{1}{S_0} \int\limits_0^{\min(x,y)} d\eta$

$$\frac{\partial}{\partial\xi} [G(x, \xi)\hat{y}(\xi)] = \frac{1(x-\xi)}{S_0} \hat{y}(\xi) + G(x, \xi)\hat{y}'(\xi)$$

und hieraus

$$\frac{\partial^4}{\partial\xi^4} [G(x, \xi)\hat{y}(\xi)]|_{x \neq \xi} = \frac{1(x-\xi)}{S_0} 4\hat{y}^{(3)}(\xi) + G(x, \xi)\hat{y}^{(4)}(\xi),$$

woraus mit der Bewegungsgl.

$$\hat{y}^{(3)}(\xi) = -\lambda_0 \hat{y}'(\xi), \qquad \hat{y}^{(4)}(\xi) = \lambda_0^2 \hat{y}(\xi)$$

und mit

$$\hat{y}'(\xi) \doteq \frac{1}{2h} [\hat{y}(\xi + 2h) - \hat{y}(\xi)], \qquad \lambda_0 := \frac{\omega^2 m_0}{S_0},$$

schließlich für $\xi_k < \zeta < \xi_{k+2}$

$$r_{k+1}^{(S)}(x) = -\frac{h^4\lambda_0^2}{90} \{h\lambda_0 S_0 G(x, \zeta)\hat{y}(\zeta) - 2[\hat{y}(\zeta + 2h) - \hat{y}(\zeta)]1(x - \zeta)\}$$

folgt.

Mit den Näherungen $(\xi_k < \zeta_{k+1} < \xi_{k+2})$

$$\sum_k hG(x_i, \zeta_{k+1})\hat{y}(\zeta_{k+1}) \doteq \int_0^\ell G(x_i, s)\hat{y}(s)ds = \frac{1}{\lambda_0 S_0} \hat{y}(x_i)$$

und $$\sum_k [\hat{y}(\zeta_{k+1} + 2h) - \hat{y}(\zeta_{k+1})] \doteq 0$$

folgt $$|r_i| \doteq \frac{h^4\lambda_0^2}{90} |\hat{y}_i|,$$

also der relative Fehler

$$\frac{|r_i|}{|\hat{y}_i|} \doteq \frac{h^4\lambda_0^2}{90},$$

der bei Fehlervorgabe es erlaubt, die Schrittweite h zu ermitteln.

6.4.2   Bernoulli-Balken

Die Diskretisierung der Bewegungsgleichung des Bernoulli-Balkens in Form einer IGl. verläuft prinzipiell so wie im vorherigen Abschn. 6.4.1 beschrieben, nur, daß infolge der DGl. 4. Ordnung bezüglich der Ortskoordinate eine zweimalige Integration auf die Integro-DGl. und insgesamt erst eine viermalige Integration auf die IGl. führen. Es wird der auf Biegung und infolge Trägheitskopplung auch auf Torsion beanspruchte Stab behandelt, dessen Bewegungsgleichungen mit $w = w_B$ (s. Abschn. 4.3.2)

$$\left.\begin{array}{l} [B(x)w''(x, t)]'' + [\mu(x)\ddot{w}(x, t) + s(x)\mu(x)\ddot{\alpha}(x, t)] = p(x, t), \\[2mm] [T(x)\alpha'(x, t)]' - [s(x)\mu(x)\ddot{w}(x, t) + J(x)\ddot{\alpha}(x, t)] = m_T(x, t) \end{array}\right\} \qquad (4.140)$$

lauten. Die Randbedingungen werden der Einfachheit halber für einen einseitig elastisch eingespannten Stab (Bild 6.13) gewählt:

$$\left.\begin{array}{l} [B(x)w''(x, t)]'|_0 = -k_1 w(0, t), \\[2mm] [B(x)w''(x, t)]|_0 = k_2 w'(x, t)|_0, \\[2mm] [B(x)w''(x, t)]'|_\varrho = 0, \\[2mm] [B(x)w''(x, t)]|_\varrho = 0, \\[2mm] [T(x)\alpha'(x, t)]|_0 = k_3\alpha(0, t), \\[2mm] [T(x)\alpha'(x, t)]|_\varrho = 0. \end{array}\right\} \qquad (6.28)$$

Im folgenden wird zunächst wieder das homogene Problem behandelt (Produktansatz etc.), um dann über das d'Alembertsche Prinzip die Streckenlasten einzubeziehen.

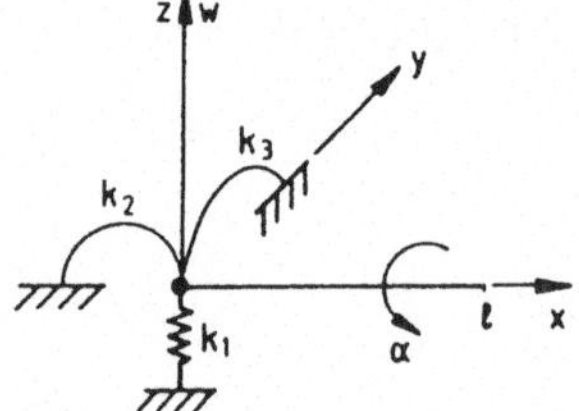

Bild 6.13
Einseitig elastisch eingespannter Stab

6.4.2.1 Die Integrodifferentialgleichungen Mit den Abkürzungen

$$\left.\begin{array}{l} f_1(x) := \mu(x)\hat{w}(x) + s(x)\mu(x)\hat{\alpha}(x), \\[2mm] f_2(x) := s(x)\mu(x)\hat{w}(x) + J(x)\hat{\alpha}(x) \end{array}\right\} \qquad (6.29)$$

gehen für den homogenen Fall die Gln. (4.140) über in

$$[B(x)\hat{w}''(x)]'' = \omega^2 f_1(x), \tag{6.30}$$

$$[T(x)\hat{\alpha}'(x)]' = -\omega^2 f_2(x). \tag{6.31}$$

Die Integro-DGl. für (6.31) mit der zugehörigen Gleichgewichtsbedingung lautet aufgrund der Ergebnisse (6.5) und (6.4) mit k_3 anstelle von k_0 und für $k_\ell \to 0$:

$$T(x)\hat{\alpha}'(x) = \omega^2 \int_x^\ell f_2(\xi)d\xi, \tag{6.32}$$

$$k_3\hat{\alpha}_0 = \omega^2 \int_0^\ell f_2(\xi)d\xi. \tag{6.33}$$

Es verbleibt, die Gl. (6.30) zweimal zu integrieren:

$$[B(x)\hat{w}''(x)]' = [B(x)\hat{w}''(x)]'|_0 + \omega^2 \int_0^x f_1(\xi)d\xi$$

$$= -k_1\hat{w}_0 + \omega^2 \int_0^x f_1(\xi)d\xi. \tag{6.34}$$

Ebenso wie die erste der Randbedingungen von (6.28) in Gl. (6.34) eingesetzt wurde, soll dieses für den Rand ℓ erfolgen:

$$0 = -k_1\hat{w}_0 + \omega^2 \int_0^\ell f_1(\xi)d\xi,$$

es folgt die Gleichgewichtsbedingung hinsichtlich der Einspann-Federkraft

$$k_1\hat{w}_0 = \omega^2 \int_0^\ell f_1(\xi)d\xi. \tag{6.35}$$

(6.35) in (6.34) eingesetzt

$$[B(x)\hat{w}''(x)]' = -\omega^2 \int_0^\ell f_1(\xi)d\xi + \omega^2 \int_0^x f_1(\xi)d\xi,$$

und die Gleichung nochmals integriert, liefert

$$B(x)\hat{w}''(x) = [B(x)\hat{w}''(x)]|_0 - \omega^2 x \int_0^\ell f_1(\xi)d\xi + \omega^2 \int_0^x \int_0^v f_1(\xi)d\xi dv$$

$$= k_2\hat{w}'(x)|_0 - \omega^2 x \int_0^\ell f_1(\xi)d\xi + \omega^2 \int_0^x (x-\xi)f_1(\xi)d\xi. \tag{6.36}$$

In der obigen Gl. wurde die 2. Randbedingung an der Stelle 0 verwendet und das Zweifachintegral in ein einfaches Integral umgeformt. Das Biegemoment an der Stelle ℓ muß Null sein,

$$0 = k_2\hat{w}'(x)|_0 - \omega^2 \ell \int_0^\ell f_1(\xi)d\xi + \omega^2 \int_0^\ell (\ell-\xi)f_1(\xi)d\xi,$$

man erhält damit die zweite Gleichgewichtsbedingung (bezüglich des Einspannmomentes)

$$k_2 \hat{w}'(x)|_0 = \omega^2 \int_0^{\ell} \xi f_1(\xi) d\xi. \tag{6.37}$$

Die Gl. (6.37) in Gl. (6.36) berücksichtigt, ergibt

$$B(x)\hat{w}''(x) = \omega^2 [\int_0^{\ell} \xi f_1(\xi) d\xi - x \int_0^{\ell} f_1(\xi) d\xi + \int_0^x (x - \xi) f_1(\xi) d\xi]$$

$$= \omega^2 [\int_0^{\ell} (\xi - x) f_1(\xi) d\xi - \int_0^x (\xi - x) f_1(\xi) d\xi],$$

es folgt die Integro-DGl. für den Bernoulli-Balken zu

$$B(x)\hat{w}''(x) = \omega^2 \int_x^{\ell} (\xi - x) f_1(\xi) d\xi. \tag{6.38}$$

Zusammengestellt lauten die Integro-DGln. und Gleichgewichtsbedingungen somit:

$$B(x)\hat{w}''(x) = \omega^2 \int_x^{\ell} (\xi - x) f_1(\xi) d\xi,$$

$$T(x)\hat{\alpha}'(x) = \omega^2 \int_x^{\ell} f_2(\xi) d\xi,$$

$$k_1 \hat{w}_0 = \omega^2 \int_0^{\ell} f_1(\xi) d\xi,$$

$$k_2 \hat{w}'(x)|_0 = \omega^2 \int_0^{\ell} \xi f_1(\xi) d\xi,$$

$$k_3 \hat{\alpha}_0 = \omega^2 \int_0^{\ell} f_2(\xi) d\xi.$$

6.4.2.2. Die Integralgleichungen Aufgrund der Ergebnisse (6.11) mit (6.10), wobei k_0 durch k_3 und k_ℓ durch 0 zu ersetzen ist, ist die IGl. für Torsion bekannt, so daß nur noch die Integro-DGl. des Bernoulli-Balkens integriert werden muß, um zum System der IGln. zu gelangen. Da stets $B(x) \neq 0$ in $[0, \ell]$ ist, wird dann (6.38) durch $B(x)$ dividiert und die Gl. zweimal von 0 bis x integriert:

$$\hat{w}'(x) = \hat{w}'(x)|_0 + \omega^2 \int_0^x \frac{1}{B(\eta)} \int_\eta^{\ell} (\xi - \eta) f_1(\xi) d\xi d\eta,$$

$$\hat{w}(x) = \hat{w}_0 + x[\hat{w}'(x)]|_0 + \omega^2 \int_0^x \frac{x - \eta}{B(\eta)} \int_\eta^{\ell} (\xi - \eta) f_1(\xi) d\xi d\eta;$$

die entsprechenden Gleichgewichtsbedingungen (6.35) und (6.37) berücksichtigt liefert

$$\hat{w}(x) = \frac{\omega^2}{k_1} \int_0^{\ell} f_1(\xi) d\xi + \frac{\omega^2}{k_2} \int_0^{\ell} x\xi f_1(\xi) d\xi + \omega^2 \int_0^x \int_\eta^{\ell} \frac{(x - \eta)(\xi - \eta)}{B(\eta)} f_1(\xi) d\xi d\eta. \tag{6.39}$$

Die Beziehung (6.1) auf die obige Gl. angewendet und die Einflußfunktionen

$$G^{ww}(x, \xi) := \int\limits_{0}^{\min(x, \xi)} \frac{(x - \eta)(\xi - \eta)}{B(\eta)} \, d\eta, \qquad (6.40)$$

$$G_{el}^{ww}(x, \xi) := G^{ww}(x, \xi) + \frac{x\xi}{k_2} + \frac{1}{k_1} \qquad (6.41)$$

definiert, überführt die Gl. (6.39) in

$$\hat{w}(x) = \omega^2 \left[\frac{1}{k_1} \int\limits_0^{\ell} f_1(\xi)d\xi + \frac{1}{k_2} \int\limits_0^{\ell} x\xi f_1(\xi)d\xi + \int\limits_0^{\ell} G^{ww}(x, \xi)f_1(\xi)d\xi \right]$$

bzw. in die homogene Fredholmsche IGl. 2. Art

$$\hat{w}(x) = \omega^2 \int\limits_0^{\ell} G_{el}^{ww}(x, \xi)f_1(\xi)d\xi. \qquad (6.42)$$

Damit lautet das Gesamtergebnis, wenn in den hier verwendeten Bezeichnungen die Einflußfunktion (6.10) des Torsionsstabes geschrieben wird

$$G_{el}^{\alpha\alpha}(x, \xi) = \int\limits_0^{\min(x, \xi)} \frac{d\eta}{T(\eta)} + \frac{1}{k_3}: \qquad (6.43)$$

$$\left. \begin{aligned} \hat{w}(x) &= \omega^2 \int\limits_0^{\ell} G_{el}^{ww}(x, \xi)f_1(\xi)d\xi, \\[2em] \hat{\alpha}(x) &= \omega^2 \int\limits_0^{\ell} G_{el}^{\alpha\alpha}(x, \xi)f_2(\xi)d\xi. \end{aligned} \right\} \qquad (6.44)$$

Die Greenschen Funktionen bzw. Einflußfunktionen (6.40) und (6.41) lassen sich wie die Einflußfunktion (6.43) ebenfalls anschaulich interpretieren. Die Funktion (6.40) erhält man aus (6.41) mit $k_1, k_2 \to \infty$, d. h. für einseitig starre Einspannung des Balkens. Die Einflußfunktion (6.40) des Biegebalkens bei einseitig starrer Einspannung, ist die Verschiebung an der Stelle x infolge einer (vertikalen) Einheitslast an der Stelle ξ. (Mit den Momenten $1 \cdot (x - \eta)$, $1 \cdot (\xi - \eta)$ gemäß der virtuellen Verschiebungsarbeit [4.4]). Bild 6.14 zeigt die zugehörigen Einflußlinien. Die Zusatzglieder zu $G^{ww}(x, \xi)$ in der Einflußfunktion (6.41) sind die Nachgiebigkeiten infolge der elastischen Einspannung. $1/k_1$ ist die Verschiebung des starren Balkens (also an jeder Stelle x) infolge einer Einheitslast an einer beliebigen Stelle ξ. Die Steifigkeit k_2 beschreibt die Drehfeder mit der Winkelkoordinate $\hat{w}'(x)|_0 \doteq \varphi$. Die vertikale Einheitslast an der Stelle ξ bewirkt das Moment $1 \cdot \xi$, welches die Verdrehung $1 \cdot \xi/k_2$ hervorruft, demzufolge an der Stelle x die Verschiebung $x\xi/k_2$ (Bild 6.15).

Die Einflußfunktionen sind symmetrisch, d. h. die Variablen x und ξ sind vertauschbar. Die Werte der Einflußfunktion an einzelnen Stellen sind wieder die Einflußzahlen, deren Matrix ebenfalls symmetrisch ist.

Für das inhomogene Problem mit der äußeren Lastverteilung $p(x, t)$ und der Momentenverteilung $m_T(x, t)$ wird wieder das d'Alembertsche Prinzip herangezogen: Die

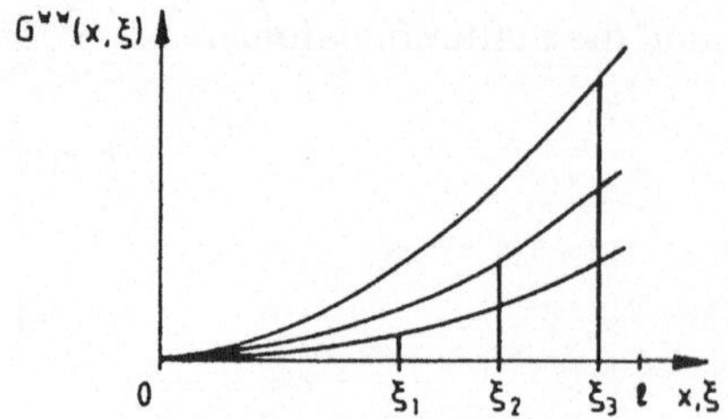

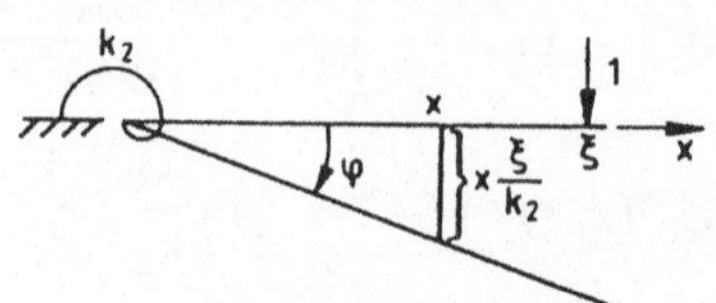

Bild 6.14 Einflußlinien des einseitig starr eingespannten Biegebalkens

Bild 6.15 Starrkörperverschiebung infolge
elastischer Einspannung bzw.
Rotation

gesamten Streckenlasten bzw. Momentenverteilungen sind

$$dF_1 = \{p(x, t) - [\mu(x)\ddot{w}(x, t) + s(x)\mu(x)\ddot{\alpha}(x, t)]\}\, dx,$$

$$dF_2 = \{m_T(x, t) - [s(x)\mu(x)\ddot{w}(x, t) + J(x)\ddot{\alpha}(x, t)]\}\, dx,$$

die anstelle von $f_1(\xi)d\xi$ und $f_2(\xi)d\xi$ in die IGln. entsprechend (6.44) (nämlich wegen des fehlenden Produktansatzes) eingesetzt werden müssen:

$$w(x, t) = \int_0^\ell G_{el}^{ww}(x, \xi)\, \{p(\xi, t) - [\mu(\xi)\ddot{w}(\xi, t) + s(\xi)\mu(\xi)\ddot{\alpha}(\xi, t)]\}\, d\xi, \qquad (6.45)$$

$$\alpha(x, t) = \int_0^\ell G_{el}^{\alpha\alpha}(x, \xi)\, \{m_T(\xi, t) - [s(\xi)\mu(\xi)\ddot{w}(\xi, t) + J(\xi)\ddot{\alpha}(\xi, t)]\}\, d\xi. \qquad (6.46)$$

Das Ergebnis kann übersichtlich in Matrizenform geschrieben werden

$$\begin{pmatrix} w(x, t) \\ \alpha(x, t) \end{pmatrix} = \int_0^\ell \begin{pmatrix} G_{el}^{ww}(x, \xi) & 0 \\ 0 & G_{el}^{\alpha\alpha}(x, \xi) \end{pmatrix} \left[\begin{pmatrix} p(\xi, t) \\ m_T(\xi, t) \end{pmatrix} - \begin{pmatrix} \mu(\xi) & s(\xi)\mu(\xi) \\ s(\xi)\mu(\xi) & J(\xi) \end{pmatrix} \begin{pmatrix} \ddot{w}(\xi, t) \\ \ddot{\alpha}(\xi, t) \end{pmatrix} \right] d\xi.$$

$$(6.47)$$

In dieser Schreibweise erkennt man deutlich die Art der Kopplung: keine elastische Kopplung, jedoch existiert eine Trägheitskopplung mit $s(x) \neq 0$.

Die obigen Gleichungen sind zeitabhängig und für äußere Lastverteilungen $p(x, t)$, $m_T(x, t)$ geschrieben. In Abschn. 6.4.1.2 für den Dehn- und Torsionsstab wurde das inhomogene Problem lediglich für die stationäre Lösung (harmonische Erregung) formuliert. Für welche Erregungen gelten nun die inhomogenen IGln. des Stabes und Balkens? Die Herleitung der Greenschen Funktionen erfolgte unter rein statischen Gesichtspunkten, also zeitunabhängig. Damit sind Beschreibungen von Wellenfortpflanzungsproblemen ausgeschlossen, es können also nicht die Vorgänge bis zum Aufbau von stehenden Wellen (Reflexionen an den Rändern) beschrieben werden, damit sind auch allgemeine transiente Vorgänge in den behandelten Kontinua nicht streng beschreibbar. Die IGln. geben lediglich die physikalischen Phänomene wieder, die auch von MFGM (hier also der Gln. aufgrund der numerischen Integration der IGln.) modelliert werden. Neben stationären Schwingungen können (näherungsweise) auch transiente Vorgänge durch diese Modelle beschrieben werden, sofern das betrachtete System so dimensioniert ist, daß die Zeit, die eine Welle zum Durchlaufen des

Systems benötigt, vernachlässigbar klein ist gegenüber der kürzesten Periodendauer der auftretenden Schwingungen. Das bedeutet, daß in dieser Näherung eine transiente Erregung in einem Systempunkt sich ohne Zeitverzögerung auf alle übrigen Systempunkte auswirkt.

6.4.2.3 Numerische Integration der Integralgleichungen Das Intervall $[0, \ell]$ mit den Schrittweiten h_i in Teilintervalle mit den Stützstellen x_i, $i = 0(1)n$, $x_0 = 0$, $x_n = \ell$, unterteilt, und die folgenden Abkürzungen eingeführt:

$$
\begin{aligned}
w_i(t) &:= w(x_i, t) \\[4pt]
\alpha_i(t) &:= \alpha(x_i, t) \\[4pt]
G^{ww}_{eli,k} &:= G^{ww}_{el}(x_i, x_k), \qquad k = 0(1)n, \\[4pt]
G^{\alpha\alpha}_{eli,k} &:= G^{\alpha\alpha}_{el}(x_i, x_k), \\[4pt]
p_i(t) &:= p(x_i, t), \\[4pt]
m_{Ti}(t) &:= m_T(x_i, t), \\[4pt]
\mu_i &:= \mu(x_i), \\[4pt]
s_i &:= s(x_i), \\[4pt]
J_i &:= J(x_i), \\[4pt]
u(t) &:= (w_0(t), \ldots, w_n(t), \alpha_0(t), \ldots, \alpha_n(t))^T, \\[4pt]
p_w(t) &:= (g_0 p_0(t), \ldots, g_n p_n(t), g_0 m_{T0}(t), \ldots, g_n m_{Tn}(t))^T, \\[4pt]
G &:= \begin{pmatrix} (G^{ww}_{eli,k}), & 0 \\ 0 & (G^{\alpha\alpha}_{eli,k}) \end{pmatrix} = G^T, \\[6pt]
M &:= \begin{pmatrix} \mathrm{diag}\,(g_i\mu_i), & \mathrm{diag}\,(g_i s_i \mu_i) \\ \mathrm{diag}\,(g_i s_i \mu_i), & \mathrm{diag}\,(g_i J_i) \end{pmatrix} = M^T,
\end{aligned}
\tag{6.48}
$$

wobei die Faktoren g_i wieder die Gewichte der numerischen Integrationsformeln sind, führt auf die Matrizengleichung

$$u(t) = G[\,p_w(t) - M\ddot{u}(t)\,] + r \tag{6.49}$$

mit dem Fehler r der numerischen Integration. Unter Vernachlässigung von r folgt mit

$$K := G^{-1}, \tag{6.50}$$

vorausgesetzt G ist regulär, die Gl.

$$M\ddot{\tilde{u}}(t) + K\tilde{u}(t) = p_w(t) \tag{6.51}$$

des MFGM mit der Näherung $\tilde{u}(t)$ für $u(t)$, die mit den Methoden des Kapitels 3 weiter behandelt werden kann.

Beispiel 6.13 Es sollen die ersten Biegeeigenfrequenzen und Biegeeigenschwingungsformen des einseitig eingespannten prismatischen Balkens (Aufgabe 5.2, Bild 5.4) der

Länge ℓ, der Dichte ρ, der Dicke h und der Breite $b(x) = b_0\left(1 - \dfrac{x}{2\ell}\right)$ über die zugehörige

IGl. numerisch ermittelt werden. Es ist die Trapezregel mit 5 und mit 10 Teilintervallen anzuwenden.

Die numerische Integration, die bekannte Verschiebung $\hat{w}(0) = 0$ gleich eingearbeitet, liefert

$$\hat{w}(x_i) = \omega^2 \sum_{k=0}^{n} G^{ww}(x_i, x_k)\mu(x_k)g_k\hat{w}(x_k) + r_i,$$

$$g_\kappa = h, \kappa = 1(1)n - 1, \quad g_n = h/2, \quad x_i = ih, \quad i = 1(1)n, \quad x_n = nh = \ell$$

$$\text{bzw. } h = \ell/n, \quad \text{also } x_i = i\ell/n.$$

Die Einflußfunktion

$$G_{ik}^{ww} := G^{ww}(x_i, x_k) = \int\limits_{0}^{\min(x_i, x_k)} \frac{(x_i - v)(x_k - v)}{B(v)}\, dv$$

mit $B(v) = B_0\left(1 - \dfrac{v}{2\ell}\right)$ läßt sich elementar berechnen:

$$G_{ik}^{ww} =: \frac{2\ell^3}{B_0}g_{ik}, \qquad a_i := 1 - \frac{x_i}{2\ell} = 1 - \frac{i}{2n},$$

$$g_{ik} := \left(2\frac{i+k}{n} - \frac{ik}{n^2} - 4\right)\ln a_i - 4a_i\left(\frac{1}{2}a_i - 2\right) + \frac{(i+k)i}{n^2} - 6.$$

Die Trägheitsmatrix mit den Diagonalelementen $g_k\mu_k$ erhält man mit

$$\mu_k = \mu_0\left(1 - \frac{x_k}{2\ell}\right) = \mu_0\left(1 - \frac{k}{2n}\right) : g_\kappa\mu_\kappa = \mu_0\ell\frac{1}{n}\left(1 - \frac{\kappa}{2n}\right),$$

$$\kappa = 1(1)n - 1, \quad g_n\mu_n = \mu_0\ell\frac{1}{4n}.$$

Unter Vernachlässigung der Restglieder folgt

$$(\mathbf{I} - \tilde{\omega}_0^2\mathbf{GM})\tilde{\hat{\mathbf{w}}}_0 = \mathbf{0},$$

$$\mathbf{G} = (G_{ik}^{ww}) = \frac{2\ell^3}{B_0}(g_{ik}), \qquad \mathbf{M} = \mu_0\ell\,\text{diag}\,\frac{1}{n}\left(1 - \frac{\kappa}{2n}, \frac{1}{4}\right)$$

$$\text{bzw.} \quad \left[\mathbf{I} - \lambda_0(g_{ik})\,\text{diag}\,\frac{1}{n}\left(1 - \frac{\kappa}{2n}, \frac{1}{4}\right)\right]\tilde{\hat{\mathbf{w}}}_0 = \mathbf{0} \quad (x)$$

$$\text{mit} \quad \lambda_0 := \tilde{\omega}_0^2\frac{2\ell^3}{B_0}\mu_0\ell = \tilde{\omega}_0^2\,2\ell^4\frac{\mu_0}{B_0}.$$

Damit sind die Elemente des Matrizeneigenwertproblems (x) ohne spezielle Kenntnis von μ_0, B_0, ℓ berechenbar und das Eigenwertproblem lösbar. Mit λ_{0i} erhält man dann die Eigenlösungen

$$\tilde{\omega}_{0r} = \sqrt{\frac{\lambda_{0r}}{2} \cdot \frac{1}{\ell^2}} \sqrt{\frac{B_0}{\mu_0}} = k_r \frac{1}{\ell^2} \sqrt{\frac{B_0}{\mu_0}}, \qquad \hat{\tilde{w}}_{0r}, \; r = 1(1)3.$$

Die ersten drei Eigenfrequenzen ergeben sich mit

	$n = 5$	$n = 10$
r	k_r	k_r
1	4,27	4,30 (exakt: 4,34)
2	22,3	23,2
3	57,6	61,7

Der relative Fehler der Grundeigenfrequenzen beträgt $-1,6\%$ bzw. $-0,9\%$, der der Eigenfrequenz der 1. Oberschwingung etwa 2% (verglichen mit dem Ergebnis mit der Simpsonregel und 10 Stützstellen, s. Aufgabe 6.10).
Die ersten 3 Eigenvektoren sind in Bild 6.16 dargestellt.

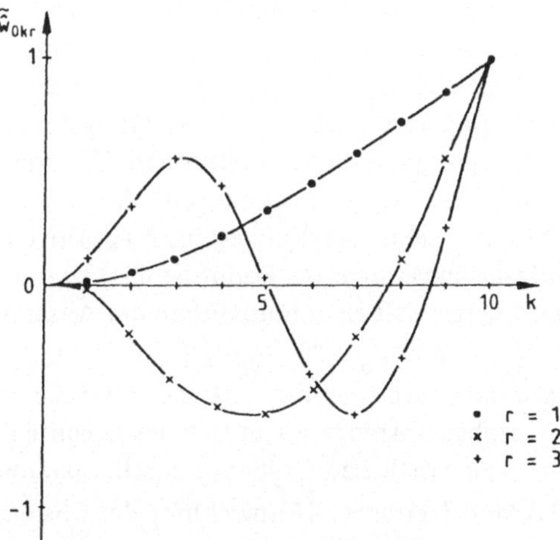

Bild 6.16
Die ersten drei Eigenschwingungsformen
des Balkens von Beispiel 6.13

6.4.3 Zusammenfassung

Das Näherungsverfahren der numerischen Integration der Bewegungsgleichung für die
dynamische Untersuchung bietet eine systematische Modellierungsmöglichkeit, die auf
den IGln. für das betrachtete konservative System (z. B. zusammengesetzte Stäbe [4.10])
beruht. Ausgehend von Gleichgewichtsbetrachtungen (Kap. 4) oder von den Energien
der freien Schwingungen des Systems (Kap. 5), kann die gemischte Anfangs-Randwert-
aufgabe in Form von DGln. aufgestellt werden, um diese dann in IGln. umzuformen.
Diesen analytischen, formalen Weg wird man dann wählen, wenn die IGln. mit den zugehörigen Einflußfunktionen und Trägheitsdaten nicht sofort hinschreibbar sind. Die Über-
führung in die zugehörige diskrete Gleichung erfolgt dann mittels der bekannten Formeln
der numerischen Integration einschließlich ihrer Fehlerterme.

Vergleicht man die jeweiligen Bewegungsgleichungen dieses Kapitels für die Kontinua in ihren Diskretisierungen mit den Gleichungen für MFGM, so stellt man fest, daß sie formal übereinstimmen.

Die Vorteile dieser Modellierungsart seien nochmals hervorgehoben:

– Die Randbedingungen sind in den Einflußzahlen bereits enthalten,

– die diskreten Trägheitsterme ergeben sich (ohne „willkürliche" Annahmen) aus den Formeln der numerischen Integration,

– es sind Fehlerabschätzungen möglich.

A n m e r k u n g : Werden die Trägheitsdaten direkt diskretisiert (Abschn. 6.2) und mit den Einflußzahlen verknüpft, so ist dieses eine inkonsistente Diskretisierung, wie die numerische Integration der IGln. zeigt.

6.5   Ritzverfahren

Die Bewegungsgleichungen lassen sich grundsätzlich auf zwei Arten diskretisieren: Zu der ersten Art zählt die Diskretisierung durch die direkte Algebraisierung der Bewegungsgleichungen bezüglich der Ortskoordinaten. Die Methoden der zweiten Diskretisierungsart verwenden die Entwicklung der Lösung der Bewegungsgleichung in vorgegebene geeignete Ansatzfunktionen. Hiervon betrachten wir lediglich das Vorgehen, das vom Variationsprinzip (Energiemethoden, s. Abschn. 5.2) ausgeht und auf selbstadjungierte Probleme mit (mindestens N) positiven Eigenwerten der zugehörigen Eigenwertaufgabe anwendbar ist. Damit ist das Gesamtsystem angesprochen, sowohl hinsichtlich der Energien als auch hinsichtlich der Ansatzfunktionen: globale Ansatzfunktionen.

A n m e r k u n g : Die Finite-Element-Methode ist ebenfalls ein Ritzverfahren. Jedoch verwendet sie elementweise (lokale) anstelle von globalen Ansatzfunktionen [6.4]–[6.8]. Mit globalen Ansätzen läßt sich das gesamte dynamische Verhalten gut beschreiben aber keine örtlichen Größen wie z. B. Spannungsspitzen.

Das Modalverfahren (Entwicklung der Lösung nach Eigenfunktionen bzw. Eigenvektoren (je nach Raum)) hat für dynamische Vorgänge eine besondere Bedeutung, wie bereits häufiger gezeigt, weshalb im folgenden zuerst auf die näherungsweise Ermittlung der Eigenschwingungsgrößen eingegangen wird, mit deren Hilfe dann die freie und erzwungene Schwingung ermittelt werden können.

6.5.1   Das Rayleigh-Ritz-Verfahren

Zur näherungsweisen Bestimmung von N Eigenwerten und zugehörigen Eigenfunktionen dient das Ritzverfahren, das in Erweiterung des Rayleighschen Quotienten mehr als eine Ansatzfunktion benutzt (s. Abschn. 5.1):

$$v(x) = \sum_{i=1}^{N} a_i v_i(x). \tag{6.52}$$

Die vorgegebenen Ansatzfunktionen $v_i(x)$ seien hinreichend oft stetig differenzierbar, sie müssen

(1) voneinander linear unabhängig und

(2) zumindest zulässige Funktionen und

(3) relativ vollständig (in bezug auf die Energie im mathematischen Sinn) sein.

Letzteres heißt, daß die (euklidische) Norm

$$\|\hat{y}(x) - v(x)\| = \|\hat{y}(x) - \sum_{i=1}^{N} a_i v_i(x)\| < \epsilon \tag{6.53}$$

für jedes beliebig kleine $\epsilon > 0$ gelten muß [4.1]. Die Entwicklungskoeffizienten a_i sind reelle freie Parameter, die man so zu bestimmen versucht, daß gemäß der Minimaleigenschaft des Rayleighschen Quotienten (5.4) dieser möglichst klein ausfällt:

$$\left.\frac{\partial R[v]}{\partial a_i}\right|_{a_i = \tilde{a}_i} = 0, \qquad i = 1(1)N. \tag{6.54}$$

Die Gl. (6.54) ist nach Gl. (5.10) gleichbedeutend mit

$$\left.\frac{\partial \phi[v, v]}{\partial a_i}\right|_{a_i = \tilde{a}_i} - \tilde{\lambda} \left.\frac{\partial \psi[v, v]}{\partial a_i}\right|_{a_i = \tilde{a}_i} = 0, \qquad i = 1(1)N, \tag{6.55}$$

wobei $\tilde{\lambda}$ als stationärer Wert von $R[v]$ wegen der zulässigen Funktion $v(x)$ (s. Gl. (6.52)) anstelle der Lösung $\hat{y}(x)$ nur eine Näherung für den Eigenwert λ ist. Die partiellen Differentiationen in (6.55) mit den quadratischen Formen $\phi[v, v] = 2\hat{E}_{pot}(v)$ und $\psi[v, v] = 2\hat{E}_{kin}(v)/\omega^2$ ausgeführt,

$$\frac{\partial \phi[v, v]}{\partial a_i} = 2\phi[v_i, v]^1),$$

$$\frac{\partial \psi[v, v]}{\partial a_i} = 2\psi[v_i, v],$$

liefern die notwendigen Bedingungen (6.55) als algebraische Gleichungen

$$\phi[v_i, v]|_{a_i = \tilde{a}_i} - \tilde{\lambda}\psi[v_i, v]|_{a_i = \tilde{a}_i} = 0, \qquad i = 1(1)N. \tag{6.56}$$

In dieser Form werden die Gleichungen auch die Galerkinschen Gleichungen genannt[2]. Die Gln. (6.56) sind ein homogenes lineares Gleichungssystem in den $\tilde{a}_i$,

$$\sum_{k=1}^{N} (k_{ik}^R - \tilde{\lambda}m_{ik}^R)\tilde{a}_k = 0, \qquad i = 1(1)N, \tag{6.57}$$

---

[1] Der Leser mache sich die Kurzschreibweise anhand der quadratischen Ausdrücke klar.

[2] Das Galerkinsche Verfahren [6.2] liefert für selbstadjungierte Probleme dieselben Ergebnisse wie das Rayleigh-Ritz-Verfahren. Das Galerkinverfahren ist ein Fehlerabgleichverfahren, das die Residuen aus der Bewegungsgleichung mit den $v_i(x)$ im Intervall [a, b] (also als Integral) wichtet und gleich Null setzt: Orthogonalitätsmethode.

mit den Bilinearformen

$$\left.\begin{aligned} k_{ik}^R &:= \phi[v_i, v_k], \\ m_{ik}^R &:= \psi[v_i, v_k]. \end{aligned}\right\} \tag{6.58}$$

Mit den Matrizen

$$\mathbf{K}^R := (k_{ik}^R), \tag{6.59}$$

$$\mathbf{M}^R := (m_{ik}^R)$$

und dem Vektor

$$\tilde{\mathbf{a}} := (\tilde{a}_1, \ldots, \tilde{a}_N)^T \tag{6.60}$$

folgt aus (6.57) das allgemeine Matrizeneigenwertproblem

$$(\mathbf{K}^R - \tilde{\lambda}\mathbf{M}^R)\tilde{\mathbf{a}} = \mathbf{0}. \tag{6.61}$$

Für i = k erhält man aus (6.58) zu den generalisierten Steifigkeiten k_{gi} und generalisierten Massen m_{gi} äquivalente Ausdrücke. k_{ik}^R bzw. m_{ik}^R werden deshalb als verallgemeinerte Steifigkeiten bzw. verallgemeinerte Massen bezeichnet.

Beispiel 6.14 Entsprechend Beispiel 5.4 sind die verallgemeinerten Steifigkeiten und Massen für den Bernoulli-Balken die Bilinearausdrücke

$$k_{ik}^R = \int_0^\ell B(x)v_i''(x)v_k''(x)\,dx,$$

$$m_{ik}^R = \int_0^\ell \mu(x)v_i(x)v_k(x)\,dx.$$

Der Eigenvektor $\tilde{\mathbf{a}}$ enthält also die optimalen Entwicklungskoeffizienten des Ansatzes (6.52). Bisher waren die Eigenvektoren der betrachteten Matrizeneigenwertprobleme direkte Näherungen für die Eigenschwingungsformen, jetzt ergeben sich die Eigenschwingungsformen gemäß dem Ansatz (6.52) aus den Eigenlösungen

$$\tilde{\lambda}_j, \tilde{\mathbf{a}}_j = (\tilde{a}_{1j}, \ldots, \tilde{a}_{Nj})^T, \qquad j = 1(1)N.$$

des Eigenwertproblems (6.61) der Ordnung N durch Einsetzen in (6.52) zu

$$\hat{y}_j \doteq \tilde{\tilde{y}}_j = (v_1(x), \ldots, v_N(x))\tilde{\mathbf{a}}_j = \sum_{i=1}^N \tilde{a}_{ij}v_i(x). \tag{6.62}$$

Die Eigenschaften des Matrizeneigenwertproblems (6.61) folgen mit den getroffenen Voraussetzungen aus dem Rayleighschen Prinzip. Da die Eigenwerte des Systems als positiv vorausgesetzt wurden, der Rayleighsche Quotient die Eigenwerte stets von oben her annähert (nicht nur auf den ersten Eigenwert bezogen, s. Kap. 5), müssen die Eigenwerte von (6.61) ebenfalls positiv sein. Da man aus (6.61) wieder $\tilde{\lambda}$ durch einen Rayleigh-Quotienten ausdrücken kann, müssen also $\mathbf{K}^R$, $\mathbf{M}^R$ beide positiv oder negativ definit sein. Da jedoch nach (6.58) die Matrizen (6.59) quadratische Formen der Energien bilden, können sie nur positiv definit sein. Es läßt sich also zeigen (ohne Beweis, s. [5.1]):

$$\lambda_j \leqslant \tilde{\lambda}_j, \qquad j = 1(1)N. \tag{6.63}$$

Die Güte der Näherungen der Eigenlösungen von (6.61) hängt entscheidend von der Wahl der Ansatzfunktionen ab. D. h. die Wahl von Vergleichsfunktionen ist besser als die von zulässigen Funktionen, und je besser der Ansatz (6.52) die Eigenfunktionen wiederzugeben vermag, desto besser wird das Ergebnis sein. Die Erfahrung lehrt, daß für einen mehrgliedrigen Ansatz (6.52) im allgemeinen die niedrigen Eigenwerte $\tilde{\lambda}_j$ besser angenähert werden als die höheren Eigenwerte. Vorteilhaft wirkt sich aus, wenn die Anzahl N erhöht wird (rekursives Vorgehen), man erhält einerseits verbesserte Ergebnisse und andererseits ist die Änderung der Ergebnisse anhand des (N + 1)-gliedrigen Ansatzes ein Indiz für die Genauigkeit derselben. Aufgrund des Bildungsgesetzes mit den einzelnen Ansatzfunktionen (6.58) der Matrizenelemente folgt, daß durch die Vergrößerung des Ansatzes (6.52) um eine linear unabhängige zulässige Funktion $v_{N+1}(x)$ lediglich die Elemente der (N + 1)-ten Zeile und Spalte gebildet und zu den unverändert bleibenden Elementen der N-reihigen Matrizen $\mathbf{K}_N^R$, $\mathbf{M}_N^R$ hinzugefügt werden müssen:

$$\mathbf{K}_{N+1}^R = \begin{pmatrix} \mathbf{K}_N^R & k_{1N+1}^R \\ & \vdots \\ k_{N+1,1}^R & \cdots & k_{N+1,N+1}^R \end{pmatrix},$$

$$\mathbf{M}_{N+1}^R = \begin{pmatrix} \mathbf{M}_N^R & m_{1N+1}^R \\ & \vdots \\ m_{N+1,1}^R & \cdots & m_{N+1,N+1}^R \end{pmatrix}.$$

Da die Matrizen symmetrisch sind (s. (6.58) im Zusammenhang mit der Selbstadjungiertheit) verbleibt, je eine Reihe zusätzlich zu berechnen.

Wie wählt man nun zweckmäßig die Ansatzfunktionen $v_i(x)$? Zweckmäßig heißt, möglichst einfach (hinsichtlich ihres Bildungsgesetzes und des Aufwandes zur Berechnung von (6.58)) und in guter Annäherung an die gesuchten Eigenfunktionen ($v_j = \hat{y}_j$ bedeutet theoretisch $\tilde{a}_j = e_j$ mit e_j dem j-ten Einheitsvektor). Als Ansatzfunktionen stehen u. a. zur Verfügung:

— Polynome (allg., Legendre, Tschebyscheff-Polynome)

— trigonometrische Funktionen

— Besselfunktionen etc.

Vermag man die Ansatzfunktionen verallgemeinert orthogonal derart zu wählen, daß $m_{ik}^R = m_{ii}^R \delta_{ik}$ und folglich $k_{ik}^R = k_{ii}^R \delta_{ik}$ gilt, dann vereinfachen sich die Matrizen zu Diagonalmatrizen und der Rechenaufwand zur Lösung des Matrizeneigenwertproblems (6.61) wird erheblich reduziert. Wird dieses nur durch die Anwendung des Gram-Schmidtschen Orthogonalisierungsverfahrens erreicht, so wird der gesamte Rechenaufwand im allgemeinen nicht verringert.

Die Überlegung, mit den zulässigen Funktionen $v_i(x)$ von vornherein möglichst gut die Eigenfunktionen anzunähern, liegt nahe, diese aus einem zugeordneten vereinfachten

Eigenwertproblem zu gewinnen. Sind die Steifigkeiten und Trägheitsverteilungen ortsabhängig, so bieten sich als Vergleichsfunktionen die Eigenfunktionen des Eigenwertproblems mit (z. B. im Mittel) konstant genommenen Koeffizienten an:

Beispiel 6.15 Für den beidseitig gelagerten Bernoulli-Balken mit $B(x) \neq B_0$, $\mu(x) \neq \mu_0$
geben die Ausführungen in Kap. 4 keine Eigenlösungen an. Um sie mit dem Rayleigh-
Ritz-Verfahren zu bestimmen, wird

$$B_0 = B(x_m),$$

$$\mu_0 = \mu(x_m), \qquad x_m \in [0, \ell],$$

gewählt. Es folgen lt. Beispiel 4.8 die Eigenfunktionen

$$\sin \lambda_k x/\ell \quad \text{mit} \quad \lambda_k = k\pi, \qquad k = 1, 2, \ldots$$

Diese Funktionen können als Vergleichsfunktionen $v_i(x) = \sin i\pi x/\ell$ gewählt werden.

Angemerkt sei noch, daß

— die Ansatzfunktionen die wesentlichen Randbedingungen erfüllen müssen, um die
relative Vollständigkeit bezüglich der Energie zu erhalten,

— das Rayleigh-Ritzsche Verfahren auch erfolgreich auf Systeme angewendet wurde,
die nicht alle die genannten Voraussetzungen erfüllten und,

— Fehlerabschätzungen im Zusammenhang mit iterativen Verfahren z. B. in [4.2] angegeben sind.

Beispiel 6.16 Gesucht sind die Eigenschwingungen eines auf Torsion beanspruchten einseitig starr eingespannten Stabes mit n Einzelträgheiten an den Stellen x_ν. Nach den
Ergebnissen in Abschn. 4.1.7 ist

$$\phi[\hat{\alpha}, \hat{\alpha}] = \int_0^\ell T(x)\hat{\alpha}'^2(x)\,dx,$$

$$\psi[\hat{\alpha}, \hat{\alpha}] = \int_0^\ell J(x)\hat{\alpha}^2(x)\,dx + \sum_{\nu=1}^n J_\nu \hat{\alpha}^2(x_\nu).$$

Somit folgt aus den Gln. (6.58)

$$k_{ik}^R = \int_0^\ell T(x)v_i'(x)v_k'(x)\,dx,$$

$$m_{ik}^R = \int_0^\ell J(x)v_i(x)v_k(x)\,dx + \sum_{\nu=1}^n J_\nu v_i(x_\nu)v_k(x_\nu).$$

Für die zulässigen Funktionen seien Polynome gewählt; Randbedingungen:

$$v_i(0) = 0:$$

$$v_i(x) = x^i,$$

$$v(x) = \sum_{i=1}^N a_i x^i,$$

es folgt:

$$k_{ik}^R = ik \int\limits_0^\ell T(x)x^{i+k-2}dx$$

$$m_{ik}^R = \int\limits_0^\ell J(x)x^{i+k}dx + \sum_{\nu=1}^n J_\nu x_\nu^{i+k}.$$

Die Integrale können numerisch ausgewertet werden, oder man approximiert die Funktionen $T(x)$, $J(x)$ abschnittsweise auf dem Intervall $[0, \ell]$ bspw. durch Parabeln max. 2. Ordnung und integriert elementar etc.

Ein weiteres Beispiel, für das die exakten Ergebnisse bekannt sind, möge den gesamten Rechengang verdeutlichen.

Beispiel 6.17 Die ersten drei Eigenfrequenzen und Eigenformen des beidseitig starr eingespannten Biegebalkens der Länge ℓ, der konstanten Massenbelegung μ_0 und der konstanten Biegesteifigkeit B_0 seien mit Hilfe des Rayleigh-Ritz-Verfahrens berechnet. Die Randbedingungen lauten

$$\hat{w}(0) = 0, \qquad\qquad \hat{w}(\ell) = 0,$$

$$\hat{w}'(x)|_{x=0} = 0, \qquad \hat{w}'(x)|_{x=\ell} = 0.$$

Wählt man als Vergleichsfunktionen aus der Klasse der trigonometrischen Funktionen

$$v_k(x) := \sin \pi \frac{x}{\ell} \cdot \sin k\pi \frac{x}{\ell},$$

so folgt die Ansatzfunktion

$$v(x) = \sum_{k=1}^N a_k \sin \pi \frac{x}{\ell} \cdot \sin k\pi \frac{x}{\ell}.$$

Die Vergleichfunktionen wurden deshalb so gewählt, weil $\sin k\pi \dfrac{x}{\ell}$ die für die höheren Eigenschwingungsformen erforderliche Knotenzahl besitzt. Um auch die Randbedingungen zu erfüllen, werden die Vergleichfunktionen mit $\sin \pi \dfrac{x}{\ell}$ multipliziert, so daß sie dann

wegen $v_k(x) = \sin \pi \dfrac{x}{\ell} \cdot \sin k\pi \dfrac{x}{\ell} = \dfrac{1}{2}\left[\cos (k-1)\pi \dfrac{x}{\ell} - \cos (k+1)\pi \dfrac{x}{\ell}\right]$ sämtlichen Randbedingungen genügen.

Nach Beispiel 6.1.4 ergeben sich die verallgemeinerten Steifigkeiten und Massen zu

$$k_{ik}^R = \frac{B_0}{\ell^3} \int\limits_0^1 v_i''(\xi)v_k''(\xi)d\xi, \qquad \xi := x/\ell,$$

$$m_{ik}^R = \mu_0\ell \int\limits_0^1 v_i(\xi)v_k(\xi)d\xi.$$

Verwendet man

$$v_k(\xi) = \sin \pi\xi \cdot \sin k\pi\xi = \frac{1}{2}[\cos (k-1)\pi\xi - \cos (k+1)\pi\xi],$$

so folgt

$$v_k''(\xi) = \frac{\pi^2}{2} \left[-(k-1)^2 \cos (k-1)\pi\xi + (k+1)^2 \cos (k+1)\pi\xi \right].$$

Unter Verwendung der Orthogonalitätsrelation

$$\int_0^1 \cos i\pi\xi \cos k\pi\xi \, d\xi = \begin{cases} 1 & \text{für } i, k = 0 \\ \dfrac{1}{2}\delta_{ik} & \text{für } i, k = 1, 2, \ldots \end{cases}$$

folgt:

$$k_{ik}^R = \frac{B_0\pi^4}{4\ell^3} \int_0^1 \left[-(i-1)^2 \cos (i-1)\pi\xi + (i+1)^2 \cos (i+1)\pi\xi \right] \cdot$$

$$\cdot \left[-(k-1)^2 \cos (k-1)\pi\xi + (k+1)^2 \cos (k+1)\pi\xi \right] d\xi$$

$$= \frac{B_0\pi^4}{8\ell^3} \left\{ (i-1)^2(k-1)^2\delta_{i-1,k-1} - (i-1)^2(k+1)^2\delta_{i-1,k+1} \right.$$

$$\left. - (i+1)^2(k-1)^2\delta_{i+1,k-1} + (i+1)^2(k+1)^2\delta_{i+1,k+1} \right\},$$

$$m_{ik}^R = \frac{\mu_0\ell}{4} \int_0^1 \left[\cos (k-1)\pi\xi - \cos (k+1)\pi\xi \right] \cdot \left[\cos (i-1)\pi\xi - \cos (i+1)\pi\xi \right] d\xi$$

$$= \frac{\mu_0\ell}{8} \left[\delta_{k-1,i-1} - \delta_{k+1,i-1} - \delta_{k-1,i+1} + \delta_{k+1,i+1} + \begin{cases} 1 & \text{für } i, k = 1 \\ 0 & \text{für } i, k > 1 \end{cases} \right].$$

Ausgewertet lauten die Matrizen für $N = 5$:

$$\mathbf{K}^R = \frac{B_0\pi^4}{8\ell^3} \begin{pmatrix} 16 & 0 & -16 & 0 & 0 \\ 0 & 82 & 0 & -81 & 0 \\ -16 & 0 & 272 & 0 & -256 \\ 0 & -81 & 0 & 706 & 0 \\ 0 & 0 & -256 & 0 & 1552 \end{pmatrix},$$

$$\mathbf{M}^R = \frac{\mu_0\ell}{8} \begin{pmatrix} 3 & 0 & -1 & 0 & 0 \\ 0 & 2 & 0 & -1 & 0 \\ -1 & 0 & 2 & 0 & -1 \\ 0 & -1 & 0 & 2 & 0 \\ 0 & 0 & -1 & 0 & 2 \end{pmatrix}.$$

Für $N = 3$ ergibt sich aus dem Matrizeneigenwertproblem (6.66) die charakteristische Gl.

$$\det (\mathbf{K}^R - \hat{\lambda}\mathbf{M}^R) = \begin{vmatrix} 16 - 3\hat{\lambda} & 0 & -(16 - \hat{\lambda}) \\ 0 & 82 - 2\hat{\lambda} & 0 \\ -(16 - \hat{\lambda}) & 0 & 272 - 2\hat{\lambda} \end{vmatrix} = 0,$$

$$\hat{\lambda} := \tilde{\lambda} \frac{\mu_0\ell^4}{\pi^4 B_0}.$$

Da $\tilde{\lambda} = \tilde{\omega}^2$ ist, folgt mit $\lambda^4 = \dfrac{\omega^2\mu_0\ell^4}{B_0}$ für die Quadrate der Eigenwerte λ (vgl. Tab. 4.2 bzw. 4.3):

k	$\tilde{\lambda}_k^2$	λ_k^2	Fehler [%]
1	22,47	22,37	0,45
2	63,19	61,67	2,5
3	124,06	120,91	2,6

Einsetzen von $\tilde{\lambda}_k$ in (6.61) liefert die Eigenvektoren (normiert auf die jeweils größte Komponente):

$$\tilde{a}_1^T = (1{,}0,\ 0{,}0;\ -0{,}04),$$

$$\tilde{a}_2^T = (0{,}0;\ 1{,}0;\ 0{,}0),$$

$$\tilde{a}_3^T = (-0{,}3;\ 0{,}0;\ 1{,}0).$$

Die Eigenvektorkomponenten zeigen, daß die gewählten Vergleichsfunktionen $v_k(x)$ bereits in Näherung gleich den Eigenfunktionen sind. Die Eigenfunktionen ergeben sich dann angenähert zu

$$\tilde{\hat{y}}_1(x) = \sin \pi \frac{x}{\ell} \left(\sin \pi \frac{x}{\ell} - 0{,}04 \sin 3\pi \frac{x}{\ell} \right),$$

$$\tilde{\hat{y}}_2(x) = \sin \pi \frac{x}{\ell} \sin 2\pi \frac{x}{\ell},$$

$$\tilde{\hat{y}}_3(x) = \sin \pi \frac{x}{\ell} \left(-0{,}3 \sin \pi \frac{x}{\ell} + \sin 3\pi \frac{x}{\ell} \right).$$

Der prinzipielle Verlauf der Eigenfunktionen ist in Tab. 4.3 wiedergegeben.

6.5.2   Freie Schwingungen

Wie schon in Kap. 4 verwendet, wird die freie Schwingung $y_f(x, t)$ eines linearen Systems (Superposition) aufgrund der Anfangsbedingungen $y_f(x, 0) = g(x)$, $\dot{y}_f(x, t)|_{t=0} = h(x)$ über den Modalansatz (Produktansatz)

$$y_f(x, t) = \sum_{j=1}^{\infty} \hat{y}_j(x) T_j(t) \tag{6.64}$$

ermittelt. Den Eigenfunktionen $\hat{y}_j(x)$ sind die Zeitfunktionen

$$T_j(t) = A_{1j} \cos \omega_j t + A_{2j} \sin \omega_j t$$

als Lösung der gewöhnlichen DGl. 2. Ordnung im Zeitraum zugeordnet, die Eigenfrequenzen ω_j sind verknüpft mit den Eigenwerten λ_j. Die Eigenfunktionen $\hat{y}_j(x)$ sind verallgemeinert orthogonal

$$\left.\begin{aligned} \phi[\hat{y}_j, \hat{y}_k] &= \phi[\hat{y}_j, \hat{y}_j]\delta_{jk}, \\ \psi[\hat{y}_j, \hat{y}_k] &= \psi[\hat{y}_j, \hat{y}_j]\delta_{jk}, \end{aligned}\right\} \tag{6.65}$$

was für die in Kap. 4 behandelten Kontinua gezeigt wurde (für das selbstadjungierte Problem allgemein z. B. in [4.1] bewiesen ist).

Aus den Anfangsbedingungen folgen mit dem Ansatz (6.64) die beiden Gln.

$$g(x) = \sum_{j=1}^{\infty} A_{1j}\hat{y}_j(x),$$

$$h(x) = \sum_{j=1}^{\infty} \omega_j A_{2j}\hat{y}_j(x).$$

Die verallgemeinerten Massen $\psi[g, \hat{y}_j]$ und $\psi[h, \hat{y}_j]$ mit den obigen Entwicklungen gebildet liefern unter Beachtung der verallgemeinerten Orthogonalität (6.65) die (verallgemeinerten Fourier-) Koeffizienten

$$\left. \begin{aligned} A_{1j} &= \frac{\psi[g, \hat{y}_j]}{\psi[\hat{y}_j, \hat{y}_j]}, \\[2ex] A_{2j} &= \frac{1}{\omega_j}\frac{\psi[h, \hat{y}_j]}{\psi[\hat{y}_j, \hat{y}_j]}. \end{aligned} \right\} \tag{6.66}$$

Sind anstelle der Eigenlösungen λ_j, $\hat{y}_j(x)$ nur Näherungen entsprechend dem vorausgegangenen Abschnitt $\tilde{\lambda}_j$, $\tilde{\hat{y}}_j$ bekannt, so werden diese in (6.66) für die entsprechende Summe (bis N) eingesetzt. Die freie Schwingung, gebildet mit endlich vielen angenäherten Eigenlösungen, wird dann eine gute Approximation sein (unter den Voraussetzungen ist Konvergenz gesichert), wenn − physikalisch ausgedrückt − die FG mit den hohen Eigenfrequenzen in dem betrachteten dynamischen Vorgang global (d. h. abhängig von der Erregung → Anfangsbedingungen und in Integralausdrücken) bedeutungslos sind, d. h. ihr Energieinhalt trotz hoher Frequenzen vernachlässigbar ist.

6.5.3   Erzwungene Schwingungen

Entsprechend dem Ritzansatz machen wir den Ansatz

$$y(x, t) \doteq \sum_{i=1}^{N} v_i(x)q_i(t) \tag{6.67}$$

mit mindestens zulässigen Funktionen $v_i(x)$. Die Entwicklungskoeffizienten sind hier jedoch erweitert im Vergleich zum Rayleigh-Ritzansatz (6.52) zeitabhängig (generalisierte Koordinaten). In den bezogenen Energien den Ansatz (6.67) berücksichtigt, ergibt mit den Elementen (6.58) (wie bei der Modaltransformation) mit dem Vektor der generalisierten Koordinaten

$$q(t) = (q_1(t), \ldots, q_N(t))^T \tag{6.68}$$

die Energien zu

$$\left. \begin{aligned} E_{kin}(t) &\doteq \frac{1}{2}\dot{q}^T(t)M^R\dot{q}(t), \\[2ex] E_{pot}(t) &\doteq \frac{1}{2}q^T(t)K^R q(t). \end{aligned} \right\} \tag{6.69}$$

Damit liefern die Lagrangeschen Gleichungen (3.6) N gekoppelte lineare DGln.

$$M^R \ddot{q}(t) + K^R q(t) = Q(t) \tag{6.70}$$

mit den generalisierten Kräften $Q_i(t)$. Man erhält sie aus der virtuellen Arbeit δW der äußeren Kräfte $p(x, t)$,

$$\delta W = \sum_{i=1}^{N} \int_B p(x, t) v_i(x) dx \delta q_i = \sum_{i=1}^{N} Q_i \delta q_i,$$

zu $\qquad Q_i(t) = \int_B p(x, t) v_i(x) dx. \tag{6.71}$

Die Lösung der DGln. (6.70) liefert die generalisierten Koordinaten und mittels (6.67) die angenäherten Verschiebungen. Die Schnittkräfte können aufgrund des Elastizitätsgesetzes durch Differentiation oder unter Verwendung der Gleichgewichtsaussagen durch Integration bestimmt werden.

Beispiel 6.18 Der beidseitig gestützte Balken nichtkonstanten Querschnittes,

$$\mu(x) = \mu_0 \cos\frac{\pi x}{\ell}, \qquad -\frac{\ell}{2} \leqslant x \leqslant \frac{\ell}{2}, \qquad B(x) = B_0,$$

werde symmetrisch belastet mit

$$p(x, t) = p_0 \cos \pi \frac{x}{\ell} P(t).$$

Ansatz: $w(x, t) \doteq v_1(x)q_1(t) + v_2(x)q_2(t) + v_3(x)q_3(t)$

mit den symmetrischen Vergleichsfunktionen

$$v_1(x) = \cos\frac{\pi x}{\ell},$$

$$v_2(x) = \cos\frac{3\pi x}{\ell},$$

$$v_3(x) = \cos\frac{5\pi x}{\ell}.$$

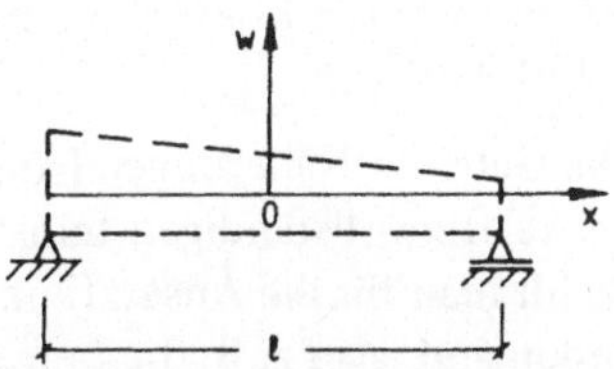

Bild 6.17 Beidseitig gestützter Balken variablen Querschnitts

Es folgen

$$m_{11}^R = \frac{4}{3\pi}\mu_0\ell, \quad m_{12}^R = m_{21}^R = \frac{4}{15\pi}\mu_0\ell, \quad m_{13}^R = m_{31}^R = -\frac{4}{105\pi}\mu_0\ell,$$

$$m_{22}^R = \frac{36}{35\pi}\mu_0\ell, \quad m_{23}^R = m_{32}^R = \frac{20}{63\pi}\mu_0\ell, \quad m_{33}^R = \frac{100}{99\pi}\mu_0\ell,$$

$$k_{11}^R = \frac{\pi^4 B_0}{2\ell^3}, \quad k_{12}^R = k_{21}^R = k_{13}^R = k_{31}^R = k_{23}^R = k_{32}^R = 0,$$

$$k_{22}^R = \frac{81\pi^4 B_0}{2\ell^3}, \quad k_{33}^R = \frac{625\pi^4 B_0}{2\ell^3},$$

$$\text{also} \quad \mathbf{M}^R = \frac{\mu_0 \ell}{\pi} \begin{pmatrix} 1,\overline{3} & 0,2\overline{6} & -0,03810 \\ & 1,02857 & 0,31746 \\ \text{sym.} & & 1,01010 \end{pmatrix},$$

$$\mathbf{K}^R = \frac{\pi^4 B_0}{2\ell^3} \begin{pmatrix} 1 & 0 & 0 \\ & 81 & 0 \\ \text{sym.} & & 625 \end{pmatrix}.$$

$$p \equiv 0 : \tilde{\omega}_{01} = \frac{10,71}{\ell^2} \sqrt{\frac{B_0}{\mu_0}}, \quad \tilde{\omega}_{02} = \frac{111,80}{\ell^2} \sqrt{\frac{B_0}{\mu_0}},$$

$$\tilde{\mathbf{a}}_1 = \begin{pmatrix} 1,00000 \\ 0,00249 \\ -0,00004 \end{pmatrix}, \quad \tilde{\mathbf{a}}_2 = \begin{pmatrix} -0,20016 \\ 1,00000 \\ 0,04902 \end{pmatrix}.$$

Die ersten beiden Vergleichsfunktionen sind bereits gute Näherungen für die entsprechenden Eigenfunktionen.

$$p(x, t) = p_0 \cos \pi \frac{x}{\ell} P(t):$$

Gl. (6.71) liefert

$$Q_1(t) = \frac{1}{2} p_0 \ell P(t),$$

$$Q_2(t) = Q_3(t) = 0$$

infolge der Orthogonalitätseigenschaft der trigonometrischen Funktionen. Das Ergebnis ist ein gewöhnliches lineares inhomogenes Differentialgleichungssystem 2. Ordnung (6.70) mit konstanten Koeffizienten (MFGM in generalisierten Koordinaten), das wie üblich gelöst wird.

Die Güte der Näherungen hängt, wie schon in Abschn. 6.5.1 ausgeführt, von der Wahl des relativ vollständigen Funktionensystems ab, welche einiger Erfahrungen bedarf. Wählt man für die Ansatzfunktionen $v_i(x)$ solche, die verallgemeinert orthogonal zueinander sind, also z. B. die (angenäherten) Eigenfunktionen des Systems selbst (s. Abschn. 6.5)), so kommt man zu den Modalverfahren (Orthogonalsystem) mit diagonalen generalisierten Matrizen und entsprechenden numerischen Vorteilen.

6.6   Aufgaben

6.1 Wie kann für dynamische Beanspruchungen des vertikal belasteten Stockwerksrahmens (Bild 6.3) die Ersatzdrehfeder für die Riegelenden ermittelt werden?

6.2 Es sind Beispiele zu nennen, für die ein Modell mit wenigen FG Ergebnisse liefert, die nicht ungenauer als die eines Modells mit mehr FG sind.

6.3 Wie lautet die konsistente Trägheitsmatrix eines Eingeschoßrahmens der Höhe ℓ, der Riegellänge 2ℓ, der Stiel-Massenbelegung μ_0 und der Riegelmassenbelegung $1{,}5\,\mu_0$ für eine Horizontal-Bewegung des Riegels? Die direkte Diskretisierung liefere entsprechend Bild 6.18

$$M = \frac{\mu_0 \ell}{210} \begin{pmatrix} 840 & 0 & 0 \\ 0 & 0 & 0 \\ 0 & 0 & 0 \end{pmatrix}$$

für den Auslenkungsvektor

$$(w_R,\, 0,\, 0)^T,$$

wobei die Verdrehungen der Stäbe in den Knoten vernachlässigt sind. Als Interpolations-funktionen seien kubische Hermitesche Polynome angesetzt: $w_{links}(x) = 1 - 3(x/\ell)^2 +$
$+ 2(x/\ell)^3$, $\varphi_{links}(x) = x(1 - x/\ell)^2$.

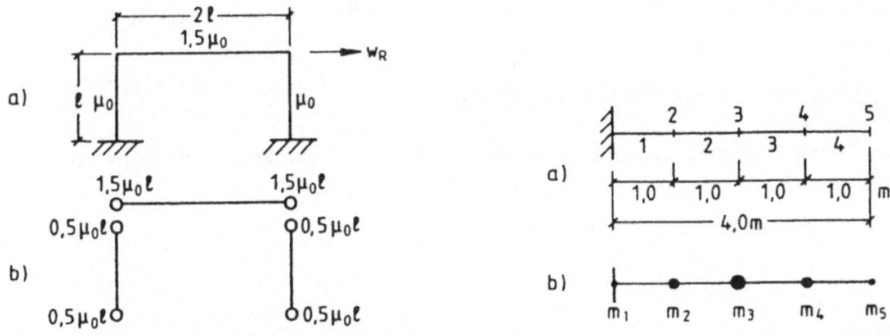

Bild 6.18 Eingeschoßrahmen (a) mit Diskretisierung der Massenbelegung (b)

Bild 6.19 Zur Diskretisierung eines Kragarms

6.4 Ein IPB 200 ($I_0 = 5{,}7 \cdot 10^{-5}$ m^4, $\mu_0 = 6{,}25 \cdot 10^{-2}$ kNs^{2}m^{-2}, $E = 2{,}1 \cdot 10^8$ kN m^{-2}) als Kragarm sei direkt diskretisiert (Bild 6.19) mit

$$m_1 = m_5 = 6{,}25 \cdot 10^{-2} \cdot 0{,}5 = 3{,}125 \cdot 10^{-2}\ \text{kNs}^2\text{m}^{-1},$$

$$m_2 = m_3 = m_4 = 6{,}25 \cdot 10^{-2}\ \text{kNs}^2\text{m}^{-1}.$$

Die Nachgiebigkeitsmatrix für den Verschiebungsvektor $(\hat{w}_2, \hat{w}_3, \hat{w}_4, \hat{w}_5)^T$ lautet (auf-gestellt nach der Finiten-Element-Methode und bezüglich der Rotationsfreiheitsgrade statisch kondensiert, s. Kap. 7, Beispiel 7.3):

$$G = 10^{-4} \begin{pmatrix} 0{,}27847 & 0{,}69616 & 1{,}11385 & 1{,}53154 \\ & 2{,}22771 & 3{,}89848 & 5{,}56924 \\ \text{sym.} & & 7{,}51849 & 11{,}27772 \\ & & & 17{,}82161 \end{pmatrix}\ [\text{m/kN}].$$

Wie groß ist die 1. Eigenfrequenz und welchen Fehler besitzt die Näherung? (Der exakte Wert ergibt sich aus Tab. 4.2 zu

$$\omega_{01} = \frac{1{,}8751^2}{\ell^2} \sqrt{\frac{B_0}{\mu_0}} = 96{,}169\ \text{s}^{-1}.)$$

Wie ändert sich das Ergebnis, wenn $\hat{w}_2$, d. h. m_2 herausgenommen wird, und m_2 je zur Hälfte zu den Massen m_1 und m_3 addiert wird?

6.5 Gemäß den Daten in Beispiel 6.6 ist für den Münchner Fernsehturm ein Differenzenverfahren anzuwenden und die Ergebnisse mit denen in Beispiel 6.6 zu vergleichen.

6.6 Entsprechend Aufgabe 6.5 sind die Eigenschwingungen des Münchner Fernsehturms mit Hilfe der Integralgleichungen und der numerischen Integration zu berechnen.

6.7 Die ersten beiden Eigenschwingungen des Münchner Fernsehturms mit den Daten in Beispiel 6.6 sind mit einem 5- und 7-gliedrigen Ansatz nach dem Rayleigh-Ritz-Verfahren zu berechnen. Als Ansatz-Funktionen sind die zulässigen Funktionen

$$v_k(x) = \cosh(k\pi\xi)\cos(k\pi\xi) - 1, \qquad \xi := x/\ell,$$

zu wählen.

6.8 Es ist das Rechenschema zur Ermittlung der freien Schwingungen nach dem Rayleigh-Ritz-Verfahren anzugeben.

6.9 Es sind die Energieausdrücke (6.69) herzuleiten.

6.10 Die Eigenschwingungsgrößen für die ersten drei Freiheitsgrade des Balkens von Beispiel 6.13 sind über die Integralgleichung numerisch mit der Rechteckregel und der Simpsonregel mit 10 Stützstellen zu ermitteln.

6.7   Schrifttum

[6.1] U h r i g , R.: Die Anwendung des Drehwinkelverfahrens auf harmonisch schwingende ebene Rahmentragwerke. Stahlbau 55, 10/1986, 304—308

[6.2] C o l l a t z , L.: Numerische Behandlung von Differentialgleichungen. Berlin, Göttingen, Heidelberg: Springer-Verlag 1955

[6.3] G r e i d a n u s , J. H.: Mathematical methods of flutter analysis. Rep. V. 1384, Reports and Transactions of the Nat. Aero. Res. Inst. Vol. XIII, 1947

[6.4] A r g y r i s , J.H., S c h a r p f , D. W.: Finite elements in space and time. Nuclear Eng. Des. **10**, 1969

[6.5] S c h w a r z , H. R.: Methode der finiten Elemente. Einführung unter besonderer Berücksichtigung der Rechenpraxis. 2. Aufl. Stuttgart: Teubner 1984

[6.6] B a t h e , K.-J.: Finite Element Methoden. Berlin, Heidelberg, New York, Tokyo: Springer-Verlag 1986

[6.7] Z i e n k i e w i c z , O. C.: Methode der finiten Elemente. München, Wien: Carl Hanser Verlag 1984

[6.8] L i n k , M.: Finite Elemente in der Statik und Dynamik. Stuttgart: B. G. Teubner 1984

[6.9] S t o e r , J.; B u r l i r s c h , R.: Einführung in die Numerische Mathematik II. Berlin, Heidelberg, New York: Springer-Verlag 1973

7 Diskrete Modelle mit sehr vielen Freiheitsgraden: Teilsystemmethode und Reduktion von Freiheitsgraden

Die diskrete Modellierung von elastomechanischen Systemen z. B. mit Hilfe von Finiten Elementen zur Untersuchung des statischen Tragverhaltens führt nicht selten auf Modelle mit 10.000 und mehr FG. Die numerische Manipulation von Matrizen derart hoher Ordnungen kann auf numerische Schwierigkeiten stoßen und bedarf deshalb besonderer Verfahren (s. z. B. [1.17], [3.1], [6.6]). Es wäre also vorteilhaft, von vornherein Modelle mit wenigen FG aufstellen zu können. Hinzu kommt, daß zur Untersuchung des dynamischen Verhaltens von Systemen durch die Frequenzbeschränkung der Erregung im allgemeinen nur relativ wenige FG (Größenordnungen 10 und 100, s. Abschn. 3.7 und 6.1) benötigt werden.

Bedenkt man ferner, daß heutzutage Großprojekte häufig in Teilsystemen entwickelt, nachgewiesen und gefertigt werden, um dann zum Gesamtsystem zusammengefügt zu werden, so bedarf dieses Vorgehen einer entsprechenden rechnerischen Methode. Das Gesamtsystem wird unter Definition von Schnittstellen in Teilsysteme zerlegt und modelliert. Die diskreten Modelle für die Teilsysteme haben automatisch jeweils weniger FG als das MFGM für das Gesamtsystem. Die Modelle für die Teilsysteme werden dann geeignet zu einem Modell für das Gesamtsystem zusammengesetzt (Synthese), wobei dieses Modell im allgemeinen weniger FG als die Summe der FG der Teilmodelle aufweisen kann (Kondensation).

Die Aufgabe hier ist also zweigeteilt: 1. Anwenden einer Subsystemtechnik, um von vornherein jeweils mit einer kleineren Anzahl von FG gegenüber der des Gesamtsystems arbeiten zu können, 2. ausgehend von Modellen mit relativ vielen FG, die Anzahl der FG vor einer Weiterrechnung zu reduzieren.

Die Subsystemsynthese läßt sich auch vorteilhaft auf die Untersuchung von Wechselwirkungsproblemen anwenden. Ein Beispiel hierfür ist die Untersuchung von Boden-Bauwerks-Wechselwirkungen mit diskreten Modellen (s. Beispiel 7.1 und [7.1]). Es lassen sich aber auch kontinuierliche mehrdimensionale Wechselwirkungsprobleme über die Prinzipien der Subsystemsynthese formulieren [7.2].

7.1 Subsystemsynthese

Ein lineares System sei in zwei Teilsysteme zerlegt (Bild 7.1). Das ortsdiskrete Modell für das Gesamtsystem mit n FG und der Einfachheit halber mit symmetrischen und positiv definiten Parametermatrizen (hinsichtlich nichtsymmetrischer Matrizen s. [7.3]) kann dann unter Einführung von Schnittgrößen in die beiden Teilmodelle A und B entsprechend Bild 7.1 zerlegt werden. Die Koordinaten der inneren Knotenpunkte bezeichnet man als die inneren Koordinaten, die der Verbindungspunkte als Verbindungskoordinaten.

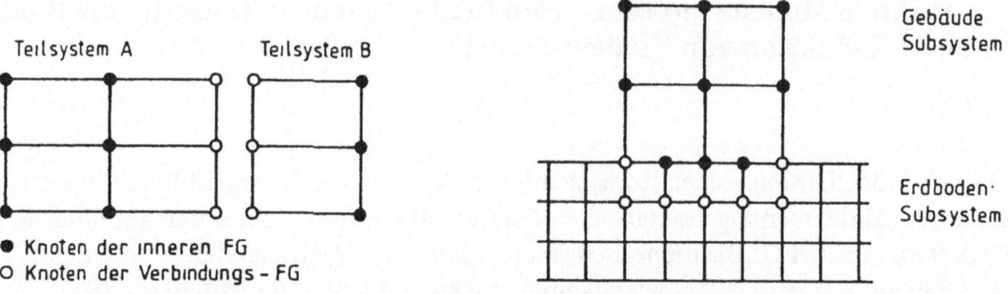

Bild 7.1 Zerlegung eines Systems
in 2 Teilsysteme

Bild 7.2 Modellierung eines gegründeten
Gebäudes

Beispiel 7.1 Für Untersuchungen von Boden-Gebäude-Wechselwirkungen kann der Erdboden als Ausschnitt des homogenen viskoelastischen Halbraumes mittels finiter Elemente modelliert werden. Weiter kann das Gebäude als Subsystem A und der Ausschnitt des Erdbodens als Subsystem B eingeführt werden (Bild 7.2). In diesem Halbraum existieren keine stehenden Wellen. Er besitzt eine Abstrahldämpfung, d. h. eine z. B. in einem Punkt eingeleitete endliche Energie verteilt sich mit dem Fortschreiten der Wellenfront auf eine immer größer werdende Fläche bzw. einen größer werdenden Raum. Diese Energieabnahme pro Flächen- bzw. Volumen-Einheit täuscht eine Dämpfung vor, die Abstrahldämpfung genannt wird. Um den Erdboden durch einen endlichen Ausschnitt des Halbraumes zu modellieren, muß zumindest die Wellenreflexion an den Ausschnitträndern vermieden und die Abstrahldämpfung nachgebildet werden. Dieses erfolgt z. B. durch künstlich eingeführte semifinite Randelemente oder Dämpfer am Rand [7.1], [7.4].

Die Bewegungsgleichungen für die beiden Subsysteme R = A, B seien laplacetransformiert mit den Anfangsbedingungen Null dargestellt durch

$$\mathbf{S}_R(s)\mathbf{U}_R(s) = \mathbf{P}_R(s), \qquad R = A, B, \tag{7.1}$$

$\mathbf{S}_R(s)$ ist die dynamische Steifigkeitsmatrix

$$\mathbf{S}_R(s) := s^2\mathbf{M}_R + s\mathbf{B}_R + \mathbf{K}_R \tag{7.2}$$

des R-ten Teilsystems. Die Ordnungen von (7.1) seien $n_R + n_V^R \in \mathbf{N}$ mit n_R inneren und n_V^R Verbindungs-Koordinaten. Aufspalten des Verschiebungsvektors in innere Koordinaten $\mathbf{U}_{RR}(s)$ und Verbindungskoordinaten $\mathbf{U}_{RV}(s)$,

$$\mathbf{U}_R(s) = \begin{pmatrix} \mathbf{U}_{RR}(s) \\ \mathbf{U}_{RV}(s) \end{pmatrix}, \tag{7.3}$$

entsprechend die Systemparamtermatrizen und den Vektor der äußeren Kräfte partitioniert, führt auf die Bewegungsgleichungen

$$\begin{pmatrix} \mathbf{S}_{RR}(s) & \mathbf{S}_{RV}(s) \\ \mathbf{S}_{RV}(s) & \mathbf{S}_{VV}^R(s) \end{pmatrix} \begin{pmatrix} \mathbf{U}_{RR}(s) \\ \mathbf{U}_{RV}(s) \end{pmatrix} = \begin{pmatrix} \mathbf{P}_{RR}(s) \\ \mathbf{P}_{RV}(s) \end{pmatrix}. \tag{7.4}$$

Gleichgewicht der Schnittgrößen, zusammengefaßt in den Vektoren $\mathbf{P}_{AV}(s)$ und $\mathbf{P}_{BV}(s)$

für die beiden Teilsysteme, mit den äußeren Kräften $P_V(s)$ führt auf die Beziehung (Bild 7.3)

$$P_V(s) = P_{AV}(s) + P_{BV}(s). \tag{7.5}$$

Vereinfachend sei hier das Gesamtsystem so geschnitten, daß bei der Verknüpfung der Teilsysteme in den Verbindungspunkten keine zusätzlichen Steifigkeiten und Trägheiten auftreten, d. h. die Verschiebungen in den entsprechenden Verbindungspunkten sind gleich. Diese Annahme führt auf die Kompatibilitätsbedingung

$$U_{AV}(s) = U_{BV}(s) =: U_V(s). \tag{7.6}$$

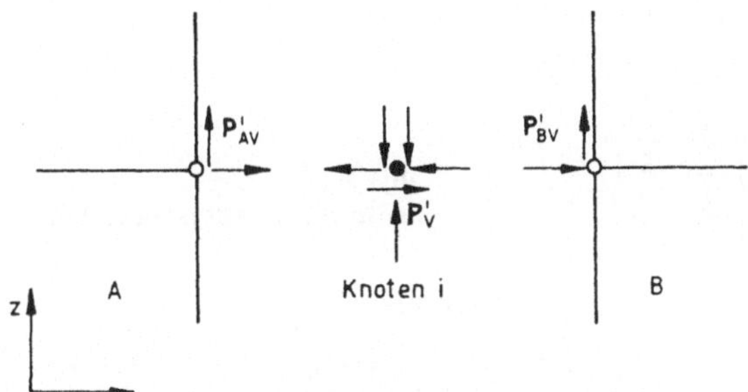

Bild 7.3
Kräfte am Verbindungsknoten i
eines ebenen Systems

Die kinematische Verträglichkeit (7.6) bedeutet, daß das System in den Verbindungspunkten nicht klafft. (Hinsichtlich einer elastischen Verbindung s. [7.5], wobei die Gl. der Energien zur Synthese dienen.) Die Gl. (7.4) liefert

$$P_{AV}(s) = S_{AV}(s)U_{AA}(s) + S_{VV}^A(s)U_{AV}(s),$$

$$P_{BV}(s) = S_{BV}(s)U_{BB}(s) + S_{VV}^B(s)U_{BV}(s),$$

also gilt aufgrund des Kräftegleichgewichts unter Beachtung von (7.6) die Gl.

$$P_V(s) = S_{AV}(s)U_{AA}(s) + S_{BV}(s)U_{BB}(s) + [S_{VV}^A(s) + S_{VV}^B(s)]U_V(s). \tag{7.7}$$

Mit der Abkürzung

$$S_{VV}(s) := S_{VV}^A(s) + S_{VV}^B(s) \tag{7.8}$$

können die jeweils ersten Gln. von (7.4) der beiden Teilmodelle für die inneren Koordinaten mit der zugehörigen Gl. (7.7) für die Verbindungskoordinaten zusammengefaßt werden zur Bewegungsgleichung für das Gesamtsystem:

$$\begin{pmatrix} S_{AA}(s) & S_{AV}(s) & 0 \\ S_{AV}(s) & S_{VV}(s) & S_{BV}(s) \\ 0 & S_{BV}(s) & S_{BB}(s) \end{pmatrix} \begin{pmatrix} U_{AA}(s) \\ U_V(s) \\ U_{BB}(s) \end{pmatrix} = \begin{pmatrix} P_{AA}(s) \\ P_V(s) \\ P_{BB}(s) \end{pmatrix}. \tag{7.9}$$

Die Ordnung der Bewegungsgleichung des Gesamtsystems ist $n = n_A + n_B + n_V$.

Beispiel 7.2 Der 3-Massenkettenschwinger sei aufgeteilt in die beiden Teilsysteme A und B wie in Bild 7.4 dargestellt. Die Bewegungsgleichungen lauten:

$$A : m_1\ddot{u}_{A1}(t) + k_1 u_{A1}(t) + k_2[u_{A1}(t) - u_{AV}(t)] = p_{A1}(t),$$
$$k_2[u_{AV}(t) - u_{A1}(t)] = p_{AV}(t).$$

$$B : m_2\ddot{u}_{BV}(t) + k_3[u_{BV}(t) - u_{B1}(t)] = p_{BV}(t),$$
$$m_3\ddot{u}_{B1}(t) + k_3[u_{B1}(t) - u_{BV}(t)] = p_{B1}(t).$$

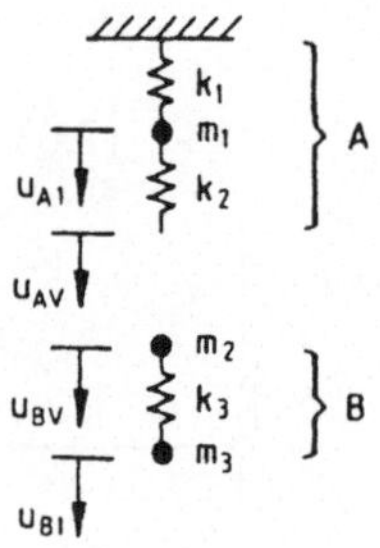

Bild 7.4
Beispiel zur Subsystemtechnik

In Matrizenschreibweise gilt also:

$$A : \begin{pmatrix} m_1 & 0 \\ 0 & 0 \end{pmatrix} \begin{pmatrix} \ddot{u}_{A1}(t) \\ \ddot{u}_{AV}(t) \end{pmatrix} + \begin{pmatrix} k_1 + k_2, & -k_2 \\ -k_2 & k_2 \end{pmatrix} \begin{pmatrix} \mu_{A1}(t) \\ \mu_{AV}(t) \end{pmatrix} = \begin{pmatrix} p_{A1}(t) \\ p_{AV}(t) \end{pmatrix},$$

$$B : \begin{pmatrix} m_2 & 0 \\ 0 & m_3 \end{pmatrix} \begin{pmatrix} \ddot{u}_{BV}(t) \\ \ddot{u}_{B1}(t) \end{pmatrix} + \begin{pmatrix} k_3, & -k_3 \\ -k_3, & k_3 \end{pmatrix} \begin{pmatrix} \mu_{BV}(t) \\ \mu_{B1}(t) \end{pmatrix} = \begin{pmatrix} p_{BV}(t) \\ p_{B1}(t) \end{pmatrix}.$$

Im s-Raum folgt für die Systemsynthese:

$$P_V(s) = P_{AV}(s) + P_{BV}(s),$$

$$P_V(s) = (-k_2, k_2) \begin{pmatrix} U_{A1}(s) \\ U_V(s) \end{pmatrix} + [s^2 m_2, 0) + (k_3, -k_3)] \begin{pmatrix} U_V(s) \\ U_{B1}(s) \end{pmatrix}$$

$$= -k_2 U_{A1}(s) - k_3 U_{B1}(s) + (s^2 m_2 + k_2 + k_3) U_V(s).$$

Also lauten die drei unabhängigen Gln. entsprechend Gl. (7.9):

$$\left[s^2 \begin{pmatrix} m_1 & 0 & 0 \\ 0 & m_2 & 0 \\ 0 & 0 & m_3 \end{pmatrix} + \begin{pmatrix} k_1 + k_2, & -k_2, & 0 \\ -k_2, & k_2 + k_3, & -k_3 \\ 0, & -k_3, & k_3 \end{pmatrix} \right] \begin{pmatrix} U_{A1}(s) \\ U_V(s) \\ U_{B1}(s) \end{pmatrix} = \begin{pmatrix} P_{A1}(s) \\ P_V(s) \\ P_{B1}(s) \end{pmatrix}.$$

Der Vorteil der Subsystembehandlung besteht nun darin, daß schrittweise (s. Abschn. 6.1) die Subsysteme mit $n_R + n_V < n$ FG modelliert werden können. Der Aufwand zur numerischen Behandlung linearer algebraischer Gleichungssysteme ist proportional n^3, also für die Teilmodelle $\sim (n_R + n_V)^3 < n^3$. Damit ist aber das dynamische Verhalten des Gesamtsystems noch nicht bekannt. Das synthetisierte Modell (7.9) der Ordnung n ist zu lösen. Dieses erfolgt aufwandverringernd unter Verwendung der Subsystem-Modalergebnisse, wie es in Abschn. 7.3.3 beschrieben ist.

7.2 Koordinatenreduktion durch statische Kondensation und ihre Anwendung auf das Matrizeneigenwertproblem

Im statischen Fall liegt entweder die Formulierung

$$u_s = Gp_0 \qquad (7.10)$$

oder $\quad Ku_s = p_0 \qquad (7.11)$

vor. Betrachten wir zunächst den ersten Fall. Möchte man nicht alle Verschiebungen aus u_s berechnen, sondern nur die wesentlichen Verschiebungen u_{sw} aus u_s mit

$$u_s = \begin{pmatrix} u_{sw} \\ u_{sr} \end{pmatrix}, \qquad (7.12)$$

dann folgen mit den entsprechenden Partitionierungen in wesentliche und restliche Koordinaten nach Gl. (7.12) die Größen

$$G =: \begin{pmatrix} G_{ww} & G_{wr} \\ G_{rw} & G_{rr} \end{pmatrix}, \qquad p_0 =: \begin{pmatrix} p_{0w} \\ p_{0r} \end{pmatrix}, \qquad (7.13)$$

und aus der Gl. (7.10) erhält man die beiden Gln.

$$\left. \begin{array}{l} u_{sw} = G_{ww}p_{0w} + G_{wr}p_{0r}, \\ u_{sr} = G_{rw}p_{0w} + G_{rr}p_{0r}. \end{array} \right\} \qquad (7.14)$$

Für den Sonderfall, daß an den Knoten für die restlichen Verschiebungskoordinaten u_{sr} keine Kräfte angreifen, $p_{0r} = 0$, kann u_{sw} durch

$$u_{sw} = G_{ww}p_{0w} \qquad (7.15)$$

ausgedrückt werden: In der Nachgiebigkeits-Einflußmatrix brauchen nur die Spalten gestrichen zu werden, die zu den restlichen Koordinaten gehören, und die restlichen Koordinaten läßt man einfach weg. Die Anzahl der FG ist damit auf n_w FG reduziert.

Dieses einfache Vorgehen läßt sich in der Steifigkeitsformulierung (Kraft-Einflußzahlen) nicht mehr anwenden:

$$\begin{pmatrix} K_{ww} & K_{wr} \\ K_{rw} & K_{rr} \end{pmatrix} \begin{pmatrix} u_{sw} \\ u_{sr} \end{pmatrix} = \begin{pmatrix} p_{0w} \\ p_{0r} \end{pmatrix}. \qquad (7.16)$$

Die zweite Gl. von (7.16) nach u_{sr} aufgelöst und in die erste Gl. eingesetzt, liefert die Gl.

$$(K_{ww} - K_{wr}K_{rr}^{-1}K_{rw})u_{sw} = p_{sw} - K_{wr}K_{rr}^{-1}p_{0r}. \qquad (7.17)$$

Die in der Ordnung reduzierte Steifigkeitsmatrix

$$K_c := K_{ww} - K_{wr}K_{rr}^{-1}K_{rw} \qquad (7.18)$$

bezeichnet man als statisch kondensierte Steifigkeitsmatrix. Für $p_{0r} = 0$ tritt hier die Berechnung der kondensierten Steifigkeitsmatrix (7.18) an die Stelle des Streichens von

Zeilen und Spalten in der Nachgiebigkeitsformulierung. Für $\mathbf{p}_{0r} \neq \mathbf{0}$ wird $\mathbf{u}_{sr}$ richtig wiedergegeben, wenn die rechte Seite von Gl. (7.17) vollständig beachtet wird.

Die statische Kondensation wird häufig dazu verwendet, unerwünschte Rotationsfreiheitsgrade aus der Bewegungsgleichung zu eliminieren, sofern der Lastvektor keine Rotationskomponenten enthält. Der statische Einfluß der Rotation auf die Translationsfreiheitsgrade bleibt damit natürlich erhalten.

Beispiel 7.3 Für den Kragträger in Aufgabe 6.4 lautet die i-te Elementsteifigkeitsmatrix

$$
\mathbf{K}^{(i)} = \left(\frac{2EI}{\ell^3}\right)^{(i)}
\begin{pmatrix}
6 & -3\ell & -6 & -3\ell \\
-3\ell & 2\ell^2 & 3\ell & \ell^2 \\
-6 & 3\ell & 6 & 3\ell \\
-3\ell & \ell^2 & 3\ell & 2\ell^2
\end{pmatrix}^{(i)}, \quad i = 1(1)4,
$$

mit den Koordinaten $(w_i, \varphi_i, w_{i+1}, \varphi_{i+1})$.

Die Gesamtsteifigkeitsmatrix zugehörig zum Verschiebungsvektor (in der geänderten Reihenfolge der Komponenten) $(w_2, w_3, w_4, w_5, \varphi_2, \varphi_3, \varphi_4, \varphi_5)$ (s. Bild 6.19) mit $\ell^{(i)} = \ell$, $EI^{(i)} = EI$ aufgrund der Überlagerung der Elementsteifigkeitsmatrizen lautet

$$
\mathbf{K} = \frac{2EI}{\ell^3}
\left(\begin{array}{cccc|cccc}
12 & -6 & 0 & 0 & 0 & -3\ell & 0 & 0 \\
-6 & 12 & -6 & 0 & 3\ell & 0 & -3\ell & 0 \\
0 & -6 & 12 & -6 & 0 & 3\ell & 0 & -3\ell \\
0 & 0 & -6 & 6 & 0 & 0 & 3\ell & 3\ell \\
\hline
0 & 3\ell & 0 & 0 & 4\ell^2 & \ell^2 & 0 & 0 \\
-3\ell & 0 & 3\ell & 0 & \ell^2 & 4\ell^2 & \ell^2 & 0 \\
0 & -3\ell & 0 & 3\ell & 0 & \ell^2 & 4\ell^2 & \ell^2 \\
0 & 0 & -3\ell & 3\ell & 0 & 0 & \ell^2 & 2\ell^2
\end{array}\right) .
$$

Die Rotationsfreiheitsgrade mittels der statischen Kondensation eliminiert ergibt für $\ell = 1$ m, $2EI = 2 \cdot 2{,}1 \cdot 10^8 \cdot 5{,}7 \cdot 10^{-5} = 2{,}394 \cdot 10^4 \, \text{kNm}^2$ nach Gl. (7.18) die Matrix

$$
\mathbf{K}_c = 2{,}394 \cdot 10^4
\begin{bmatrix}
12 & -6 & 0 & 0 \\
-6 & 12 & -6 & 0 \\
0 & -6 & 12 & -6 \\
0 & 0 & -6 & 6
\end{bmatrix}
$$

$$
- 2{,}394 \cdot 10^4 \, \frac{9}{97}
\begin{bmatrix}
28 & -1 & -24 & 4 \\
-1 & 52 & -13 & -14 \\
-24 & -13 & 76 & -45 \\
4 & -14 & -45 & 56
\end{bmatrix} =
$$

$$
= 2.394 \cdot 10^4
\begin{bmatrix}
9{,}402062 & -5{,}907216 & 2{,}226804 & -0{,}371134 \\
-5{,}907216 & 7{,}175258 & -4{,}793814 & 1{,}298969 \\
2{,}226804 & -4{,}793814 & 4{,}948454 & -1{,}824742 \\
-0{,}371134 & 1{,}298969 & -1{,}824742 & 0{,}804124
\end{bmatrix} \text{kNm}^{-1} .
$$

Geht man bei der Modellierung bzw. Reduktion der FG für die Steifigkeiten und Trägheiten getrennt vor, so führt dieses zu inkonsistenten Matrizen (s. Abschn. 6.2), die zu relativ großen Fehlern in den Ergebnissen führen können. Wird also die Steifigkeitsmatrix z. B. aus einer Finiten-Element-Rechnung statisch kondensiert und die Trägheitsmatrix durch direkte Diskretisierung in den Knoten für die wesentlichen Verschiebungskoordinaten ermittelt, so scheint für eine Koordinatenreduktion, die statische Kondensation ausreichend:

$$\begin{pmatrix} M_{ww} & 0 \\ 0 & 0 \end{pmatrix}\begin{pmatrix} \ddot{u}_w(t) \\ \ddot{u}_r(t) \end{pmatrix} + \begin{pmatrix} K_{ww} & K_{wr} \\ K_{rw} & K_{rr} \end{pmatrix}\begin{pmatrix} u_w(t) \\ u_r(t) \end{pmatrix} = \begin{pmatrix} p_w(t) \\ p_r(t) \end{pmatrix},$$

$$M_{ww}\ddot{u}_w(t) + K_{ww}u_w(t) + K_{wr}u_r(t) = p_w(t),$$

$$K_{rw}u_w(t) + K_{rr}u_r(t) = p_r(t).$$

Die zweite Gl. liefert den Vektor der restlichen Koordinaten, der in die erste Gl. eingesetzt auf die statisch kondensierte Steifigkeitsmatrix (7.18) führt, w.z.z.w. Jedoch bleiben die Fehler der dynamischen Antworten bzw. der Eigenlösungen unbekannt, die aus der direkten Diskretisierung der Massenverteilung nur auf die Knoten der wesentlichen Koordinaten resultieren.

Möchte man die Trägheiten jedoch nicht von vornherein auf die Knoten der wesentlichen Koordinaten konzentrieren, sondern die aus der z. B. Finiten-Element-Rechnung resultierende Trägheitsmatrix entsprechend der Steifigkeitsmatrix statisch kondensieren, so kann folgendermaßen vorgegangen werden: Die statisch kondensierte Steifigkeitsmatrix (7.18) erhält man aus einer Kongruenztransformation der Steifigkeitsmatrix (vgl. auch Abschn. 7.3.1) mit der Transformationsmatrix

$$T_w = \begin{pmatrix} I \\ -K_{rr}^{-1}K_{rw} \end{pmatrix}: \tag{7.19}$$

$$T_w^T K T_w = K_c. \tag{7.20}$$

Damit läßt sich die potentielle Energie (des Gesamtsystems) über K_c und die wesentlichen Verschiebungen $u_w(t)$ beschreiben.

Dieselbe Transformation auf die entsprechend partitionierte Trägheitsmatrix

$$M =: \begin{pmatrix} M_{ww} & M_{wr} \\ M_{rw} & M_{rr} \end{pmatrix} \tag{7.21}$$

angewendet, liefert die kondensierte Trägheitsmatrix

$$M_c := T_w^T M T_w = M_{ww} - K_{wr}K_{rr}^{-1}M_{rw} - M_{wr}K_{rr}^{-1}K_{rw} + K_{wr}K_{rr}^{-1}M_{rr}K_{rr}^{-1}K_{rw}. \tag{7.22}$$

Was bedeutet nun diese „statische" Kondensation für das zugehörige Matrizeneigenwertproblem (allgemein s. nächster Abschn.)? Das Matrizeneigenwertproblem

$$(-\lambda_0 M + K)\hat{u}_0 = 0 \tag{3.14}$$

entsprechend (7.16) und (7.21) partitioniert und nach $\hat{u}_{0w}$ aufgelöst liefert

$$K_c\hat{u}_{0w} = \lambda_0 M_c\hat{u}_{0w} +$$
$$+ \lambda_0^2(M_{wr}K_{rr}^{-1}M_{rw} - M_{wr}K_{rr}^{-1}M_{rr}K_{rr}^{-1}K_{rw}$$
$$- K_{wr}K_{rr}^{-1}M_{rr}K_{rr}^{-1}M_{rw}$$
$$+ K_{wr}K_{rr}^{-1}M_{rr}K_{rr}^{-1}M_{rr}K_{rr}^{-1}K_{rw})\hat{u}_{0w} + O(\lambda_0^3). \tag{7.23}$$

Das Eigenwertproblem, gebildet aus der statisch kondensierten Steifigkeitsmatrix (7.18) und der entsprechend kondensierten Trägheitsmatrix (7.22), ist unter Vernachlässigung der Terme 2. und höherer Ordnung von λ_0 in seiner Struktur gleich dem ursprünglichen Matrizeneigenwertproblem: quasistatische Kondensation (Guyan-Reduktion [7.6]). Die Linearisierung von (7.23) ist dann statthaft, wenn die Normen der Matrizen M_{wr}, M_{rr} wesentlich kleiner als die der Matrizen K_{wr} und K_{rr} sind, mit anderen Worten, die restlichen Verschiebungen müssen an Stellen mit hoher Steifigkeit und geringer Trägheit gewählt werden. – Fehlerbetrachtungen zur statischen und quasistatischen Kondensation enthalten die Veröffentlichungen [7.3], [7.7]–[7.9]. Zur Herleitung der Gl. (7.23) benötigt man die Inverse $(I - \lambda_0 K_{rr}^{-1} M_{rr})^{-1} = I + \lambda_0 K_{rr}^{-1} M_{rr} + \lambda_0^2 (K_{rr}^{-1} M_{rr})^2 + \ldots$, deren Entwicklung nur konvergiert, wenn alle $|\kappa_k| < 1$ sind mit $\kappa_k := \lambda_0 x_k^T M_{rr} x_k / (x_k^T K_{rr} x_k)$, $k = 1(1)n - n_w$, und dem Matrizeneigenwertproblem $\lambda_0 K_{rr}^{-1} M_{rr} x_k = \kappa_k x_k$. Es folgt die Voraussetzung (Frequenzkriterium:)

$$\lambda_0 \overset{!}{<} x_k^T K_{rr} x_k / (x_k^T M_{rr} x_k), \qquad \text{also } \lambda_0 \overset{!}{<} \min_k \kappa_k.$$

Es sei darauf hingewiesen, daß die Trägheitskopplungen (s. M_{wr}, M_{rw} in (7.22) und (7.23)) bei der FG-Reduktion eine wesentliche Rolle spielen, so daß Frequenzkriterien bezüglich der Eigenfrequenzen der wesentlichen FG und restlichen FG allein nicht ausreichen (s. [1.20], Beispiel 5.6).

Der Gl. (7.23) ist aber auch zu entnehmen, daß die statische und quasistatische Kondensation für Eigenfrequenzen nahe Null nur geringe Fehler in den Eigenlösungen verursacht. Für Eigenlösungen mit Eigenfrequenzen nicht nahe Null schafft eine Frequenzverschiebung (frequency shift) Abhilfe, um mit dem statisch kondensierten Problem arbeiten zu können: $\tilde{\lambda}_0$ sei eine Näherung für den Eigenwert λ_0:

$$\lambda_0 = \tilde{\lambda}_0 + \Delta\lambda_0,$$

es folgt

$$(-\lambda_0 M + K)\hat{u}_0 = [-\Delta\lambda_0 M + (K - \tilde{\lambda}_0 M)]\hat{u}_0 = 0.$$

Diese Gl. ist ein Matrizeneigenwertproblem mit dem Eigenwert $\Delta\lambda_0$ nahe Null, einer Steifigkeitsmatrix $K' := K - \tilde{\lambda}_0 M$ und dem ungeänderten Eigenvektor $\hat{u}_0$. Partitionierung von $\hat{u}_0$ in $(\hat{u}_{0w}^T, \hat{u}_{0r}^T)^T$ liefert nach Gl. (7.18) die kondensierte Matrix

$$K_c' = K_{ww}' - K_{wr}' K_{rr}'^{-1} K_{rw}'$$

$$= K_{ww} - \tilde{\lambda}_0 M_{ww} - (K_{wr} - \tilde{\lambda}_0 M_{wr})(K_{rr} - \tilde{\lambda}_0 M_{rr})^{-1}(K_{rw} - \tilde{\lambda}_0 M_{rw}),$$

$$\det (K_{rr} - \tilde{\lambda}_0 M_{rr}) \neq 0.$$

Der Vorteil ist offensichtlich, man braucht nur mit den statisch kondensierten Matrizen reduzierter Ordnung zu arbeiten. Durch die Frequenzverschiebung wird die Trägheitskraft in der betreffenden Eigenschwingungsform näherungsweise berücksichtigt. Der Nachteil ist ebenfalls offensichtlich: Die statische Kondensation gilt nur für die Eigenwerte nahe Null. Für andere Eigenlösungen muß die Frequenzverschiebung mit entsprechender Näherung für die betreffenden Eigenwerte wiederholt werden, sofern die (verallgemeinerten) Trägheitskräfte bei den betreffenden FG überhaupt berücksichtigt werden müssen.

7.3   Dynamische Kondensation und ihre Approximationen

Die statische (K_c) und quasistatische Kondensation (K_c, M_c) konnte über die Kongruenztransformation mit der Transformationsmatrix (7.19) erzielt werden. Auf dynamische Probleme angewandt, sind diese beiden Kondensationsmethoden Näherungsverfahren. Es läßt sich nun eine allgemeinere Transformationsmatrix angeben, mit der über eine Kongruenztransformation die matriziellen Bewegungsgleichungen der Ordnung n auf $n_w < n$ Gleichungen ohne Vernachlässigung reduziert werden können: dynamische Kondensation. Die dynamische Kondensation wird hergeleitet, und es werden Approximationen derselben diskutiert.

7.3.1   Theoretische Grundlage: Entwicklung nach Ansatzvektoren

Die Ausgangsgleichung ist die Bewegungsgleichung

$$M\ddot{u}(t) + B\dot{u}(t) + Ku(t) = p(t) \tag{3.7}$$

für symmetrische Matrizen. Mit der Transformation

$$u(t) = Tq(t) \tag{7.24}$$

von $u(t)$ in generalisierte Koordinaten $q_i(t)$, $i = 1(1)n$, wobei T eine reguläre quadratische Transformationsmatrix mit konstanten Elementen ist, wird die Gl. (3.7) überführt in die Gl.

$$MT\ddot{q}(t) + BT\dot{q}(t) + KTq(t) = p(t),$$

die nach Vormultiplikation mit der transponierten Transformationsmatrix (Kongruenztransformation) übergeht in

$$M_T\ddot{q}(t) + B_T\dot{q}(t) + K_Tq(t) = p_T(t) \tag{7.25}$$

mit den generalisierten Matrizen

$$\left.\begin{aligned}
M_T &:= T^T MT, \\
B_T &:= T^T BT, \\
K_T &:= T^T KT, \\
p_T &:= T^T p(t).
\end{aligned}\right\} \tag{7.26}$$

Die Transformationsmatrix T sei jetzt partitioniert gemäß n_w wesentlichen und $n_r := n - n_w$ restlichen generalisierten Koordinaten,

$$u(t) = (T_w, T_r)\begin{pmatrix} q_w(t) \\ q_r(t) \end{pmatrix} = T_w q_w(t) + T_r q_r(t). \tag{7.27}$$

T_w ist eine (n, n_w)-Matrix und T_r demzufolge eine (n, n_r)-Matrix. Die verschiedenen Kondensationsmethoden unterscheiden sich im wesentlichen in der Wahl von T.

Ist $T_r \neq 0$ und werden die restlichen Koordinaten in der Entwicklung (7.27) vernachlässigt, so wird die Anzahl der generalisierten Koordinaten von ursprünglich n auf $n_w = n - n_r$ reduziert, und die Aufgabe wird angenähert. Diese Näherung ist dann statthaft, wenn

$$\| \mathbf{u}(t) - T_w q_w(t) \| < \epsilon(t) \tag{7.28}$$

mit einer vorgegebenen Fehlerschranke $\epsilon > 0$ gilt (relative Vollständigkeit von $T_w q_w(t)$). Der Ansatz (7.27) unter Vernachlässigung des zweiten Terms entspricht einem verallgemeinerten Ritz-Ansatz (s. Abschn. 6.5 mit $n_w = N$ im Vektorraum) mit zulässigen bzw. Vergleichs-Vektoren. Je günstiger (bezüglich der Approximation der Energien und abhängig von der Erregung) die Spaltenvektoren von T_w gewählt werden, desto eher ist (7.28) für ein vorgegebenes $\epsilon(t)$ für alle $t \in [0, T_0]$, $T_0 < \infty$, erreichbar (s. Abschn. 7.3.3).

Die Transformation (7.27) zeigt darüber hinaus, daß mit spaltenregulärem T_w die Transformationsmatrix T lediglich durch linear voneinander unabhängige Vektoren zu $T = (T_w, T_r)$ ergänzt zu werden braucht, um die einzige Voraussetzung bezüglich T, nämlich ihre Regularität, zu erfüllen. Damit ist die Transformation umkehrbar, und es ist dann möglich, die Kongruenztransformation exakt auszuführen und über $T_r q_r(t)$ eine Fehleruntersuchung zu der Näherungsrechnung mit $T_w q_w(t)$ durchzuführen [7.3], [7.7].

7.3.2 Dynamische Kondensation

Die dynamische Kondensation ist eine Reduktion der FG ohne jede Vernachlässigung. Mit der laplacetransformierten Bewegungsgleichung (3.7) für Anfangsbedingungen gleich Null und der dynamischen Steifigkeitsmatrix entsprechend Gl. (7.2),

$$S(s) := s^2 M + sB + K \tag{7.29}$$

geht die Bewegungsgleichung partitioniert in wesentliche und restliche Koordinaten über in

$$\begin{pmatrix} S_{ww}(s) & S_{wr}(s) \\ S_{rw}(s) & S_{rr}(s) \end{pmatrix} \begin{pmatrix} U_w(s) \\ U_r(s) \end{pmatrix} = \begin{pmatrix} P_w(s) \\ P_r(s) \end{pmatrix}. \tag{7.30}$$

Formal wie bei der statischen Kondensation liefert die 2. Gl. von (7.30) unter der Voraussetzung $\det S_{rr}(s) \neq 0$

$$U_r(s) = S_{rr}^{-1}(s)[P_r(s) - S_{rw}(s)U_w(s)], \qquad \det [S_{rr}(s)] = 0,$$

die in die erste Gl. von (7.30) eingesetzt, das dynamisch kondensierte Problem ergibt

$$\left. \begin{aligned} &S_c(s)U_w(s) = P_c(s), \\ &S_c(s) := S_{ww}(s) - S_{wr}(s)S_{rr}^{-1}(s)S_{rw}(s), \\ &P_c(s) := P_w(s) - S_{wr}(s)S_{rr}^{-1}(s)P_r(s). \end{aligned} \right\} \tag{7.31}$$

Dasselbe Ergebnis (7.31) erhält man mit

$$U(s) = T_D U_w(s),$$
$$T_D(s) := \begin{pmatrix} I \\ -S_{rr}^{-1}(s) & S_{rw}(s) \end{pmatrix} \Bigg\} \qquad (7.32)$$

aus der Kongruenztransformation

$$T_D^T S(s) T_D = T_D^T P(s), \qquad (7.33)$$

wie man leicht verifiziert. Die Gl. (7.33) ist eine dynamische kondensierte Gleichung der Ordnung $n_w = n - n_r$ ohne jede Vernachlässigung (also $T_r = 0$ in Gl. (7.27). Der Nachteil der Transformation (7.32) ist, daß die numerisch zu bildende Inverse $S_{rr}^{-1}(s)$ von der Laplacevariablen s abhängt.

Für das zugeordnete Matrizeneigenwertproblem mit $P(s) = 0$ und dem Eigenwert λ_D folgt

$$S(\lambda_D)\hat{u}_D = 0, \qquad (7.34)$$

und kondensiert mit

$$\hat{u}_D = T_D \hat{u}_{DW}, \qquad \hat{u}_{DW} \in C_{n-n_r},$$
$$T_D := \begin{pmatrix} I \\ -S_{rr}^{-1}(\lambda_D) & S_{rw}(\lambda_D) \end{pmatrix}, \Bigg\} \qquad (7.35)$$

— vorausgesetzt, es ist $\det S_{rr}(\lambda_D) \neq 0$ — lautet das reduzierte Matrizeneigenwertproblem

$$T_D^T(\lambda_D)S(\lambda_D)T_D(\lambda_D)\hat{u}_{DW} = 0. \qquad (7.36)$$

der Ordnung $n_w < n$ mit jedoch n Eigenlösungen.

Die Ausdrücke für die kinetischen und potentiellen Energien werden entsprechend transformiert.

A n m e r k u n g : Die Kongruenztransformation ist eine Transformation der Energien (Beweis?).

Der Nachteil bei der dynamischen Kondensation ist beim Matrizeneigenwertproblem, daß die Inverse $S_{rr}^{-1}(\lambda_D)$ in Abhängigkeit von den (zunächst unbekannten) Eigenwerten λ_D zu bilden ist.

7.3.3   Angenäherte dynamische Kondensationsverfahren

Den Nachteil der dynamischen Kondensation, nämlich die Inversenbildung abhängig von der Laplacevariablen bzw. von dem Eigenwert mit ihrem großen numerischen Aufwand, versucht man, durch Vereinfachungen zu umgehen. Eine Vereinfachung entsteht durch die Vernachlässigung der Trägheits- und Dämpfungsterme in der Transformationsmatrix (7.35), man erhält dann die Transformationsmatrix (7.19) der statischen Kondensation. Verbesserungen gegenüber der statischen Kondensation erhält man aus Gl. (7.35), wenn man die Trägheits- und Dämpfungsterme nur in S_{rr} nicht aber in S_{rw} vernachlässigt, um die Inversion zu vereinfachen. Man erkennt, daß man je nach Vernachlässigung verschieden angenäherte Kondensationsverfahren konstruieren kann. Auch der Fall der Frequenzverschiebung ist enthalten, indem in der Matrix S_{rr} das Argument fest gewählt wird etc. Weitere Einzelheiten können [1.20], [7.9] und [7.10] entnommen werden.

Schließlich sei noch auf die Freiheitsgradreduktion aus der Kombination der Systemsynthese und Kondensation eingegangen. Die Transformation in generalisierte Koordinaten erfolgt für das Teilsystem R:

$$U_R(s) = T_R Q_R(s) = \begin{pmatrix} U_{RR}(s) \\ U_{RV}(s) \end{pmatrix} = \begin{pmatrix} T_{RR} & T_{RV} \\ T_{VR} & T_{VV}^R \end{pmatrix} \begin{pmatrix} Q_{RR}(s) \\ Q_{RV}(s) \end{pmatrix} . \tag{7.37}$$

Um für $T_R^T S_R(s) T_R$ möglichst einfache Ausdrücke zu erhalten, gibt es viele Möglichkeiten, die Transformationsmatrizen zu wählen. In erster Linie bieten sich Eigenvektoren an, die mit ihren Orthogonalitätseigenschaften ($\rightarrow$ Modalsynthese) die Gleichungssysteme entkoppeln. In Anlehnung an [7.7] seien die folgenden Transformationsmöglichkeiten[1]) diskutiert.

T1: Setzt man

$$T_R^{(1)} := \begin{pmatrix} \hat{U}_{RR} & 0 \\ 0 & T_{VV}^R \end{pmatrix} \tag{7.38}$$

mit der Modalmatrix $\hat{U}_{RR}$ des in den Verbindungskoordinaten starr eingespannten ungedämpften Subsystems (fixed interface normal modes), $U_{RV}(s) = 0$, so folgt

$$-M_{RR}\hat{U}_{RR}\Lambda_{RR} + K_{RR}\hat{U}_{RR} = 0. \tag{7.39}$$

Die generalisierten Matrizen des Subsystems R folgen infolge der Orthogonalitätseigenschaften der Eigenschwingungsformen in der Normierung $\hat{U}_{RR}^T M_{SS} \hat{U}_{RR} = I$ aus der Transformation $(T_R^{(1)})^T S_R(s) T_R^{(1)}$ zu

$$T_R^{(1)T} M_R T_R^{(1)} = \begin{pmatrix} I, & \hat{U}_{RR}^T M_{RV} T_{VV}^R \\ T_{VV}^{RT} M_{VR} \hat{U}_{RR}, & T_{VV}^{RT} M_{VV}^R T_{VV}^R \end{pmatrix} ,$$

$$T_R^{(1)T} B_R T_R^{(1)} = \begin{pmatrix} \hat{U}_{RR}^T B_{RR} \hat{U}_{RR}, & \hat{U}_{RR}^T B_{RV} T_{VV}^R \\ T_{VV}^{RT} B_{VR} \hat{U}_{RR}, & T_{VV}^{RT} B_{VV}^R T_{VV}^R \end{pmatrix} ,$$

$$T_R^{(1)T} K_R T_R^{(1)} = \begin{pmatrix} \Lambda_{RR} & \hat{U}_{RR}^T K_{RV} T_{VV}^R \\ T_{VV}^{RT} K_{VR} \hat{U}_{RR}, & T_{VV}^{RT} K_{VV}^R T_{VV}^R \end{pmatrix} . \left.\rule{0pt}{60pt}\right\} \tag{7.40}$$

Für die Teiltransformationsmatrix T_{VV}^R kann z. B. die Modalmatrix des aus der zweiten Matrizengleichung von $T_R^{(1)T} S_R(s) T_R^{(1)}$ mit $U_{RR}(s) = 0$, $P_{RV} = 0$ resultierenden Eigenwertproblems gewählt werden.

---

[1]) Hinsichtlich der (weiteren) englischen Bezeichnungen und der Verfahrensunterscheidungen s. z. B. [1.17] und das in [7.7], [7.9], [7.10] zitierte englisch-sprachige Schrifttum.

Die Transformationsmatrix $\mathbf{T}$ in (7.24) besitzt hiernach die einfache Gestalt

$$\mathbf{T}^{(1)} = \begin{pmatrix} \hat{\mathbf{U}}_{AA} & 0 & 0 \\ 0 & \mathbf{T}_{VV} & 0 \\ 0 & 0 & \hat{\mathbf{U}}_{BB} \end{pmatrix}, \qquad \mathbf{T}_{VV} := \mathbf{T}_{VV}^{R}. \tag{7.41}$$

Die Transformation T1 ist in ihrem diagonalen Aufbau zwar einfach, sie braucht aber dem dynamischen Verhalten des betrachteten Systems nicht adäquat zu sein, wie das nachstehende Beispiel verdeutlicht.

Beispiel 7.4 Ein Fernsehturm sei in die beiden Subsysteme Schaft (A) und Antenne (B) aufgeteilt (Bild 7.5a). Die Grundeigenschwingung des zugeordneten ungedämpften Systems habe die in Bild 7.5b dargestellte Form. Die in dem Verbindungspunkt starr eingespannten Subsysteme besitzen dann Grundschwingungen wie in Bild 7.5c angedeutet. Die Kopplung der Ansatzvektoren $\hat{\mathbf{u}}_{AA}$, $\hat{\mathbf{u}}_{BB}$ erfolgt lediglich über die Systemkopplungsmatrizen, d. h. es sind bei den gewählten Randbedingungen bei T1 (die weder die Zwischenbedingungen des synthetisierten Problems erfüllen noch annähern) praktisch alle Ansatzformen notwendig, um die Eigenschwingungsformen des Systems angenähert wiederzugeben.

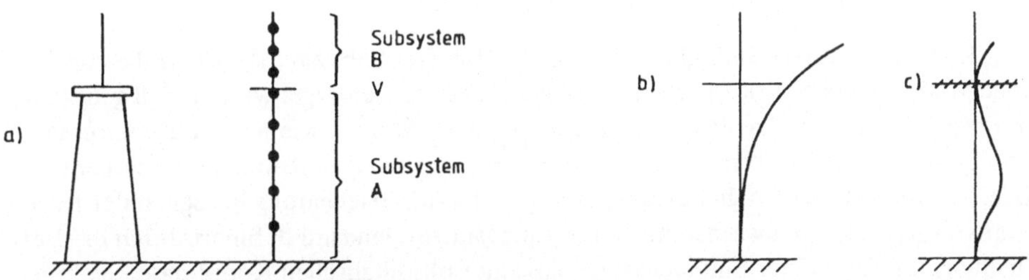

Bild 7.5 Ein in 2 Subsysteme aufgeteilter Fernsehturm

T2: Um den Nachteil der dem System u. U. nichtadäquaten Ansatzvektoren für die Entwicklung der Antwort nach denselben zu mindern (Konvergenzverbesserung bei Approximation oder Vernachlässigung von $\mathbf{T}_r$) wird in Ergänzung zu T1 hier die Teiltransformationsmatrix $\mathbf{T}_{RV}^{(2)} \neq \mathbf{0}$ gewählt:

$$\mathbf{T}_{R}^{(2)} = \begin{pmatrix} \hat{\mathbf{U}}_{RR} & \mathbf{T}_{RV}^{(2)} \\ 0 & \mathbf{T}_{VV}^{R} \end{pmatrix}. \tag{7.42}$$

Damit führt die Kongruenztransformation für das Subsystem auf die generalisierte Steifigkeitsmatrix

$$\mathbf{T}_{R}^{(2)\mathrm{T}}\mathbf{K}_{R}\mathbf{T}_{R}^{(2)} = \begin{pmatrix} \boldsymbol{\Lambda}_{RR}, & \hat{\mathbf{U}}_{RR}^{\mathrm{T}}(\mathbf{K}_{RR}\mathbf{T}_{RV}^{(2)} + \mathbf{K}_{RV}\mathbf{T}_{VV}^{R}) \\ (\mathbf{T}_{RV}^{(2)\mathrm{T}}\mathbf{K}_{RR} + \mathbf{T}_{VV}^{RT}\mathbf{K}_{VR})\hat{\mathbf{U}}_{RR}, & (\mathbf{T}_{RV}^{(2)\mathrm{T}}\mathbf{K}_{RR} + \mathbf{T}_{VV}^{RT}\mathbf{K}_{VR})\mathbf{T}_{RV}^{(2)} + \\ & + (\mathbf{T}_{RV}^{(2)\mathrm{T}}\mathbf{K}_{RV} + \mathbf{T}_{VV}^{RT}\mathbf{K}_{VV}^{R})\mathbf{T}_{VV}^{R} \end{pmatrix},$$

aus der mit der Forderung

$$\hat{\mathbf{U}}_{RR}^{\mathrm{T}}(\mathbf{K}_{RR}\mathbf{T}_{RV}^{(2)} + \mathbf{K}_{RV}\mathbf{T}_{VV}^{R}) \overset{!}{=} \mathbf{0}$$

die Teiltransformationsmatrix

$$T_{RV}^{(2)} = -K_{RR}^{-1}K_{RV}T_{VV}^{R} \tag{7.43}$$

hervorgeht. Damit nimmt die generalisierte Steifigkeitsmatrix die einfache Gestalt

$$T_R^{(2)T}K_R T_R^{(2)} = \begin{pmatrix} \Lambda_{RR}, & 0 \\ 0, & T_{VV}^{RT}(K_{VV}^{R} - K_{VR}K_{RR}^{-1}K_{RV})T_{VV}^{R} \end{pmatrix}$$

an. Die anderen generalisierten Matrizen sind damit ebenfalls berechenbar, sie haben aber nicht die einfache Form wie die generalisierte Steifigkeitsmatrix. Mit (7.43) sind durch $K_{RR}^{-1}K_{RV}$ sogenannte Zwängungsformen (constraint modes) eingeführt.

T3: Die Spaltenvektoren von $T_R^{(3)}$ sind die Eigenvektoren des Subsystems mit freiem Rand bezüglich der Verbindungskoordinaten (free interface normal modes) $P_{RV}(s) = 0$: Für das ungedämpfte System heißt das, das Matrizeneigenwertproblem

$$\left[-\omega_f^2 \begin{pmatrix} M_{RR} & M_{RV} \\ M_{VR} & M_{VV}^{R} \end{pmatrix} + \begin{pmatrix} K_{RR} & K_{RV} \\ K_{VR} & K_{VV}^{R} \end{pmatrix} \right] \begin{pmatrix} \hat{u}_R \\ \hat{u}_{RV} \end{pmatrix}_f = 0 \tag{7.44}$$

lösen. Für eine singuläre Steifigkeitsmatrix K_R (frei-frei-Subsystem) enthält die zugehörige Modalmatrix Starrkörperformen (das sind die zu den Eigenwerten Null gehörenden Eigenschwingungsformen), sie ist jedoch regulär. Ähnlich wie bei der Transformation T2 können zur Konvergenzverbesserung statische Einspannformen (attachment modes) eingeführt werden, bei denen jedoch die Fallunterscheidung bezüglich der Regularität von K_R getroffen werden muß. Die Einspannformen sind definiert durch die Verschiebungen infolge einer Einheitslast gemäß einer physikalischen Koordinate. Sie können physikalisch als Spalten der Nachgiebigkeitsmatrix gedeutet und als Linearkombination der Eigenvektoren (7.44) dargestellt werden.

A n m e r k u n g : Der Nachteil dieser Transformationsmöglichkeit ohne Verwendung von Einspannformen (Konvergenzschwierigkeiten) liegt darin, daß das System in der Umgebung der Verbindungspunkte nicht entsprechend der Wirklichkeit beansprucht wird (sehr kleine und evtl. stark fehlerbehaftete Werte).

T4: Die Spaltenvektoren der Transformationsmatrix in (7.37) sind die Eigenvektoren des in den Verbindungspunkten steifigkeits- und/oder trägheitsmäßig abgewandelten freien Subsystem (Zusatzmatrizen M_ϱ^{RV}, K_ϱ^{RV}: die Eigenschwingungsformen werden loaded-interface normal modes genannt). Man versucht, so die Nachteile von T3 zu überwinden:

$$\left[-\omega_\varrho^2 \begin{pmatrix} M_{RR}, M_{RV} \\ M_{VR}, M_{VV}^{R} + M_\varrho^{RV} \end{pmatrix} + \begin{pmatrix} K_{RR}, K_{RV} \\ K_{VR}, K_{VV}^{R} + K_\varrho^{RV} \end{pmatrix} \right] \begin{pmatrix} \hat{u}_R \\ \hat{u}_{RV} \end{pmatrix}_\varrho = 0. \tag{7.45}$$

Diese Transformation ermöglicht die beanspruchungsgerechte Ermittlung von Eigenschwingungsformen mit den Vorteilen, daß numerische Schwierigkeiten vermieden werden (freie steife mit wenig Masse belegte Verbindungselemente werden z. B. nicht mehr mit Verschiebungen nahe Null eingeführt) und die Konvergenz verbessert wird.

T5: Diese Transformationsmöglichkeit stellt eine Verallgemeinerung von T4 dar, indem die Zusatzelemente in den Verbindungspunkten auch die Kopplungsterme erfassen. Die Wahl der Eigenschwingungsgrößen dieses in den Verbindungspunkten derart abgewandelten Subsystems hat trotz der u. U. weitgreifenden Änderung den Vorteil, daß die Vektoren der Transformationsmatrix ein Orthonormalsystem bilden (Ritz-Ansatz mit orthonormierten Vektoren).

7.4   Aufgaben

7.1 Ist bei der statischen Kondensation die Nachgiebigkeitsformulierung der Steifigkeitsformulierung vorzuziehen?

7.2 Es ist die Steifigkeitsmatrix des Eingeschoßrahmens (Bild 6.18, Aufgabe 6.3) mit vierfacher Biegesteifigkeit des Riegels gegenüber den Stielen (je EI) aufzustellen und derart statisch zu kondensieren, daß die Rotationsfreiheitsgrade eliminiert sind.

7.3 Das Matrizeneigenwertproblem eines 3-FGM ist mit $n_r = 1$ (letzte Koordinate) dynamisch zu kondensieren, und es ist zu zeigen, daß die Gesamteigenlösungen des kondensierten Problems exakt sind.

7.4 Es ist zu zeigen, daß die Kongruenztransformation eine energetische Transformation ist.

7.5 Der 9-Punkte-Kettenschwinger (Bild 7.6) ist als Matrizeneigenwertproblem mit der (ungünstigen) Transformation T1 einer Modalsynthese zu unterwerfen. Hier sind 3 primäre FG des Subsystems A und 2 primäre FG des Subsystems B zu wählen. Die restlichen FG sind zu vernachlässigen. Gesucht sind die Fehler der ersten 4 Eigenlösungen des synthetisierten Modells.

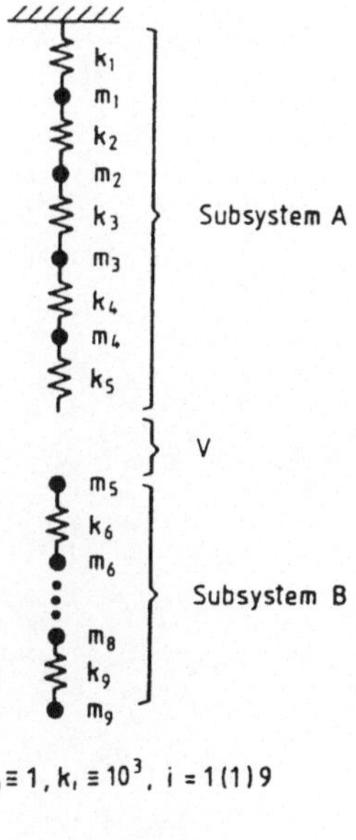

Bild 7.6
9-Punkte-Kettenschwinger $m_i \equiv 1, k_i \equiv 10^3, i = 1(1)9$

7.5   Schrifttum

[7.1]   W o l f , J. P.: Dynamic Soil Structure Interaction. Inc. Englewood Cliffs, N. J. Prentice-Hall 1985

[7.2]   Z i e g l e r , F.: Stationäre und instationäre Schwingungen hybrider Systeme — Eine Übersicht mit Anwendungen. In: Dynamische Probleme — Modellierung und Wirklichkeit (Hrsg.: H. G. Natke und K. Popp). Mitteilung des Curt-Risch-Institutes der Universität Hannover, CRI-K 1/87, 1987, 159—196

[7.3]   N a t k e , H. G.: Zur Matrixreduktion beim Flatterproblem. Ingenieur-Archiv **44** (1975) 317—326

[7.4]   E l m e r , K.-H.; N a t k e , H. G.; T h i e d e , R.: Modelling in Soil Dynamics by a Finite Domain with respect to Transient Excitation. 3rd. Internat. Conference on Soil Dynamics and Earthquake Engineering, Princeton, N. J., June 22—24, 1987

[7.5]   B r e i t b a c h , E.: Modal Synthesis — Modal Correction — Modal Coupling. In: H. G. Natke (Ed.): Identification of Vibrating Structures; CISM Courses and Lectures No. 272. Wien, New York: Springer-Verlag 1982, 321—348

[7.6]   G u y a n , R. J.: Reduction of Stiffness and Mass Matrices. AIAA Journal, Vol. 3, No. 2 (1965), S. 380

[7.7]   N a t k e , H. G.: Angenäherte Fehlerermittlung für Modalsynthese-Ergebnisse innerhalb der Systemanalyse und Systemidentifikation. ZAMM **61** (1981) 41—53

[7.8]   W r i g h t , G. C.; M i l e s , G. A.: An Economical Method for Determining the Smallest Eigenvalues of Large Linear Systems. Int. J. for Numerical Methods in Eng. 3 (1971) 25—33

[7.9]   R ö h r l e , H.: Reduktion von Freiheitsgraden bei Strukturdynamik-Aufgaben. Habilitationsschrift Universität Hannover, 1979

[7.10] N a t k e , H. G.; D a n i s c h , R.; D e l i n i č , K.: Condensation Methods for the Dynamic Analysis of Large Models. Nuclear Engineering and Design, erscheint Feb. 1989

Kapitel 2

2.1 Realteile, wenn $p(t) = \mathrm{Re}\,(p_0 e^{j\Omega t}) = p_0 \cos \Omega t$ gilt, Imaginärteile für
$p(t) = p_0 \sin \Omega t = \mathrm{Im}\,(p_0 e^{j\Omega t})$.

2.2 (Tabelle 2.1) Anfangsbedingungen:

$$ku_0 = p_0, \; u_0 = p_0/k, \; \dot{u}_0 = 0 \qquad A_1 = p_0/k, \; A_2 = 0,$$

$$u(t) = (p_0/k) \cos \omega_0 t \text{ mit } \omega_0 = 58{,}06\,\mathrm{s}^{-1}, \qquad f_0 = \omega_0/(2\pi) = 9{,}24 \text{ Hz}$$

$$u_0 = 2{,}967 \cdot 10^{-7}\, p_0 \text{ [m]} = 0{,}0003\, p_0 \text{ [mm]},$$

$$u(t) = 2{,}967 \cdot 10^{-7}\, p_0 \cos 58{,}06t \text{ [m]}.$$

2.3 Aufgrund der Gln. (2.23), (2.24) gilt:

$$\vartheta = 2\pi D/\sqrt{1 - D^2} = 0{,}0628, \qquad N\vartheta = \ln (u_n/u_{n+N}) = |\ln 0{,}01|.$$

Es folgt: $N = 4{,}605/0{,}0628 = 73{,}33$ und damit $NT = 73{,}33/f_0 = 7{,}9$ s.
Kontrolle: $u(7{,}9) = e^{-(\omega_0 D)t}(\ldots) = 0{,}01\,(\ldots)$.

2.4 (Tabelle 2.2) Anfangsbedingungen:

$$u_0 = 5 \cdot 10^{-2} \text{ m}, \; \dot{u}_0 = 0 \qquad A_1 = 5 \cdot 10^{-2} \text{ m}, \; A_2 = \frac{\omega_0 D \cdot 5 \cdot 10^{-2}}{\omega_D},$$

$$\omega_0 = 14{,}03 \text{ s}^{-1}, \qquad f_0 = 2{,}23 \text{ Hz}, \qquad \omega_D \doteq \omega_0, \qquad A_2 = 0{,}1 \cdot 10^{-2} \text{ m}.$$

$$u(3) = e^{-\omega_0 D \cdot 3} 10^{-2}(5 \cdot \cos \omega_0 3 + 0{,}1 \sin \omega_0 3) = 0{,}722 \cdot 10^{-2} \text{ m}.$$

$u(t)$ ist nach 3 s auf 14% der Anfangsamplitude abgeklungen.

2.5 Vergleiche Bild 2.8b mit

$$k = \frac{48 B_0}{\ell^3} = 4{,}50 \cdot 10^6 \text{ N m}^{-1},$$

$$\omega_0 = 150 \text{ s}^{-1}, \qquad \delta = 3, \qquad \eta = 0{,}628, \qquad |\hat{u}| = 6{,}5 \cdot 10^{-4} \text{ m}.$$

(2.33a): $u(t) = 6{,}5 \cdot 10^{-4} \cos (\Omega t - 0{,}0415)$.

2.6 a) Bild 2.8a: $p_u(t) = -m_u x_0 \Omega^2 \cos \Omega t, \qquad p_0 = -m_u x_0 \Omega^2$

(2.31): $\hat{u} = F(j\Omega) p_0 = -m_u x_0 \Omega^2 F(j\Omega)$.

b) Lösung durch Überlagerung der zugehörigen partikulären (stationären) Lösung mit der Lösung der homogenen Gleichung. Nach (2.36) ergeben sich die Konstanten A_1, A_2.

(2.19): $u_h(t) = e^{-\delta t}(A_1 \cos \omega_D t + A_2 \sin \omega_D t)$.

Es gelten nun folgende Abschätzungen:

$$|u_h(t)| \leqslant e^{-\delta t}(|A_1| + |A_2|), \qquad |A_1| \leqslant |F(j\Omega)| \, |p_0|,$$

$$|A_2| \leqslant |F(j\Omega)| \, |p_0| \left(\frac{D}{\sqrt{1-D^2}} + \frac{\Omega}{\omega_D} \right),$$

$$|u_h(t)| \leqslant e^{-\delta t} |F| \, |p_0| \left(1 + \frac{D}{\sqrt{1-D^2}} + \frac{\Omega}{\omega_D} \right) \overset{!}{<} u_s,$$

$$e^{-\delta t} < \frac{u_s}{|F| \, |p_0| \left(1 + \dfrac{D}{\sqrt{1-D^2}} + \dfrac{\Omega}{\omega_D} \right)},$$

$$-\delta t < \ln \frac{u_s}{|F| \, |p_0| \left(1 + \dfrac{D}{\sqrt{1-D^2}} + \dfrac{\Omega}{\omega_D} \right)},$$

$$t > \frac{1}{\delta} \left| \ln \frac{u_s}{|F| \, |p_0| \left(1 + \dfrac{D}{\sqrt{1-D^2}} + \dfrac{\Omega}{\omega_D} \right)} \right|.$$

2.7 $|p_0| = m_u x_0 \Omega^2 = 1{,}233 \cdot 10^3 \, \text{kN},$

$$\omega_0 = \sqrt{k/(m + m_u)} = 366{,}8 \, \text{s}^{-1}, \qquad \omega_D = 366{,}8 \sqrt{1 - 0{,}03^2} = 366{,}65 \, \text{s}^{-1},$$

(2.39): $f(j\eta) = \dfrac{1}{1 - \eta^2 + j2D\eta}, \qquad \eta = \dfrac{157{,}1}{366{,}8} = 0{,}428$

$$f(j \cdot 0{,}428) = \frac{1}{1 - 0{,}428^2 + j2 \cdot 0{,}33 \cdot 0{,}428} = \frac{1}{0{,}817 + j0{,}0257}.$$

(2.41): $V(0{,}428) = \dfrac{1}{\sqrt{0{,}817^2 + 0{,}0257^2}} = 1{,}223$

(2.39): $F(j\eta) = \dfrac{1}{k} f(j\eta), \qquad |\hat{u}| = |F| \, |p_0| = \dfrac{10^{-7}}{4{,}05} \cdot 1{,}223 \cdot 1{,}233 \cdot 10^3 = 0{,}3723 \cdot 10^{-4} \, \text{m}$

(2.42): $\epsilon(0{,}428) = 3{,}14 \cdot 10^{-2}$

(2.33a): $u(t) = 0{,}3723 \cdot 10^{-4} \cos (157{,}1 \, t - 3{,}15 \cdot 10^{-2})$

2.8 (2.47): $D = 0{,}0186$; exakt: $19{,}0 - 1{,}3 = 17{,}7, \qquad D = 1/(2\sqrt{2}\, V(\eta_1)) = 0{,}02.$

2.9 Die Ortskurve durch die beiden Punkte für η_0, η_1 ist kreisähnlich (Bild 8.1). Konstruktion der Tangenten, Errichten der Normalen liefert in ihrem Schnittpunkt den

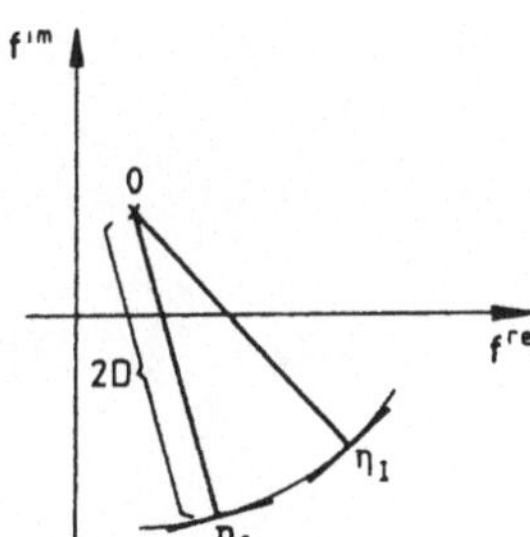

Bild 8.1
Zur Ortskurvenkonstruktion

Kreismittelpunkt O. Der Abstand von O auf dem Radius beträgt 2D. (Konstruktion eines korrigierten Koordinatensystems!)

2.10 Nach Beispiel 2.3 ist

$$V = \frac{1}{\left| 1 - \left(\dfrac{\Omega}{\omega_G} \right)^2 \right|} .$$

Mit $0{,}2 \cdot 60{,}75 = 12{,}15$ folgt die Eigenfrequenz des zusätzlich abgefederten Systems aus

$$12{,}15 = \frac{1}{|1 - (6 \cdot 2\pi/\omega_G)^2|}$$

zu $\omega_G \leqslant 5{,}767 \cdot 2\pi \, s^{-1}$. Weiter ist (s. Beispiel 2.3) für $\omega_G = 5{,}767 \cdot 2\pi \, s^{-1}$: $k_1 =$

$$= \frac{\omega_G^2}{\omega_0^2 - \omega_G^2} k_0 = 9{,}95 \, k_0 .$$ D. h. eine Zusatzfeder von ungefähr 10-fach größerer Feder-

konstanten des ursprünglichen Systems erniedrigt die Eigenfrequenz von 6,05 Hz bereits auf 5,8 Hz derart, daß die Verstärkung nur noch 12,15 beträgt.

Verminderung der Eigenfrequenz auf 2,0 Hz bewirkt eine Verstärkung von $1/80 = 0{,}0125$, d. h. gegenüber der statischen Auslenkung erhält man eine Reduzierung um 99%.

2.11 Nichtmittelwertfreie, b) mittelwertfreie (nicht ungerade) Funktion.

2.12 $$p(t) = \frac{\pi^2}{3} - 4 \left[\cos(20\pi t) - \frac{1}{2^2} \cos 2(20\pi t) + \frac{1}{3^2} \cos 3(20\pi t) - + \ldots \right]$$

$$= \frac{\pi^2}{3} + \sum_{n = \pm 1}^{\pm \infty} (-1)^n \frac{2}{n^2} e^{jn(20\pi)t} ,$$

$u(t)$ in reeller Darstellung s. (2.57) mit

$$c_\nu = (-1)^n \frac{4}{n^2}, \qquad \varphi_\nu = 0, \qquad a_0 = \frac{\pi^2}{3} .$$

u(t) in komplexer Darstellung

$$u(t) = \sum_{n=-\infty}^{\infty} F(jn20\pi)\hat{c}_n e^{jn(20\pi)t}, \qquad \hat{c}_n = \begin{cases} (-1)^n \dfrac{2}{n^2}, & n > 0, \\[2ex] \dfrac{\pi^2}{3}, & n = 0, \\[2ex] (-1)^n \dfrac{2}{n^2}, & n < 0. \end{cases}$$

2.13 Die Lösung erhält man aus der Superposition der Lösung der homogenen DGl. mit der periodischen Lösung: $u(t) = u_h(t) + u_p(t)$, $u_p(t)$ lt. Lösung der Aufgabe (2.12), $u_h(t)$ nach (2.19).

$$u(t) = e^{-\delta t}(A_1 \cos \omega_D t + A_2 \sin \omega_D t) + u_p(t)$$

$$u(0) = 0 = A_1 + u_p(0), \qquad A_1 = -u_p(0),$$

$$\dot{u}(t)|_{t=0} = 0 = \delta u_p(0) + \omega_D A_2 + \dot{u}_p(t)|_{t=0}, \qquad A_2 = -\frac{\delta}{\omega_D} u_p(0) - \frac{1}{\omega_D} \dot{u}_p(t)|_{t=0}.$$

$$u(t) = -e^{-\delta t}\left[u_p(0) \cos \omega_D t + \frac{1}{\omega_D}(\delta u_p(0) + \dot{u}_p(t)|_{t=0}) \sin \omega_D t \right] + u_p(t)$$

mit
$$u(0) = \frac{a_0}{k} + \sum_{\nu=1}^{\infty} \frac{c_\nu}{k \sqrt{\left[1 - \left(\dfrac{\nu\Omega_0}{\omega_0}\right)^2\right]^2 + \left(2D \dfrac{\nu\Omega_0}{\omega_0}\right)^2}} \cos \epsilon_\nu,$$

$$\dot{u}(t)|_{t=0} = \sum_{\nu=1}^{\infty} \frac{\nu\Omega_0 c_\nu}{k \sqrt{\left[1 - \left(\dfrac{\nu\Omega_0}{\omega_0}\right)^2\right]^2 + \left(2D \dfrac{\nu\Omega_0}{\omega_0}\right)^2}} \sin \epsilon_\nu, \qquad \Omega_0 = 20\pi.$$

2.14 Mit (2.63) wird (2.64):

$$h(t) = \frac{1}{\omega_D m} \int_0^t e^{-\delta(t-\tau)} \sin \omega_D(t-\tau) \cdot 1 d\tau, \qquad x := t - \tau$$

$$= -\frac{1}{\omega_D m} \int_t^0 e^{-\delta x} \sin \omega_D x \, dx$$

$$= \frac{1}{(\delta^2 + \omega_D^2)m} \left[1 - e^{-\delta t}\left(\cos \omega_D t + \frac{\delta}{\omega_D} \sin \omega_D t \right) \right].$$

(Es ist außerdem $\dot{h}(t) = g(t)$.)

$$2.15 \quad u(t) = \frac{p_0}{\omega_0 m} \cdot \begin{cases} 0 \text{ für} \quad t < 0, \\[2mm] \int\limits_0^t \sin \omega_0(t-\tau) \sin \frac{\pi}{\tau_0} \tau d\tau, \quad 0 \leqslant t \leqslant \tau_0, \\[2mm] \int\limits_0^{\tau_0} \sin \omega_0(t-\tau) \sin \frac{\pi}{\tau_0} \tau d\tau, \quad \tau_0 \leqslant t < \infty. \end{cases}$$

Es folgt:

$$u(t) = \frac{p_0}{\omega_0 m} \left(\frac{1}{2\left(\frac{\pi}{\tau_0} - \omega_0\right)} + \frac{1}{2\left(\frac{\pi}{\tau_0} + \omega_0\right)} \right) \left(\sin \omega_0 t - \frac{\omega_0 \tau_0}{\pi} \sin \frac{\pi}{\tau_0} t \right)$$
$$\text{für } 0 \leqslant t \leqslant \tau_0,$$

$$u(t) = \frac{p_0}{\omega_0 m} \left(\frac{1}{2\left(\frac{\pi}{\tau_0} - \omega_0\right)} + \frac{1}{2\left(\frac{\pi}{\tau_0} + \omega_0\right)} \right) [\sin \omega_0 t + \sin \omega_0(t - \tau_0)]$$
$$\text{für } \tau_0 \leqslant t < \infty$$

$$2.16 \quad \omega_0^2 = k/m, \quad k = 2k_1,$$

$$u(t) = \begin{cases} \dfrac{p_0}{k}(1 - \cos \omega_0 t) & \text{für } 0 \leqslant t \leqslant \Delta t, \\[3mm] \dfrac{p_0}{k}[\cos \omega_0(t - \Delta t) - \cos \omega_0 t], & t \geqslant \Delta t. \end{cases}$$

H i n w e i s : Die erste Teillösung entspricht ohne Intervallbeschränkung der Antwort auf den Sprung $p_0 1(t)$. Für die 2. Teillösung wird die bekannte Antwort des Systems auf den Sprung $-p_0 1(t - \Delta t)$ (bekannt aus der 1. Teillösung mit anderen Vorzeichen und dem Argument $t - \Delta t$ anstelle t) der 1. Teillösung überlagert:
$p(t) = p_0[1(t) - 1(t - \Delta t)]$.
Bei Stößen mit $\Delta t < T_0/2$ liegt der maximale Ausschlag im Bereich $t > \Delta t$. Ist $\Delta t > T_0/2$, so wird das Maximum schon während des Stoßes ($t < \Delta t$) erreicht und nimmt in beiden Fällen höchstens den zweifachen statischen Wert an (s. Beispiel 2.5).

$$\Delta t \ll T_0 : u(t) \doteq \frac{p_0 \Delta t}{\omega_0 m} \sin \omega_0 t \quad \text{für } t > \Delta t.$$

2.17 $u(t) = A_1 \cos \omega_0 t + A_2 \sin \omega_0 t + u_v(t)$; $u_v(t)$ ist die Antwort des Systems gemäß der Lösung der Aufgabe 2.16. Ermittlung der Integrationskonstanten:

$$u_0 = A_1 + u_v(0) \text{ mit } u_v(0) = 0 : A_1 = u_0.$$

$$\dot{u}_0 = \omega_0 A_2 + \dot{u}_v(t)|_{t=0} \text{ mit } \dot{u}_v(t)|_{t=0} = 0 : A_2 = \frac{\dot{u}_0}{\omega_0}.$$

$$u(t) = u_0 \cos \omega_0 t + \frac{\dot{u}_0}{\omega_0} \sin \omega_0 t + u_v(t).$$

2.18 $u(t) = \dfrac{1}{\omega_D m} \displaystyle\int_{-\infty}^{t} e^{-\delta(t-\tau)} \sin \omega_D(t-\tau) e^{j\Omega\tau} d\tau$

(vgl. Gl. (2.63) hier als Funktion von τ)

$$x := t - \tau, \qquad \tau = t - x, \qquad d\tau = -dx,$$

$$u(t) = \frac{1}{\omega_D m} e^{j\Omega t} \int_0^\infty e^{-(\delta + j\Omega)x} \sin \omega_D x \, dx = \frac{1}{[(\delta + j\Omega)^2 + \omega_D^2]m} e^{j\Omega t} \text{ w.z.z.w.}$$

A n m e r k u n g : Weniger aufwendig ist der Beweis im Frequenzraum:

$$\mathcal{F}\{p(t)\} \sim \delta(\omega - \Omega) \text{ lt. Tab. 2.7}, \qquad U(j\omega) \sim F(j\omega)\delta(\omega - \Omega) = F(j\Omega) \text{ w.z.z.w.}$$

2.19 Gl. (2.38) mit

$$\omega_0 = \sqrt{\frac{3000 \cdot 9{,}81}{100}} = 17{,}155 \text{ s}^{-1}, \qquad f_0 = 2{,}73 \text{ Hz},$$

$$F(j\omega) = \frac{10^{-3}}{3} \, \frac{1}{1 - \left(\dfrac{\omega}{17{,}155}\right)^2 + j\,0{,}06 \, \dfrac{\omega}{17{,}155}} \, .$$

2.20 Mit den Ergebnissen der Beispiele 2.9 und 2.10 liefert die FT der Bewegungsgleichung das Ergebnis

$$\frac{U(j\omega)}{P(j\omega)} = F(j\omega) \, \frac{P(j\omega) + m\dot{u}_0 + (j\omega m + b)u_0}{P(j\omega)}$$

mit $F(j\omega)$ der Aufgabe 2.19, $m = G/9{,}81$, $b = 2D\omega_0 m$ nach Gl. (2.15) und

$$P(j\omega) = \int_0^T p(t)e^{-j\omega t} \, dt + \int_T^{2T} p(t)e^{-j\omega t} \, dt$$

$$= 4 \cdot 10^3 \left\{ \frac{e^{-j\omega T}}{j\omega} \left[(1 - e^{j\omega T})\left(0{,}050 - \frac{1 + j\omega 2T}{j\omega}\right) - \frac{1}{j\omega} \right] - \frac{1}{\omega^2} \right\}, \quad T = 0{,}025 \text{ s.}$$

2.21 Gl. (2.39): $f(j\eta) = \dfrac{1}{1 - \eta^2}$, $\qquad \eta := \dfrac{\omega}{\omega_0} = \dfrac{2\pi}{\omega_0 t_B} = \dfrac{1}{f_0 t_B}$

t_B	0	$0{,}1\,T_0$	$0{,}5 T_0$	T_0	$2T_0$	$5T_0$
$f(j\eta)$	0	-10^{-2}	$-0{,}\overline{3}$	∞	$1{,}\overline{3}$	$1{,}04$

2.22 $U_1(j\omega) = F_1(j\omega)P_1(j\omega), \qquad F_1(j\omega) = \dfrac{1}{-\omega^2 m_1 + k_1}, \qquad P_1(j\omega) = k_1 U_0(j\omega),$

$$U_0(j\omega) := \mathcal{F}\{u_0(t)\} \cdot U_2(j\omega) = F_2(j\omega)P_2(j\omega), \qquad F_2(j\omega) = \frac{1}{-\omega^2 m_2 + k_2},$$

$$P_2(j\omega) = k_2 U_1(j\omega) : U_2(j\omega) = F_2(j\omega)k_2 U_1(j\omega) =$$

$$= F_2(j\omega)k_2 F_1(j\omega)P_1(j\omega). \text{ Ersatzfrequenzgang: } k_2 F_1(j\omega)F_2(j\omega).$$

2.23 Die Zeitfunktion p(t) nach Bild 2.43 wird über verschiedene Zeitfunktionen zusammengesetzt (Bild 8.2):

$$p_1(t) = p_0, \qquad L\{p_1(t)\} = \frac{p_0}{s},$$

$$p_2(t) = -p_0 \frac{t}{\tau_0}, \qquad L\{p_2(t)\} = -\frac{p_0}{\tau_0}\frac{1}{s^2},$$

$$p_3(t) = p_0 \qquad \text{für } L\{p_3(t)\} = p_0 \frac{e^{-2\tau_0 s}}{s}, \qquad 2\tau_0 < t,$$
$$\text{sonst } 0$$

$$p_4(t) = \frac{p_0}{\tau_0}(t - 2\tau_0), \qquad L\{p_4(t)\} = \frac{p_0}{\tau_0}\frac{e^{-2\tau_0 s}}{s^2}.$$

$$U(s) = \frac{1}{(s^2 + \omega_0^2)} \cdot \frac{p_0}{m} \underbrace{\left(\frac{1}{s} - \frac{1}{\tau_0 s^2} + \frac{e^{-2\tau_0 s}}{s} + \frac{e^{-2\tau_0 s}}{s^2} \right)}_{\text{für } t > 2\tau_0}$$

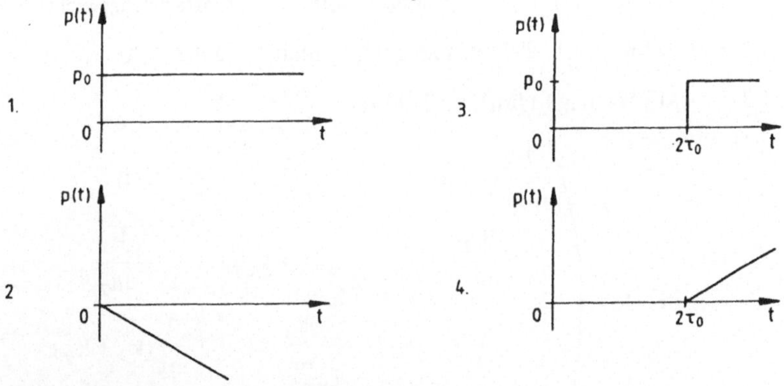

Bild 8.2 Zusammensetzung von p(t)

Rücktransformation nach G. Doetsch: Anleitung zum praktischen Gebrauch der Laplace-Transformation (vgl. auch [2.6]), Tab. Nr. 45 und 94.

$$t \leqslant 2\tau_0: u_1(t) = \frac{p_0}{m}\left[\frac{1}{\omega_0^2}(1 - \cos\omega_0 t) - \frac{1}{\tau_0\omega_0^2}\left(t - \frac{1}{\omega_0}\sin\omega_0 t\right) \right],$$

$$t \geqslant 2\tau_0: u_2(t) = u_1(t) + \frac{p_0}{m}\left\{ \frac{1}{\omega_0^2}\left[1 - \cos\omega_0(t - 2\tau_0)\right] - \frac{1}{\tau_0\omega_0^2}\left[(t - 2\tau_0)\right.\right.$$

$$\left.\left. - \frac{1}{\omega_0}\sin\omega_0(t - 2\tau_0)\right]\right\}.$$

2.24 $P(j\omega) = p_0 \int\limits_0^{\tau_0} \sin\dfrac{\pi}{\tau_0}\, te^{-j\omega t}\, dt = p_0\,\dfrac{\pi/\tau_0}{(\pi/\tau_0)^2 - \omega^2}(1 + e^{-j\omega\tau_0}),$

$$U(j\omega) = \dfrac{p_0}{m}\,\dfrac{\pi/\tau_0}{(\pi/\tau_0)^2 - \omega^2}\,\dfrac{1}{-\omega^2 + j2\delta\omega + \omega_0^2}(1 + e^{-j\omega\tau_0})$$

$$= \dfrac{12{,}57}{(24674{,}011 - \omega^2)(-\omega^2 + j1{,}6\omega + 40)}(1 + e^{-j0{,}02\omega}).$$

2.25
1a: 6b, 8b	5a: 2b, 3b, 4b, (7b, 9b)
2a: 1b, 6b, 8b	6a: 4b, 5b, (6b)
3a: 4b	7a: 1b, 4b, 8b
4a: 4b, 5b, (6b, 9b)	8a: 4b

Kapitel 3

3.1   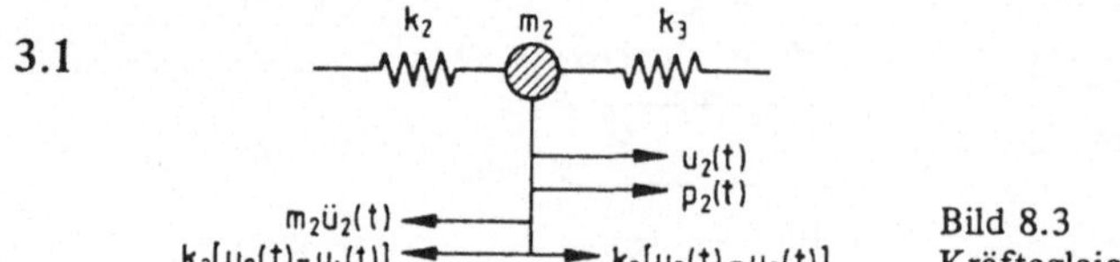

Bild 8.3
Kräftegleichgewicht am Massenpunkt m_2

3.2 s. Abschn. 3.6.1, 2. Praxisbeispiel; s. auch Aufgabe 3.20

3.3 $M^{-1} = \mathrm{diag}\,(1/m_i),\ i = 1(1)4,$

$$M^{-1}K = \begin{pmatrix} \dfrac{1}{m_1}(k_1 + k_2) & -\dfrac{k_2}{m_1} & 0 & 0 \\[2ex] -\dfrac{k_2}{m_2} & \dfrac{1}{m_2}(k_2 + k_3) & -\dfrac{k_3}{m_2} & 0 \\[2ex] 0 & -\dfrac{k_3}{m_3} & \dfrac{1}{m_3}(k_3 + k_4) & -\dfrac{k_4}{m_3} \\[2ex] 0 & 0 & -\dfrac{k_4}{m_4} & \dfrac{k_4}{m_4} \end{pmatrix},$$

$$[M^{-1}p(t)]^T = \left(\dfrac{p_1(t)}{m_1}, \dfrac{p_2(t)}{m_2}, \dfrac{p_3(t)}{m_3}, \dfrac{p_4(t)}{m_4}\right):$$

$$A = \begin{pmatrix} O_{4,4}, & I_{4,4} \\ -M^{-1}K, & O_{4,4} \end{pmatrix}, \qquad f(t) = \begin{pmatrix} O_{4,1} \\ -Mp(t) \end{pmatrix}.$$

3.4 $M = I$: Geometrische Orthogonalität der Eigenvektoren.

$$\hat{u}_{01}^{N2} = \begin{pmatrix} 0{,}5257 \\ 0{,}8507 \end{pmatrix}, \qquad \hat{u}_{02}^{N2} = \begin{pmatrix} 0{,}8507 \\ -0{,}5257 \end{pmatrix}.$$

3.5 $G = \begin{pmatrix} 1,005 & 0,05 \\ 0,05 & 0,51 \end{pmatrix}$, $M^{-1} = 1,01\,I$.

A n m e r k u n g : Die Eigenschwingungsgrößen können nicht beliebig (d. h. ohne physikalischen Bezug) vorgegeben werden! (Hinsichtlich math. Vor. s. [3.3].)

3.6 Es ist $B \sim K$.

$$\lambda_{D1} = -0,5729 + j\,61,801, \quad \omega_{D1} = 61,801\ s^{-1}, \quad f_{D1} = 9,8\ Hz,$$

$$\lambda_{D2} = -3,927 + j\,161,756, \quad \omega_{D2} = 161,756\ s^{-1}, \quad f_{D2} = 25,7\ Hz.$$

Gemäß Gl. (3.43) folgt:

$$\omega_{0i}\sqrt{1 - D_i^2} = \omega_{Di}, \quad \omega_{0i} = \frac{\omega_{Di}}{\sqrt{1 - D_i^2}},$$

$$\omega_{0i} D_i = -\lambda_{Di}^{re}, \quad D_i = \frac{-\lambda_{Di}^{re}}{\omega_{0i}}.$$

Iteriert folgen die Werte:

$$\omega_{01} = 61,8037\ s^{-1}, \quad f_{01} = 9,8\ Hz, \quad D_1 = 0,0093,$$

$$\omega_{02} = 161,8037\ s^{-1}, \quad f_{02} = 25,8\ Hz, \quad D_2 = 0,0243.$$

$$\hat{u}_{01} = \begin{pmatrix} 1 \\ -0,6180 \end{pmatrix}, \quad \hat{u}_{02} = \begin{pmatrix} 0,6180 \\ 1 \end{pmatrix}.$$

3.7 Mit Gl. (3.53b) folgen $g_1 = 0,0186$, $g_2 = 0,0486$. Gl. (3.49) liefert $d_{Ei} = \omega_{0i}^2 m_{gi} g_i$ und (3.48):

$$\mathrm{diag}\,(d_{Ei}) = \hat{U}_0^T D \hat{U}_0, \quad \text{also } D^{-1} = \hat{U}_0\,\mathrm{diag}^{-1}(d_{Ei})\,\hat{U}_0^T.$$

$$m_{g1} = m_{g2} = 1,3819, \quad d_{E1} = 98,1790, \quad d_{E2} = 1758,2871.$$

$$D^{-1} = 10^{-3}\begin{pmatrix} 10,403 & -5,9432 \\ -5,9432 & 4,4588 \end{pmatrix}, \quad D = 10^3\begin{pmatrix} 0,4031 & 0,5372 \\ 0,5372 & 0,9403 \end{pmatrix}.$$

3.8 (3.35) liefert die beiden Gln. zur Ermittlung von a, b der Gl. (3.34):

$$b = \frac{0,1}{\omega_{01} + \omega_{02}} = 4,472 \cdot 10^{-4},$$

$$a = \omega_{01}(0,1 - b\omega_{01}) = 4,4722.$$

$$B = 4,4722\left[I + \begin{pmatrix} 2 & -1 \\ -1 & 1 \end{pmatrix}\right] = 4,4722\begin{pmatrix} 3 & -1 \\ -1 & 2 \end{pmatrix}.$$

3.9 Die Frage stellt sich, weil die Eigenschwingungsgrößen zeitunabhängig sind. Die freie Schwingung des Systems ist definiert als Lösung der homogenen Bewegungsgleichung für vorgegebene Anfangsbedingungen. Der Produktansatz für die Lösung der homogenen Bewegungsgleichung liefert für den zeitunabhängigen (vektoriellen) Faktor einen Eigenvektor und zugehörigen Eigenwert. Der zugehörige zeitabhängige (skalare) Faktor genügt der homogenen Bewegungsgl. ebenfalls. Da das System linear ist, setzt sich die Gesamtlösung für die freie Schwingung des Systems aus der Superposition der Teillösungen und damit aus den Eigenschwingungsgrößen zusammmen.

3.10 Gl. (3.59):

$$A_{1i} = \frac{1}{m_{gi}} \hat{u}_{0i}^T M u_0, \qquad A_{2i} = \frac{1}{\omega_{0i} m_{gi}} \hat{u}_{0i}^T M \dot{u}_0.$$

$$A_1 := (A_{11}, \ldots, A_{1n}), \qquad A_2 := (A_{21}, \ldots, A_{2n}),$$

es folgt aus Gl. (3.58):

$$u(t) = \hat{U}_0(\cos \Omega_0 t A_1 + \sin \Omega_0 t A_2)$$

mit $\cos \Omega_0 t := \mathrm{diag}\,(\cos \omega_{0i} t), \qquad \sin \Omega_0 t := \mathrm{diag}\,(\sin \omega_{0i} t).$

Weiter gilt aufgrund von (3.62) und den anschließend angegebenen Real- und Imaginärteilen:

$$C^{re} = \frac{1}{2} M_g^{-1} \hat{U}_0^T M u_0 = \frac{1}{2} \hat{U}_0^{-1} u_0 = \frac{1}{2} A_1,$$

$$C^{im} = -\frac{1}{2} M_g^{-1} \Omega_0^{-1} \hat{U}_0^T M \dot{u}_0 = -\frac{1}{2} \Omega_0^{-1} \hat{U}_0^{-1} \dot{u}_0 = -\frac{1}{2} A_2.$$

3.11 $f_{01} = 6{,}63\ \mathrm{Hz}, \qquad \omega_{01} = 41{,}66\ \mathrm{s}^{-1}, \qquad \hat{u}_{01}^T = (1;\,0{,}5407), \qquad m_{g1} = 11{,}75\ \mathrm{kg},$

$f_{02} = 13{,}81\ \mathrm{Hz}, \qquad \omega_{02} = 86{,}77\ \mathrm{s}^{-1}, \qquad \hat{u}_{02}^T = (-0{,}3244;\,1), \quad m_{g2} = 7{,}05\ \mathrm{kg}.$

Für die Integrationskonstanten (3.59) folgt:

$$A_{11} = 2{,}76 \cdot 10^{-3}\ \mathrm{m}, \qquad A_{21} = 2{,}04 \cdot 10^{-4}\ \mathrm{m},$$

$$A_{12} = 8{,}51 \cdot 10^{-3}\ \mathrm{m}, \qquad A_{22} = -5{,}30 \cdot 10^{-5}\ \mathrm{m}.$$

Bild 8.4 enthält die freie Schwingung des Systems.

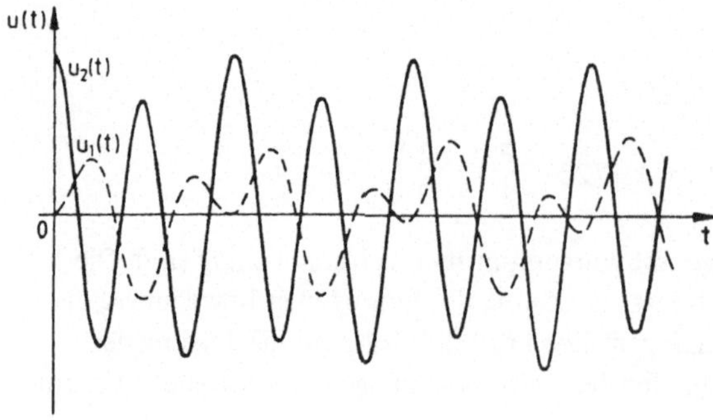

Bild 8.4
Freie Schwingung des Systems von
Aufgabe 3.11

3.12 Eigenschwingungen des zugeordneten ungedämpften Systems:

$$M = \begin{pmatrix} 56050 & 0 \\ 0 & 140000 \end{pmatrix}, \qquad K = \begin{pmatrix} 7 & -7 \\ -7 & 17 \end{pmatrix} \cdot 10^8,$$

$$\lambda_{01} = 4{,}41 \cdot 10^3, \qquad \omega_{01} = 66{,}4, \qquad f_{01} = 10{,}6 \text{ Hz},$$

$$\lambda_{02} = 20{,}23 \cdot 10^3, \qquad \omega_{02} = 142{,}2, \qquad f_{02} = 22{,}6 \text{ Hz}.$$

$$\hat{U}_0 = \begin{pmatrix} 1 & 1 \\ 0{,}65 & -0{,}62 \end{pmatrix}.$$

Dämpfungsmaße:

$$B = 1{,}34 \, M, \qquad M_g = \begin{pmatrix} 1{,}152 & 0 \\ 0 & 1{,}089 \end{pmatrix} \cdot 10^5,$$

$$B_E = a M_g = \begin{pmatrix} 1{,}54 & 0 \\ 0 & 1{,}47 \end{pmatrix} \cdot 10^5 \text{ in der Normierung von } \hat{U}_0.$$

$$D_1 = 0{,}010, \qquad D_2 = 0{,}005.$$

$$K_g = M_g \Lambda_0 = \begin{pmatrix} 1{,}152 & 0 \\ 0 & 1{,}099 \end{pmatrix} \begin{pmatrix} 4{,}41 & 0 \\ 0 & 20{,}23 \end{pmatrix} \cdot 10^8 = \begin{pmatrix} 5{,}080 & 0 \\ 0 & 22{,}233 \end{pmatrix} \cdot 10^8.$$

Amplitudenresonanz bei (ungefähr) ω_{01} und ω_{02} führen zu

$$u_{1\,max\,1} = 4{,}3 \cdot 10^{-4} \text{ m} \quad \text{und} \quad u_{1\,max\,2} = 9{,}8 \cdot 10^{-4} \text{ m},$$

$$u_{2\,max\,1} = 2{,}8 \cdot 10^{-4} \text{ m} \quad \text{und} \quad u_{2\,max\,2} = -5{,}9 \cdot 10^{-4} \text{ m}.$$

Demzufolge ergeben sich die extremalen Federkräfte aus Ku_{max}. Sie treten für ω_{02} auf mit $1{,}1 \cdot 10^6$ N in der ersten Komponente (Zugkraft $\rightarrow$ Befestigung!).

3.13
$$M = \begin{pmatrix} 1 & 0 \\ 0 & 2 \end{pmatrix}, \qquad K = \begin{pmatrix} 9 & -5 \\ -5 & 5 \end{pmatrix}, \qquad B = \begin{pmatrix} 1{,}125 & -0{,}625 \\ -0{,}625 & 0{,}625 \end{pmatrix}.$$

$$\lambda_{01} = 0{,}9477 \text{ s}^{-2}, \qquad \omega_{01} = 0{,}9735 \text{ s}^{-1}, \qquad f_{01} = 0{,}15 \text{ Hz},$$

$$\lambda_{02} = 10{,}5523 \text{ s}^{-2}, \qquad \omega_{02} = 3{,}2484 \text{ s}^{-1}, \qquad f_{02} = 0{,}52 \text{ Hz}.$$

$$\hat{U}_0 = \begin{pmatrix} 1 & 1 \\ 1{,}6105 & -0{,}3105 \end{pmatrix}, \qquad M_g = \begin{pmatrix} 6{,}1874 & 0 \\ 0 & 1{,}1928 \end{pmatrix},$$

$$K_g = \begin{pmatrix} 5{,}8638 & 0 \\ 0 & 12{,}5868 \end{pmatrix}, \qquad B_E = \begin{pmatrix} 0{,}7329 & 0 \\ 0 & 1{,}5734 \end{pmatrix}.$$

Die Gln. (3.69) sind mit den obigen Größen sofort angebbar.

3.14
$$M = \begin{pmatrix} m_1 & 0 \\ 0 & m_2 \end{pmatrix}, \qquad K = \begin{pmatrix} k_1 & -k_1 \\ -k_1 & k_1 + k_2 \end{pmatrix}, \qquad B = \begin{pmatrix} 0 & 0 \\ 0 & k_2 \end{pmatrix},$$

$$p(t) = \begin{pmatrix} p_0 \sin \Omega t \\ 0 \end{pmatrix}, \qquad u(t) = \hat{u} \sin \Omega t, \qquad \hat{u} = \begin{pmatrix} \hat{u}_1 \\ \hat{u}_2 \end{pmatrix}.$$

Zeitunabhängige Bewegungsgln. ausgeschrieben:

$$(-\Omega^2 m_1 + k_1)\hat{u}_1 - k_1\hat{u}_2 = p_0,$$

$$(-\Omega^2 m_2 + j\Omega b_2 + k_1 + k_2)\hat{u}_2 - k_1\hat{u}_1 = 0.$$

Ungedämpftes System: Charakteristisches Polynom:

$$\begin{vmatrix} -\omega_0^2 m_1 + k_1, & -k_1 \\ -k_1, & -\omega_0^2 m_2 + k_1 + k_2 \end{vmatrix} = (-\omega_0^2 m_1 + k_1)(-\omega_0^2 m_2 + k_1 + k_2) - k_1^2 = 0,$$

$$\omega_0^4 - \left(\frac{k_1}{m_1} + \frac{k_1 + k_2}{m_2}\right)\omega_0^2 + \frac{k_1 k_2}{m_1 m_2} = 0$$

$$\omega_1^2 := \frac{k_1}{m_1}, \qquad \omega_2^2 := \frac{k_2}{m_2}, \qquad \text{es folgt:}$$

$$\omega_0^4 - \left(\omega_1^2 + \omega_2^2 + \frac{k_1}{m_2}\right)\omega_0^2 + \omega_1^2\omega_2^2 = 0,$$

$$\omega_{01,2}^2 = \frac{1}{2}\left[\omega_1^2\left(1 + \frac{m_1}{m_2}\right) + \omega_2^2\right]\left\{1 \pm \sqrt{1 - \frac{4\omega_1^2\omega_2^2}{\left[\omega_1^2\left(1 + \frac{m_1}{m_2}\right) + \omega_2^2\right]^2}}\right\}$$

Eigenvektoren:

$$\hat{U}_0 = \begin{pmatrix} 1, & 1 + \dfrac{k_2}{k_1} - \dfrac{\omega_{02}^2}{\omega_1^2}\dfrac{m_2}{m_1} \\ 1 - \dfrac{\omega_{01}^2}{\omega_1^2}, & 1 \end{pmatrix} = \begin{pmatrix} \hat{u}_{011}, \hat{u}_{012} \\ \hat{u}_{021}, \hat{u}_{022} \end{pmatrix}$$

Für die generalisierte Dämpfungsmatrix ergibt sich:

$$\mathbf{B_g} = \hat{U}_0^T \mathbf{B} \hat{U}_0 = b_2 \begin{pmatrix} u_{021}^2, & \hat{u}_{021}\hat{u}_{022} \\ \hat{u}_{021}\hat{u}_{022}, & \hat{u}_{022}^2 \end{pmatrix}, \qquad \text{es ist } \mathbf{B_g} \neq \mathbf{B_E},$$

d. h. $\mathbf{B}$ ist nichtproportional, die Hauptachsentransformation mit $\hat{U}_0$ existiert nicht. Frequenzgl. des gedämpften Systems:

$$(\lambda_D^2 m_1 + k_1)(\lambda_D^2 m_2 + \lambda_D b_2 + k_1 + k_2) - k_1^2 = 0,$$

sie unterscheidet sich von der des ungedämpften Systems durch den Term $\lambda_D b_2$, wodurch das Polynom in λ_D nicht mehr biquadratisch ist wie im ungedämpften Fall. Die Wurzeln ergeben sich komplex, wegen der reellen Polynomkoeffizienten sind sie konjugiert komplex. Die Eigenvektoren erhält man aus den homogenen Bewegungsgln., in denen anstelle $j\Omega$ der jeweilige Eigenwert λ_D zu setzen und eine Eigenvektorkomponente zu wählen ist.

Die 2. Bewegungsgl. nach $\hat{u}_1$ aufgelöst,

$$\hat{u}_1 = \frac{1}{k_1}(-\Omega^2 m_2 + j\Omega b_2 + k_1 + k_2)\hat{u}_2,$$

zeigt, daß $|u_1|$ und damit $|\hat{u}_1|$ minimal wird, wenn der Faktor $|-\Omega^2 m_2 + j\Omega b_2 + k_1 + k_2|$ minimal wird (und $|u_2|$ maximal, da neben der Dissipation die Energie sich auswirken muß). Für gegebene Werte Ω, m_1, k_1 wird der Faktor minimal mit $b_2 = 0$ und $k_2 = \Omega^2 m_2 - k_1 > 0$. Zwischen k_2 und m_2 besteht eine lineare Beziehung. Die Abfederung sollte hier also möglichst schwach gedämpft erfolgen. Für die Verschiebung der Unterkonstruktion folgt $\hat{u}_2(b_2 = 0, k_2 = \Omega^2 m_2 - k_1) = -p_0/k_1$.

Die 1. Bewegungsgl. nach $\hat{u}_2$ aufgelöst,

$$\hat{u}_2 = \left(1 - \frac{\Omega^2}{\omega_1^2}\right)\hat{u}_1 - \frac{p_0}{k_1},$$

$\hat{u}_1$ entsprechend der 2. Bewegungsgl. eingesetzt, liefert

$$\hat{u}_2 = \frac{p_0}{k_1}\left[\frac{(-\Omega^2 m_2 + j\Omega b_2 + k_1 + k_2)\left(1 - \dfrac{\Omega^2}{\omega_1^2}\right)}{(-\Omega^2 m_2 + j\Omega b_2 + k_1 + k_2)\left(1 - \dfrac{\Omega^2}{\omega_1^2}\right) - k_1} - 1\right].$$

$\hat{u}_2 \to 0$, wenn der obige Klammerausdruck gegen Null strebt, oder

$$\frac{(-\Omega^2 m_2 + j\Omega b_2 + k_1 + k_2)\left(1 - \dfrac{\Omega^2}{\omega_1^2}\right)}{(-\Omega^2 m_2 + j\Omega b_2 + k_1 + k_2)\left(1 - \dfrac{\Omega^2}{\omega_1^2}\right) - k_1} \to 1.$$

Dividiert man Zähler und Nenner durch den Zähler und läßt man $m_2 \to \infty$ streben, so erhält man den gewünschten Zustand: Ein großes m_2 wirkt als Beruhigungsmasse.

3.15 Antwort in generalisierten Koordinaten:

$$q_1(t) = e^{-0,664t} \cdot 10^{-3}(0,986 \sin 66,40\,t - 0,756 \cos 66,40\,t),$$

$$q_2(t) = e^{-0,711t} \cdot 10^{-3}(0,067 \sin 142,20\,t - 0,430 \cos 142,20\,t).$$

in physikalischen Koordinaten:

$$u_1(t) = q_1(t) + q_2(t), \qquad u_2(t) = 0,65\,q_1(t) - 0,62\,q_2(t).$$

3.16 Gl. (3.7) fouriertransformiert:

$$U(j\omega) := \mathcal{F}\{u(t)\}, \qquad P(j\omega) := \mathcal{F}\{p(t)\}, \qquad \text{Anfangsbedingungen gleich Null:}$$

$$(-\omega^2 M + j\omega B + K)U(j\omega) = P(j\omega).$$

$$U(j\omega) = (-\omega^2 M + j\omega B + K)^{-1}P(j\omega), \quad \omega \neq \omega_{0i},$$

$$U(j\omega) = F(j\omega)P(j\omega): \qquad F(j\omega) = (-\omega^2 M + j\omega B + K)^{-1}.$$

Gl. (3.82): $s \to j\omega$ und s. Gl. darüber:

$$U(j\omega) = \hat{U}_0(-\omega^2 I + j\omega M_g^{-1} B_E + \Lambda_0)^{-1} M_g^{-1} \hat{U}_0^T P(j\omega)$$

$$= \sum_{i=1}^{n} \frac{\hat{u}_{0i}^T P(j\omega)}{m_{gi}(-\omega^2 + j^2 \delta_i \omega + \omega_{0i}^2)} \hat{u}_{0i}:$$

$$F(j\omega) = \hat{U}_0^T(-\omega^2 I + j\omega M_g^{-1} B_E + \Lambda_0)^{-1} M_g^{-1} \hat{U}_0^T$$

$$= \sum_{i=1}^{n} \frac{\hat{u}_{0i} \hat{u}_{0i}^T}{m_{gi}(-\omega^2 + j2\delta_i \omega + \omega_{0i}^2)} .$$

Mit $G(t)$ aus Beispiel 3.6 muß gelten:

$$\mathcal{F}\{G(t)\} = F(j\omega).$$

B e w e i s : Für die laplacetransformierten Summanden von $G(t)$ gilt (s. Tab. 2.8):

$$L\left\{ e^{-\delta_i t} \frac{\sin \omega_{Di} t}{\omega_{Di} m_{gi}} \hat{u}_{0i} \hat{u}_{0i}^T \right\} = \frac{\hat{u}_{0i} \hat{u}_{0i}^T}{\omega_{Di} m_{gi}} L\{e^{-\delta_i t} \sin \omega_{Di} t\} = \frac{\hat{u}_{0i} \hat{u}_{0i}^T}{\omega_{Di} m_{gi}} X(s + \delta_i),$$

$$X(s) = L\{\sin \omega_{Di} t\} = \frac{\omega_{Di}}{s^2 + \omega_{Di}^2},$$

$$L\left\{ e^{-\delta_i t} \frac{\sin \omega_{Di} t}{\omega_{Di} m_{gi}} \hat{u}_{0i} \hat{u}_{0i}^T \right\} = \frac{\hat{u}_{0i} \hat{u}_{0i}^T}{m_{gi}} \frac{1}{(s + \delta_i)^2 + \omega_{Di}^2} = \frac{\hat{u}_{0i} \hat{u}_{0i}^T}{m_{gi}} \frac{1}{s^2 + 2\delta_i s + \delta_i^2 + \omega_{Di}^2} .$$

Nach Gl. (3.43) gilt:

$$\omega_{Di} := \omega_{0i} \sqrt{1 - D_i^2}, \qquad \delta_i := D_i \omega_{0i},$$

es folgt für den Nenner

$$s^2 + 2\delta_i s + \delta_i^2 + \omega_{Di}^2 = s^2 + 2\delta_i s + \omega_{0i}^2.$$

Mit $s \to j\omega$ erhält man den Summanden von $F(j\omega)$, w.z.z.w.

Interpretation von $F_{ik}(j\omega)$, $F(j\omega) = (F_{ik}(j\omega))$: $P(j\omega) = P_\varrho(j\omega)e_\varrho$, es folgt $U_i(j\omega) =$ $= F_{i\varrho}(j\omega)P_\varrho(j\omega)$, also: $F_{ik}(j\omega)$ ist die Verschiebung im Punkt i infolge einer Einheitslast im Punkt k (im Frequenzraum). Da eine Einheitskraft im Frequenzraum einem Dirac-Stoß im Zeitraum entspricht, gilt: $\mathcal{F}\{g_{ik}(t)\} = F_{ik}(j\omega)$, $g_{ik}(t)$ ist die Antwort (Verschiebung) im Punkt i des MFGM infolge $\delta_k(t)$.

3.17 Gl. (3.7):

$$u(t) = \hat{U}_0 \hat{q} e^{j\Omega t}, \qquad p(t) = p_0 e^{j\Omega t},$$

$$\hat{U}_0^T(-\Omega^2 M + j\Omega B + K)\hat{U}_0 \hat{q} = \hat{U}_0^T p_0:$$

(3.21b), (3.25), (3.26) und (3.33b),

$$(-\Omega^2 M_g + j\Omega B_E + M_g \Lambda_0)\hat{q} = \hat{U}_0^T p_0,$$

$$\hat{q} = (-\Omega^2 M_g + j\Omega B_E + M_g \Lambda_0)^{-1} \hat{U}_0^T p_0,$$

$$\hat{u} = \hat{U}_0 \hat{q} = \hat{U}_0 (-\Omega^2 M_g + j\Omega B_E + M_g \Lambda_0)^{-1} \hat{U}_0^T p_0,$$

(3.42), (3.43): Es folgt (3.83), w.z.z.w.

3.18 Die freien Schwingungen sind durch $p(t) = 0$ und Anfangsbedingungen gekennzeichnet. Für das ungedämpfte System s. Beispiel 3.6 mit $\alpha \to 0$. Für das viskos gedämpfte System wird von Gl. (3.64) mit den Konstanten (3.65) ausgegangen. Mit den Laplacetransformierten (s. Tab. 2.8, s. Aufgabe 3.16)

$$L\{e^{-\delta_i t} \sin \omega_{Di} t\} = \frac{\omega_{Di}}{(s + \delta_i)^2 + \omega_{Di}^2},$$

$$L\{e^{-\delta_i t} \cos \omega_{Di} t\} = \frac{s + \delta_i}{(s + \delta_i)^2 + \omega_{Di}^2}$$

folgt aus der Gl. (3.64) laplacetransformiert:

$$L\{u(t)\} = U(s) = \sum_{i=1}^{n} \left(A_{1i} \frac{s + \delta_i}{(s + \delta_i)^2 + \omega_{Di}^2} + A_{2i} \frac{\omega_{Di}}{(s + \delta_i)^2 + \omega_{Di}^2} \right) \hat{u}_{0i}$$

$$= \sum_{i=1}^{n} \frac{(s + 2\delta_i)\hat{u}_{0i} M u_0 + \hat{u}_{0i}^T M \dot{u}_0}{m_{gi}(s^2 + 2\delta_i s + \omega_{0i}^2)} \hat{u}_{0i}.$$

Es folgt verglichen mit (3.83) aus der obigen Gl. für $s \to j\Omega$:

$$U(s) \to \hat{u}(j\Omega) = \sum_{i=1}^{n} \frac{\hat{u}_{0i}^T a_i}{m_{gi}(-\Omega^2 + j2\delta_i\Omega + \omega_{0i}^2)} \hat{u}_{0i}$$

mit $\qquad a_i := \begin{cases} (s + 2\delta_i)M u_0 + M\dot{u}_0 & \text{für } p_0 = 0, \\ p_0 & \text{für } p(t) = p_0 e^{j\Omega t}, \; p_0 \neq 0. \end{cases}$

3.19 Für $\Omega/(2\pi) = 300/60$ Hz $= 5$ Hz wirkt keine Feder k_1: EFGM.

$$[-\Omega^2(m_0 + m_1 + m_2 + m_3) + k_3]\hat{u} = p_0,$$

$$\hat{u} = 2,262 \cdot 10^{-8} \, p_0 \, [m].$$

Bodenkraft: $k_3 \hat{u} = 3,05 \, p_0$ [N].

Für $\Omega/(2\pi) = 600/60$ Hz $= 10$ Hz liegt ein 2-FGM vor. Der Verschiebungsvektor wird z. B. durch Gl. (3.83) berechnet, gesucht ist $k_3 \hat{u}_2$:

$$\hat{u} = \begin{pmatrix} \hat{u}_1 \\ \hat{u}_2 \end{pmatrix} = \sum_{i=1}^{2} \frac{\hat{u}_{0i}^T p_0}{m_{gi}(-\Omega^2 + \omega_{0i}^2)} \hat{u}_{0i},$$

$$\hat{u}_2(\Omega) = \frac{4,37 \, p_0 \cdot 10^{-3}}{-\Omega^2 + 0,844 \cdot 10^3} \cdot 1,74 \cdot 10^{-3} - \frac{1,77 \, p_0 \cdot 10^{-3}}{-\Omega^2 + 4,777 \cdot 10^3} 4,27 \cdot 10^{-3},$$

$$\hat{u}_2(\Omega = 10 \cdot 2\pi) = 6{,}665 \cdot 10^{-9}\, p_0\ [\text{m}],$$

$k_3\hat{u}_2 = 0{,}90\, p_0$ [N]: Bodenkraft ist reduziert gegenüber der wirkenden Kraftamplitude p_0.

3.20 Die gekoppelten Bewegungsgleichungen lauten

$$m\ddot{x} + 2(k_1 + k_2)x + 2h(k_1 + k_2)\varphi = p_x,$$

$$m\ddot{z} + 2(k_3 + k_4)z + 2(k_4\ell_2 - k_3\ell_1)\varphi = p_z,$$

$$\Theta s\ddot{\varphi} + (2k_1h + 2k_2h)x + (2k_4\ell_2 - 2k_3\ell_1)z$$
$$+ (2k_4\ell_2^2 + 2k_3\ell_1^2 + 2k_1h^2 + 2k_2h^2)\varphi = m_y.$$

In Matrizenschreibweise:

$$\mathbf{M\ddot{u} + Ku = p} \text{ mit } \mathbf{u} = \begin{pmatrix} x \\ z \\ \varphi \end{pmatrix}, \qquad \mathbf{p} = \begin{pmatrix} p_x \\ p_z \\ m_y \end{pmatrix},$$

$$\mathbf{M} = \begin{pmatrix} 25\,000 & 0 & 0 \\ 0 & 25\,000 & 0 \\ 0 & 0 & 25\,000 \end{pmatrix}, \qquad \mathbf{K} = \begin{pmatrix} 9{,}2 & 0 & 2{,}3 \\ 0 & 4 & -0{,}15 \\ 2{,}3 & -0{,}15 & 11{,}038 \end{pmatrix} 10^6.$$

Lösung des Eigenwertproblems mit

$$\lambda := 25\omega_0^2 \cdot 10^{-3},$$

$$\begin{vmatrix} 9{,}2 - \lambda & 0 & 2{,}3 \\ 0 & 4 - \lambda & -0{,}15 \\ 2{,}3 & -0{,}15 & 11{,}038 - \lambda \end{vmatrix} = 0.$$

Charakt. Polynom:

$$\lambda^3 - 24{,}238\lambda^2 + 177{,}189\lambda - 384{,}831 = 0,$$

$$\lambda_1 = 3{,}996, \qquad \omega_{01} = 12{,}643\ \text{s}^{-1}, \qquad f_{01} = 2{,}01\ \text{Hz},$$

$$\lambda_2 = 7{,}644, \qquad \omega_{02} = 17{,}486\ \text{s}^{-1}, \qquad f_{02} = 2{,}78\ \text{Hz},$$

$$\lambda_2 = 12{,}598, \qquad \omega_{03} = 22{,}448\ \text{s}^{-1}, \qquad f_{03} = 3{,}57\ \text{Hz}.$$

Modalmatrix

$$\hat{U}_0 = \begin{pmatrix} 1 & 1 & 1 \\ -90{,}504 & 0{,}028 & -0{,}026 \\ 2{,}263 & -0{,}677 & 1{,}477 \end{pmatrix}.$$

Bei Normierung auf

$$\hat{U}_0^{NT} \mathbf{M} \hat{U}_0^{N} = \mathbf{I}$$

folgt:

$$m_{g1} = 2{,}043 \cdot 10^8, \qquad m_{g2} = 36{,}479 \cdot 10^3, \qquad m_{g3} = 79{,}555 \cdot 10^3,$$

$$\hat{U}_0^N = \begin{pmatrix} 0{,}22 & 16{,}56 & 11{,}21 \\ -20{,}00 & 0{,}46 & -0{,}29 \\ -0{,}50 & -11{,}21 & 16{,}56 \end{pmatrix} \cdot 10^{-7}.$$

Der 1. Eigenvektor beschreibt im wesentlichen eine z-Bewegung, der 2. und 3. Eigenvektor überwiegend x-Bewegung mit einer Drehung.

Antwort des Systems auf eine harmonische Erregung

$$p_z = p_{z0} \cos \Omega t, \qquad p_{z0} = 1000 \text{ kN}:$$

$$\hat{u} = \hat{U}_0^N (\Lambda_0 - \Omega^2 I)^{-1} \hat{U}_0^T p, \qquad p = \begin{pmatrix} 0 \\ p_z \\ 0 \end{pmatrix} .$$

Der Vektor der Entwicklungskoeffizienten $\hat{U}_0^T p$ zeigt, daß es näherungsweise genügt, mit der reduzierten Modalmatrix $\hat{U}_{0E} = \hat{u}_{01}^N$ zu rechnen, wie die nachfolgende Rechnung bestätigt:

$$\hat{u} = 10^{-4} \begin{pmatrix} -\dfrac{4{,}4}{159{,}85 - \Omega^2} + \dfrac{7{,}62}{305{,}76 - \Omega^2} - \dfrac{3{,}25}{503{,}91 - \Omega^2} \\[2ex] \dfrac{400}{159{,}85 - \Omega^2} + \dfrac{0{,}21}{305{,}76 - \Omega^2} + \dfrac{0{,}08}{503{,}91 - \Omega^2} \\[2ex] \dfrac{10}{159{,}85 - \Omega^2} - \dfrac{5{,}16}{305{,}76 - \Omega^2} - \dfrac{4{,}8}{503{,}91 - \Omega^2} \end{pmatrix} .$$

Aus der Antwort $\hat{u}_z = \hat{z}$ in z-Richtung ist ersichtlich, daß die anderen Freiheitsgrade (x und φ) für $\Omega < 10 \text{ s}^{-1}$ vernachlässigbar sind.

3.21 Flächenträgheitsmoment

$$I_0 = \frac{1 \cdot 90^3}{12} \cdot 4 + \underbrace{\frac{240 \cdot 1^3}{12}}_{\doteq 0} \cdot 2 + 240 \cdot 45^2 \cdot 2 = 0{,}01215 \text{ m}^4,$$

$$E = E_{st} = 2{,}1 \cdot 10^{11} \text{ N m}^{-2}, \qquad EI_0 = 2{,}5515 \cdot 10^9 \text{ N m}^{-2}.$$

$$f_{01} = \frac{5}{\sqrt{\bar{u}_{st}}} \text{ mit } \bar{u}_{st} \text{ der Durchbiegung unter Eigengewicht:}$$

$$\bar{u}_{st} = \frac{5q\ell^4}{384 EI_0} \text{ mit } q = \rho A_0 g = 7800 \cdot 0{,}075 \cdot 9{,}81 = 5739 \text{ N m}^{-1},$$

$$\bar{u}_{st} = 0{,}024 \text{ m} = 2{,}4 \text{ cm},$$

$$f_{01} = \frac{5}{\sqrt{2{,}4}} = 3{,}2 \text{ Hz}.$$

Durchsenkung infolge dynamischer Last p(t) (Resonanzfall):

$$\hat{u} = V(\eta)\frac{p_0}{k_1}, \qquad \vartheta = 0{,}015, \qquad 2\pi D = \vartheta, \qquad D = 0{,}00238,$$

$$\eta = 1 : V(1) = \frac{1}{2D} = 209{,}44,$$

es folgt mit $k_1 = m_{\text{Brücke}}\,\omega_{01}^2$; $\quad m_1 := m_{\text{Brücke}}$ wird ersatzweise $m_1 = \rho A_0 \ell = 0{,}075 \cdot$
$\cdot\, 7800 \cdot 30 = 17550$ kg gesetzt (bez. einer verbesserten Modellierung s. Kap. 6),
$k_1 = 7{,}2171 \cdot 10^6$ kg s^2,

$$\hat{u} = 209{,}44 \cdot \frac{100}{7{,}22} \cdot 10^{-6} = 0{,}3 \text{ cm.}$$

Schwingungstilger: $\Omega = \omega_{01}$.

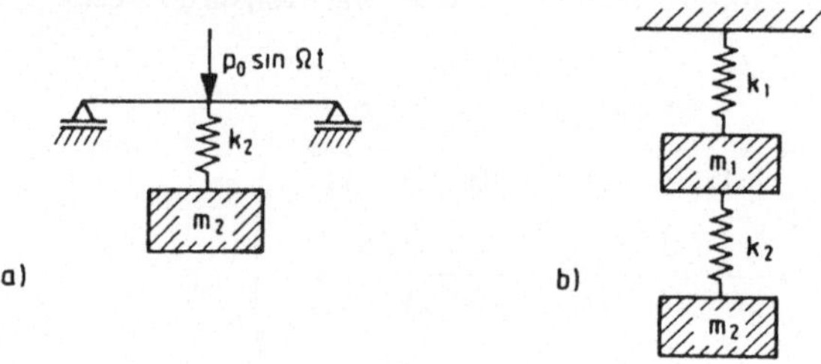

Bild 8.5
Idealisierungen der Brücke
mit Tilger

Für den ungedämpften Tilger ergibt sich:
Abstimmung: $\omega_{E2} = \omega_{01} = 3{,}23 \cdot 2\pi = 20{,}28$ s$^{-1} = \omega_0$ Wahl von $\mu = 0{,}02$, es folgt

$$\omega_{E1}^2 = \omega_0^2(1 + \mu) = 412{,}500 \text{ s}^{-2}, \qquad \omega_{E1} = 3{,}26 \cdot 2\pi \text{ s}^{-1}$$

$$\kappa^2 = \frac{0{,}02}{1{,}02} = 0{,}0196, \qquad m_2 = 0{,}02 \cdot m_1 = 351 \text{ kg}$$

$$k_2 = \omega_{E2}^2 m_2 = 0{,}1444 \cdot 10^6 \text{ kg s}^2$$

$$\hat{u}_1(\Omega = \omega_{E2}) = 0, \qquad \hat{u}_2(\Omega = \omega_{E2}) = -p_0/k_2 = -0{,}07 \text{ cm.}$$

Kapitel 4

4.1 $N(x, t) = -\sigma(x, t) = -EA_0 u'(x, t)$ nach Gl. (4.4). $u(x, t)$ lt. Beispiel 4.2.

$$N(x, t) = -0{,}93 \cdot 10^7 e^{66{,}667 \cdot 10^{-3}(x - 3{,}5 \cdot 10^3 t)} \sin 0{,}1511(x - 3{,}5 \cdot 10^3 t).$$

Bild 8.6 zeigt ihren Verlauf.

4.2 $t_a = 0{,}006$ s, Anfangsbedingungen nach Gl. (4.20) aus $u(x, t)$ in Beispiel 4.2. Mit
$\tau := t - t_a$ und $g(x) = u(x, t_a)$, $h(x) = \dot{u}(x, t)|_{t = t_a}$ erhält man aus Gl. (4.22) mit τ

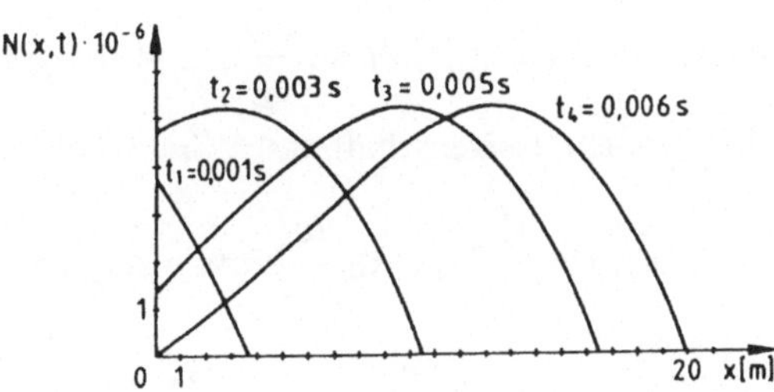

Bild 8.6
Normalkraftverlauf

anstelle von t

$$y(x, \tau) = 1{,}38 \cdot 10^{-2}$$
$$+ e^{66{,}67 \cdot 10^{-3}(x + c\tau)}[2{,}43 \cdot 10^{-3} \sin 0{,}1511(x + c\tau) - 2{,}33 \cdot 10^{-3} \cos 0{,}1511(x + c\tau)]$$
$$+ e^{66{,}67 \cdot 10^{-3}(x - c\tau)}[9{,}33 \cdot 10^{-4} \sin 0{,}1511(x - c\tau) - 1{,}07 \cdot 10^{-3} \cos 0{,}1511(x - c\tau)].$$

4.3 $u_s(x) = 1{,}3\overline{8} \cdot 10^{-10} \, p_0 x$ in [m] sofern p_0 in Newton und x in m angegeben werden.
Es folgt:

$$c_D = 3{,}5 \cdot 10^3 \, \text{ms}^{-1}, \qquad \omega_k = \frac{2k - 1}{2} \cdot \frac{3{,}5 \cdot 10^3 \pi}{8} = (2k - 1) \cdot 0{,}6872 \cdot 10^3 \, \text{s}^{-1}$$

$$\omega_1 = 687{,}22 \, \text{s}^{-1}, \qquad f_1 = 109{,}4 \, \text{Hz}$$

$$\omega_2 = 2061{,}67 \, \text{s}^{-1}, \qquad f_2 = 328{,}1 \, \text{Hz}$$

$$\omega_3 = 3436{,}12 \, \text{s}^{-1}, \qquad f_3 = 546{,}9 \, \text{Hz}$$

$$u(x, t) = \sum_{k=1}^{\infty} \tilde{A}_{1k} \cos \omega_k t \sin \frac{\omega_k}{c_D} x, \qquad \tilde{A}_{1k} = \frac{(-1)^{k+1}}{(2k - 1)^2} \cdot 9{,}01 \cdot 10^{-10} \, p_0$$

$$\tilde{A}_{11} = 1 \cdot 9{,}01 \cdot 10^{-10} \, p_0, \qquad \tilde{A}_{12} = -\frac{1}{9} \cdot 9{,}01 \cdot 10^{-10} \, p_0$$

$$\tilde{A}_{13} = \frac{1}{25} \cdot 9{,}01 \cdot 10^{-10} \, p_0.$$

4.4 $u(x, t) = u_{\text{hom}}(x, t) + u_p(x, t)$ mit der stationären Lösung (4.35). u_{hom} folgt mit der Tab. 4.1:

$$\omega_k = \frac{2k - 1}{2} \frac{c_D}{\ell} \pi$$

$$u(x, t) = \sum_{k=1}^{\infty} (\tilde{A}_{1k} \cos \omega_k t + \tilde{A}_{2k} \sin \omega_k t) \sin \frac{\omega_k}{c_D} x + u_p(x, t).$$

$$u(x, 0) = 0 \curvearrowright \tilde{A}_{1k} = 0: \qquad u(x, t) = \sum_{k=1}^{\infty} \tilde{A}_{2k} \sin \omega_k t \sin \frac{\omega_k}{c_D} x + \hat{u}_p(x) \sin \Omega t.$$

$$u(x, \tau_0) = 0 \curvearrowright -\hat{u}_p(x) \sin \Omega \tau_0 = \sum_{k=1}^{\infty} \tilde{A}_{2k} \sin \omega_k \tau_0 \sin \frac{\omega_k}{c_D} x.$$

Multiplikation dieser Gl. mit $\sin \dfrac{\omega_k}{c_D} x$ und Integration über x von 0 bis ℓ ergibt infolge der Orthogonalitätseigenschaften der Sinusfunktionen:

$$-\sin \Omega\tau_0 \int\limits_0^\ell \hat{u}_p(x) \sin \frac{\omega_k}{c_D} x\,dx = \tilde{A}_{2k} \sin \omega_k\tau_0 \int\limits_0^\ell \sin^2 \frac{\omega_k}{c_D} x\,dx = \tilde{A}_{2k} \frac{\ell}{2} \sin \omega_k\tau_0.$$

$$(4.35)\quad \hat{u}_p(x) = \frac{p_0}{c_D\mu_0\Omega \cos \dfrac{\Omega}{c_D}\ell} \sin \frac{\Omega}{c_D} x =: C \sin \frac{\Omega}{c_D} x.$$

Fall 1: $\Omega \neq \omega_k$: $\sin \omega_k\tau_0 \neq 0$,

$$\tilde{A}_{2k} = -C\,\frac{\sin \Omega\tau_0}{\ell \sin \omega_k\tau_0}\left[\frac{\sin\left(\dfrac{\Omega}{c_D}-\dfrac{\omega_k}{c_D}\right)\ell}{\dfrac{\Omega}{c_D}-\dfrac{\omega_k}{c_D}} - \frac{\sin\left(\dfrac{\Omega}{c_D}+\dfrac{\omega_k}{c_D}\right)\ell}{\dfrac{\Omega}{c_D}+\dfrac{\omega_k}{c_D}}\right]$$

Fall 2: $\Omega = \omega_k$:

$$\tilde{A}_{2k} = -C.$$

$$0 \leqslant t \leqslant \tau_0: u(x,t) = u_{hom}(x,t) + u_p(x,t), \qquad N(x,t) = EA_0 u'(x,t).$$

$$t \geqslant \tau_0: u(x,t) = u_{hom}(x,t), \qquad N(x,t) = EA_0 u'(x,t).$$

4.5 Einspannfederkonstante k: Gl. (4.49) und Einzelmasse:

$$\hat{E}_{kin} = \frac{\omega^2}{2}\left[\int\limits_0^\ell \mu_0\hat{u}^2(x)dx + m_0\hat{u}^2(\ell)\right].$$

G. (4.50) und Einspannfeder:

$$\hat{E}_{pot} = \frac{1}{2}\left[\int\limits_0^\ell EA_0\hat{u}'^2(x)dx + k\hat{u}^2(0)\right].$$

Modalansatz mit generalisierten Koordinaten $T_i(t)$ und Eigenschwingungsformen $\hat{u}_i(x)$ und Beachten der verallgemeinerten Orthogonalität (s. letzten Absatz in Abschn. 4.1.7):

$$\int\limits_0^\ell \mu_0\hat{u}_i(x)\hat{u}_k(x)dx + m_0\hat{u}_i(\ell)\hat{u}_k(\ell) = 0, \qquad i \neq k,$$

$$E_{kin}(t) = \frac{1}{2}\sum_{i=1}^\infty \left[\int\limits_0^\ell \mu_0\hat{u}_i^2(x)dx + m_0\hat{u}_i^2(\ell)\right]\dot{T}_i^2(t).$$

4.6 $I_1 = \dfrac{b_0 h_1^3}{12} = \dfrac{0{,}5 \cdot 0{,}74^3}{12} = 1{,}688 \cdot 10^{-2}\,\text{m}^4, \qquad I_2 = \dfrac{1{,}3 \cdot 0{,}16^3}{12} = 0{,}044 \cdot 10^{-2}\,\text{m}^4$

$$F_1 = 0{,}5 \cdot 0{,}74 = 0{,}37\,\text{m}^2, \qquad F_2 = 0{,}16 \cdot 1{,}3 = 0{,}208\,\text{m}^2$$

$$e_{12} = \frac{0,16}{2} + \frac{0,74}{2} = 0,5 \text{ m}$$

$$I_y = (1,688 + 0,044) \cdot 10^{-2} + \frac{0,37 \cdot 0,208}{0,37 + 0,208} \cdot 0,5^2 = 3,432 \cdot 10^{-2} \text{ m}^4$$

Eigenmassenbelegung:

μ_1 aus Platte: $0,16 \cdot 1,5 \cdot 2,5 \cdot 10^3 = 6 \cdot 10^2$ kg m^{-2}

μ_2 aus Belag: $100 \cdot 1,5 = 1,5 \cdot 10^2$ kg m^{-2}

μ_3 aus Steg: $1 \cdot F_1 \cdot \rho = 0,37 \cdot 2,5 \cdot 10^3 = 9,25 \cdot 10^2$ kg m^{-1}

μ_4 aus Querunterzügen: $\dfrac{3 \cdot 0,3 \cdot 0,74 \cdot 1,5 \cdot 2,5 \cdot 10^3}{18} = 1,39 \cdot 10^2$ kg m^{-1}

$\sim \mu_0 = 18,14$ kg m^{-1}.

$$\omega_1 = 9,87 \cdot \sqrt{\frac{4 \cdot 10^{10} \cdot 3,432 \cdot 10^{-2}}{18,14 \cdot 10^2 \cdot 18^4}} = 39,56 \text{ s}^{-1}, \qquad f_1 = 6,3 \text{ Hz.}$$

4.7 $\qquad \dot{w}(x, t) = \sum_{k=1}^{\infty} \omega_k \hat{w}_k(x)(-A_{1k} \sin \omega_k t + A_{2k} \cos \omega_k t).$

Mit den Anfangsbedingungen folgen die beiden Gln.

$$g(x) = \sum_{k=1}^{\infty} A_{1k} \hat{w}_k(x), \qquad h(x) = \sum_{k=1}^{\infty} \omega_k A_{2k} \hat{w}_k(x).$$

Multiplikation der Gln. mit $\mu(x)\hat{w}_i(x)$, Integration über x von 0 bis ℓ und Nutzen der verallgemeinerten Orthogonalitätsbedingung (4.102a):

$$\int_0^\ell \mu(x)\hat{w}_i(x)g(x)dx = A_{1i}m_{gi}, \qquad \int_0^\ell \mu(x)\hat{w}_i(x)h(x)dx = \omega_i A_{2i}m_{gi},$$

(die Glieder der sich ergebenden Reihe sind für $i \neq k$ gleich Null), es folgen A_{1i}, A_{2i}.

4.8 $\qquad I_0 = 7,2 \cdot 10^{-3}$ m^4, $\qquad B_0 = 2,16 \cdot 10^8$ Nm^2, $\qquad \mu_0 = 600$ kg m^{-1}.

$$w(x, t) = \sum_{k=1}^{\infty} \sin \lambda_k \frac{x}{\ell} (A_{1k} \cos \omega_k t + A_{2k} \sin \omega_k t)$$

mit $\lambda_k = k\pi$, $\omega_k^2 = \lambda_k^4 B_0/(\mu_0 \ell^4)$ (s. Beispiel 4.7 und 4.8) und $w(x, 0) = g(x)$, $\dot{w}(x, t)|_{t=0} = 0$. Die statische Verschiebung $g(x)$ zur Zeit $t = 0$ ist

$$\hat{w}_s(x) = \frac{p_0 \ell^3}{48 B_0} (3x/\ell - 4x^3/\ell^3) \qquad \text{für } 0 \leqslant x \leqslant \ell/2, \text{ aus der Symmetrie folgt}$$

$$g(x) = \begin{cases} \hat{w}_s(x) & \text{für } 0 \leqslant x \leqslant \ell/2, \\ \hat{w}_s(\ell - x) & \text{für } \ell/2 \leqslant x \leqslant \ell. \end{cases}$$

2. Anfangsbedingung liefert

$$A_{2k} = 0, \sim w(x, t) = \sum_{k=1}^{\infty} A_{1k} \sin \lambda_k \frac{x}{\ell} \cos \omega_k t.$$

1. Anfangsbedingung liefert

$$A_{1k} = \frac{2p_0\ell^3}{48B_0} \cdot \frac{2}{\ell} \int_0^{\ell/2} \left(3\frac{x}{\ell} - 4\frac{x^3}{\ell^3}\right) \sin k\pi \frac{x}{\ell} \, dx =$$

$$= \frac{p_0\ell^3}{B_0} \left[\frac{2}{(k\pi)^4} \sin k\frac{\pi}{2} - \left(\frac{1}{(k\pi)^3} + \frac{1}{12k\pi}\right) \cos k\frac{\pi}{2}\right].$$

Die Reihe ist mit $1/k$ konvergent.
Die Zahlenwerte sind:

$$\omega_k = k^2 \cdot 92{,}53 \text{ s}^{-1}, \qquad \omega_1 = 92{,}53 \text{ s}^{-1}, f_1 = 14{,}7 \text{ Hz}, \qquad \omega_2 = 370{,}11 \text{ s}^{-1},$$

$$f_2 = 58{,}9 \text{ Hz},$$

$$\frac{p_0\ell^3}{B_0} = 2{,}37 \cdot 10^{-2} \text{ m}.$$

4.9 Randbedingungen

$$\hat{w}(0) = 0, \hat{w}''(x)|_{x=0} = 0, \qquad \hat{w}''(x)|_{x=\ell} = 0, \qquad B_0\hat{w}'''(x)|_{x=\ell} = -k\hat{w}(\ell).$$

Frequenzgl.

$$(\cot \lambda_i - \coth \lambda_i)\lambda_i^3 = 2k/B_0, \qquad \omega_i^2 = \lambda_i^4 B_0/(\mu_0\ell^4).$$

Eigenschwingungsformen:

$$\hat{w}_i(x) = B_{2i} \sin \lambda_i \frac{x}{\ell}, \qquad B_{2i} = \sin \lambda_i + \sinh \lambda_i$$

Freie Schwingung:

$$w(x, t) = \sum_{i=1}^{\infty} \frac{2\hat{w}(\ell)}{\lambda_i^2} (\sin \lambda_i - \lambda_i \cos \lambda_i) \cos \omega_i t \sin \lambda_i \frac{x}{\ell}$$

4.10 Bereichsunterteilung: I mit $0 \leqslant x \leqslant x_s$ und II mit $x_s \leqslant x \leqslant \ell$.
$k \to \infty$ bedeutet: Auflager (vertikal starr, und frei drehbar).
Frequenzgleichung:

$$\xi := x/\ell, \eta := \xi - 1, \xi_s := x_s/\ell, \eta_s := \xi_s - 1,$$

$$\lambda^4 := \omega^2 \frac{\mu_0\ell^4}{B_0},$$

$$\sin \lambda\xi_s[2(1 + \cos \lambda\eta_s \cosh \lambda\eta_s) + (\cos \lambda\eta_s \sinh \lambda\eta_s$$

$$- \sin \lambda\eta_s \cosh \lambda\eta_s)(\cot \lambda\xi_s - \coth \lambda\xi_s)] = 0.$$

H i n w e i s : $\sin \lambda \xi_s = 0$ ist laut Beispiel 4.8 die Frequenzgleichung des beidseitig gelenkig gelagerten Stabes der Länge x_s. Diese Eigenwerte unabhängig von dem Kragarm,

$\lambda_k = k \dfrac{9\pi}{7}$, erfüllen die obige Frequenzgl. und sind eine Untermenge aller Eigenwerte:

$$\lambda_1 = 4{,}039 = 9\pi/7, \qquad \lambda_2 = 4{,}187, \qquad \lambda_3 = 7{,}637, \ldots$$

Es folgt:

$$\omega_1 = 10{,}68 \ s^{-1}, \qquad \omega_2 = 11{,}48 \ s^{-1}, \qquad \omega_3 = 38{,}19 \ s^{-1}, \ldots$$

Für den Bereich II gilt:

$$w_{II}(x, t) = w_1(x, t) + w_2(x, t) + w_3(x, t) + \ldots$$

mit:

$$w_i(x, t) = \left\{ \cos \lambda_i\left(\frac{x}{\ell} - 1\right) + \cosh \lambda_i\left(\frac{x}{\ell} - 1\right) + \right.$$

$$\left. + B_{2II}^{(i)}\left[\sin \lambda_i\left(\frac{x}{\ell} - 1\right) + \sinh \lambda_i\left(\frac{x}{\ell} - 1\right) \right] \right\} \bar{B}_i \sin \omega_i t \ [m],$$

$$B_{2II}^{(1)} = 2{,}342, \qquad\qquad B_{2II}^{(2)} = 2{,}270, \qquad\qquad B_{2II}^{(3)} = 1{,}433,$$

$$\bar{B}_1 = 4{,}825 - 10^{-4}, \qquad \bar{B}_2 = 3{,}275 \cdot 10^{-4}, \qquad \bar{B}_3 = 1{,}390 \cdot 10^{-4}.$$

4.11 Homogene Bewegungsgleichung (4.106b) mit den Randbedingungen

$$x = 0 : \hat{w}'(x)|_{x=0} = 0, \qquad [B(x)\hat{w}''(x)]'|_{x=0} = -\Omega^2 \mu(0)\hat{w}(0),$$

$$x = \ell : B(x)\hat{w}''(x)|_{x=\ell} = 0, \qquad [B(x)\hat{w}''(x)]'|_{x=\ell} = 0.$$

Die stationäre Antwort erfolgt in der Erregungsfrequenz Ω.

Die Bewegungsgln. in modalen Koordinaten sind durch (4.110) gegeben, mit der generalisierten Masse m_{gk} und der generalisierten Steifigkeit $\omega_k^2 m_{gk}$. Die generalisierte Kraft folgt aus der Überlegung: Fußpunkterregung sei gegeben durch $w_0(t) = \hat{w}(0)e^{j\Omega t}$. Die Gesamtverschiebung ist dann

$$w_{gesamt}(x, t) = w(x, t) + w_0(t).$$

In die Bewegungsgleichung (4.90) eingesetzt folgt

$$p(x, t) = -\mu(x)\ddot{w}_0(t),$$

also die k-te generalisierte Kraft

$$m_{gk}\varphi_k(t) = - \int\limits_0^\ell \mu(x)\hat{w}_k(x)dx\ddot{w}_0(t).$$

Damit ist dieser wichtige Fall (z. B. Erdbebenbeanspruchung eines Bauwerkes) auf die Lösung von EFGM zurückgeführt.

4.12 Für die drei Zeitbereiche ergibt sich

$$w_I(x, t) = 0{,}00686 \sin 0{,}3142x[t - 0{,}01146 \sin 87{,}25 \ t] \ [m] \quad \text{für } 0 \leqslant t \leqslant 1{,}0 \ s,$$

$$w_{II}(x, t) = 0{,}00686 \sin 0{,}3142x \, [2 - t - 0{,}01146 \sin 87{,}25 \, t] \, [m]$$

für $1{,}0 \leqslant t \leqslant 2{,}0$ s,

$$w_{III}(x, t) = -7{,}86 \cdot 10^{-5} \sin 0{,}3142x \sin 87{,}25 \, t \, [m] \qquad \text{für } t \geqslant 2{,}0 \text{ s.}$$

H i n w e i s : Neben der Aufteilung (s. o) in drei Bereiche gemäß der Streckenlast, können auch das Modalverfahren und das Duhamel-Integral benutzt werden.

4.13 Siehe Rechenschritte in Beispiel 4.13. Die äußere Belastung ist lediglich mit der Dirac-Funktion $\delta\left(x - \dfrac{\ell}{2}\right)$ anzusetzen.

$$I_0 = \frac{0{,}4 \cdot 0{,}6^3}{12} = 7{,}2 \cdot 10^{-3} \, m^4, \qquad B_0 = EI_0 = 2{,}16 \cdot 10^8 \, N \, m^2,$$

$$\mu_0 = \rho A_0 = 528 \text{ kg m}^{-1}.$$

Eigenwerte:

$$\lambda_k = k\pi, \, k = 1, 2, \ldots, \qquad \text{also } \omega_k = \frac{\lambda_k^2}{\ell^2} \sqrt{\frac{B_0}{\mu_0}},$$

$$\omega_1 = \;\; 98{,}6347 \text{ s}^{-1}, \qquad f_1 = \;\; 15{,}70 \text{ Hz},$$

$$\omega_2 = 394{,}5388 \text{ s}^{-1}, \qquad f_2 = \;\; 62{,}79 \text{ Hz},$$

$$\omega_3 = 887{,}7122 \text{ s}^{-1}, \qquad f_3 = 141{,}28 \text{ Hz}.$$

Die Laplacetransformierte von p(t) ist aufgrund der Tab. 2.4: $P(s) = G/s$ mit $|P(s)| = G/\sqrt{\alpha^2 + \omega^2}$, für $\alpha \to 0$ ergibt sich der Grenzwert $1/\omega$: $|P(j\omega)|$ fällt mit wachsendem ω stark ab. Damit wirkt auf die 1. Oberschwingung eine um den Faktor 1/4 kleinere Anregung (dem Betrage nach) als auf die Grundschwingung.

Die Eigenschwingungsformen sind

$$\hat{w}_k(\xi) = \sin \lambda_k \xi, \qquad \xi := x/\ell.$$

Die generalisierten Massen sind

$$m_{gk} = \mu_0 \int\limits_0^\ell \sin^2 k\pi \, \frac{x}{\ell} \, dx = \mu_0 \ell/2 = 2112 \text{ kg}$$

unabhängig von k.

Die generalisierte Belastung (4.110) ist mit $p(x, t) = G\delta\left(x - \dfrac{\ell}{2}\right) 1(t)$:

$$\varphi_k(t) = \frac{G1(t)}{m_{gk}} \int\limits_0^\ell \left(\sin k\pi \, \frac{x}{\ell}\right) \delta\left(x - \frac{\ell}{2}\right) dx = \frac{G}{m_{gk}} \sin k \, \frac{\pi}{2} \cdot 1(t).$$

Wegen $\sin(2i + 2)\pi/2 = 0$ für $k = 2i + 2$ mit $i = 0, 1, \ldots$ (also gradzahlige Werte für k) ist die generalisierte Kraft gleich Null: Es werden nur die symmetrischen Eigenschwingungsformen angeregt! (Die antimetrischen Eigenschwingungsformen besitzen für $x = \ell/2$ die

Verschiebung Null, wodurch die von der Kraft an diesen Eigenschwingungsformen geleistete Arbeit (generalisierte Kraft) gleich Null ist.)

Lösung des Duhamelintegrals:

$$T_k^*(t) = \frac{1}{\omega_k} \int_{-\infty}^{t} \sin \omega_k(t-\tau)\varphi_k(\tau)\,d\tau = \frac{G}{\omega_k^2 m_{gk}} \sin k \frac{\pi}{2}(1 - \cos \omega_k t).$$

Das Verschiebungsfeld lautet mit (4.109)

$$w(x,t) = \sum_{k=1}^{\infty} \hat{w}_k(x) T_k^*(t) = \frac{2G\ell^3}{B_0 \pi^4}\left[\sum_{i=1}^{\infty} \frac{(-1)^{i-1}}{(2i-1)^4} \sin(2i-1)\pi\frac{x}{\ell}(1 - \cos \omega_{2i-1} t)\right].$$

Der 2. Summand im obigen Verschiebungsfeld ist um 1/81 gegenüber dem 1. Summanden abgemindert, es genügt also, den 1. Term der Reihe zu beachten:

$$w(x,t) \doteq \frac{2G\ell^3}{B_0 \pi^4} \sin \pi \frac{x}{\ell}(1 - \cos \omega_1 t) =$$

$$= 4{,}867 \cdot 10^{-8} G \sin \pi \frac{x}{8}(1 - \cos 98{,}6347t)\ [m].$$

Bild 8.7a enthält für eine Zeit t_1 = const. das Verschiebungsfeld, Bild 8.7b gibt die Verschiebung an der Stelle x/8 = 1/2 wieder.

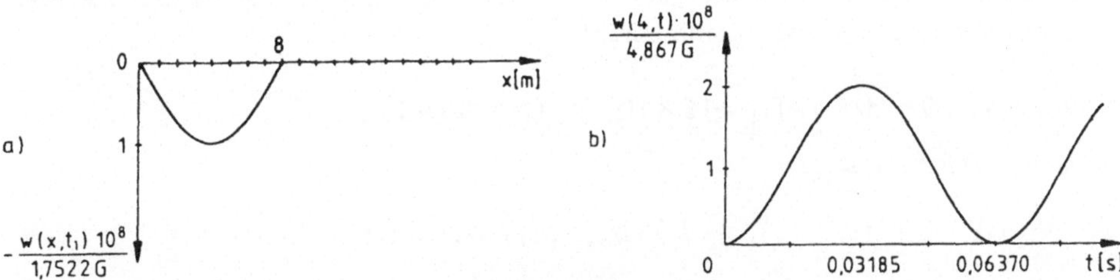

Bild 8.7 Verschiebungen des mittig sprungförmig belasteten Balkens
a) Verschiebungsfeld für t_1 = 0,2s, b) Verschiebung an der Stelle x = 4 m

4.14 Für die Verschiebung ergibt sich ($\xi := x/\ell$, Maschinenlast P_0 = 3,016 kN):

$$v(\xi) = 0{,}0324(1{,}0370 \sin 0{,}5360\xi - 0{,}9651 \sinh 0{,}5360\xi) \qquad \text{für } 0 \leqslant \xi \leqslant 0{,}5$$

$$v(\xi) = 0{,}0324[-1{,}0370 \sin 0{,}5360(1-\xi) + 0{,}9651 \sinh 0{,}5360(1-\xi)],$$

$$\text{für } 0{,}5 \leqslant \xi \leqslant 1{,}0.$$

Kein Resonanz-Fall:

$$\Omega = 10{,}47\ s^{-1}, \quad \omega_{1\,sym} = 89{,}47\ s^{-1} \quad \omega_{1\,antim} = 57{,}24\ s^{-1}.$$

H i n w e i s : Die Biegelinie ist jeweils für das 2. Feld antimetrisch zu ergänzen.

Betrachtung nur für den antimetrischen Fall, der die größten Verschiebungen liefert.

4.15 Einspannung an der Stelle $x_s = 2\ell$, Federkonstante k; die kinetische Energie bleibt formal ungeändert, die potentielle Energie erhält den Zusatzterm $k/2\ w^2(2\ell, t)$.

4.16 Die Lösung ist mit Gl. (4.132) gegeben. Als statisches Problem ist die DGl. von 2. Ordnung mit den beiden Randbedingungen:

$$v_{stat}(0) = 0, \qquad v'_{stat}(0) = 0,$$

es folgt:

$$v_{stat}(\xi) = B_1(\cos \kappa\xi - 1) + B_2(\sin \kappa\xi - \kappa\xi).$$

Die restlichen Konstanten folgen aus der Bewegungsgl.

$$\hat{w}''(x) + k^2\hat{w}(x) = k^2(w_L - a), \qquad k^2 = N_0/B_0,$$

$$v''(\xi) + \kappa^2 v(\xi) = \kappa^2(v_L - a), \qquad v_L = v(1), v_{stat} = v.$$

(Striche bedeuten die Ableitungen nach den jeweiligen Variablen.) Die rechte Seite der DGl. ist konstant, folglich ist $B_2\kappa\xi$ keine Lösung: $B_2 = 0$. Eingesetzt $v(\xi)$ in die DGl.: $B_1 = a - v_L$. B_1 in die Lösung eingesetzt und $\xi = 1$ gesetzt:

$$v_L = a\,\frac{\cos \kappa - 1}{\cos \kappa}, \qquad \text{es folgt} \qquad v(\xi) = \frac{a}{\cos \kappa}(\cos \kappa\xi - 1).$$

4.17 $\omega_1 = 4{,}37\ \text{s}^{-1}, \qquad \omega_2 = 15{,}04\ \text{s}^{-1}.$

4.18 Schornstein mit Außenleiter, allg. jeder Kragbalken, für den die elastische Achse nicht mit der Trägheitslinie zusammenfällt.

4.19 $f_{11} = 9{,}5\ \text{Hz}, \qquad f_{21} = 16{,}8\ \text{Hz}, \qquad f_{12} = 30{,}9\ \text{Hz},$

gerissen: $\sqrt{0{,}5}\ f_{ungerissen}$:

$$f_{11}^{(g)} = 6{,}7\ \text{Hz}, \qquad f_{21}^{(g)} = 11{,}9\ \text{Hz}, \qquad f_{12}^{(g)} = 21{,}8\ \text{Hz}.$$

Kapitel 5

5.1 Lt. Beispiel 4.8 und Gl. (5.3) ist $\omega_1^2 = \dfrac{\pi^4 B_0}{\mu_0 \ell^4} = R[\hat{w}_1]$ mit $\hat{w}_1(\xi) = \sin \pi\xi$, $\xi := x/\ell$ für den Balken ohne Zusatzmasse und Zusatzfeder. Die generalisierte Masse beträgt

$$m_{g1} = \mu_0 \int_0^{\ell} \hat{w}_1^2 dx = \mu_0\ell/2,$$ die generalisierte Steifigkeit folgt zu $k_{g1} = \pi^4 B_0/(2\ell^3)$.

Balken mit Zusatzmasse aus dem Rayleighschen Quotienten mit der Vergleichsfunktion $v(\xi) = \hat{w}_1(\xi)$:

$$\omega_{m1}^2 = \frac{k_{g1}}{m_{g1} + 0{,}1\mu_0\ell \cdot 1^2} = 0{,}8333\,\omega_1^2, \qquad \omega_{m1} = 0{,}9129\,\omega_1,$$

die Grundeigenfrequenz des Balkens ohne Zusatzmasse wird durch die Zusatzmasse um 8,7% verringert.

Balken mit Zusatzfeder (ohne Zusatzmasse):

$$\omega_{k1}^2 = R[v] = \frac{k_{g1} + 0,1k \cdot 1^2}{m_{g1}} \doteq \omega_1^2 + 0,1\omega_1^2 = 1,1\omega_1^2.$$

Die Zusatzfeder bringt also eine Vergrößerung der Grundeigenfrequenz um 4,9%.

5.2 Flächenträgheitsmoment:

$$I_y(x) = \int\limits_{-b(x)/2}^{b(x)/2} \int\limits_{-h/2}^{h/2} z^2 dz dy = b(x)\frac{h^3}{12} = \frac{h^3 b_0}{12}\left(1 - \frac{x}{2\ell}\right), \qquad B_0 := \frac{Eh^3 b_0}{12};$$

Massenbelegung:

$$\mu(x) = \rho h b(x) = \rho h b_0\left(1 - \frac{x}{2\ell}\right), \qquad \mu_0 := \rho h b_0.$$

Berechnung der 1. Biege-Eigenfrequenz mit dem Rayleigh-Quotienten:

$$\omega_1^2 = \frac{\int\limits_0^\ell B(x)\hat{w}_1''^2(x)\,dx}{\int\limits_0^\ell \mu(x)\hat{w}_1^2(x)\,dx} = \frac{h^2 E}{12\rho} \frac{\int\limits_0^\ell \left(1 - \frac{x}{2\ell}\right)\hat{w}_1''^2(x)\,dx}{\int\limits_0^\ell \left(1 - \frac{x}{2\ell}\right)\hat{w}_1^2(x)\,dx}$$

mit $\xi := \dfrac{x}{\ell}$ folgt

$$\omega_1^2 = \frac{\int\limits_0^1 (2 - \xi)\hat{w}_1''^2(\xi)\,d\xi}{\int\limits_0^1 (2 - \xi)\hat{w}_1^2(\xi)\,d\xi};$$

Randbedingungen:

$$\hat{w}_1(0) = \hat{w}_1'(0) = 0, \qquad \hat{w}_1''(1) = \hat{w}_1'''(0) = 0.$$

Vergleichsfunktion:

$$v(\xi) = \xi^4 - 4\xi^3 + 6\xi^2, \qquad v''(\xi) = 12(\xi^2 - 2\xi + 1).$$

Es folgen die Ausdrücke:

$$\phi[v,v] = 144 \int\limits_0^1 (2 - \xi)(\xi^4 - 4\xi^3 + 6\xi^2 - 4\xi + 1)\,d\xi = 52,8,$$

$$\psi[v,v] = \int\limits_0^1 (2 - \xi)(\xi^8 - 8\xi^7 + 28\xi^6 - 48\xi^5 + 36\xi^4)\,d\xi = 2,768.$$

Die Näherung lautet:

$$\tilde{\omega}_1^2 = 19{,}08 \, \frac{B_0}{\mu_0 \ell^4}, \qquad \text{also } \tilde{\omega}_1 = 4{,}37 \, \frac{1}{\ell^2} \sqrt{\frac{B_0}{\mu_0}} \, .$$

Exakter Wert: $\omega_1 = 4{,}34 \, \dfrac{1}{\ell^2} \sqrt{\dfrac{B_0}{\mu_0}}$, der relative Fehler ist $< 0{,}7\%$.

5.3 Gl. (5.7): Zähler:

$$\mu_0 \int_0^\ell \sin^3 \pi \frac{x}{\ell} \sin 2\pi \frac{x}{\ell} \, dx = 0,$$

d. h. $\tilde{v}_2(x)$ ist bereits (verallgemeinert) orthogonal zu $v_1(x)$: $v_2(x) = \tilde{v}_2(x)$. Der Rayleighsche Quotient liefert:

$$R[v_1] = \frac{B_0 \int_0^\ell v_1''^2(x)\,dx}{\mu_0 \int_0^\ell v_1^2(x)\,dx} = \frac{16\pi^4 B_0}{3\mu_0 \ell^4}, \qquad R[v_2] = \frac{B_0 \int_0^\ell v_2''^2(x)\,dx}{\mu_0 \int_0^\ell v_2^2(x)\,dx} = \frac{41\pi^4 B_0}{\mu_0 \ell^4} \, .$$

Lt. Tab. 4.2 gilt $\lambda_1 = \dfrac{3\pi}{2}$, $\lambda_2 = \dfrac{5\pi}{2}$ also

$$\omega_1^2 = \frac{3^4 \pi^4 B_0}{2^4 \mu_0 \ell^4}, \qquad \omega_2^2 = \frac{5^4 \pi^4 B_0}{2^4 \mu_0 \ell^4} \, .$$

Die Fehler betragen für die Eigenfrequenzen 2,6% und 2,4%.

5.4 Nach Tab. 4.2 folgt mit $\omega_k^2 = \lambda_k^4 B_0 / (\mu_0 \ell^4)$:

$$\omega_1 = 3{,}516 \, \frac{1}{\ell^2} \sqrt{\frac{B_0}{\mu_0}} = 2{,}1629 \text{ s}^{-1}, \, f_1 = 0{,}34 \text{ Hz}$$

als Vergleichswert für die Näherungen:

$$R[x^2] = 4{,}472 \, \frac{1}{\ell^2} \sqrt{\frac{B_0}{\mu_0}} = 1{,}272\,\omega_1 : \text{Fehler } 27{,}2\%,$$

$$R[v] = 3{,}530 \, \frac{1}{\ell^2} \sqrt{\frac{B_0}{\mu_0}} = 1{,}004\,\omega_1 : \text{Fehler } 0{,}4\%.$$

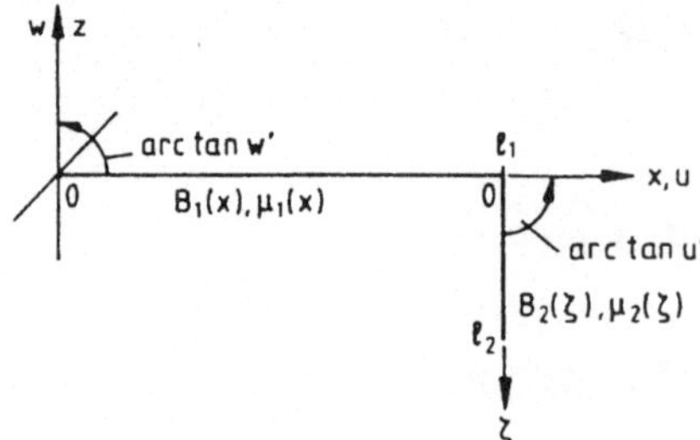

Bild 8.8
Bezeichnungen und Koordinatensysteme

5.5 Ebener Bewegungszustand: keine Torsion, Schwereachsen zusammenfallend mit den Stabachsen (Bild 8.8).

Verschiebungen im raumfesten Koordinatensystem:

$$w(x, t) = w(x, t), \qquad u_2(\zeta, t) = u(\zeta, t) + \zeta w'(\ell_1, t).$$

Potentielle Energie:

$$2E_{pot}(t) = \int_0^{\ell_1} B_1(x)w''^2(x, t)dx + \int_0^{\ell_2} B_2(\zeta)u''^2(\zeta, t)d\zeta.$$

Kinetische Energie (A_1, A_2-Flächen, dm_1, dm_1-Massenelemente der Balken 1,2 und $\mu_1(x)$, $\mu_2(\zeta)$-Massenverteilungen der Balken 1,2):

$$2E_{kin}(t) = \int_{System} \dot{w}_{ges}^2 dm = \int_0^{\ell_1} \mu_1(x)\dot{w}^2(x, t)dx + \int_0^{\ell_2} \mu_2(\zeta)d\zeta\dot{w}^2(\ell_1, t)$$

$$+ \int_{A_2} [\dot{u}(\zeta, t) + \zeta\dot{w}'(\ell_1, t)]^2 dm_2.$$

Das letzte Integral lautet:

$$\int_{A_2} [\dot{u}^2 + 2\zeta\dot{u}\dot{w}' + \zeta^2\dot{w}'^2]dm_2$$

$$= \int_0^{\ell_2} [\mu_2(\zeta)\dot{u}^2(\zeta, t) + 2\zeta\mu_2(\zeta)\dot{u}(\zeta, t)\dot{w}'(\ell_1, t) + \zeta^2\mu_2(\zeta)\dot{w}'^2(\ell_1, t)]d\zeta$$

mit $\int_{x_v}^{x_u} dm_2 = \mu_2(\zeta)d\zeta$ der Massenverteilung des Stabes 2, $x_v(\zeta)$, $x_u(\zeta)$-Begrenzungslinien

der vorderen, hinteren Kontur des Stabes 2. Für die kinetische Energie folgt somit:

$$2E_{kin}(t) = \int_0^{\ell_1} \mu_1(x)\dot{w}^2(x, t)dx + M_2\dot{w}^2(\ell_1, t)$$

$$+ \int_0^{\ell_2} \mu_2(\zeta)\dot{u}^2(\zeta, t)d\zeta + 2\dot{w}'(\ell_1, t) \int_0^{\ell_2} \zeta\mu_2(\zeta)\dot{u}(\zeta, t)d\zeta + \Theta_2\dot{w}'^2(\ell_1, t),$$

$$M_2 := \int_0^{\ell_2} \mu_2(\zeta)d\zeta, \qquad \Theta_2 := \int_0^{\ell_2} \zeta^2\mu_2(\zeta)d\zeta.$$

Das Variationsprinzip liefert mit den zulässigen Funktionen

$$v_1(x, t) = w(x, t) + \epsilon_1\eta_1(x, t), \qquad v_2(\zeta, t) = u(\zeta, t) + \epsilon_2\eta_2(\zeta, t)$$

mit dem Variationsausdruck $J(\epsilon_1, \epsilon_2)$ die notwendigen Bedingungen (vgl. Abschn. 5.2, zeitunabhängig):

$$\epsilon_1: \quad \int_0^{\ell_1} B_1(x)\hat{w}''(x)\hat{\eta}_1''(x)dx - \omega^2[\int_0^{\ell_1} \mu_1(x)\hat{w}(x)\hat{\eta}_1(x)dx + M_2\hat{w}(\ell_1)\hat{\eta}_1(\ell_1)$$

$$+ \Theta_2\hat{w}'(\ell_1)\hat{\eta}_1'(\ell_1) + \hat{\eta}_1'(\ell_1) \int_0^{\ell_2} \zeta\mu_2(\zeta)\hat{u}(\zeta)d\zeta] = 0,$$

$$\epsilon_2: \quad \int_0^{\ell_2} B_2(\zeta)\hat{u}''(\zeta)\hat{\eta}_2''(\zeta)\,d\zeta - \omega^2 \left[\int_0^{\ell_2} \mu_2(\zeta)\hat{u}(\zeta)\hat{\eta}_2(\zeta)\,d\zeta + \hat{w}'(\ell_1) \cdot \right.$$

$$\left. \cdot \int_0^{\ell_2} \zeta\mu_2(\zeta)\hat{\eta}_2(\zeta)\,d] \right] = 0.$$

Unter Berücksichtigung der geometrischen Randbedingungen $\hat{w}(0) = 0$, $\hat{w}'(x)|_{x=0} = 0$ liefert die zweifache partielle Integration der jeweils steifigkeitsbehafteten Integrale:

$$\int_0^{\ell_1} \left\{ [B_1(x)\hat{w}''(x)]'' - \omega^2\mu_1(x)\hat{w}(x) \right\} \hat{\eta}_1(x)\,dx + B_1(x)\hat{w}_1''(x)\hat{\eta}_1'(x)|_{\ell_1}$$

$$- [B_1(x)\hat{w}''(x)]'\hat{\eta}_1(x)|_{\ell_1} - \omega^2[M_2\hat{w}(\ell_1)\hat{\eta}_1(\ell_1) + \Theta_2\hat{w}'(\ell_1)\hat{\eta}_1'(\ell_1)$$

$$+ \hat{\eta}_1'(\ell_1)\int_0^{\ell_2} \zeta\mu_2(\zeta)\hat{u}(\zeta)\,d\zeta] = 0,$$

$$\int_0^{\ell_2} \left\{ [B_2(\zeta)\hat{u}''(\zeta)]'' - \omega^2\mu_2(\zeta)\hat{u}(\zeta) \right\} \hat{\eta}_2(\zeta)\,d\zeta$$

$$+ B_2(\zeta)\hat{u}''(\zeta)\hat{\eta}_2'(\zeta)|_0^{\ell_2} - [B_2(\zeta)\hat{u}''(\zeta)]'\hat{\eta}_2(\zeta)|_0^{\ell_2} - \omega^2\hat{w}'(\ell_1)\int_0^{\ell_2} \zeta\mu_2(\zeta)\hat{\eta}_2(\zeta)\,d\zeta = 0,$$

$$\hat{\eta}_1(x): \quad [B_1(x)\hat{w}''(x)]'' - \omega^2\mu_1(x)\hat{w}(x) = 0,$$

$$\hat{\eta}_1(\ell_1): \quad [B_1(x)\hat{w}''(x)]'|_{\ell_1} = -\omega^2 M_2\hat{w}(\ell_1),$$

$$\hat{\eta}_1'(x)|_{\ell_1}: \quad B_1(x)\hat{w}''(x)|_{\ell_1} = \omega^2[\Theta_2\hat{w}'(\ell_1) + \int_0^{\ell_2} \zeta\mu_2(\zeta)\hat{u}(\zeta)\,d\zeta],$$

$$\hat{\eta}_2(\zeta): \quad [B_2(\zeta)\hat{u}''(\zeta)]'' - \omega^2[\mu_2(\zeta)\hat{u}(\zeta) + \zeta\mu_2(\zeta)\hat{w}'(\ell_1)] = 0,$$

$$\hat{\eta}_2(0): \quad [B_2(\zeta)\hat{u}''(\zeta)]'|_0 = 0,$$

$$\hat{\eta}_2'(0): \quad [B_2(\zeta)\hat{u}''(\zeta)]|_0 = 0,$$

$$\hat{\eta}_2(\ell_2): \quad [B_2(\zeta)\hat{u}''(\zeta)]'|_{\ell_2} = 0,$$

$$\hat{\eta}_2'(\ell_2): \quad [B_2(\zeta)\hat{u}''(\zeta)]|_{\ell_2} = 0.$$

Setzt man raumfeste Verschiebungskoordinaten ein, so erhält man die DGln. in bekannter Gestalt.

Für nichtharmonische Bewegungen (erzwungene Schwingungen) sind oben die zeitabhängigen Bewegungskoordinaten mit den zugehörigen (auch zeitlichen) partiellen Ableitungen und die äußeren Kräfte einzusetzen.

5.6 In den verwendeten Bezeichnungen (Bild 8.9)

$$2\hat{E}_{pot}^B = \int_0^{\ell} B(x)\hat{w}''^2(x)\,dx, \qquad 2\hat{E}_{pot}^T = \int_0^{\ell} T(x)\hat{\alpha}'^2(x)\,dx$$

$$w_G(x, t) = w(x, t) + y\alpha(x, t),$$

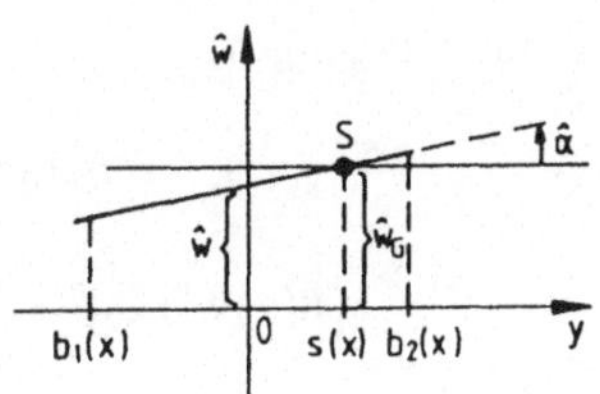

Bild 8.9
Schnitt x = const.

$$2E_{kin}(t) = \int\limits_0^\ell \int\limits_{b_1}^{b_2} \rho \dot{w}_G^2(x,t)\,dxdy = \int\limits_0^\ell \int\limits_{b_1}^{b_2} \rho(\dot{w}^2 + 2y\dot{w}\dot{\alpha} + y^2\dot{\alpha}^2)\,dxdy,$$

$$\int\limits_{b_1}^{b_2} \rho\,dy =: \mu(x) = m_{11}(x), \qquad \int\limits_{b_1}^{b_2} \rho y\,dy =: s(x)\mu(x) = m_{12}(x),$$

$$\int\limits_{b_1}^{b_2} \rho y^2\,dy =: s^2(x)\mu(x) + \vartheta(x) = m_{22}(x).$$

$$2\hat{E}_{kin} = \omega^2 \int\limits_0^\ell [m_{11}(x)\hat{w}^2(x) + 2m_{12}(x)\hat{w}(x)\hat{\alpha}(x) + m_{22}(x)\hat{\alpha}^2(x)]\,dx.$$

Ansatz: $\quad v_1(x) = \hat{w}(x) + \epsilon_1\eta_1(x), \qquad v_2(x) = \hat{\alpha}(x) + \epsilon_2\eta_2(x).$

$$J = \phi - R\psi, \qquad J[\hat{w}, \eta_1] = 0 : \int\limits_0^\ell B(x)\hat{w}''(x)\eta_1''(x)\,dx$$

$$-\omega^2 \int\limits_0^\ell [m_{11}(x)\hat{w}(x)\eta_1(x) + m_{12}(x)\hat{\alpha}(x)\eta_1(x)]\,dx = 0,$$

$$J[\hat{\alpha}, \eta_2] = 0 : \int\limits_0^\ell T(x)\hat{\alpha}'(x)\eta_2(x)\,dx$$

$$-\omega^2 \int\limits_0^\ell [m_{12}(x)\hat{w}(x)\eta_2(x) + m_{22}(x)\hat{\alpha}(x)\eta_2(x)]\,dx = 0.$$

Umformen der Integranden der 1. Integrale, um die Ableitungen der Vergleichsfunktionen auf die nichtdifferenzierten Funktionen zurückführen zu können:

$$\int\limits_0^\ell B\hat{w}''\eta_1''\,dx = B\hat{w}''\eta_1'\big|_0^\ell - \int\limits_0^\ell [B\hat{w}'']'\eta_1'\,dx$$

$$= B\hat{w}''\eta_1'\big|_0^\ell - [B\hat{w}'']'\eta_1\big|_0^\ell + \int\limits_0^\ell [B\hat{w}'']''\eta_1\,dx,$$

Randbedingungen:

$$B\hat{w}''\big|_\ell = 0, \qquad \eta_1'\big|_0 = 0, \qquad [B\hat{w}'']'\big|_\ell = 0, \qquad \eta_1\big|_0 = 0.$$

$$\int\limits_0^\ell T\hat{\alpha}'\eta_2'\,dx = T\hat{\alpha}'\eta_2\big|_0^\ell - \int\limits_0^\ell [T\hat{\alpha}']'\eta_2\,dx,$$

Randbedingungen:

$$T\hat{\alpha}'|_\ell = 0, \qquad \eta_2|_0 = 0.$$

$$\int_0^\ell \{[B(x)\hat{w}''(x)]'' - \omega^2[m_{11}(x)\hat{w}(x) + m_{12}(x)\hat{\alpha}(x)]\}\,\eta_1(x)dx = 0,$$

$$\int_0^\ell \{-[T(x)\hat{\alpha}'(x)]' - \omega^2[m_{12}(x)\hat{w}(x) + m_{22}(x)\hat{\alpha}(x)]\}\,\eta_2(x)dx = 0.$$

Es folgen, weil $\eta_1(x)$, $\eta_2(x)$ beliebige Vergleichsfunktionen sein dürfen, die Bewegungsgleichungen

$$[B(x)\hat{w}''(x)]'' - \omega^2[m_{11}(x)\hat{w}(x) + m_{12}(x)\hat{\alpha}(x)] = 0,$$

$$[T(x)\hat{\alpha}'(x)]' + \omega^2[m_{12}(x)\hat{w}(x) + m_{22}(x)\hat{\alpha}(x)] = 0.$$

Kapitel 6

6.1 1. Statisch ermittelte Ersatzfeder aus der Stiel-Steifigkeit

2. Generalisierte Steifigkeit

6.2 Bei Finiter-Elementmodellierung die Verwendung von Ansatzfunktionen höherer Ordnung bei reduzierter Knotenanzahl. Eigenfrequenzermittlung mittels generalisierter Werte (Rayleighscher Quotient) anstelle numerischer Lösung des Randwertproblems. S. Beispiel 6.5.

6.3

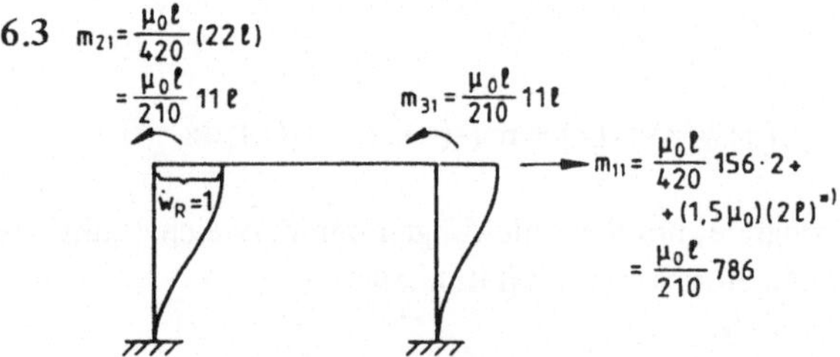

Bild 8.10 Ergebnisse der Aufgabe 6.3   *) aus der axialen Bewegung des Riegels

6.4 $n = 5$: $\omega_{01} = 93{,}5\ s^{-1}$,   Fehler: $-2{,}8\%$.

Die Modellierung mit $n = 4$ FG (Einspannpunkt mitgezählt) in der angegebenen Weise bedeutet, daß durch die Umlegung der Masse m_2 dort keine Last (Trägheit) wirkt: Streichen der 2. Zeile und Spalte der Nachgiebigkeitsmatrix. Es folgt:

$$n = 4: \quad \omega_{01} = 91{,}5\ s^{-1}, \quad \text{Fehler: } -4{,}9\%.$$

6.5 S. die Angaben in Beispiel 6.6

6.6 S. Aufgabe 6.5.

6.7 i	5-gliedriger Ansatz: $\omega_i\ [s^{-1}]$	7-gliedriger Ansatz: $\omega_i\ [s^{-1}]$
1	1,35	1,33
2	5,9	5,4

Weitere Angaben s. Beispiel 6.6. Derartige globale Ansatzfunktionen berücksichtigen nicht die Auswirkung von großen Einzelmassen.

6.8 S. Gln. (6.64)–(6.66) mit den Zeitfunktionen

$$T_j(t) = A_{1j} \cos \omega_j t + A_{2j} \sin \omega_j t$$

und den Anfangsbedingungen

$$y_f(x, 0) = g(x), \ \dot{y}_f(x, t)|_{t=0} = h(x).$$

und den Näherungen für die Eigenfunktionen

$$\tilde{\tilde{y}}_j(x), \quad j = 1(1)N.$$

6.9 ./.

6.10

$\tilde{\tilde{w}}_{0r}(x_k)$	Rechteckregel			Simpsonregel		
r\k	1	2	3	1	2	3
1	0,0149	−0,0822	0,2296	0,0154	−0,0720	0,1657
2	0,0576	−0,2614	0,4705	0,0591	−0,2192	0,3552
3	0,1253	−0,4914	0,7719	0,1284	−0,4203	0,5569
4	0,2144	−0,6754	0,7236	0,2190	−0,5607	0,4412
5	0,3213	−0,7395	0,1817	0,3271	−0,5903	0,0289
6	0,4425	−0,6524	−0,4702	0,4489	−0,4817	−0,4056
7	0,5741	−0,4044	−0,8572	0,5803	−0,2355	−0,5887
8	0,7128	−0,0160	−0,7116	0,7179	0,1231	−0,3439
9	0,8562	0,4694	−0,0164	0,8585	0,5500	0,2524
10	1,0000	1,0000	1,0000	1,0000	1,0000	1,0000
$\tilde{\omega}_{0r}$	$3{,}98\cdot\dfrac{1}{\ell^2}\sqrt{\dfrac{B_0}{\mu_0}}$	$21{,}6\cdot\dfrac{1}{\ell^2}\sqrt{\dfrac{B_0}{\mu_0}}$	$59{,}9\cdot\dfrac{1}{\ell^2}\sqrt{\dfrac{B_0}{\mu_0}}$	$4{,}32\cdot\dfrac{1}{\ell^2}\sqrt{\dfrac{B_0}{\mu_0}}$	$23{,}6\cdot\dfrac{1}{\ell^2}\sqrt{\dfrac{B_0}{\mu_0}}$	$65{,}5\cdot\dfrac{1}{\ell^2}\sqrt{\dfrac{B}{\mu}}$
$\dfrac{\Delta\tilde{\omega}_1}{\omega_{01}}$	8%			0,6%		

Der Treppenzug der Rechteckregel vermag den Integranden der Integralgleichung nicht hinreichend zu approximieren, um die Eigenfrequenzen mit z. B. 1% relativem Fehler anzunähern.

Kapitel 7

7.1 Existiert von vornherein $\mathbf{G} = \mathbf{K}^{-1}$, so braucht nur die Teilmatrix $\mathbf{G}_{ww}$ nach Gl. (7.15) genommen zu werden ($\sim n^3$ Operationen) im Vergleich zur Inversion von $\mathbf{K}_{rr}^{-1}(\sim n_r^3)$ und den nachfolgenden Multiplikationen.

7.2 Steifigkeitsmatrix der Rotationsfreiheitsgrade:

$$\mathbf{K}_{\varphi\varphi} = \frac{2EI}{\ell^3}\begin{pmatrix} 6\ell^2, & 2\ell^2 \\ 2\ell^2, & 6\ell^2 \end{pmatrix}, \qquad \mathbf{K}_{\varphi\varphi}^{-1} = \frac{\ell}{32EI}\begin{pmatrix} 3 & -1 \\ -1 & 3 \end{pmatrix}, \qquad K_c = \frac{EI}{\ell^3}\frac{39}{2}.$$

7.3 Die Richtigkeit kann durch formale Verifikation oder an einem numerischen Beispiel gezeigt werden.

7.4 S. z. B. Gln. (3.70), (3.71).

7.5 Lösung s. [7.7]:

i	1	2	3	4
Rel. Fehler der Eigenfrequenzen [%]	−38,7	−4,6	−4,1	−1,0
Rel. Fehler der Eigenvektorkomponenten [%]				
1	−1,7	−20,6	13,5	−8,6
2	24,3	−9,6	5,6	−14,0
3	7,4	−15,1	34,1	−36,8
4	21,3	−3,3	−40,6	−8,5
5	22,7	68,7	14,0	−17,4
6	−13,2	59,4	−61,5	23,6
7	−15,7	28,2	42,6	66,4
8	−7,5	11,2	−22,2	24,0
9	21,1	6,5	2,2	2,8

Sachverzeichnis